“十二五”普通高等教育本科国家级规划教材

科学计算及其软件教学丛书/石钟慈主编

# 数值计算方法

## (第二版)

黄云清　舒　适
陈艳萍　杨　银　魏华祎　编著

第一版获“普通高等教育‘十一五’国家级规划教材”

第一版获“2009 年度普通高等教育精品教材”

科 学 出 版 社
北　京

## 内 容 简 介

本书为“科学计算及其软件教学丛书”之一. 本书的内容包括函数的数值逼近 (代数插值与函数的最佳逼近)及其在数值积分与数值微分的应用、数值代数(线性代数方程组的解法与矩阵特征值问题的计算)、非线性 (代数与超越)方程的数值解法、常微分方程 (初、边值问题) 数值解法及最优化方法. 除以上基本内容之外, 本书还介绍了广泛应用于实际问题的随机统计方法之一的 Monte Carlo(蒙特卡罗)方法, 以及当今求解大规模科学工程计算问题最有效的算法之一的多层网格法, 以便读者参考. 通过对它们的讨论, 使读者掌握设计数值算法的基本方法, 为其在计算机上解决科学计算问题打好基础.

本书可以作为信息与计算科学、数学与应用数学专业本科生以及计算机、通信工程等工科类专业本科生及研究生的教材, 亦可供从事数值计算研究的相关工作人员参考使用.

**图书在版编目(CIP)数据**

数值计算方法/黄云清等编著. —2 版. —北京: 科学出版社, 2022.3
(科学计算及其软件教学丛书/石钟慈主编)
“十二五”普通高等教育本科国家级规划教材
ISBN 978-7-03-071193-9

Ⅰ. ①数… Ⅱ. ①黄… Ⅲ. ①数值计算-计算方法-高等学校-教材 Ⅳ. ①O241

中国版本图书馆 CIP 数据核字(2021) 第 266296 号

责任编辑: 李鹏奇 王 静 / 责任校对: 杨 然
责任印制: 张 伟 / 封面设计: 陈 敬

科学出版社出版
北京东黄城根北街 16 号
邮政编码: 100717
http://www.sciencep.com
北京九州迅驰传媒文化有限公司 印刷
科学出版社发行 各地新华书店经销
*
2009 年 1 月第 一 版 开本: 720 × 1000 1/16
2022 年 3 月第 二 版 印张: 23 1/2
2023 年 11 月第十八次印刷 字数: 474 000

定价: 69.00 元

(如有印装质量问题, 我社负责调换)

# “科学计算及其软件教学丛书”序

随着国民经济的快速发展，科学和技术研究中提出的计算问题越来越多，越来越复杂. 计算机及其应用软件的迅猛发展为这些计算问题的解决创造了良好的条件，而培养一大批以数学和计算机为主要工具，研究各类问题在计算机上求解的数学方法及计算机应用软件的专业人才也越来越迫切.

1998 年前后，教育部着手对大学数学专业进行调整，将计算数学及其应用软件、信息科学、运筹与控制专业合并，成立了“信息与计算科学专业”. 该专业成立之初，在培养目标、指导思想、课程设置、教学规范等方面存在不少争议，教材建设也众说纷纭. 科学出版社的编辑曾多次找我，就该专业的教材建设问题与我有过多次的讨论. 2005 年 11 月在大连理工大学召开的第九届全国高校计算数学年会上，还专门讨论了教材编写工作，并成立了编委会. 在会上，编委会就教材编写的定位和特色等问题进行了讨论并达成了共识. 按照教育部数学与统计学教学指导委员会起草的“信息与计算科学专业教学规范”的要求，决定邀请部分高校教学经验丰富的教师编写一套教材，定名为“科学计算及其软件教学丛书”. 该丛书涵盖信息与计算科学专业的大部分核心课程，偏重计算数学及应用软件. 丛书主要面向研究与教学型、教学型大学信息与计算科学专业的本科生和研究生. 为此，科学出版社曾调研了国内不同层次的上百所学校，听取了广大教师的意见和建议. 这套丛书将于今年秋季问世，第一批包括《小波分析》《数值逼近》等十余本教材. 选材上强调科学性、系统性，内容力求深入浅出、简明扼要.

丛书的编委和各位作者为丛书的出版做了大量的工作，在此表示衷心的感谢. 我们诚挚地希望这套丛书能为信息与计算科学专业教学的发展起到积极的推动作用，也相信丛书在各方面的支持与帮助下会越出越好.

石钟慈

2007 年 7 月

# 第二版前言

数值计算方法 (或数值分析) 是信息与计算科学专业的一门必修课, 也是科学工程计算相关专业的重要选修课. 2005 年在大连召开的第九届全国高校计算数学年会专门讨论了教材建设问题, 决定由石钟慈院士牵头, 与科学出版社合作, 出版一套科学计算及其软件教学丛书. 我们承担了《数值计算方法》教材的编写工作, 在湖南省高等教育 21 世纪课程教材《数值计算方法》(2002 年湖南科技出版社出版) 的基础上, 2008 年完成了本书第一版的撰写 (2009 年科学出版社出版), 2011 年完成了配套教辅《数值计算方法习题精析》(2011 年科学出版社出版). 该书入选了"十一五"、"十二五" 普通高等教育本科国家级规划教材以及 2009 年度普通高等教育精品教材, 所支撑的湘潭大学数值计算方法课程入选了国家精品课程和第一批国家级精品资源共享课.

本书的读者对象主要为信息与计算科学专业的本科生, 同时也兼顾到数学与应用数学及其他理工类非数学专业的本科生及研究生. 在第一版教材的内容组织上, 首先体现专业基础课教材的特点, 将传统数值计算方法课程的基本内容作为其主线, 并从新的视角介绍其中某些内容, 如将子空间迭代校正的思想引入迭代法中; 此外, 还将一些现代计算方法 (如 Monte Carlo (蒙特卡罗) 方法、多层网格法等) 纳入教材, 使学生在学习传统数值方法基础知识的同时, 也能了解一些现代计算数学的思想和方法, 以提高学生的数学素养和扩展其视野.

在第一版教材的使用过程中, 我们有幸收到了许多建设性的反馈意见和建议. 结合自身长期的教学实践和思考, 为了适应时代和学科发展对相关人才培养的新需求, 编者认为很有必要对教材做进一步的修订与完善.

在保持第一版特点的基础上, 本书第二版主要做了如下变动: ①对教材做了进一步凝练. 比如, 将各章关于线性空间的共性基础知识合并为第 1 章第 5 节; 将第一版的第 4 章内容归入其他章节, 并在内容上做了适当的精简. ②对部分章节做了大幅调整. 比如, 对第 8 章的 Monte Carlo 方法, 在保持原有基本内容的基础上, 做了较大程度的优化, 并增加了一些新内容. ③增加了一些与专业发展密切相关的新知识. 比如, 在第 1 章第 6 节中简要介绍了并行计算的基本知识; 在第 4 章的习题中增加了 CG 法与 Krylov(克雷洛夫) 子空间迭代法关系的内容; 在第 7 章第 8 节中增加了 Hamilton(哈密顿) 系统保结构算法简介的内容; 在第 9 章第 2 节中对最速下降法给出了更详细的描述等等; 在第 10 章中按经典文献对多层网格算法给出了新的描述, 使其更简洁清晰. ④修正了一些公式和图片中出现的错误, 统一了整本书算法描述的格式. ⑤对教材中的语言逻辑进行了润色梳理, 使行文更加流畅易读. 此外, 本次再版, 还可以通过二维码链接到每章的思维导图和程序代码等数字化资源.

在新教材出版之际, 编者特别感谢对本书前期撰写做出了重要贡献的傅凯新教授、金继承教授和文立平教授. 同时还要感谢广大读者对改版提出的宝贵意见, 以及对第二版初稿进行了细致审阅工作的曹学年、易年余、杨柳、唐启立、黄健、王冬岭等老师. 最后, 感谢责任编辑王静为本书出版付出的辛勤劳动.

限于编者的学识水平, 虽经我们的不断努力, 书中疏漏之处仍难避免, 恳请使用本书的师生和其他读者批评指正, 我们不胜感谢!

编　者

2023 年 11 月于湘潭大学

程序代码

# 第一版前言

1998 年, 教育部调整了数学学科专业的数量与名称, 将原来的七个专业合并为两个专业, 即数学与应用数学专业和信息与计算科学专业, 原统计学专业与经济类的统计学合并形成统计学类的统计学专业, 从而为进一步淡化专业、拓宽培养口径奠定了基础.

信息与计算科学专业涵盖了计算数学、信息科学、运筹学和控制论四个主干学科, 其中计算数学是本专业中历史较长的学科. 在新的专业规范中, 数值计算方法 (或数值分析) 是信息与计算科学专业的一门必修课.

信息与计算科学专业正式设立后, 许多院校都对其专业内涵、教学目标和课程设置等问题进行了认真的研讨. 2005 年在大连召开的第九届全国高校计算数学年会专门讨论了教材建设问题, 决定由石钟慈院士牵头, 与科学出版社合作, 出版一套科学计算及其软件教学丛书. 当时决定由我们承担《数值计算方法》教材的编写工作. 2006 年本书被列为普通高等教育 “十一五” 国家级规划教材. 经过近三年的努力, 教材终于可以和读者见面了.

本书编写组在湖南省及湘潭大学 “计算数学及其应用软件专业核心课程的教学内容体系研究和实践”(1997~2000)、“信息与计算科学专业教学计划的研究与实践”(2003~2005) 等教改课题的支持下, 曾编写了湖南省高等教育 21 世纪课程教材《数值计算方法》(2002 年 6 月由湖南科技出版社出版), 该书自 1999 年开始已在湘潭大学连续使用了 6 届, 并且被国内多所高校采用. 此次新编的《数值计算方法》在原有基础上做了较大的改动：增加了最优化方法一章, 对其他章节的内容组织与叙述方式进行了调整以适应新的要求. 更新达 60% 以上, 有的章节已面貌一新, 如线性代数方程组求解等. 原书的主编之一傅凯新教授由于年事已高不再参与新版教材的编写工作, 在此对他前期工作的贡献表示诚挚的感谢.

本书的读者对象主要为信息与计算科学专业的本科生, 同时也兼顾到数学与应用数学及其他理工类非数学专业的本科生及研究生, 所以内容的选取既不同于传统计算数学专业所用教材, 也有别于只针对工科类数值分析课程的教材. 在内容组织上, 首先体现作为专业基础课程教材的基础特性, 将传统的数值分析课程基本内容 (如多项式插值、最佳逼近、数值积分、代数方程的解法、非线性方程的解法、最优化方法、特征值问题的解法、常微分方程的数值解法等) 纳入进来, 使学生通过学习该课程, 掌握传统数值计算方法的基本内容; 另一方面, 将一些现代

的计算方法 (如 Monte Carlo 方法、多层网格法等) 纳入教材, 使学生在学习现代计算方法的同时, 了解数值计算方法的现状及发展趋势. 在内容表述上, 用现代的方法从新的视角介绍某些传统的基本内容, 如将现代子空间迭代校正的思想引入迭代法的介绍中, 使学生在学习传统数值计算方法基本内容的同时, 也能了解一些现代数学的思想和方法, 以提高学生的现代数学素养.

本书采取方法介绍与理论分析并重的模式, 着力培养学生实际应用与理论分析两方面的能力. 内容采用模块化组织形式, 全部讲授的建议学时为 108, 有些专业也可根据具体情况选择部分内容进行讲授.

限于编者的学识水平, 虽经长时间的努力, 书中疏漏之处仍难避免, 恳请使用本书的师生和其他读者提出宝贵的意见, 以便进一步修订和完善, 我们不胜感谢!

编　者

2008 年 8 月于湘潭大学

# 目　　录

# 第 1 章 引 论

## 1.1 数值计算方法及其主要内容

数值计算方法是数学的一个分支, 也称为计算方法或数值分析. 数值计算方法以各类数学问题的数值解法为研究对象, 包括对方法的推导、描述以及对整个求解过程的分析, 并由此为计算机提供实际可行、理论可靠、计算复杂性好 (指占用内存空间少及运算次数少) 的各种数值算法.

数值计算方法是一门紧密联系实际的学科. 随着计算机科学和技术的迅速发展, 科学和工程技术中遇到的各类数学问题都有可能通过数值计算方法加以解决. “科学与工程计算” 已经成为平行于理论分析和科学实验的第三种科学手段. 现今无论在传统学科领域还是在高新科技领域均少不了数值计算这一类工作. 数值模拟实验已成为代替耗资巨大的真实实验、优化产品或工程设计的一种重要手段.

从实际问题中抽象出来的数学问题, 即我们常说的数学模型, 大多都与求解微分方程、线性与非线性代数系统、数据处理、统计、优化问题等有关. 数值计算方法这门课程将围绕这些数学问题的解决提供给大家一些有关基本数值算法设计、分析的训练, 使读者对一些基本概念、基本原理、基本思想、基本技能技巧有较全面的掌握. 本书的内容包括函数的数值逼近 (代数插值与函数的最佳逼近) 及其在数值积分与数值微分的应用、数值代数 (线性代数方程组的解法与矩阵特征值问题的计算)、非线性 (代数与超越) 方程的数值解法、常微分方程 (初、边值问题) 数值解法及最优化方法. 除以上基本内容之外, 本书还用少量篇幅介绍了广泛应用于实际问题的随机统计方法之一的 Monte Carlo(蒙特卡罗) 方法, 以及当今求解大规模科学工程计算问题最有效的算法之一的多层网格法, 以便读者参考. 通过对它们的讨论, 能够使人们掌握设计数值算法的基本方法, 为在计算机上解决科学计算问题打好基础.

在学习数值计算方法的时候, 首先要注意掌握方法的基本原理和思想, 并要注意方法处理的技巧及其与计算机的结合; 此外还应认真进行必要的数值计算训练.

## 1.2 计算机中数的浮点表示

任何一个科学计算实际问题在运用数值计算方法形成数值算法后, 必须通过计算机进行加、减、乘、除及逻辑等运算来实现. 因此了解数在计算机中的表示形式及其运算规则是必须的.

### 1.2.1 以 $\beta$ 为基的数系

以 $\beta$ 为基的数 ($\beta$ 进制数) 可表示为

$$\begin{aligned} x &= \pm(a_{n-1}\beta^{n-1} + a_{n-2}\beta^{n-2} + \cdots + a_0\beta^0 + a_{-1}\beta^{-1} + a_{-2}\beta^{-2} + \cdots + a_{-m}\beta^{-m}) \\ &= \pm(a_{n-1}a_{n-2}\cdots a_0.a_{-1}a_{-2}\cdots a_{-m})_\beta, \end{aligned}$$

这里, $0 \leqslant a_k < \beta$ 为整数.

(1) 十进制数 ($\beta = 10$). 例如,

$$(364)_{10} = 3 \times 10^2 + 6 \times 10^1 + 4 \times 10^0,$$

$$(5188.51)_{10} = 5 \times 10^3 + 1 \times 10^2 + 8 \times 10^1 + 8 \times 10^0 + 5 \times 10^{-1} + 1 \times 10^{-2}.$$

(2) 二进制数 ($\beta = 2$). 例如,

$$\begin{aligned} (10101)_2 &= 1 \times 2^4 + 0 \times 2^3 + 1 \times 2^2 + 0 \times 2^1 + 1 \times 2^0 \\ &= (21)_{10}, \\ -(10.101)_2 &= -(1 \times 2^1 + 0 \times 2^0 + 1 \times 2^{-1} + 0 \times 2^{-2} + 1 \times 2^{-3}) \\ &= -(2.625)_{10}. \end{aligned}$$

(3) 十六进制数 ($\beta = 16$), 十六个数字为 0, 1, 2, $\cdots$ , 9, A, B, C, D, E, F. 例如,

$$\begin{aligned} (5\text{C}4)_{16} &= 5 \times 16^2 + \text{C} \times 16^1 + 4 \times 16^0 \\ &= 5 \times 16^2 + 12 \times 16^1 + 4 \\ &= (1476)_{10}. \end{aligned}$$

除此之外, 八进制也是一种常用的进制.

### 1.2.2 数的浮点表示

在科学计算中常把数, 如

$$0.0050618, \quad 0.027612, \quad 276.4608$$

等, 分别表示成

$$0.50618 \times 10^{-2}, \quad 0.27612 \times 10^{-1}, \quad 0.2764608 \times 10^3.$$

这样一来, 一个数的数量级就一目了然. 在这种表示方法中, 小数点的位置决定于后边那个 10 的指数 (称为**阶码**). 这种允许小数点位置浮动的表示方法称为数的

**浮点表示**. 显然一个数可以有不同的浮点表示. 例如, 8253 可以表示成 $0.8253 \times 10^4$, 也可以表示成 $0.08253 \times 10^5$. 为了确定起见, 我们将浮点数的表示规格化, 即要求小数点后第一位数字非零, 这样的浮点表示称为规格化的浮点数.

$\beta$ 进制下, 规格化的浮点数可以表示成

$$x = \pm 0.a_1a_2\cdots a_s \times \beta^c, \tag{1.1}$$

其中, $1 \leqslant a_1 < \beta$, $0 \leqslant a_i < \beta, i = 2, 3, \cdots, s$. 称 $0.a_1a_2\cdots a_s$ 为浮点数的尾数部分, $s \geqslant 1$, 大小不限制. $c$ 为阶码, 它为 $\beta$ 进制整数. 例如,

$$0.1010101 \times 2^{101}, \quad 0.10001001 \times 2^{100},$$

$$0.11101 \times 2^{-010}, \quad 0.110011 \times 2^{-001}$$

等, 都是规格化的二进制浮点数.

### 1.2.3 浮点数的计算机表示

计算机中参与运算的数也是用浮点表示的, 仍如 (1.1) 的形式. 但由于计算机位数的限制, 数的浮点表示尾数部分位数是固定的, 如 $t$ 位, $t$ 也称为计算机的**字长**. 阶码 $c$ 的大小也有确定的范围: $m \leqslant c \leqslant M$, 一般 $m = -M$, 或 $m = -M + 1$.

受具体计算机限制的浮点数称为**机器数**, 它们构成该机器的数系, 并由 $(\beta, t, m, M)$ 所确定, 记为 $F(\beta, t, m, M)$. 因此计算机的数系实际上仅是实数系 $\mathbb{R}$ 的一个小的离散子集. 设 $f \in F(\beta, t, m, M)$, 则有

$$\beta^{m-1} \leqslant |f| \leqslant (1 - \beta^{-t})\beta^M.$$

当实数 $|x| > (1 - \beta^{-t})\beta^M$ 时, 机器就出现**上溢**而中断运算; 当 $|x| < \beta^{m-1}$ 时, 称为**下溢**, 机器自动作为零处理. 对于绝对值属于区间 $[\beta^{m-1}, (1 - \beta^{-t})\beta^M]$ 中的任一数

$$x = \pm(0.a_1a_2\cdots a_t\cdots)\beta^c.$$

若 $x \bar{\in} F(\beta, t, m, M)$, 为了能在计算机中参与运算, 机器将自动用机器数 $f$ 表示, 记为 $f = fl(x)$, 这就定义了 $G = [\beta^{m-1}, (1 - \beta^{-t})\beta^M]$ 到 $F(\beta, t, m, M)$ 的函数 $fl$(其中 $fl$ 是 floating-point 的缩写, 表示浮点机器数).

任何实数 $x \in G$, 现有计算机是按下述两种方法之一得到 $fl(x)$ 的.

(1) 舍入. $fl(x)$ 取成与 $x$ 最接近者

$$|x - fl(x)| = \min_{f \in F} |x - f|.$$

这种方法的 $fl(x)$ 实际是这样得到的：若 $a_{t+1} < \frac{1}{2}\beta$, 则将 $a_{t+1}$ 以后各数舍去, 若 $a_{t+1} \geqslant \frac{1}{2}\beta$, 则将 $a_t$ 改为 $a_t + 1$, 这实际上是通常的四舍五入规则.

(2) 截断. $fl(x)$ 取成为满足 $|fl(x)| \leqslant |x|$ 之误差最小者：

$$|x - fl(x)| = \min_{\substack{f \in F \\ |f| \leqslant |x|}} |f - x|.$$

这相当于在 $x$ 的表示中截去 $a_{t+1}$ 及其以后的所有数.

根据 $F(\beta, t, m, M)$ 的定义, 有

(1) 舍入

$$|x - fl(x)| \leqslant \frac{\beta^{c-t}}{2}. \tag{1.2}$$

(2) 截断

$$|x - fl(x)| \leqslant \beta^{c-t}. \tag{1.3}$$

每种计算机只采用其中一种规则.

若记

$$u = \begin{cases} \frac{1}{2}\beta^{1-t}, & \text{舍入}, \\ \beta^{1-t}, & \text{截断}, \end{cases}$$

则有

$$fl(x) = x(1+\delta), \quad |\delta| \leqslant u. \tag{1.4}$$

事实上, 由 $x \in G$ 可知 $x \neq 0$, 令

$$\delta = \frac{fl(x) - x}{x}. \tag{1.5}$$

由于 $|x| \geqslant \beta^{c-1}$ 以及式 (1.2) 和 (1.3), 得

$$|\delta| \leqslant \frac{1}{2}\frac{\beta^{c-t}}{\beta^{c-1}} = \frac{1}{2}\beta^{1-t} \quad (\text{舍入})$$

或者

$$|\delta| \leqslant \frac{\beta^{c-t}}{\beta^{c-1}} = \beta^{1-t} \quad (\text{截断}),$$

于是 $|\delta| \leqslant u$, 利用式 (1.5) 可得

$$fl(x) = x(1+\delta).$$

对于计算机而言, 凡介于机器容许的最大数与最小数之间的任何数, 除恰好是机器数外, 一经送入计算机, 即成为近似数参与运算. 1.3 节讨论近似数运算的舍入误差时, 还将多次用到 (1.4) 式.

## 1.3 误差的基本概念

### 1.3.1 误差的来源

利用计算机进行科学计算将要经历以下几个过程：首先要将实际问题建立数学模型, 其次选择数值计算方法设计数值算法, 最后在计算机上实现算法得出数值结果. 数学模型是实际问题的数学描述, 它往往是抓住主要因素, 略去一些次要因素, 将实际问题理想化以后所进行的数学概括. 因而数学模型是近似的, 其误差称为**模型误差**. 此外在数学模型中往往包含了若干参变量, 如温度、长度、电压等, 这些量往往是通过观测或实验得来的, 因此也带来了误差. 这种误差, 称为**观测误差**. 模型误差和观测误差不作为数值计算方法的讨论对象. 当实际问题的数学模型很复杂, 因而不能获得精确解时, 必须提供求近似解的数值算法, 这种算法是通过对原数学模型作某种近似而产生的, 模型的精确解与数值方法精确解之差称为**截断误差**或**方法误差**.

**例 1.1** 已知 $x>0$, 求 $\mathrm{e}^{-x}$ 时, 由表达式

$$\mathrm{e}^{-x}=1-x+\frac{1}{2}x^2-\frac{1}{6}x^3+\cdots,$$

取部分和

$$e(x)=1-x+\frac{1}{2}x^2-\frac{1}{6}x^3$$

作为 $\mathrm{e}^{-x}$ 的近似值, 有

$$R(x)=\mathrm{e}^{-x}-e(x)=\frac{1}{24}\mathrm{e}^{-\xi}x^4,$$

其中 $0<\xi<x$. $R(x)$ 即为利用 $e(x)$ 作为 $\mathrm{e}^{-x}$ 近似值时所产生的截断误差.

例 1.1 很好地解释了 “截断误差” 一词的含义. 截取有限项之和近似无穷级数之和时所产生的误差即是截断误差. 许多数值方法的建立正是基于级数展开截取其若干主要的项而得到的. 截断误差是数值计算方法的重点讨论对象.

最后, 在计算机上实现算法得出数值结果的过程中, 还应考虑初始数据误差在计算过程中的传播和计算机浮点运算误差的积累. 由于初始数据通常是从测量中得到, 往往带有一定的误差, 这种误差在计算过程中将不断积累最终对计算结果造成影响, 称这种误差为初始值运算的传播误差. 又由于计算机浮点 (机器) 数的有限字长, 计算过程中的数据以及初始数据都是按四舍五入或只舍不入规则截

成有限位数的机器数，由此而引起的计算结果误差，我们把这种误差称为**浮点运算舍入误差** (简称**舍入误差**). 传播误差和舍入误差也是数值计算方法讨论的对象，因为它们直接影响到计算结果的精度.

### 1.3.2　近似数的误差和有效数字

在科学计算中，数据是最基本的. 任何复杂计算问题的误差分析，本质上都将归结为数的误差估计.

**定义 1.1**　设数 $x$ 是某个量的精确值，数 $x^*$ 是该量的已知近似值，记

$$E(x)=x-x^*,$$

称 $E(x)$ 为近似数 $x^*$ 的**绝对误差**，简称**误差**.

例如，若取 1/3 的近似值为 0.3333，则绝对误差为

$$E(x)=\frac{1}{3}-0.3333=0.000033\cdots.$$

一般说来，求 $E(x)$ 是比较困难的，但往往可以估计出绝对误差的上限，即可求出一个正数 $\eta$，使得

$$|x-x^*|\leqslant\eta, \tag{1.6}$$

满足式 (1.6) 的 $\eta$ 称为近似数 $x^*$ 的**绝对误差限**. 有了绝对误差限就可得到 $x$(精确值) 的范围

$$x^*-\eta\leqslant x\leqslant x^*+\eta. \tag{1.7}$$

例如，某种手表出厂时说明每天快慢 5s 以内，于是若记 $t$ 为准确时间，$t^*$ 为手表所指的时间，那么有 $|t-t^*|\leqslant 5\text{s}$. 这里 $\eta=5\text{s}$ 即为 $t^*$ 的绝对误差限.

式 (1.7) 说明精确值 $x$ 落在区间 $[x^*-\eta,x^*+\eta]$ 内，在应用中常用

$$x=x^*\pm\eta$$

来表示式 (1.7)，以刻画 $x^*$ 的精度. 上面关于手表的精度也可以用 $t=(t^*\pm 5)\text{s}$ 来刻画. 从这个例子也可看出绝对误差是有量纲单位的.

衡量一个近似数的精确程度，光有绝对误差是不够的. 例如，测量一段路程，其长为 100km，假定有 10m 的误差；另外测量一条 10km 的路程，也有 10m 的误差. 显然后者测量的精度要差得多. 这说明决定一个近似数的精度，除了绝对误差以外，还必须顾及这个数本身的大小. 这就需要引进相对误差的概念.

**定义 1.2**　近似数 $x^*$ 的绝对误差和精确值的比，即

$$E_r(x)=\frac{x-x^*}{x}$$

称为 $x^*$ 的**相对误差**.

精确值一般是未知的, 因而 $E_r(x)$ 一般也是未知的. 但往往可以估计出相对误差的上限, 即可以求出一个正数 $\delta$, 使得

$$|E_r(x)| \leqslant \delta. \tag{1.8}$$

满足式 (1.8) 的 $\delta$ 称为 $x^*$ 的**相对误差限**.

由此知道测量 100km 的路程有 10m 误差, 它的相对误差为 $10/10^5 = 10^{-4}$; 而测量 10km 的路程也有 10m 的误差, 它的相对误差为 $10/10^4 = 10^{-3}$, 可见比前者大得多.

易知相对误差是无量纲量. 在数值计算中, 由于精确值 $x$ 常常不知道, 因而常将

$$E_r^*(x) = \frac{x - x^*}{x^*}$$

称为近似数 $x^*$ 的相对误差. 这样做的理由是

$$\begin{aligned} E_r(x) &= \frac{E(x)}{x} = \frac{E(x)}{x^* + E(x)} \\ &= \frac{E(x)}{x^*}\left[1 - \frac{E(x)}{x^*} + \left(\frac{E(x)}{x^*}\right)^2 - \cdots\right] \\ &= \frac{E(x)}{x^*} - \left(\frac{E(x)}{x^*}\right)^2 + \left(\frac{E(x)}{x^*}\right)^3 - \cdots \\ &= E_r^*(x) - (E_r^*(x))^2 + (E_r^*(x))^3 - \cdots . \end{aligned}$$

因此当 $E_r^*(x)$ 较小时, 两者差别很小.

下面引入有效数字概念. 众所周知, 当精确数 $x$ 有很多位数时, 常常按“四舍五入”规则来选取近似数. 例如,

$$x = \pi = 10 \times 0.314159265\cdots ,$$

取三位:

$$x_3^* = 10 \times 0.314, \quad \eta_3 \leqslant 0.002,$$

取五位:

$$x_5^* = 10 \times 0.31416, \quad \eta_5 \leqslant 0.00001.$$

$\eta_3, \eta_5$ 为近似数 $x_3^*, x_5^*$ 的绝对误差限, 它们都不超过末尾数字的半个单位, 即

$$|\pi - 10 \times 0.314| \leqslant \frac{1}{2} \times 10^{-2},$$

$$|\pi - 10 \times 0.31416| \leqslant \frac{1}{2} \times 10^{-4}.$$

称近似值 $x_3^*, x_5^*$ 分别具有三位和五位有效数字.

**定义 1.3** 设精确值 $x$ 的近似值为

$$x^* = \pm 10^m \times 0.a_1 a_2 \cdots a_k \cdots a_n, \tag{1.9}$$

其中, $a_i(i = 1, 2, \cdots, n)$ 是 0 到 9 中的某一整数, 并且 $a_1 \neq 0$. 若 $x^*$ 的绝对误差限满足

$$|x - x^*| \leqslant \frac{1}{2} \times 10^{m-k}, \tag{1.10}$$

则称 $a_k$ 为有效数字. 显然, 若 $a_k$ 为有效数字, 那么 $a_1, \cdots, a_{k-1}$ 都是有效数字. 如果 $x^*$ 的每一位都是有效数字, 那么 $x^*$ 称为具有 $n$ 位有效数字的有效数.

从定义可知, 若 $x^*$ 是 $x$ 经 "四舍五入" 得到的, 那么它定是有效数. 但 $x$ 的近似数 $x^*$ 的每一位数字不一定都是有效数字. 例如,

$$\mathrm{e} = 2.7182818284 \cdots.$$

对于 e, 如果直接截取它的前 2~5 位, 四个数是

$$2.7, \quad 2.71, \quad 2.718, \quad 2.7182,$$

其中 2.7, 2.71 均有二位有效数字, 2.718 与 2.7182 均有四位有效数字.

近似数 $x^*$ 的有效数字与绝对误差的关系从表 1-1 可以直接看出来.

**表 1-1**

| $x^*$ | 有效数字 | 误差限 |
|---|---|---|
| 0.0074 | 2 位 | $0.5 \times 10^{-4}$ |
| 0.137 | 3 位 | $0.5 \times 10^{-3}$ |
| 412.6 | 4 位 | $0.5 \times 10^{-1}$ |

此外, 对于同一个精确数的近似数, 若有效数字越多, 那么它的绝对误差限就越小. 关于有效数字与相对误差的关系, 有下面的结果.

**定理 1.1** 设 $x^*$ 为 $x$ 的近似值, $a_1$ 为它的第一个非零数.

(1) 若 $x^*$ 有 $n$ 位有效数字, 则其相对误差限为

$$|E_r^*(x)| \leqslant \frac{1}{2a_1} \times 10^{-(n-1)}. \tag{1.11}$$

(2) 若近似数 $x^*$ 的相对误差满足

$$|E_r^*(x)| \leqslant \frac{1}{2(a_1 + 1)} \times 10^{-(n-1)}, \tag{1.12}$$

则 $x^*$ 至少有 $n$ 位有效数字.

**证明** 由 (1.9), 知 $|x^*| \geqslant a_1 \times 10^{m-1}$, 故由 (1.10) 有

$$\begin{aligned}|E_r^*(x)| &= \frac{|x-x^*|}{|x^*|} \leqslant \frac{1}{a_1 \times 10^{m-1}} \times \frac{1}{2} \times 10^{m-n} \\ &= \frac{1}{2a_1} \times 10^{-(n-1)},\end{aligned}$$

故 (1.11) 成立.

反之, 若 (1.12) 成立, 则

$$|x-x^*| \leqslant |x^*| \times \frac{1}{2(a_1+1)} \times 10^{-(n-1)},$$

但是 $|x^*| \leqslant (a_1+1) \times 10^{m-1}$, 故

$$|x-x^*| \leqslant \frac{1}{2} \times 10^{m-n}.$$

于是, $x^*$ 至少具有 $n$ 位有效数字. □

从定理 1.1 可知, 相对误差与有效数字的位数有关. 例如, $x^* = 518.8 = 0.5188 \times 10^3$, 有 $m=3, n=4$, 于是

$$|E(x)| \leqslant \frac{1}{2} \times 10^{-1}, \quad |E_r^*(x)| \leqslant 10^{-4}.$$

该例说明, 有效数字越多, 相对误差限越小.

### 1.3.3 初始误差在运算中的传播

现在来讨论在计算一个函数时, 初始数据的误差对计算结果的影响, 暂不考虑计算是按照什么方式进行的, 也不考虑计算过程中舍入误差的积累.

给定多元函数

$$y = f(x_1, x_2, \cdots, x_n).$$

设 $x_1^*, x_2^*, \cdots, x_n^*$ 为 $x_1, x_2, \cdots, x_n$ 的近似数. 此时 $y$ 的近似值为

$$y^* = f(x_1^*, x_2^*, \cdots, x_n^*).$$

于是计算 $y$ 时所产生的误差可以用 Taylor(泰勒) 展开式来估计:

$$\begin{aligned}E(y) &= y - y^* = f(x_1, x_2, \cdots, x_n) - f(x_1^*, x_2^*, \cdots, x_n^*) \\ &\approx \sum_{i=1}^{n} \frac{\partial f(x_1, x_2, \cdots, x_n)}{\partial x_i} \cdot (x_i - x_i^*) \\ &= \sum_{i=1}^{n} \frac{\partial f(x_1, x_2, \cdots, x_n)}{\partial x_i} \cdot E(x_i).\end{aligned} \tag{1.13}$$

而相应的相对误差为

$$E_r(y)=\frac{E(y)}{y}\approx\sum_{i=1}^{n}\frac{\partial f(x_1,x_2,\cdots,x_n)}{\partial x_i}\cdot\frac{x_i}{f(x_1,x_2,\cdots,x_n)}E_r(x_i). \tag{1.14}$$

由式 (1.13) 和 (1.14), 可导出近似数作加、减、乘、除等基本运算时前后误差之间的关系. 下面分析 $f$ 仅含 $x_1,x_2$ 两个数据变量的情形.

(1) $f(x_1,x_2)=x_1+x_2$.

由式 (1.13) 和 (1.14) 可得

$$\begin{aligned}E(x_1+x_2)&\approx\frac{\partial(x_1+x_2)}{\partial x_1}E(x_1)+\frac{\partial(x_1+x_2)}{\partial x_2}E(x_2)\\&=E(x_1)+E(x_2),\end{aligned} \tag{1.15}$$

$$E_r(x_1+x_2)\approx\frac{x_1E_r(x_1)}{x_1+x_2}+\frac{x_2E_r(x_2)}{x_1+x_2}. \tag{1.16}$$

当 $x_1$ 与 $x_2$ 同号时, 相当于加法的情形, 有

$$0\leqslant\left|\frac{x_1}{x_1+x_2}\right|\leqslant1,\quad 0\leqslant\left|\frac{x_2}{x_1+x_2}\right|\leqslant1.$$

于是由式 (1.15) 和 (1.16) 可得

$$|E(x_1+x_2)|\leqslant|E(x_1)|+|E(x_2)|$$

和

$$|E_r(x_1+x_2)|\leqslant|E_r(x_1)|+|E_r(x_2)|.$$

这就是说, 两近似数作加法运算时计算结果的绝对误差限和相对误差限均不超过各项绝对误差限和相对误差限之和.

当 $x_1$ 与 $x_2$ 异号时, 相当于减法的情形, 此时因分式 $|x_j/(x_1+x_2)|$ $(j=1,2)$ 中之一大于 1, 而没有简单的误差限. 当 $x_1\approx-x_2$ 时, 由 (1.16) 可以看出, 有一个因子会变得很大, 即相对误差变大, 从而初始数据的误差对计算结果将产生较大的影响. 因此, 在计算中应尽可能避免 $x_1+x_2\approx0$, 即两个相近数作减法的情形, 以防止有效数字的丢失.

**例 1.2**　用四位浮点数计算

$$1-\cos2^\circ\approx1-0.9994=0.0006,$$

结果仅有一位有效数字. 借助恒等式

$$1-\cos x=2\sin^2\left(\frac{x}{2}\right),$$

可得

$$1-\cos 2^\circ \approx 0.6090\times 10^{-3},$$

有四位有效数字, 因此结果更加精确.

由例 1.2 可以看出, 为了避免两个很接近的数相减时引起精度下降, 可对计算公式进行处理. 例如, 当 $x_1$ 很接近 $x_2$ 时变换

$$\lg x_1-\lg x_2=\lg\frac{x_1}{x_2}.$$

当 $x$ 接近于 0 时变换

$$\frac{1-\cos x}{\sin x}=\frac{\sin x}{1+\cos x}.$$

当 $x$ 充分大时变换

$$\arctan(x+1)-\arctan x=\arctan\frac{1}{1+x(x+1)}.$$

当 $f(x^*)$ 很接近于 $f(x)$ 时, 为了避免有效数字在运算时丢失, 用 Taylor 展开式代替两者的减运算

$$f(x)-f(x^*)=(x-x^*)f'(x^*)+\frac{(x-x^*)^2}{2}f''(x^*)+\cdots.$$

这时能使 $f(x)-f(x^*)$ 保持适当的有效数字.

(2) 乘法和除法.

取 $f(x_1,x_2)=x_1\cdot x_2$, 由式 (1.13) 和 (1.14) 可得

$$\begin{aligned}E(x_1\cdot x_2)&\approx\frac{\partial(x_1\cdot x_2)}{\partial x_1}E(x_1)+\frac{\partial(x_1\cdot x_2)}{\partial x_2}E(x_2)\\&=x_2E(x_1)+x_1E(x_2)\end{aligned}$$

和

$$\begin{aligned}E_r(x_1\cdot x_2)&\approx\frac{1}{x_1\cdot x_2}[x_2E(x_1)+x_1E(x_2)]\\&=E_r(x_1)+E_r(x_2).\end{aligned}$$

以上表明, 当 $x_1$ 或 $x_2$ 的绝对值很大时 $|E(x_1\cdot x_2)|$ 的值可能很大, 即导致 $x_1$ 乘 $x_2$ 的绝对误差放大; 而乘法总的相对误差不会大于各项相对误差之和, 因此初始数据的误差对计算结果的影响不大.

对于近似数作除法运算的情形, 则取

$$f(x_1,x_2)=\frac{x_1}{x_2},\quad x_2\neq 0.$$

由式 (1.13) 和 (1.14) 可得

$$\begin{aligned} E\left(\frac{x_1}{x_2}\right) &\approx \frac{\partial}{\partial x_1}\left(\frac{x_1}{x_2}\right)E(x_1)+\frac{\partial}{\partial x_2}\left(\frac{x_1}{x_2}\right)E(x_2) \\ &= \frac{1}{x_2}E(x_1)-\frac{x_1}{x_2^2}E(x_2) \end{aligned} \tag{1.17}$$

和

$$\begin{aligned} E_r\left(\frac{x_1}{x_2}\right) &\approx \frac{\partial}{\partial x_1}\left(\frac{x_1}{x_2}\right)x_2E_r(x_1)+\frac{\partial}{\partial x_2}\left(\frac{x_1}{x_2}\right)\frac{x_2^2}{x_1}E_r(x_2) \\ &= E_r(x_1)-E_r(x_2). \end{aligned} \tag{1.18}$$

式 (1.17)表明, 当作除数的 $x_2$ 接近于零时, $x_1$ 与 $x_2$ 之商的绝对误差被严重放大, 从而导致精度下降; 而除法运算的相对误差不大于各项相对误差限之和.

综合以上分析可见, 在实际计算中两个相近数的相减、大的乘数作乘法以及接近于零的除数作除法都会导致误差在传播过程中放大, 因此在设计数值算法时应尽量避免.

### 1.3.4 浮点运算的舍入误差

现在来考虑计算机中浮点数的运算. 设 $x, y$ 都是规格化的浮点机器数, 即 $x, y\in F$. 它们的算术运算

$$x+y,\quad x-y,\quad x\times y,\quad x/y$$

的精确结果不一定是 $F$ 中的浮点数. 例如, 若 $t=4, \beta=10$,

$$x=0.3127\times10^{-6},\quad y=0.4153\times10^{-4},$$

则

$$x+y=0.003127\times10^{-4}+0.4153\times10^{-4}=0.418427\times10^{-4}.$$

所以, $x+y$ 不属于 $F$.

关于乘积 $x\times y$, 其尾数一般为 $2t$ 位, 至少为 $2t-1$ 位, 所以也不是 $F$ 中的数. 在计算机上进行浮点数的四则运算时, 总是先进行运算并将数据尾数保留 $2t$ 位, 然后进行舍入或截断成 $t$ 位浮点机器数. 因此, 如果用 $\circ$ 表示一种四则运算, 则由式 (1.4) 有

$$fl(x\circ y)=(x\circ y)(1+\delta),\quad |\delta|\leqslant u, \tag{1.19}$$

其中

$$u=\begin{cases} \dfrac{1}{2}\beta^{1-t}, & \text{舍入}, \\ \beta^{1-t}, & \text{截断}. \end{cases}$$

这样一来, 为确定浮点数运算的舍入误差, 只需研究原始数据摄动产生的误差即可, 这就使我们能够对舍入误差进行分析. 此外, (1.19) 还表明, 每一步四则运算仅在计算中产生了小的相对误差.

以下分析求和及连乘运算产生的舍入误差. 假设 $x, y, z$ 都是规格化的浮点机器数, 由关系式 (1.19), 有

$$\begin{aligned} fl(x+y+z) &= fl(fl(x+y)+z) \\ &= fl((x+y)(1+\delta_1)+z) \\ &= [(x+y)(1+\delta_1)+z](1+\delta_2) \\ &= (x+y)(1+\delta_1)(1+\delta_2)+z(1+\delta_2), \\ fl(x\times y\times z) &= fl(fl(x\times y)\times z) \\ &= fl((x\times y)(1+\delta_1)\times z) \\ &= (x\times y\times z)(1+\delta_1)(1+\delta_2). \end{aligned}$$

按以上方法不难得到任意多个数的和及积的浮点表示及相应误差. 注意到上述表达式中总出现形如 $\prod(1+\delta_i)$ 的乘积, 我们希望有这些乘积的估计.

**引理 1.1** 若 $|\delta_j| \leqslant u, j=1,2,\cdots,n$ 且 $nu \leqslant 0.01$, 则

$$1-nu \leqslant \prod_{j=1}^{n}(1+\delta_j) \leqslant 1+1.01nu. \tag{1.20}$$

或写成

$$\prod_{j=1}^{n}(1+\delta_j) = 1+1.01nu\theta, \quad |\theta| \leqslant 1.$$

**证明** 由 $|\delta_j| \leqslant u$ 易得

$$(1-u)^n \leqslant \prod_{j=1}^{n}(1+\delta_j) \leqslant (1+u)^n. \tag{1.21}$$

对函数 $(1-x)^n (0<x<1)$ 作 Taylor 展开得到

$$(1-x)^n = 1-nx+\frac{n(n-1)}{2}(1-\xi x)^{n-2}x^2 \geqslant 1-nx,$$

因此

$$(1-u)^n \geqslant 1-n\cdot u.$$

为了估计 $(1+u)^n$ 的上界, 首先注意, 对函数 $\mathrm{e}^x$ 的幂级数展开

$$\begin{aligned} \mathrm{e}^x &= 1+x+\frac{x^2}{2!}+\frac{x^3}{3!}+\cdots \\ &= 1+x+\frac{x}{2}\cdot x\cdot\left(1+\frac{x}{3}+\frac{2x^2}{4!}+\cdots\right). \end{aligned}$$

当 $0 \leqslant x \leqslant 0.01$ 时, 有

$$1+x \leqslant \mathrm{e}^x \leqslant 1+x+0.01x \cdot \frac{1}{2}\mathrm{e}^x \leqslant 1+1.01x, \tag{1.22}$$

上面最后一个不等式利用了 $\mathrm{e}^{0.01}<2$ 的事实. 令 $x=nu$, 由 (1.22) 的右端不等式得到

$$\mathrm{e}^{nu} \leqslant 1+1.01nu. \tag{1.23}$$

由 (1.22) 左端令 $x=u$, 得到

$$(1+u)^n \leqslant \mathrm{e}^{nu}. \tag{1.24}$$

综合 (1.21), (1.23) 及 (1.24) 即得(1.20). □

利用上述估计我们得到

$$fl(x+y+z)=(x+y)(1+2.02\theta_1 u)+z(1+1.01\theta_2 u), \tag{1.25}$$

$$fl(x\times y\times z)=(x\times y\times z)(1+2.02\theta_3 u), \tag{1.26}$$

其中 $|\theta_j| \leqslant 1$.

在数值计算中一种经常出现的计算是求内积 $x^{\mathrm{T}}y$, 其中

$$x=(x_1,x_2,\cdots,x_n)^{\mathrm{T}}, \quad y=(y_1,y_2,\cdots,y_n)^{\mathrm{T}},$$

$$x^{\mathrm{T}}y=\sum_{i=1}^{n}(x_i\times y_i).$$

现假设 $x_i, y_i, i=1,2,\cdots,n$ 均为规格化的浮点机器数, 分析求内积时的舍入误差.

当 $n=3$ 时, 有

$$\begin{aligned}
&fl(x_1\times y_1+x_2\times y_2+x_3\times y_3)\\
&=fl((x_1\times y_1)(1+\delta_1)+(x_2\times y_2)(1+\delta_2)+(x_3\times y_3)(1+\delta_3))\\
&=\{[(x_1\times y_1)(1+\delta_1)+(x_2\times y_2)(1+\delta_2)](1+\delta_4)+(x_3\times y_3)(1+\delta_3)\}(1+\delta_5)\\
&=(x_1\times y_1+x_2\times y_2)(1+3.03\theta_2 u)+(x_3\times y_3)(1+2.02\theta_3 u)\\
&=(x_1\times y_1)(1+4.04\theta_1 u)+(x_2\times y_2)(1+3.03\theta_2 u)+(x_3\times y_3)(1+2.02\theta_3 u).
\end{aligned} \tag{1.27}$$

对一般情形, 可利用数学归纳法证明下述定理.

**定理 1.2** 若 $nu \leqslant 0.01$, 则

$$\begin{aligned}
&fl\left(\sum_{j=1}^{n}x_j\times y_j\right)=\sum_{j=1}^{n}(x_j\times y_j)[1+1.01(n+2-j)\theta_j u],\\
&\qquad |\theta_j|\leqslant 1, j=1,2,\cdots,n.
\end{aligned} \tag{1.28}$$

上面研究浮点运算舍入误差的方法有一个特点, 就是将对原始数据的实际浮点计算, 表示为对近似数据的精确的数学运算, 正如式 (1.25) 到 (1.28) 所作的那样. 这种将实际计算过程的误差转换为原始数据的误差的方法称为**向后误差分析**. 反之, 将直接估计计算结果与精确结果之间误差的误差分析方法称为**向前误差分析**. 使用向前误差分析方法则要对每一步运算找出舍入误差界, 并随着计算过程逐步向前分析, 直到最后估计出计算结果与精确结果舍入误差的界. 很明显, 向前误差分析方法只能应用于十分简单的情形, 对于计算量很大的问题它是无能为力的. 向后误差分析方法则不同了, 它最大的优点则是把浮点运算的舍入误差估计转化为通常的实数运算, 可以在误差分析中运用实数运算法则, 从而将一个看来十分困难的问题变得可以解决了. 尽管实际对具体算法进行分析时仍比较繁琐, 但原理却是简单而且可行的.

利用向后误差分析方法研究求解数学问题的某个算法时, 浮点计算的结果是否可靠, 最终将与该数学问题的解对原始数据误差的敏感程度有关. 在本书第 4 章中还将进一步讨论这方面的问题, 在那里将利用向后误差分析方法确定 Gauss (高斯) 消去法的界限, 证实了使用 Gauss 消去法解大型线性方程组的可靠性.

## 1.4 数值算法的稳定性

计算机的数值计算过程, 首先是选定数值方法, 然后根据数值方法去设计和选用算法. 而算法能否产生符合精度要求的计算结果, 是评价算法好坏的关键因素. 但由于观测、舍入等误差通常难以避免, 且在计算过程中会不断积累和传播, 从而影响算法最终计算结果的精度, 该影响的强弱因算法而异, 这就产生了数值算法的稳定性问题. 对某个算法而言, 如果这种误差传播是可控制的, 则称该算法是**数值稳定的**, 否则就是**数值不稳定的**. 下面通过两个例子来说明算法的数值稳定性.

**例 1.3** 求二次方程

$$x^2 - (10^9 + 1)x + 10^9 = 0$$

的根.

利用因式分解容易求得 $x_1 = 10^9, x_2 = 1$. 解二次方程 $ax^2 + bx + c = 0$ 的数值方法是

$$x_1 = \frac{1}{2a}\left(-b + \sqrt{b^2 - 4ac}\right) \text{ 和 } x_2 = \frac{1}{2a}\left(-b - \sqrt{b^2 - 4ac}\right).$$

由于该二次方程中 $b^2 \gg 4ac$, 因此 $\sqrt{b^2 - 4ac} \approx |b|$, 这样在计算机上计算将是：$b$ 取为 $\bar{b} = -10^9, s = \sqrt{b^2 - 4ac}$ 取为 $\bar{s} = 10^9$, 由此得出 $x_1$ 和 $x_2$ 的近似结果分别为 $\bar{x}_1 = 10^9, \bar{x}_2 = 0$. 第二个根显然是错误的.

下面换一种算法：因为 $x_1 \cdot x_2 = c$, 故

$$x_2 = \frac{10^9}{x_1}.$$

取 $x_1 = \bar{x}_1$, 得 $x_2$ 的近似结果为 $\bar{x}_2 = 1$. 这样就得到了正确的结果.

例 1.3 说明, 选用不同的算法, 效果完全不同, 后一种计算 $x_2$ 的算法是数值稳定的.

在数值计算中, 递推算法是一种常见的基本算法, 递推算法的运算过程比较规律, 相当方便, 但多次递推, 还必须注意误差的积累. 如果递推过程中误差增大, 多次递推会得到错误的结果; 如果递推过程中误差减小, 则可得出比较可靠的结果.

**例 1.4** 计算积分

$$I_n = \int_0^1 x^n \mathrm{e}^{x-1} \mathrm{d}x, \quad n = 1, 2, \cdots.$$

利用分部积分得

$$\int_0^1 x^n \mathrm{e}^{x-1} \mathrm{d}x = x^n \mathrm{e}^{x-1}\Big|_0^1 - n\int_0^1 x^{n-1} \mathrm{e}^{x-1} \mathrm{d}x$$

或

$$I_n = 1 - nI_{n-1}, \quad n = 2, 3, \cdots. \tag{1.29}$$

容易算出 $I_1 = 1/\mathrm{e}$. 利用式 (1.29) 在计算机上从 $I_1$ 出发计算前 11 个积分值, 其结果如表 1-2 中第二列所示. 由于被积函数 $x^n \mathrm{e}^{x-1}$ 在积分区间 [0, 1] 的内部总是正的, 但用 (1.29) 递推公式算出的 $I_{11}$ 却是一个负数! 这说明积分 $I_n$ 的正向递推过程是不稳定的.

现把前述递推关系改写成

$$I_{n-1} = \frac{1}{n}(1 - I_n), \quad n = \cdots, 3, 2. \tag{1.30}$$

考虑到关系

$$I_n = \int_0^1 x^n \mathrm{e}^{x-1} \mathrm{d}x \leqslant \int_0^1 x^n \mathrm{d}x = \frac{1}{n+1}.$$

当 $n \to \infty$ 时, $I_n \to 0$. 例如, 取 $I_{20} = 0$ 作为出发值, 依次可求得 $I_{19}, I_{18}, \cdots, I_1$. 计算结果如表 1-2 中第三列所示. 此时 $I_n$ 的逆递推过程是稳定的, 计算结果是正确的.

表 1-2 积分 $\int_0^1 x^n e^{x-1} dx$ 的计算结果

| $n$ | $I_n(A)$ | $I_n(B)$ |
|---|---|---|
| 1 | 0.3678794 | 0.3678794 |
| 2 | 0.2642412 | 0.2642411 |
| 3 | 0.2072764 | 0.2072766 |
| 4 | 0.1708944 | 0.1708934 |
| 5 | 0.1455280 | 0.1455329 |
| 6 | 0.1268320 | 0.1268023 |
| 7 | 0.1121760 | 0.1123835 |
| 8 | 0.1025920 | 0.1009319 |
| 9 | 0.0766720 | 0.0916123 |
| 10 | 0.2332800 | 0.0838769 |
| 11 | −1.566080 | 0.0773540 |
| 20 | − | 0 |

为什么积分 $I_n$ 的正向递推过程 (1.29) 是不稳定呢? 究其原因乃是由于计算机中数的运算和存储只有有限字长, 初始值误差和舍入误差的积累导致计算结果精度降低以至失去意义. 现在分析这一过程中误差传播情况.

由式 (1.29)

$$I_2 = 1 - 2I_1,$$

设近似值

$$\tilde{I}_2 = 1 - 2\tilde{I}_1,$$

于是

$$I_2 - \tilde{I}_2 = -2(I_1 - \tilde{I}_1). \tag{1.31}$$

记 $I_1 - \tilde{I}_1 = \varepsilon$ 为 $I_1$ 值的误差. (1.31) 表明, $\tilde{I}_1$ 的误差传播到 $\tilde{I}_2$ 时, 误差已增加了 2 倍. 显然,

$$I_n - \tilde{I}_n = (-1)^{n-1} n!(I_1 - \tilde{I}_1) = (-1)^{n-1} n!\varepsilon.$$

这表明若 $\tilde{I}_1$ 有 $\varepsilon$ 的误差, 那么 $\tilde{I}_n$ 就有 $(-1)^{n-1}n!$ 倍 $\varepsilon$ 的误差, 由此可见当 $n$ 充分大时计算严重不可靠. 另一方面, 对于 $I_n$ 的逆递推形式 (1.30), 有

$$\begin{aligned} I_1 - \tilde{I}_1 &= -\frac{1}{2}(I_2 - \tilde{I}_2) = \frac{1}{3!}(I_3 - \tilde{I}_3) = \cdots \\ &= (-1)^{n-1}\frac{1}{n!}(I_n - \tilde{I}_n). \end{aligned}$$

这说明误差在逆推过程中传播时没有增大, 故 $I_n$ 的逆推过程是稳定的, 计算的结果可靠.

从例 1.4 可以看出, 应用递推公式必须注意算法的稳定性. 类似的例子很多. 例如, Bessel(贝塞尔) 函数 $J_n(x)$ 满足递推公式:

$$J_{n+1}(x)=\frac{2n}{x}J_n(x)-J_{n-1}(x),\quad n\geqslant 1.$$

一般其正向递推形式是不稳定的, 但当 $n\leqslant |x|$ 时, 其正向递推形式基本上是稳定的.

## 1.5 线性空间中的“距离”与“夹角”

**线性空间**, 又称**向量空间**, 是欧氏空间概念的推广, 在数值计算方法的构造和理论分析中经常用到, 本节主要介绍其相关的基本概念.

**定义 1.4** 给定一非空集合 $E$ 和一数域 $F$, 对于 $E$ 中的任意两个元素 $\alpha,\beta$, 以及 $F$ 中任意的两个数 $c_1$, $c_2$, 满足

$$c_1\cdot\alpha+c_2\cdot\beta\in E,$$

即集合 $E$ 中的元素关于加法和数乘运算封闭, 则称 $E$ 为数域 $F$ 上的**线性空间**.

以数域 $F$ 取实数域 $\mathbb{R}$ 为例, 所有 $n$ 维实向量的全体 $\mathbb{R}^n$, 所有 $n\times n$ 实矩阵的全体 $\mathbb{R}^{n\times n}$, 区间 $[a,b]$ 上所有连续实函数的全体 $C[a,b]$ 等都是线性空间.

在后续的数值算法设计与分析中, 通常需要对所涉及的线性空间引入能够刻画其中任意两个元素的“**距离**”和“**夹角**”.

若 $E$ 中的每个元素 $f$ 都对应着一个实数, 记作 $\|f\|$, 并且它满足下列条件:

(1) $\|f\|\geqslant 0,\forall f\in E$; $\|f\|=0$ 的充要条件是 $f=0$;

(2) $\|cf\|=|c|\,\|f\|,\ \forall c\in F,\forall f\in E$;

(3) $\|f_1+f_2\|\leqslant\|f_1\|+\|f_2\|,\ \forall f_1,f_2\in E$.

上述对应关系可视为 $E\to\mathbb{R}$ 的映射, 称为线性空间 $E$ 的**范数**, 并简记为 $\|\cdot\|$. 定义了范数的线性空间称为**赋范线性空间**. 对 $E$ 中的任意两个元素 $\alpha$ 和 $\beta$, 范数 $\|\alpha-\beta\|$ 就定义了两者之间的“距离”.

下面对两个常见的线性空间引入相应的范数.

**例 1.5** 记 $C[a,b]$ 为区间 $[a,b]$ 上连续函数的全体, 定义线性空间 $C[a,b]$ 中的范数为

$$\|f\|=\max_{a\leqslant x\leqslant b}|f(x)|,\quad \forall f\in C[a,b].$$

易验 $\|\cdot\|$ 满足条件 (1)~(3). 因此, $C[a,b]$ 为一赋范线性空间, 称相应的范数为一致范数或 Chebyshev(切比雪夫) 范数.

**例 1.6** 记 $\mathbb{R}^n$ 为 $n$ 维欧氏空间, 定义 $\mathbb{R}^n$ 中的 $p$ 范数

$$\|x\|_p=\left(\sum_{i=1}^{n}|x_i|^p\right)^{1/p},\quad \forall x=(x_1,x_2,\cdots,x_n)^{\mathrm{T}}\in\mathbb{R}^n,\quad p\in[1,\infty),$$

则 $\mathbb{R}^n$ 为一赋范线性空间. 其中 $p=1,2,\infty$ 是最重要的, 即

$$\|x\|_1=|x_1|+|x_2|+\cdots+|x_n|=\sum_{i=1}^{n}|x_i|,\tag{1.32}$$

$$\|x\|_2=\left(\sum_{i=1}^{n}|x_i|^2\right)^{1/2},\tag{1.33}$$

$$\|x\|_\infty=\max\{|x_1|,|x_2|,\cdots,|x_n|\},\tag{1.34}$$

分别称为向量 $x$ 的 1 范数、2 范数和 $\infty$ 范数, 特别 $\infty$ 范数是 $p$ 范数取 $p\to\infty$ 时的极限情况.

接着可以通过定义内积引出夹角的概念.

**定义 1.6** 设 $X$ 是实线性空间, 在 $X$ 上定义了一个二元实函数 $(\cdot,\cdot)$, 若它满足

(1) $(x,y)=(y,x),\forall x,y\in X$;

(2) $(\lambda x,y)=\lambda(x,y),\forall x,y\in X,\lambda\in\mathbb{R}$;

(3) $(x+y,z)=(x,z)+(y,z),\forall x,y,z\in X$;

(4) $(x,x)\geqslant 0,\forall x\in X$; $(x,x)=0\Leftrightarrow x=0$,

则称 $(\cdot,\cdot)$ 为**内积**, $X$ 为**内积空间**.

最简单的内积空间是 $n$ 维欧氏空间 $\mathbb{R}^n$, 其中的内积定义为

$$(x,y)=x^{\mathrm{T}}y=\sum_{i=1}^{n}x_iy_i,$$

这里 $x=(x_1,x_2,\cdots,x_n)^{\mathrm{T}}$, $y=(y_1,y_2,\cdots,y_n)^{\mathrm{T}}$ 为 $\mathbb{R}^n$ 中的任意向量.

下面, 再引入一类重要的内积空间. 为此, 首先给出权函数的概念, 称区间 $[a,b]$ 上的非负函数 $\rho(x)$ 为权函数, 若它满足

(1) $\int_a^b|x|^n\rho(x)\mathrm{d}x$ 对一切非负整数 $n$ 可积且有限;

(2) 假设对某个非负的连续函数 $g(x)$,

$$\int_a^b\rho(x)g(x)\mathrm{d}x=0,$$

则在 $[a,b]$ 上函数 $g(x)\equiv 0$.

记 $L_\rho^2[a,b]$ 是区间 $[a,b]$ 上满足 $\rho(x)f^2(x)$ 可积的函数 $f(x)$ 的全体, 则 $L_\rho^2[a,b]$ 在下面内积意义下, 成为内积空间:

$$(f,g)=\int_a^b \rho(x)f(x)g(x)\mathrm{d}x, \quad \forall f,g\in L_\rho^2[a,b].$$

下面, 不加证明地给出内积空间的一些重要性质.

**性质 1.1** (Cauchy-Schwarz(柯西–施瓦茨) 不等式) 设 $X$ 是内积空间, 则有

$$|(x,y)|\leqslant\sqrt{(x,x)\cdot(y,y)}, \quad \forall x,y\in X.$$

由性质 1.1, 可在内积空间 $X$ 中引入如下范数:

$$\|x\|=\sqrt{(x,x)}, \quad \forall x\in X.$$

这样, 内积空间 $X$ 就构成一类赋范线性空间. 对于内积空间中任意两个元素 $x$ 和 $y$, 可以定义

$$\theta=\arccos\frac{(x,y)}{\|x\|\cdot\|y\|}$$

为 $x$ 和 $y$ 之间的夹角.

与一般的赋范线性空间不同, 内积空间还具有很好的几何性质.

**性质 1.2** (平行四边形等式) 对内积空间 $X$, 有

$$\|x+y\|^2+\|x-y\|^2=2(\|x\|^2+\|y\|^2). \tag{1.35}$$

等式 (1.35) 的几何解释见图 1-1. 类似于欧氏空间中向量正交的定义, 如果 $(x,y)=0$, 则称内积空间 $X$ 中的两个元素 $x,y$ 是正交的. 这时, 有 $\|x+y\|^2=\|x\|^2+\|y\|^2$, 该式的几何解释见图 1-2, 它类似于直角三角形的勾股公式.

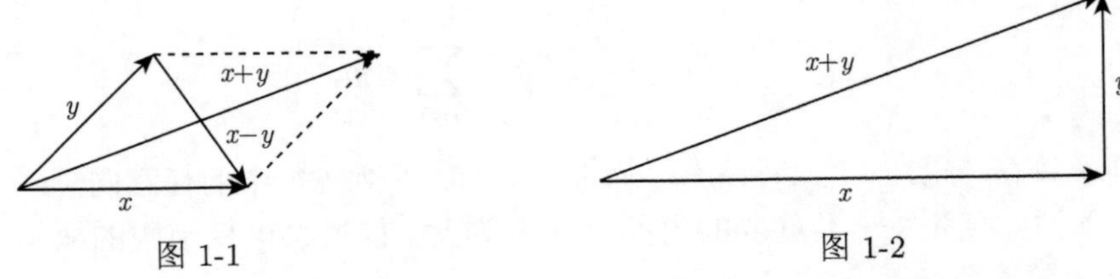


图 1-1 图 1-2

易知 $n$ 维欧氏空间 $\mathbb{R}^n$ 中 2 范数可以由内积所定义, 即

$$\|x\|_2=\sqrt{(x,x)}.$$

将上述范数作推广, 可以定义所谓的 $A$ 范数 (或称椭圆范数)

$$\|x\|_A=\sqrt{(x,x)_A}, \tag{1.36}$$

其中 $A$ 为任意对称正定矩阵, 而 $A$ 内积定义为

$$(x,y)_A = (Ax,y), \quad \forall x,y \in \mathbb{R}^n. \tag{1.37}$$

$A$ 范数是一种重要类型的范数, 它将在后面要介绍的**共轭梯度法**中起重要作用.

下面的定理给出了 $n$ 维欧氏空间中不同范数的等价性.

**定理 1.3** 对于 $\mathbb{R}^n$ 中任意两种范数 $\|\cdot\|_p$ 和 $\|\cdot\|_q$, 总存在常数 $m$ 和 $M$, 使对一切 $x \in \mathbb{R}^n$ 都有

$$m\|x\|_q \leqslant \|x\|_p \leqslant M\|x\|_q. \tag{1.38}$$

**证明** 只需证明任意范数 $\|x\|_p$ 与范数 $\|x\|_2$ 等价即可. 考虑单位球面

$$S = \{y \in \mathbb{R}^n, \|y\|_2 = 1\},$$

它是 $\mathbb{R}^n$ 中的有界闭集, 可以证明实函数 $\|y\|_p$ 是 $\mathbb{R}^n$ 上的连续函数, 因此它可以在 $S$ 上达到最大值 $M$ 和最小值 $m$, $M \geqslant m > 0$.

注意对任何 $x \in \mathbb{R}^n, x \neq 0$, 有 $x/\|x\|_2 \in S$, 从而

$$m \leqslant \left\|\frac{x}{\|x\|_2}\right\|_p \leqslant M.$$

故当 $x \neq 0$ 时 (1.38) 成立. 当 $x = 0$ 时 (1.38) 显然成立. □

对于常用的范数 $\|x\|_p$, $p = 1, 2, \infty$, 可以算出

$$\frac{1}{\sqrt{n}}\|x\|_1 \leqslant \|x\|_2 \leqslant \|x\|_1, \tag{1.39}$$

$$\|x\|_\infty \leqslant \|x\|_1 \leqslant n\|x\|_\infty, \tag{1.40}$$

$$\|x\|_\infty \leqslant \|x\|_2 \leqslant \sqrt{n}\|x\|_\infty. \tag{1.41}$$

## 1.6 并行计算简介

随着计算机技术的快速发展和广泛应用，人类社会拥有的计算资源数量急剧增长, 类型也愈加丰富多样. 传统的计算处理器 CPU 从单核向多核发展, 新型的计算处理器如 GPU、FPGA、ASIC 等应用范围也不断扩展. 搭载这些计算处理器的设备, 也不再局限于笔记本、台式机、工作站、超级计算机这些传统形式, 大量手持设备、汽车、机器人等产品也拥有了强大的计算处理能力. 同时随着人类社会自身发展需求的不断扩展, 如在核能利用、全球气候模拟、尖端武器制造等领域, 需要解决的科学与工程计算问题也愈加复杂, 从而对高效算法和计

算资源的需求也急剧增长. 因此如何设计更高效算法, 从而提高这些计算资源的利用率, 更加高效完成更大规模、更复杂的计算任务, 是当前一个非常重要的研究领域.

同时利用多个计算资源协同完成某个计算任务的过程, 即称为**并行计算**, 其目的是提高计算资源的利用效率, 加快问题的求解速度, 进而可以完成更复杂、更大规模的计算任务. 要实现一个计算任务的并行处理, 首先需要把它分解为若干子任务, 然后把每个子任务交由一个独立的计算资源来完成. 每个独立的计算资源完成一个子任务时, 通常情况下还需要从其他计算资源那里获取一些必要的信息, 才能协同完成整个计算任务. 而这个获取必要信息的过程, 称为**通信**.

根据子任务之间关系的不同, 并行计算可分为**时间并行**和**空间并行**. **时间并行**类似于工厂中的流水线技术, 如制造汽车的流水线上, 同时可以加工处理成百上千辆汽车, 只是每辆汽车所处的加工工序不同而已. 易知这种情况下子任务之间是顺序关系, 即一个子任务必须等待上一个子任务完成才能执行. 如果有多条流水线同时生产同一款汽车, 流水线之间就是**空间并行**的. 这种情况下每条流水线之间相互独立, 可以同时运行. 面对复杂的计算任务, 一般需要同时采用这两种并行手段.

**可扩展性** (scalability) 是指并行程序在增加计算资源时的并行加速能力. 如果目的是加速同一规模问题的求解, 并行程序通过增加处理器数量获得的加速能力称为**强可扩展性**, 理想情况是从 1 个处理器增加到 $P$ 个处理器, 花费时间变为原来的 $1/P$. 如果目的是在不增加求解时间的情况下求解更大规模的问题, 则并行程序通过增加处理器数量获得的加速能力称为**弱可扩展性**, 理想情况下增加处理器不增加求解时间. 但在通常情况下, 由于通信和硬件体系等原因, 上面提到的最优情况一般都达不到.

对于强可扩展性来说, 可以通过**并行加速比**来衡量, 其计算公式如下:

$$S_n = \frac{T_1}{T_n},$$

其中 $T_1$ 为单进程的运行时间, $T_n$ 为 $n$ 个进程的运行时间. 进而可以定义**并行效率**的指标, 其计算公式为

$$E_n = \frac{S_n}{n} \times 100\%.$$

因为操作系统是管理各种计算机系统资源的核心和基石, 所以要理解并行计算, 就必须对操作系统有一个基本的认识. **进程**是操作系统进行资源分配和调度的基本单位, 是操作系统结构的基础. 操作系统会为每个进程分配独立的内存空间, 用来存储程序指令和数据, 且规定不同进程之间不能互访各自的内存. 形象来讲, 进程是一个 “执行中的程序”, 是 “有生命的”, 它是对正在运行的程序过程的抽

象. 进程中的一个执行任务, 称为**线程**, 它是处理器调度的基本单位. 一个进程可以拥有多个线程, 但必须至少拥有一个. 从这个意义上讲, 进程是线程的一个"容器". 同一个进程的所有线程, 共享该进程拥有的资源, 并由操作系统提供共享资源访问冲突的协调机制.

从操作系统调度的角度看, 并行计算可以分为进程和线程两种级别的并行. MPI (Message Passing Interface, 信息传递接口) 提供了非共享内存并行计算的标准接口, 用于实现进程级别的并行计算, 这里的进程可以运行在不同的 CPU (Central Processing Unit, 中央处理器) 上, 目前有两个比较常用的实现是 MPICH 和 OpenMPI. OpenMP (Open Multi-Processing) 提供了共享内存并行计算的标准接口, 用于实现线程级别的并行计算, 即可用于多核的 CPU, 也可用于 GPU (Graphics Processing Unit, 图形处理单元). 而 NVIDIA(英伟达) 公司提供的 CUDA (Compute Unified Device Architecture, 计算统一设备架构) 并行计算平台则提供了 GPU 专用的并行计算应用程序接口. 在实际应用中, 通常会混合多种并行编程模型, 从而实现更高效率的并行计算.

## 习 题 1

1.1 假设原始数据是精确的. 试按三位舍入运算计算

$$(164+0.913)-(143+21) \text{ 和 } (164-143)+(0.913-21)$$

的近似值, 并确定它们各有几位有效数字.

1.2 证明: $\sqrt{x}$ 的相对误差约等于 $x$ 的相对误差的 1/2.

1.3 设实数 $a$ 的 $t$ 位 $\beta$ 进制浮点机器数表示为 $fl(a)$. 试证明:

$$fl(a*b)=\frac{a*b}{1+\delta},\quad |\delta|\leqslant\frac{1}{2}\beta^{1-t},$$

其中的记号 $*$ 表示加、减、乘、除中的一种运算.

1.4 改变下列表达式使计算结果比较精确:

(1) $\dfrac{1}{1+2x}-\dfrac{1-x}{1+x}$, 对$|x|\ll 1$; (2) $\sqrt{x+\dfrac{1}{x}}-\sqrt{x-\dfrac{1}{x}}$, 对$x\gg 1$;

(3) $\dfrac{1-\cos x}{x}$, 对$x\neq 0, |x|\ll 1$.

1.5 求方程 $x^2-56x+1=0$ 的两个根, 使它至少具有四位有效数字.

1.6 设 $a=0.937$ 关于精确数 $x$ 有 3 位有效数字, 估计 $a$ 的相对误差. 对于 $f(x)=\sqrt{1-x}$, 估计 $f(a)$ 对于 $f(x)$ 的误差和相对误差.

1.7 设 $A$ 为 $n\times n$ 矩阵, $x$ 为 $n$ 维向量, 而且 $nu\leqslant 0.01$, 证明:

$$fl(Ax)=(A+E)x,$$

其中 $E=(e_{ij})$ 的元素满足:

$$|e_{i1}|\leqslant 1.01n\,|a_{i1}|\,u,\quad i=1,2,\cdots,n,$$

$$|e_{ij}| \leqslant 1.01(n-j+2)\,|a_{ij}|\,u, \quad i,j=1,2,\cdots,n.$$

1.8 真空中自由落体距离 $s$ 与时间 $t$ 的关系由下面公式确定:

$$s=\frac{1}{2}gt^2,$$

$g$ 是重力加速度. 现设 $g$ 是准确的, 而 $t$ 的测量有 $\pm 0.1\mathrm{s}$ 的误差. 证明: 当 $t$ 增加时距离的绝对误差增加, 而相对误差却减少!

1.9 序列 $\{y_n\}$ 满足递推关系: $y_{n+1}=100.01y_n-y_{n-1}$. 取 $y_0=1, y_1=0.01$ 及 $y_0=1+10^{-5}, y_1=0.01$, 试分别计算 $y_5$, 从而说明该递推公式对于计算是不稳定的.

1.10 试证:

(1) 分别由式 (1.32), (1.33) 和 (1.34) 所定义的实值函数均构成 $\mathbb{R}^n$ 上的范数;

(2) 设 $\|x\|$ 是在 $\mathbb{R}^n$ 上的一个范数, 则 $\|x\|$ 是 $x$ 的分量 $x_1,x_2,\cdots,x_n$ 的连续函数.

思维导图1

# 第 2 章　函数基本逼近 (一)——插值逼近

## 2.1　引　　言

**函数逼近**是数学中的基本问题之一, 其本质是讨论如何用简单的函数 $\varphi(x)$ 近似地代替一个复杂的函数 $f(x)$ 的方法、理论及其实现. **近似代替**又称为**逼近**, 函数 $f(x)$ 和 $\varphi(x)$ 分别被称为被逼近 (或被近似) 和逼近 (或近似) 函数. 函数逼近是许多数值方法 (如数值积分、微分, 非线性方程数值解和微分方程数值解等) 的理论基础.

按逼近论的观点, 对一般函数 $f(x)$, 通常有两种意义下的逼近：局部逼近和整体逼近.

所谓局部逼近就是求函数 $f(x)$ 在某点附近的近似, 这时最常用的逼近方法是 Taylor(泰勒) 逼近方法, 它依据如下的 Taylor 定理.

**定理 2.1**　设 $n$ 为一非负整数, $f(x)$ 在点 $x_0$ 的某一邻域 $I_\delta=(x_0-\delta,x_0+\delta)$ 有 $n+1$ 阶连续导数, 则对 $\forall x\in I_\delta$, 有

$$f(x)=p_n(x)+R_n(x), \tag{2.1}$$

其中, $n$ 次 Taylor 逼近多项式 $p_n(x)$ 和误差余项 $R_n(x)$ 分别为

$$p_n(x)=f(x_0)+\frac{f'(x_0)}{1!}(x-x_0)+\cdots+\frac{f^{(n)}(x_0)}{n!}(x-x_0)^n, \tag{2.2}$$

$$R_n(x)=\frac{1}{n!}\int_{x_0}^{x}(x-t)^n f^{(n+1)}(t)\mathrm{d}t=\frac{f^{(n+1)}(\xi)}{(n+1)!}(x-x_0)^{n+1}, \tag{2.3}$$

其中, $\xi$ 为 $x_0$ 与 $x$ 之间的某个点.

由定理 2.1 可知, Taylor 逼近多项式 $p_n(x)$ 满足以下逼近要求：

$$\left.\frac{\mathrm{d}^k p_n(x)}{\mathrm{d}x^k}\right|_{x=x_0}=\left.\frac{\mathrm{d}^k f(x)}{\mathrm{d}x^k}\right|_{x=x_0},\quad k=0,1,\cdots,n.$$

由于 Taylor 逼近仅利用了被逼近函数 $f(x)$ 在 $x_0$ 点处的信息, 因此它是一种局部逼近.

下面举例说明 Taylor 多项式的逼近效果.

**例 2.1** 在区间 $[-1,1]$ 上, 求函数 $e^x$ 在 $x_0=0$ 附近的一次和二次 Taylor 多项式 $p_1(x)$, $p_2(x)$ 及其逼近误差 $R_1(x)$, $R_2(x)$.

**解** 由式 (2.2) 和 (2.3) 易求得

$$p_1(x)=1+x,\quad p_2(x)=1+x+\frac{x^2}{2},$$

$$R_1(x)=e^x-p_1(x)=\frac{1}{2}x^2e^{\xi_1},\quad R_2(x)=e^x-p_2(x)=\frac{1}{6}x^3e^{\xi_2},$$

其中, $\xi_1$ 和 $\xi_2$ 在 0 与 $x$ 之间.

图 2-1 分别给出了 $e^x$ 的一次和二次 Taylor 逼近函数 $p_1(x)$, $p_2(x)$ 以及误差函数 $R_1(x)$, $R_2(x)$ 的图像.

由图 2-1(b) 可见, 误差不是均匀分布的, 当 $x$ 越接近 $x_0$, 误差就越小, 当 $x$ 越偏离 $x_0$, 误差就越大. 因此 Taylor 逼近适合作函数的局部逼近.

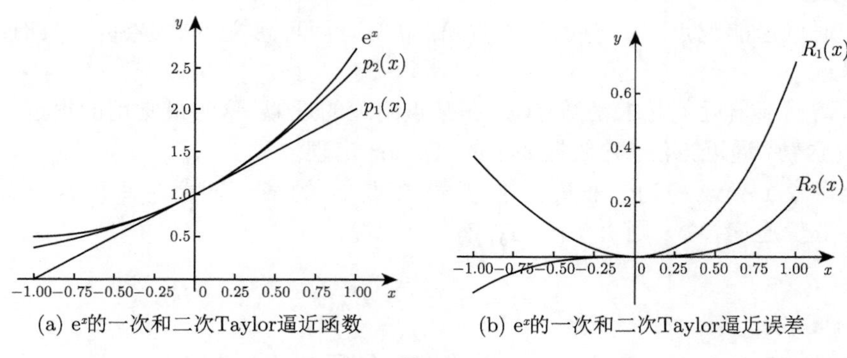


(a) $e^x$的一次和二次Taylor逼近函数 (b) $e^x$的一次和二次Taylor逼近误差

图 2-1

本章将主要讨论整体逼近问题, 首先考虑几个典型例子.

**例 2.2** 求区间 $[0,1.5]$ 上的二次 (抛物) 曲线, 要求该曲线过样本点 $A(0.5,0)$, $B(1,0.25)$ 和 $C(1.5,1)$.

**解** 设所求抛物线的方程为

$$y=a+bx+cx^2,$$

利用待定系数法, 经简单计算可得

$$y=\frac{1}{4}-x+x^2,$$

其图形如图 2-2 所示.

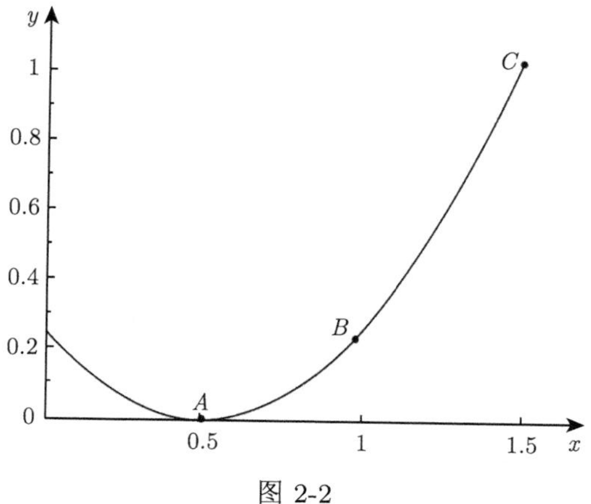


图 2-2

该例子将引出所谓的 **Lagrange(拉格朗日) 型**多项式插值问题, 这时给定样本点的纵坐标中仅涉及被逼近函数值.

**例 2.3** 求区间 $[0,1]$ 上的三次曲线, 要求该函数曲线过样本点 $A(0,1)$ 和 $B(1,0)$, 且其一阶导函数曲线过样本点 $(0,0)$ 和 $(1,1)$(即函数曲线在 0, 1 点处的斜率分别为 0 和 1).

**解** 设所求的三次曲线为

$$y=a+bx+cx^2+dx^3,$$

类似于例 2.2 的计算, 可得

$$y=1-4x^2+3x^3,$$

其图形如图 2-3 所示.

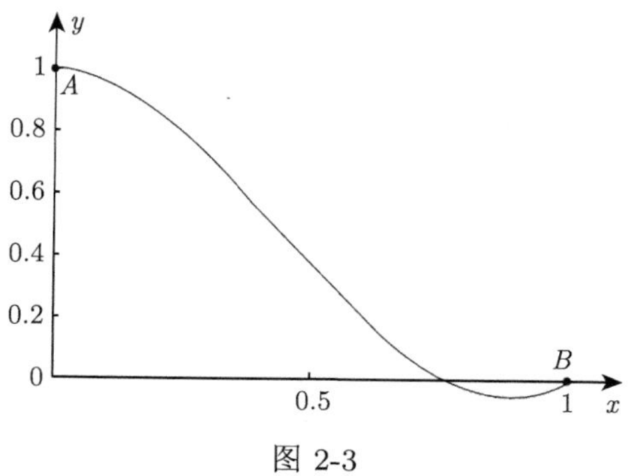


图 2-3

该例子将引出所谓的 **Hermite(埃尔米特) 型**多项式插值问题, 这时给定的样本点的纵坐标中除包含函数值外, 还包含一阶导数值.

**例 2.4** 求区间 $[-2,2]$ 上的二阶连续可微的分段三次多项式曲线 (其内部端点分别为 $-1,0,1$), 要求该曲线过点 $A(-2,0)$, $B(-1,1/6)$, $C(0,2/3)$, $D(1,1/6)$ 和 $E(2,0)$, 且在 $A$, $E$ 两点的导数为 0.

**解** 注意所求函数为偶函数, 利用待定系数法, 经计算可求得该函数在 $x\in[0,2]$ 上的表示式为

$$y=\begin{cases}\dfrac{1}{2}x^3-x^2+\dfrac{2}{3}, & 0\leqslant x<1,\\ -\dfrac{1}{6}x^3+x^2-2x+\dfrac{4}{3}, & 1\leqslant x\leqslant 2,\end{cases}$$

其图形如图 2-4 所示.

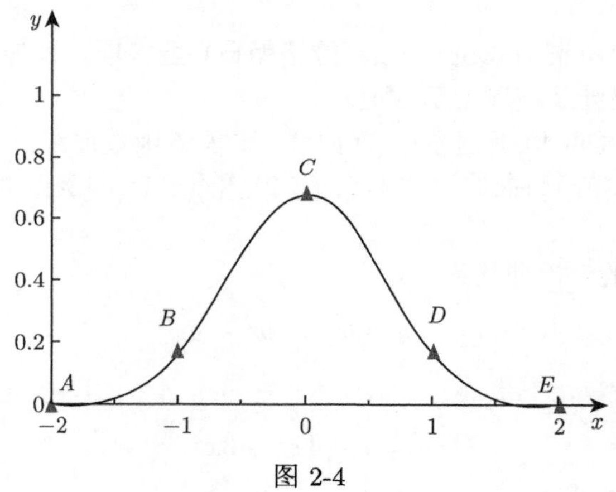


图 2-4

该例子将引出所谓的**样条插值问题**, 即求满足一定的整体光滑 (或连接) 条件的分段插值多项式.

**例 2.5** 给定区间 $[-1,1]$ 上的函数 $f(x)$, 其表达式为

$$f(x)=\begin{cases}\dfrac{|x|\arctan x}{4}+x^2\sin\dfrac{1}{x}, & x\in[-1,0)\cup(0,1],\\ 0, & x=0,\end{cases}$$

求线性多项式 $p_1(x)$, 使误差

$$\max_{-1\leqslant x\leqslant 1}|f(x)-p_1(x)| \quad 或 \quad \int_{-1}^{1}(f(x)-p_1(x))^2\mathrm{d}x$$

达到最小. 图 2-5 给出了前一种逼近的示意图.

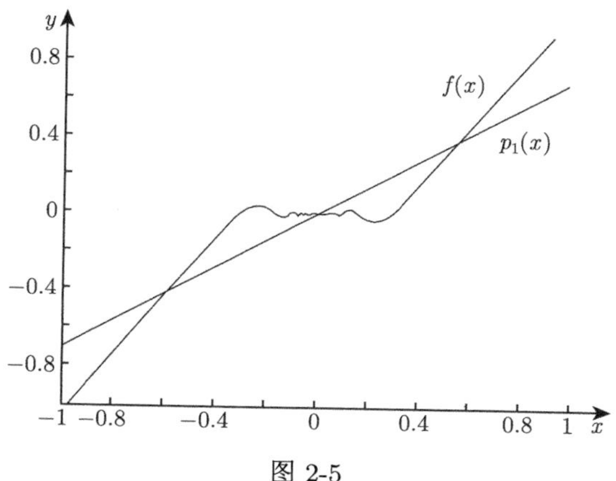


图 2-5

该例子给出了两种不同的误差度量下的最佳逼近问题, 即所谓的**最佳一致**和**最佳平方逼近**问题.

**例 2.6** 给定离散数据 (表 2-1).

**表 2-1**

| $x$ | 0 | 1 | 2 | 3 | 4 | 5 | 6 | 7 |
|---|---|---|---|---|---|---|---|---|
| $y$ | 27.0 | 26.8 | 26.5 | 26.3 | 26.1 | 25.7 | 25.3 | 24.8 |

试用一直线拟合这组数据, 使误差平方和最小, 即求一次多项式函数 $y = a + bx$, 使得

$$\sum_{i=1}^{8}(a + bx_i - y_i)^2$$

达到最小, 其中 $(x_i, y_i)$ 为表 2-1 中的第 $i$ 列数据 (或第 $i$ 个样本点).

相应的拟合直线见图 2-6.

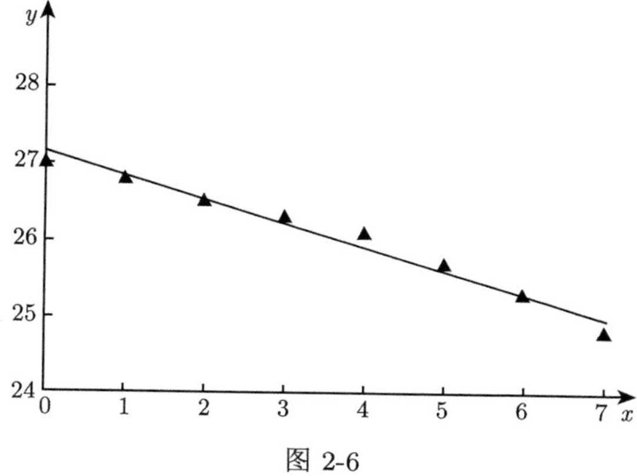


图 2-6

该例子将引出所谓的**最小二乘逼近**问题.

**例 2.7**　如图 2-7 所示, 给定关于 $(0,0.1)$ 对称的周期为 $2\pi$ 的曲线

$$f(x)=0.1+2\sin 2x+\frac{\sin 3x}{2}+\frac{\sin 4x}{3}$$

或样本点 (见图 2-7 中的实心点) $(x_i,y_i), i=1,2,\cdots,n$. 求三角多项式

$$s(x)=\frac{a_0}{2}+\sum_{k=1}^{3}b_k\sin kx,$$

使得误差

$$\int_0^{2\pi}(f(x)-s(x))^2\mathrm{d}x \quad 或 \quad \sum_{i=1}^{n}(s(x_i)-y_i)^2$$

达到最小.

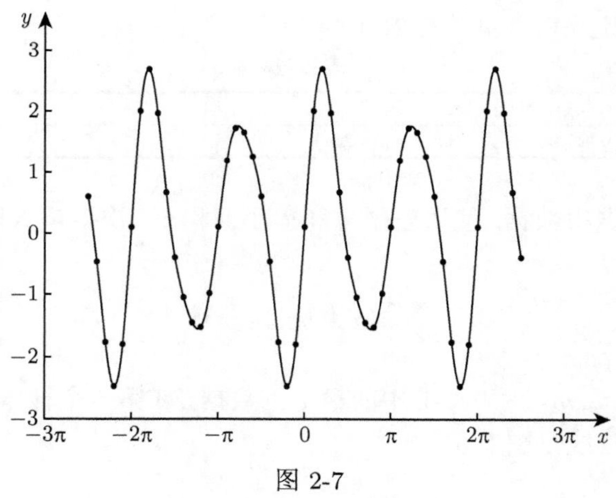


图 2-7

该例子在最佳方式下, 给出了两种不同的误差度量的逼近问题, 它们分别对应**周期函数**的最佳平方逼近和最小二乘逼近问题, 后者还将引出所谓的**快速 Fourier (傅里叶) 变换**.

上述例子所引出的六类问题将是本书重点讨论的逼近问题. 从这些例子可见, 一个逼近问题的完整提法应包含三个要素.

(1) 被逼近函数或样本点集合;

(2) 逼近函数空间: 一般取为简单函数空间. 这里所谓的简单函数主要是指可以用四则运算进行计算的函数, 特别是 (代数或三角) 多项式、分段多项式和有理函数等;

(3) 逼近方式, 这里主要涉及两种:

(i) 插值逼近. 要求逼近函数曲线通过样本点, 有时还要求在样本点处, 等于给定的导数值;

(ii) 最佳逼近. 要求逼近函数曲线在所考虑的逼近函数空间中, 与被逼近函数 (或样本点) 在某一度量下的误差达到最小.

对于一个给定的函数逼近问题, 通常需要研究以下基本内容:

(1) 问题的适定性 (解的存在、唯一性);

(2) 解的构造 (或表示) 及其相关算法;

(3) 误差及稳定性分析.

本章将针对代数多项式和分段代数多项式这两类简单函数空间, 在第一种逼近方式 (即插值逼近) 下讨论相应的函数逼近问题.

## 2.2 Lagrange 插值

本节将针对样本点中仅涉及被逼近函数值的情形, 讨论相应的代数多项式插值问题.

### 2.2.1 问题的提法

设已知函数 $f(x)$ 的 $n+1$ 个样本值 $f(x_i)=y_i, i=0,1,\cdots,n$, 其中 $x_i(i=0,1,\cdots,n)$ 彼此互异 (图 2-8).

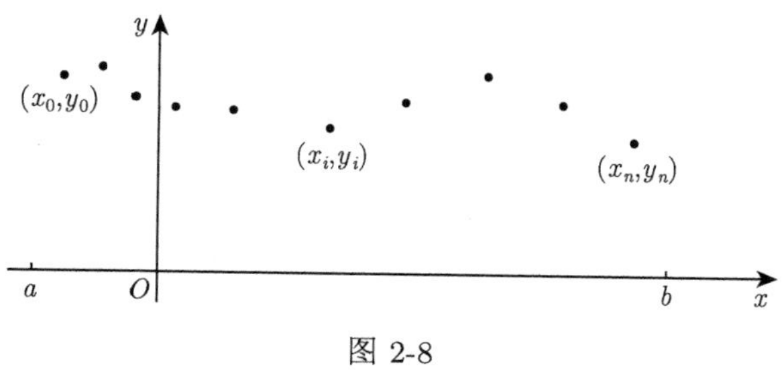


图 2-8

记所有次数不超过 $n$ 的代数多项式的全体为 $P_n$, 则可以提出插值问题: 求 $p_n\in P_n$, 使得 $p_n$ 在 $x_i$ 处与 $f(x)$ 的值相等, 即

$$p_n(x_i)=y_i,\quad i=0,1,\cdots,n.$$

称 $f(x)$ 为被插函数, $p_n(x)$ 为 $n$ 次多项式插值函数, 并称 $x_0,x_1,\cdots,x_n$ 为插值节点, 而上述问题被称为关于节点 $x_0,x_1,\cdots,x_n$ 的 Lagrange 插值问题.

下面构造性地给出上述插值问题的适定性证明以及相应的 Lagrange 插值公式.

### 2.2.2 适定性和 Lagrange 插值公式

**定理 2.2** Lagrange 插值问题的解存在且唯一.

**证明** 首先证明存在性. 为此构造特殊插值多项式 $l_i \in P_n$, 满足

$$l_i(x_k) = \delta_{i,k} = \begin{cases} 0, & i \neq k, \\ 1, & i = k, \end{cases} \tag{2.4}$$

其中, $i, k = 0, 1, \cdots, n$, $\delta_{i,k}$ 称为 Kronecker(克罗内克) 符号.

由 (2.4) 知 $x_k (k \neq i)$ 是 $n$ 次代数多项式 $l_i(x)$ 的 $n$ 个零点, 所以 $l_i(x)$ 可以写成

$$l_i(x) = c(x - x_0) \cdots (x - x_{i-1})(x - x_{i+1}) \cdots (x - x_n),$$

其中 $c$ 为待定常数, 再利用 $l_i(x_i) = 1$, 易求得

$$c = [(x_i - x_0) \cdots (x_i - x_{i-1})(x_i - x_{i+1}) \cdots (x_i - x_n)]^{-1},$$

于是

$$l_i(x) = \frac{(x - x_0)(x - x_1) \cdots (x - x_{i-1})(x - x_{i+1}) \cdots (x - x_n)}{(x_i - x_0)(x_i - x_1) \cdots (x_i - x_{i-1})(x_i - x_{i+1}) \cdots (x_i - x_n)}.$$

利用上述函数 $l_i(x)$, 容易验证

$$L_n(x) = \sum_{j=0}^{n} y_j l_j(x) \tag{2.5}$$

满足插值条件

$$L_n(x_i) = y_i, \quad i = 0, 1, \cdots, n,$$

从而存在性得证.

现在证明唯一性. 设 $n$ 次多项式 $L_n(x)$ 和 $Q_n(x)$ 均为 Lagrange 插值问题的解, 则有

$$L_n(x_i) = f(x_i) = Q_n(x_i), \quad i = 0, 1, 2, \cdots, n.$$

由此, 若记 $G(x) = L_n(x) - Q_n(x)$, 则 $G(x) \in P_n$, 且

$$G(x_i) = 0, \quad i = 0, 1, 2, \cdots, n,$$

即 $G(x)$ 有 $n+1$ 个零点. 由高等代数基本知识知, 若一个 $n$ 次代数多项式至少存在 $n+1$ 个根, 则它一定恒为零, 因此 $G(x) \equiv 0$, 即 $L_n(x) \equiv Q_n(x)$, 从而唯一性得证. □

称式 (2.5) 为 $n$ 次 Lagrange 插值公式, 相应的 $L_n(x)$ 为 $n$ 次 Lagrange 插值多项式; 而 $l_0(x), l_1(x), \cdots, l_n(x)$ 被称为关于节点 $x_0, x_1, \cdots, x_n$ 的 Lagrange 插值问题的基函数, 简称 Lagrange 因子.

记 $\omega_n(x) = \prod\limits_{j=0}^{n}(x - x_j)$, 则 $\omega_n'(x_i) = \prod\limits_{\substack{j=0 \\ j\neq i}}^{n}(x_i - x_j)$. 这时, Lagrange 因子可以简洁地表示为

$$l_i(x) = \prod_{\substack{j=0 \\ j\neq i}}^{n}\frac{(x - x_j)}{(x_i - x_j)} = \frac{\omega_n(x)}{(x - x_i)\omega_n'(x_i)},$$

由此知 Lagrange 插值多项式可以表示为

$$L_n(x) = \sum_{i=0}^{n} y_i \frac{\omega_n(x)}{(x - x_i)\omega_n'(x_i)}. \tag{2.6}$$

特别地, 当 $n = 1, 2$ 时, 分别有线性插值公式

$$p_1(x) = y_0 \times \frac{(x - x_1)}{(x_0 - x_1)} + y_1 \times \frac{(x - x_0)}{(x_1 - x_0)} \tag{2.7}$$

和抛物插值公式

$$\begin{aligned} p_2(x) = {} & y_0 \times \frac{(x - x_1)(x - x_2)}{(x_0 - x_1)(x_0 - x_2)} + y_1 \times \frac{(x - x_0)(x - x_2)}{(x_1 - x_0)(x_1 - x_2)} \\ & + y_2 \times \frac{(x - x_0)(x - x_1)}{(x_2 - x_0)(x_2 - x_1)}. \end{aligned} \tag{2.8}$$

图 2-9 和图 2-10 分别给出了线性插值和抛物插值多项式曲线的示意图.

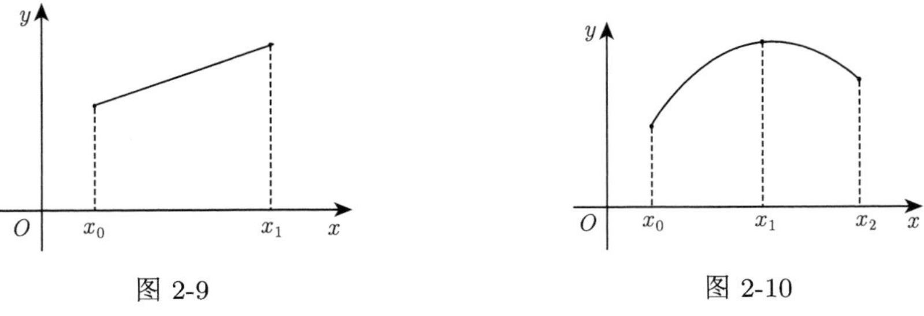


图 2-9　　图 2-10

**例 2.8**　已知 $\sqrt{100} = 10, \sqrt{121} = 11, \sqrt{144} = 12$, 试分别用线性插值和抛物插值公式求 $\sqrt{125}$ 的近似值.

**解**　(1) 选取 $x_0=121, x_1=144$; $y_0=11, y_1=12$, 用线性插值公式 (2.7) 可得

$$p_1(x)=11\times\frac{x-144}{121-144}+12\times\frac{x-121}{144-121},$$

于是 $\sqrt{125}\approx p_1(125)=11.17391$.

(2) 选取 $x_0=100, x_1=121, x_2=144$; $y_0=10, y_1=11, y_2=12$, 用抛物插值公式 (2.8) 可得

$$\begin{aligned}p_2(x)=&10\times\frac{x-121}{100-121}\times\frac{x-144}{100-144}+11\times\frac{x-100}{121-100}\times\frac{x-144}{121-144}\\&+12\times\frac{x-100}{144-100}\times\frac{x-121}{144-121},\end{aligned}$$

于是 $\sqrt{125}\approx p_2(125)=11.18107$.

注意, $\sqrt{125}=11.1803398\cdots$, 则易知线性插值和抛物插值公式所得到的近似值分别达到了 3 位和 4 位有效数字.

Lagrange 插值公式的优点是形式简洁, 便于理论分析和许多数值计算公式 (如数值微分、数值积分) 的推导. 但该插值公式也存在明显的缺点, 如它没有承袭性, 即当增加新的节点时, 所有 Lagrange 因子必须重新计算 (其算术运算总工作量为 $O(n^2)$, $n$ 表示插值节点的个数), 因此原有的计算结果不能被利用, 这样就影响了插值公式的计算效率. 下面介绍两种改进的插值公式, 首先介绍第一种插值公式.

### 2.2.3 Neville 插值公式

构造 Neville(内维尔) 插值公式的关键是利用一个重要事实：任意两个低次插值多项式经过 "线性插值" 作用, 可以得到高一次的插值多项式.

下面导出该事实. 为此引入记号 $p_{i,j}(x)$, $i<j$ 为非负整数, 它表示函数 $f(x)$ 关于节点 $x_i, x_{i+1}, \cdots, x_j$ 的 Lagrange 插值问题的 $j-i$ 次多项式函数.

利用线性插值公式容易求得 $p_{0,1}(x)$ 和 $p_{1,2}(x)$, 下面考虑如何由 $p_{0,1}(x)$ 和 $p_{1,2}(x)$ 得到 $f(x)$ 关于节点 $x_0, x_1, x_2$ 的二次插值多项式.

将 $(x_0, p_{0,1}(x))$ 和 $(x_2, p_{1,2}(x))$ 看成两个 "点", 过这两 "点" 作线性插值, 可得

$$q(x)=\frac{x-x_0}{x_2-x_0}p_{1,2}(x)+\frac{x_2-x}{x_2-x_0}p_{0,1}(x),$$

容易验证 $q\in P_2$, 且满足 $q(x_i)=f(x_i)$, $i=0,1,2$, 故 $q(x)$ 就是 $f(x)$ 关于节点 $x_0, x_1, x_2$ 的二次插值多项式, 即 $p_{0,2}(x)=q(x)$.

上述结果可以推广到一般情形, 即若已知 $p_{0,n-1}(x)$ 和 $p_{1,n}(x)$, 则

$$p_{0,n}(x)=\frac{x_n-x}{x_n-x_0}p_{0,n-1}(x)+\frac{x-x_0}{x_n-x_0}p_{1,n}(x). \tag{2.9}$$

称式 (2.9) 为 Neville 插值公式, 它以递推的形式出现. 表 2-2 给出了如何利用 Neville 插值公式, 来递推地求出关于节点 $x_0,x_1,\cdots,x_n$ 的 Lagrange 插值问题的解函数 $p_{0,n}(x)$ 的计算表.

**表 2-2 Neville 插值方法计算表**

| | | | | | | |
|---|---|---|---|---|---|---|
| $x_0$ | $f(x_0)$ | | | | | |
| $x_1$ | $f(x_1)$ | $p_{0,1}$ | | | | |
| $x_2$ | $f(x_2)$ | $p_{1,2}$ | $p_{0,2}$ | | | |
| $x_3$ | $f(x_3)$ | $p_{2,3}$ | $p_{1,3}$ | $p_{0,3}$ | | |
| $\vdots$ | $\vdots$ | $\vdots$ | $\vdots$ | $\vdots$ | $\ddots$ | |
| $x_n$ | $f(x_n)$ | $p_{n-1,n}$ | $p_{n-2,n}$ | $p_{n-3,n}$ | $\cdots$ | $p_{0,n}$ |

由表 2-2 可见, 每增加一个插值点, 前面的计算工作均可利用 (即具有承袭性), 仅需增加最后一行的计算量, 其算术运算总工作量为 $O(n)$. Neville 插值公式的缺点是公式表示形式不直观, 且计算表依赖于具体的点 $x$.

接下来介绍另一种既直观又具有承袭性的插值公式.

### 2.2.4 Newton 插值公式

设 $x_0,x_1,\cdots,x_n$ 为任意 $n+1$ 个不同的节点, 为了给出 Newton(牛顿) 插值公式, 首先考察 $f(x)$ 的几种低次 Newton 插值公式的建立过程. 显然关于节点 $x_0$ 的零次插值多项式 $p_0(x)=f(x_0)$, 下面分别考察一次和二次插值多项式情形.

(1) 关于节点 $x_0,x_1$ 的一次插值多项式 $p_1(x)$, 根据承袭性的要求, 可将其待定为

$$p_1(x)=p_0(x)+q(x),$$

由 $p_1(x)$ 的定义知 $q\in P_1$, 且满足 $q(x_0)=0$, 故可令

$$q(x)=c_1(x-x_0).$$

利用 $p_1(x_1)=f(x_1)$, 可求得

$$c_1=\frac{f(x_1)-f(x_0)}{x_1-x_0}. \tag{2.10}$$

(2) 关于节点 $x_0,x_1,x_2$ 的二次插值多项式 $p_2(x)$, 将其待定为

$$p_2(x)=p_1(x)+q(x),$$

其中 $q \in P_2$, 且满足 $q(x_0) = q(x_1) = 0$, 故可令

$$q(x) = c_2(x - x_0)(x - x_1).$$

利用 $p_2(x_2) = f(x_2)$, 以及 $p_1(x_2) = f(x_0) + c_1(x_2 - x_0)$, 可求得

$$c_2 = \frac{f(x_2) - p_1(x_2)}{(x_2 - x_0)(x_2 - x_1)} = \frac{\dfrac{f(x_2) - f(x_1)}{x_2 - x_1} - \dfrac{f(x_1) - f(x_0)}{x_1 - x_0}}{x_2 - x_0}. \tag{2.11}$$

按照上述规律, $f(x)$ 关于节点 $x_0, x_1, \cdots, x_i$ 的 $i$ 次插值多项式 $p_i(x)$ 可以待定成

$$p_i(x) = p_{i-1}(x) + c_i(x - x_0)(x - x_1)\cdots(x - x_{i-1}), \quad i = 1, 2, \cdots, n. \tag{2.12}$$

为了给出一般待定系数 $c_i$ 的计算公式, 需要引入差商的概念. 设已知函数值 $f(x_i)$, $i = 0, 1, \cdots, n, \cdots$, 且 $x_i$ 彼此互异. 下面给出差商的递归定义式.

**定义 2.1**　称

$$f[x_i, x_{i+1}, \cdots, x_{i+k}] = \frac{f[x_{i+1}, \cdots, x_{i+k}] - f[x_i, \cdots, x_{i+k-1}]}{x_{i+k} - x_i}$$

为 $f(x)$ 关于点 $x_i, x_{i+1}, \cdots, x_{i+k}$ 的 $k$ 阶差商, 其中 $f[x_j] = f(x_j)$ 称为 $f(x)$ 关于 $x_j$ 的零阶差商.

表 2-3 给出了求 $f(x)$ 关于点 $x_0, x_1, \cdots, x_k$ 的 $k$ 阶差商的递推计算过程.

**表 2-3　差商计算表**

| $x_i$ | $f(x_i)$ | 一阶差商 | 二阶差商 | 三阶差商 | $k$ 阶差商 |
|---|---|---|---|---|---|
| $x_0$ | $f(x_0)$ | | | | |
| $x_1$ | $f(x_1)$ | $f[x_0, x_1]$ | | | |
| $x_2$ | $f(x_2)$ | $f[x_1, x_2]$ | $f[x_0, x_1, x_2]$ | | |
| $x_3$ | $f(x_3)$ | $f[x_2, x_3]$ | $f[x_1, x_2, x_3]$ | $f[x_0, x_1, x_2, x_3]$ | |
| $\vdots$ | $\vdots$ | $\vdots$ | $\vdots$ | $\vdots$ | $\ddots$ |
| $x_k$ | $f(x_k)$ | $f[x_{k-1}, x_k]$ | $f[x_{k-2}, x_{k-1}, x_k]$ | $\cdots$ | $f[x_0, x_1, \cdots, x_k]$ |

在数值计算中有时还需用到重节点差商, 关于两个节点相重, 其定义式为

$$f[x_0, x_0] = \lim_{x_1 \to x_0} f[x_1, x_0] = \lim_{x_1 \to x_0} \frac{f(x_1) - f(x_0)}{x_1 - x_0} = f'(x_0).$$

一般地, 可定义

$$f[x_0, x_1, \cdots, x_n, x, x] = \frac{\mathrm{d}}{\mathrm{d}x} f[x_0, x_1, \cdots, x_n, x].$$

下面给出差商的若干重要性质.

**性质 2.1**

$$f[x_0, x_1, \cdots, x_k] = \sum_{i=0}^{k} \frac{f(x_i)}{\omega'_k(x_i)}. \tag{2.13}$$

性质 2.1 可以用数学归纳法加以证明, 在推导出 Newton 插值公式以后, 将给出 (2.13) 的另一证明.

**性质 2.2** (对称性)

$$f[x_0, \cdots, x_i, \cdots, x_j, \cdots, x_k] = f[x_0, \cdots, x_j, \cdots, x_i, \cdots, x_k].$$

这是因为调换差商中节点 $x_i, x_j$ 的位置只改变 (2.13) 右端的求和次序, 故差商值不变.

**性质 2.3** 若 $f(x)$ 是一个 $m$ 次代数多项式, 则 $f(x)$ 关于点 $x$ 和任一已知点 $x_0$ 的一阶差商是 $m-1$ 次代数多项式.

事实上, 由差商的定义有

$$f[x, x_0] = \frac{f(x) - f(x_0)}{x - x_0},$$

上式右端的分子为 $m$ 次代数多项式, 并且当 $x = x_0$ 时为零, 因此分子包含了 $x - x_0$ 的因子刚好和分母约去, 故右端为 $m-1$ 次代数多项式.

由性质 2.3 易知, 若 $f[x, x_0, \cdots, x_k]$ 是一个关于 $x$ 的 $m$ 次代数多项式, 那么 $f[x, x_0, \cdots, x_k, x_{k+1}]$ 是一个关于 $x$ 的 $m-1$ 次代数多项式.

**性质 2.4** 设 $f(x)$ 在含 $x_0, x_1, \cdots, x_n$ 的区间上有 $n$ 阶导数, 则在这一区间内至少有一点 $\xi$ 使

$$f[x_0, x_1, \cdots, x_n] = \frac{f^{(n)}(\xi)}{n!}.$$

性质 2.4 的证明将在 2.4 节中给出.

利用差商的概念, 可以给出 Newton 插值公式. 首先考察待定常数 $c_i(i = 1, 2, \cdots, n)$ 与差商之间的关系. 由 (2.10) 和 (2.11) 可知

$$c_1 = f[x_0, x_1], \quad c_2 = f[x_0, x_1, x_2]. \tag{2.14}$$

对于一般的 $c_j(j = 3, 4, \cdots, n)$, 利用归纳法可以证得

$$c_j = f[x_0, \cdots, x_j]. \tag{2.15}$$

事实上, 由 (2.14) 知, 当 $j=1,2$ 时, (2.15) 成立. 假设 (2.15) 对一切 $j \leqslant i-1$ 都成立, 即

$$\begin{aligned} p_{i-1}(x) = f(x_0) + f[x_0,x_1](x-x_0) + \cdots \\ + f[x_0,x_1,\cdots,x_{i-1}](x-x_0)(x-x_1)\cdots(x-x_{i-2}). \end{aligned} \tag{2.16}$$

下面证明当 $j=i$ 时, (2.15) 也成立. 利用式 (2.12), 并注意 $p_i(x_i)=f(x_i)$, 则式 (2.15) (这里 $j=i$) 等价于

$$f(x_i) = p_{i-1}(x_i) + f[x_0,\cdots,x_i](x_i-x_0)(x_i-x_1)\cdots(x_i-x_{i-1}).$$

利用 (2.16), 上式等价于

$$\begin{aligned} f(x_i) =& f(x_0) + f[x_0,x_1](x_i-x_0) + \cdots \\ &+ f[x_0,x_1,\cdots,x_{i-1}](x_i-x_0)(x_i-x_1)\cdots(x_i-x_{i-2}) \\ &+ f[x_0,x_1,\cdots,x_i](x_i-x_0)(x_i-x_1)\cdots(x_i-x_{i-2})(x_i-x_{i-1}). \end{aligned} \tag{2.17}$$

由差商的定义, 有

$$\begin{cases} f(x_i) = f(x_0) + (x_i-x_0)f[x_i,x_0], \\ f[x_i,x_0] = f[x_0,x_1] + (x_i-x_1)f[x_i,x_0,x_1], \\ f[x_i,x_0,x_1] = f[x_0,x_1,x_2] + (x_i-x_2)f[x_i,x_0,x_1,x_2], \\ \qquad \cdots\cdots \\ f[x_i,x_0,\cdots,x_{i-2}] = f[x_0,x_1,\cdots,x_{i-1}] + (x_i-x_{i-1})f[x_i,x_0,\cdots,x_{i-1}]. \end{cases} \tag{2.18}$$

依次将后一式代入前一式, 便可证得 (2.17), 即当 $j=i$ 时, (2.15) 成立. □

利用 $c_i$ 的计算公式 (2.15), $f(x)$ 关于节点 $x_0,x_1,\cdots,x_n$ 的 $n$ 次插值多项式可以写成

$$\begin{aligned} N_n(x) =& f(x_0) + f[x_0,x_1](x-x_0) + \cdots \\ &+ f[x_0,x_1,\cdots,x_n](x-x_0)(x-x_1)\cdots(x-x_{n-1}), \end{aligned} \tag{2.19}$$

称 (2.19) 为 Newton 插值公式, 相应的 $N_n(x)$ 为 $n$ 次 Newton 插值多项式.

由于 Newton 插值多项式 $N_n(x)$ 与 Lagrange 插值多项式 $L_n(x)$ 只是 Lagrange 插值问题解的两种表示形式, 所以由插值问题解的唯一性知

$$N_n(x) \equiv L_n(x).$$

通过比较 (2.6) 和 (2.19) 关于 $x^n$ 的系数可知

$$f[x_0,\cdots,x_n]=\sum_{i=0}^{n}\frac{f(x_i)}{\omega_n'(x_i)},$$

这就证明了差商性质 2.1.

**例 2.9** 已知函数 $f(x)$ 的函数表如表 2-4 所示.

**表 2-4**

| $x_i$ | 0.4 | 0.55 | 0.65 | 0.80 | 0.90 |
|---|---|---|---|---|---|
| $f(x_i)$ | 0.41075 | 0.57815 | 0.69675 | 0.88811 | 1.02652 |

求四次 Newton 插值多项式, 并由此求 $f(0.596)$ 的近似值.

**解** 首先构造差商表如表 2-5 所示.

**表 2-5**

| $x_i$ | $f(x_i)$ | 一阶差商 | 二阶差商 | 三阶差商 | 四阶差商 |
|---|---|---|---|---|---|
| 0.40 | 0.41075 | | | | |
| 0.55 | 0.57815 | 1.11600 | | | |
| 0.65 | 0.69675 | 1.18600 | 0.28000 | | |
| 0.80 | 0.88811 | 1.27573 | 0.35893 | 0.19733 | |
| 0.90 | 1.02652 | 1.38410 | 0.43348 | 0.21300 | 0.03134 |

故四次 Newton 插值多项式为

$$\begin{aligned}N_4(x)=&0.41075+1.11600(x-0.4)+0.28000(x-0.4)(x-0.55)\\&+0.19733(x-0.4)(x-0.55)(x-0.65)\\&+0.03134(x-0.4)(x-0.55)(x-0.65)(x-0.80),\end{aligned}$$

于是 $f(0.596)\approx N_4(0.596)=0.63195$.

当插值节点等距分布时, 上述基于差商的 Newton 插值公式可以得到进一步简化. 这时, 上述差商可以用下面引入的差分来表示.

设等距节点 $x_i=x_0+ih,\ i=0,\pm1,\pm2,\cdots$, 其中 $h$ 为常数, 称为步长. 为方便起见, 采用以下记号:

$$x_{i\pm1/2}=x_i\pm\frac{h}{2},f_i=f(x_i),f_{i\pm1/2}=f(x_{i\pm1/2}),\quad i=0,\pm1,\pm2,\cdots.$$

**定义 2.2** $\Delta f_i=f_{i+1}-f_i,\ \nabla f_i=f_i-f_{i-1},\ \delta f_i=f_{i+1/2}-f_{i-1/2}$ 分别称作 $f(x)$ 在节点 $x_i$ 的一阶向前差分, 一阶向后差分和一阶中心差分, $\Delta,\nabla,\delta$ 称为向前、向后和中心差分算子.

一般地, 函数 $f$ 的 $n$ 阶差分可递推地定义为

$$\begin{cases} \Delta^n f_i = \Delta^{n-1} f_{i+1} - \Delta^{n-1} f_i, \\ \nabla^n f_i = \nabla^{n-1} f_i - \nabla^{n-1} f_{i-1}, \\ \delta^n f_i = \delta^{n-1} f_{i+1/2} - \delta^{n-1} f_{i-1/2}. \end{cases}$$

并规定零阶差分为

$$\Delta^0 f_i = \nabla^0 f_i = \delta^0 f_i = f_i.$$

以下两个定理分别说明了差分与函数值以及差分与差商之间的关系.

**定理 2.3** 各阶差分与函数值之间的关系如下:

(1) $\Delta^n f_i = \sum\limits_{k=0}^{n} (-1)^k \mathrm{C}_n^k f_{n+i-k}$;

(2) $\nabla^n f_i = \sum\limits_{k=0}^{n} (-1)^k \mathrm{C}_n^k f_{i-k}$;

(3) $\delta^n f_i = \sum\limits_{k=0}^{n} (-1)^k \mathrm{C}_n^k f_{\frac{n}{2}+i-k}$,

其中 $\mathrm{C}_n^k = \dfrac{n!}{k!(n-k)!}$ 为二项式展开系数.

**定理 2.4** 差分和差商的关系如下:

(1) $\Delta^n f_i = n! h^n f[x_i, x_{i+1}, \cdots, x_{i+n}]$;

(2) $\nabla^n f_i = n! h^n f[x_{i-n}, x_{i-n+1}, \cdots, x_i]$;

(3) $\delta^{2n} f_i = (2n)! h^{2n} f[x_{i-n}, x_{i-n+1}, \cdots, x_{i+n}]$.

定理 2.3 和定理 2.4 的证明均可由数学归纳法得到, 读者可以选择部分作为练习 (见习题 2.9).

下面介绍两种等距节点下的分别用向前和向后差分表示的 Newton 插值公式.

1) Newton 向前插值公式

设插值节点为等距节点 $x_i = x_0 + ih,\ i = 0, 1, \cdots, n$. 在 Newton 插值公式 (2.19) 中用向前差分代替差商, 可得

$$\begin{aligned} N_n(x) = &f_0 + \frac{\Delta f_0}{1!h}(x - x_0) + \frac{\Delta^2 f_0}{2!h^2}(x - x_0)(x - x_1) + \cdots \\ &+ \frac{\Delta^n f_0}{n!h^n}(x - x_0)(x - x_1)\cdots(x - x_i)\cdots(x - x_{n-1}), \end{aligned}$$

令 $x = x_0 + th,\ t \in [0, n]$, 则 $x - x_i = (t - i)h,\ i = 0, 1, \cdots, n$, 于是

$$\begin{aligned} N_n(x) &= N_n(x_0 + th) \\ &= f_0 + \frac{\Delta f_0}{1!}t + \frac{\Delta^2 f_0}{2!}t(t-1) + \cdots + \frac{\Delta^n f_0}{n!}t(t-1)\cdots(t-n+1). \end{aligned} \tag{2.20}$$

称 (2.20) 为 Newton 向前插值公式.

2) Newton 向后插值公式

在 Newton 插值公式 (2.19) 中改变插值节点的次序并用向后差分代替差商, 可得

$$\begin{aligned}N_n(x)=&f_n+f[x_n,x_{n-1}](x-x_n)+\cdots\\&+f[x_n,x_{n-1},\cdots,x_0](x-x_n)(x-x_{n-1})\cdots(x-x_1)\\=&f_n+\frac{\nabla f_n}{1!h}(x-x_n)+\frac{\nabla^2 f_n}{2!h^2}(x-x_n)(x-x_{n-1})+\cdots\\&+\frac{\nabla^n f_n}{n!h^n}(x-x_n)(x-x_{n-1})\cdots(x-x_1),\end{aligned}$$

令 $x=x_n+th$, 则可得

$$\begin{aligned}N_n(x)&=N_n(x_n+th)\\&=f_n+\frac{\nabla f_n}{1!}t+\frac{\nabla^2 f_n}{2!}t(t+1)+\cdots+\frac{\nabla^n f_n}{n!}t(t+1)\cdots(t+n-1).\end{aligned} \tag{2.21}$$

称 (2.21) 为 Newton 向后插值公式.

Newton 向前与向后插值公式只是形式上的差别, 实质是一样的. 一般说来, 在左端点附近进行插值, 宜用 Newton 向前插值公式; 在右端点附近进行插值, 宜用 Newton 向后插值公式.

利用等距节点 Newton 向前 (后) 插值公式进行计算时, 首先应从函数值出发构造一个差分表. 它的计算比较简单, 仅包含减法运算.

**例 2.10** 给出 $x^3$ 在 $x=0,1,2,3,4$ 的值, 计算 $0.5^3$.

**解** 首先给出函数 $x^3$ 对应的差分表 (表 2-6).

**表 2-6 $x^3$ 的差分表**

| $x_i$ | $f_i$ | $\Delta f_i$ | $\Delta^2 f_i$ | $\Delta^3 f_i$ | $\Delta^4 f_i$ |
|---|---|---|---|---|---|
| 0 | 0 | | | | |
| | | 1 | | | |
| 1 | 1 | | 6 | | |
| | | 7 | | 6 | |
| 2 | 8 | | 12 | | 0 |
| | | 19 | | 6 | |
| 3 | 27 | | 18 | | |
| | | 37 | | | |
| 4 | 64 | | | | |

当 $x=0.5$ 时, $t=(0.5-0)/1=0.5$, 由 Newton 向前插值公式和上述差分

表, 可分别求得

$$
\begin{aligned}
&N_1(0.5)=0+0.5\times 1=0.5,\\
&N_2(0.5)=N_1(0.5)+\frac{0.5(-0.5)}{2}\times 6=-0.25,\\
&N_3(0.5)=N_2(0.5)+\frac{0.5(-0.5)(-1.5)}{6}\times 6=0.125,\\
&N_4(0.5)=N_3(0.5)+\frac{0.5(-0.5)(-1.5)(-2.5)}{24}\times 0=0.125.
\end{aligned}
$$

由于 $f(x)=x^3\in P_3\subset P_4$, 利用 Lagrange 插值问题解的唯一性可知, $x^3$ 的 $k(k=3,4)$ 次 Newton 插值多项式 $N_k(x)$ 就是其自身, 因此 $N_3(0.5)=N_4(0.5)=f(0.5)=0.125$.

## 2.3 Hermite 插值

Lagrange 插值问题的样本点仅涉及被逼近函数值, 而在实际应用中, 常遇到样本点还包含被逼近函数导数值的情形. 下面以样本点中包含被逼近函数的函数值和一阶导数值为例, 来讨论相应的代数多项式插值问题.

设已知

$$
f(x_i)=f_i,\ f'(x_i)=f_i',\quad i=0,1,\cdots,n,
$$

其中 $x_i(i=0,1,\cdots,n)$, 彼此互异, 则可以提出如下插值问题：求 $H\in P_{2n+1}$, 满足

$$
H(x_i)=f_i,\ H'(x_i)=f_i',\quad i=0,1,\cdots,n.
$$

称上述插值问题为关于节点 $x_0,x_1,\cdots,x_n$ 的 Hermite 插值问题, $H(x)$ 为 Hermite 插值多项式.

本节主要讨论两点 Hermite 插值, 即 $n=1$ 的情形. 这时, 插值问题变为：求 $H_3\in P_3$, 满足

$$
H_3(x_i)=f_i,\ H_3'(x_i)=f_i',\quad i=0,1. \tag{2.22}
$$

下面构造性地给出两点 Hermite 插值问题的适定性证明以及相应的插值公式.

**定理 2.5** 两点 Hermite 插值问题的解存在且唯一.

**证明** 首先证明存在性. 为此先在标准单元 [0,1] 上构造两个特殊的三次代数多项式 $\phi_0(t)$, $\phi_1(t)$, 满足插值条件

$$
\phi_0(0)=1,\quad \phi_0'(0)=\phi_0(1)=\phi_0'(1)=0,
$$

$$
\phi_1'(0)=1,\quad \phi_1(0)=\phi_1(1)=\phi_1'(1)=0,
$$

容易求得

$$\phi_0(t) = (1-t)^2(1+2t),\ \phi_1(t) = t(1-t)^2, \quad t \in [0,1].$$

若令

$$h_{0,0}(x) = \phi_0\left(\frac{x-x_0}{h}\right), \quad h_{1,0}(x) = \phi_0\left(\frac{x_1-x}{h}\right),$$

$$h_{0,1}(x) = h\phi_1\left(\frac{x-x_0}{h}\right), \quad h_{1,1}(x) = -h\phi_1\left(\frac{x_1-x}{h}\right),$$

其中 $h = x_1 - x_0$, 则 $h_{i,k}(x) \in P_3$, $i,k = 0,1$, 且满足

$$h_{i,k}^{(l)}(x_j) = \delta_{i,j} \cdot \delta_{k,l} = \begin{cases} 1, & i=j,\ l=k, \\ 0, & \text{其他}. \end{cases} \tag{2.23}$$

利用式 (2.23), 容易验证

$$H_3(x) = f_0 \cdot h_{0,0}(x) + f_1 \cdot h_{1,0}(x) + f_0' \cdot h_{0,1}(x) + f_1' \cdot h_{1,1}(x) \tag{2.24}$$

满足插值条件 (2.22), 从而存在性得证.

现在证明唯一性. 设三次多项式 $H_3(x)$ 和 $G(x)$ 均为两点 Hermite 插值问题的解, 则有

$$H_3(x_i) = f_i = G(x_i),\ H_3'(x_i) = f_i' = G'(x_i), \quad i = 0,1.$$

由此, 若记 $R(x) = H_3(x) - G(x)$, 则

$$R(x_i) = R'(x_i) = 0, \quad i = 0,1.$$

上式说明 $R(x)$ 有两个二重根 $x_0, x_1$, 而 $R(x)$ 为次数不超过 3 的代数多项式, 由高等代数基本知识知, $R(x)$ 一定恒为零, 因此 $H_3(x) \equiv G(x)$, 从而唯一性得证. □

称式 (2.24) 为两点 Hermite 插值公式, 相应的 $H_3(x)$ 为两点 Hermite 插值多项式; 而 $h_{0,0}(x), h_{1,0}(x), h_{0,1}(x), h_{1,1}(x)$ 被称为关于 $x_0, x_1$ 的两点 Hermite 插值问题的基函数.

$H_3(x)$ 是一个非常重要的 Hermite 插值多项式, 它所刻画的曲线与 $f(x)$ 在点 $x_0$ 和 $x_1$ 处不仅有相同的函数值, 而且有相同的斜率.

**例 2.11** 已知 $f(x) = \sqrt{x}$ 及 $f'(x) = \dfrac{1}{2\sqrt{x}}$ 的数据见表 2-7, 试用两点三次 Hermite 插值公式计算 $\sqrt{125}$ 的近似值.

表 2-7

| $x$ | 121 | 144 |
|---|---|---|
| $f(x)$ | 11 | 12 |
| $f'(x)$ | 1/22 | 1/24 |

**解**　由两点 Hermite 插值公式得

$$H_3(x)=\left(1+2\frac{x-x_0}{x_1-x_0}\right)\left(\frac{x_1-x}{x_1-x_0}\right)^2 f_0+\left(1+2\frac{x_1-x}{x_1-x_0}\right)\left(\frac{x-x_0}{x_1-x_0}\right)^2 f_1 +\frac{(x-x_0)(x_1-x)^2}{(x_1-x_0)^2}f_0'-\frac{(x_1-x)(x-x_0)^2}{(x_1-x_0)^2}f_1'.$$

将 $x_0=121,\ x_1=144,\ x=125$ 代入上式, 可得 $\sqrt{125}\approx H_3(125)=11.18035$.

Hermite 插值问题还可以推广到更一般的情形.

设已知 $f(x)$ 在 $n+1$ 个互异节点 $x_i(i=0,1,\cdots,n)$ 处的函数值及导数值

$$\begin{cases} f(x_0),f'(x_0),\cdots,f^{(m_0)}(x_0),\\ f(x_1),f'(x_1),\cdots,f^{(m_1)}(x_1),\\ \qquad\cdots\cdots\\ f(x_n),f'(x_n),\cdots,f^{(m_n)}(x_n),\end{cases}$$

其中 $m_0,m_1,\cdots,m_n$ 为正整数. 记 $N=\sum\limits_{i=0}^{n}m_i+n$, 则可以提出插值问题：求 $H\in P_N$, 满足

$$H^{(k_i)}(x_i)=f^{(k_i)}(x_i),\quad k_i=0,1,\cdots,m_i,\ i=0,1,\cdots,n.$$

与两点 Hermite 插值问题的适定性讨论完全类似, 可以证明上述一般的 Hermite 插值问题的解存在且唯一, 它可以表示为

$$H(x)=\sum_{i=0}^{n}\sum_{k=0}^{m_i}f_i^{(k)}\cdot h_{i,k}(x),\tag{2.25}$$

其中 $h_{i,k}(x)\in P_N$ 为基函数, 它们满足

$$h_{i,k}^{(l)}(x_j)=\begin{cases}1, & i=j,l=k,\\ 0, & \text{其他},\end{cases}\quad i,j=0,1,\cdots,n;\ k,l=0,1,\cdots,m_i.$$

特别地, 当 $m_0=m_1=\cdots=m_n=0$ 时, 上述 Hermite 插值问题就变成了 Lagrange 插值问题; 当 $n=0$, 即只有一个插值节点时, $H(x)$ 就是 $f(x)$ 在 $x_0$ 点

附近 Taylor 展开式的部分和

$$H(x)=\sum_{k=0}^{m_0} f^{(k)}(x_0)\cdot\frac{(x-x_0)^k}{k!}.$$

注意, Hermite 插值的特点是: 被插函数在每个样本点上给出的导数次数是从低到高连续变化的. 事实上, 更广泛的还有 Birkhoff(伯克霍夫) 插值, 这时被插函数在每个样本点上给出的导数次数可以不连续变化.

Hermite 插值公式 (2.25) 的优点是形式简洁, 但它没有承袭性, 当增加新的节点时, 所有的基函数必须重新计算, 这样就影响了插值公式的计算效率.

利用重节点差商, 还可以得到一种所谓的 Newton 型 Hermite 插值公式. 下面仅给出两点 Hermite 插值问题的 Newton 型插值公式

$$\begin{aligned}H_3(x)=&f(x_0)+f[x_0,x_0](x-x_0)+f[x_0,x_0,x_1](x-x_0)^2\\&+f[x_0,x_0,x_1,x_1](x-x_0)^2(x-x_1).\end{aligned}$$

## 2.4 误 差 分 析

本节给出 Lagrange 插值问题和两点 Hermite 插值问题解的误差分析.

设 $x_i\in[a,b]$, $i=0,1,\cdots,n$ 且彼此互异, $p_n(x)$ 为关于节点 $x_0$, $x_1$, $\cdots$, $x_n$ 的 Lagrange 插值问题的解函数, 其计算公式为 (2.5) 或 (2.19), 这里不妨取 $p_n(x)=N_n(x)$. 记

$$R_n(x)=f(x)-N_n(x)$$

为插值误差 (或插值余项), 则以下定理给出了 $R_n(x)$ 的估计式.

**定理 2.6** 若 $f\in C^n[a,b]$, $f^{(n+1)}(x)$ 在 $(a,b)$ 上存在, 则对 $\forall x\in[a,b]$, 关于节点 $x_0,x_1,\cdots,x_n$ 的 Lagrange 插值问题解的误差为

$$R_n(x)=\frac{f^{(n+1)}(\xi)}{(n+1)!}\prod_{i=0}^{n}(x-x_i), \tag{2.26}$$

其中 $\xi\in(a,b)$, 且依赖于 $x$.

**证明** 当 $x=x_i(i=0,1,\cdots,n)$ 时, (2.26) 显然成立, 以下设 $x\neq x_i,i=0,1,\cdots,n$. 对固定的 $x\in[a,b]$, 构造 $[a,b]$ 上的辅助函数

$$F(t)=f(t)-N_n(t)-W(t), \tag{2.27}$$

其中 $W\in P_{n+1}$, 且满足

$$\begin{cases}W(x_i)=0, \quad i=0,1,\cdots,n,\\ W(x)=f(x)-p_n(x).\end{cases} \tag{2.28}$$

利用 (2.28) 的第一式并注意 $W \in P_{n+1}$, 则可将 $W(t)$ 写成

$$W(t) = c\prod_{i=0}^{n}(t - x_i), \tag{2.29}$$

其中 $c$ 为待定常数, 再利用 (2.28) 的第二式, 易求得

$$c = \frac{f(x) - p_n(x)}{\prod\limits_{i=0}^{n}(x - x_i)}. \tag{2.30}$$

由 (2.27) 和 (2.28) 知, $F(t)$ 在区间 $(a, b)$ 上有 $n+2$ 个零点 $x, x_0, x_1, \cdots, x_n$, 利用 Rolle(罗尔) 定理, $F'(t)$ 在区间 $(a, b)$ 上至少有 $n+1$ 个零点. 再对 $F'(t)$ 应用 Rolle 定理可知 $F''(t)$ 在区间 $(a, b)$ 上至少有 $n$ 个零点. 依此类推, 最后可知在区间 $(a, b)$ 上存在一点 $\xi$, 使得 $F^{(n+1)}(\xi) = 0$, 即

$$f^{(n+1)}(\xi) - W^{(n+1)}(\xi) = 0. \tag{2.31}$$

由 (2.29) 和 (2.30) 知

$$W^{(n+1)}(\xi) = \frac{f(x) - p_n(x)}{\prod\limits_{i=0}^{n}(x - x_i)}(n+1)!, \tag{2.32}$$

将 (2.32) 代入 (2.31), 可得

$$R_n(x) = f(x) - p_n(x) = \frac{f^{(n+1)}(\xi)}{(n+1)!}\prod_{i=0}^{n}(x - x_i). \qquad \square$$

类似可以给出两点 Hermite 插值问题解的误差估计.

**定理 2.7**　若 $f \in C^3[a, b]$, $f^{(4)}(x)$ 在 $(a, b)$ 存在, 则对 $\forall x \in [a, b]$, 两点 Hermite 插值问题解的误差为

$$R_3(x) = f(x) - H_3(x) = \frac{f^{(4)}(\xi)}{4!}(x - x_0)^2(x - x_1)^2, \tag{2.33}$$

其中 $\xi \in (a, b)$, 且依赖于 $x$.

**证明**　显然只需对 $x \neq x_i$, $i = 0, 1$ 的情形证明 (2.33) 成立. 对固定的 $x \in [a, b]$, 构造 $[a, b]$ 上的辅助函数

$$F(t) = f(t) - H_3(t) - W(t),$$

其中 $W \in P_4$, 且满足

$$\begin{cases} W(x_i) = 0, \ W'(x_i) = 0, \quad i = 0, 1, \\ W(x) = f(x) - H_3(x). \end{cases}$$

完全类似于定理 2.6 的推导, 可将 $W(t)$ 写成

$$W(t) = \frac{f(x) - H_3(x)}{(x - x_0)^2 (x - x_1)^2} (t - x_0)^2 (t - x_1)^2.$$

同样利用 Rolle 定理, 可知在区间 $(a, b)$ 上存在一点 $\xi$, 使得 $F^{(4)}(\xi) = 0$, 即

$$f^{(4)}(\xi) - W^{(4)}(\xi) = 0. \tag{2.34}$$

注意 $W^{(4)}(\xi) = 4! \dfrac{f(x) - H_3(x)}{(x - x_0)^2 (x - x_1)^2}$, 代入式 (2.34) 便得

$$4! \frac{f(x) - H_3(x)}{(x - x_0)^2 (x - x_1)^2} = f^{(4)}(\xi),$$

即

$$R_3(x) = \frac{f^{(4)}(\xi)}{4!} (x - x_0)^2 (x - x_1)^2.$$

□

上述误差分析的思想可以推广到更一般的插值问题中, 如习题 2.16.

下面利用定理 2.6 来证明 2.2 节中的差商性质 2.4. 事实上, 在 (2.18) 中取 $i = n + 1$, 并将 $x_{n+1}$ 换成 $x$, 然后依次将后一式代入前一式, 可得

$$f(x) = N_n(x) + R_n(x),$$

其中

$$\begin{aligned} R_n(x) &= f[x, x_0, x_1, \cdots, x_n](x - x_0)(x - x_1) \cdots (x - x_n) \\ &= f[x, x_0, x_1, \cdots, x_n] \prod_{i=0}^{n} (x - x_i). \end{aligned} \tag{2.35}$$

比较 (2.26) 和 (2.35), 有

$$f[x, x_0, x_1, \cdots, x_n] = \frac{f^{(n+1)}(\xi)}{(n+1)!},$$

即证得了差商性质 2.4.

□

## 2.5　分段低次多项式插值

由 2.4 节的误差分析可知, 在一定条件下 (如被插函数是复平面上的解析函数), 如果不考虑舍入误差等因素对插值公式的影响, 则可以通过增加插值节点的个数, 构造相应的高次插值多项式来减少插值误差. 但对于一般情形, 这种高次插值多项式存在以下两方面的缺陷.

1) 收敛性问题

首先看一个例子, 它是由 Runge(龙格) 于 1901 年给出的.

**例 2.12**　设

$$f(x) = \frac{1}{1+25x^2}, \quad -1 \leqslant x \leqslant 1,$$

对于任意正整数 $n$, $f(x)$ 的 $n$ 次 Lagrange 插值多项式为

$$p_n(x) = \sum_{i=0}^{n} \frac{1}{(1+25x_i^2)} \cdot l_i(x),$$

其中, 等距节点

$$x_i = -1 + \frac{2i}{n}, \quad i = 0, 1, \cdots, n.$$

插值多项式序列 $\{p_n(x)\}$ 在区间 $[-1,1]$ 上并不一致收敛于 $f(x)$. 图 2-11 给出了 $f(x)$ 和 $p_{10}(x)$ 的图像, 可以看出, 在 0 附近插值效果是好的, 但在靠近 $-1$ 或 1 时误差会很大, 事实上该误差会随着 $n$ 的变大而增大 (蒋尔雄等, 1996). 这种当节点增加 (或 $n$ 增大) 时反而不能更好地逼近被插函数的现象称为 Runge 现象.

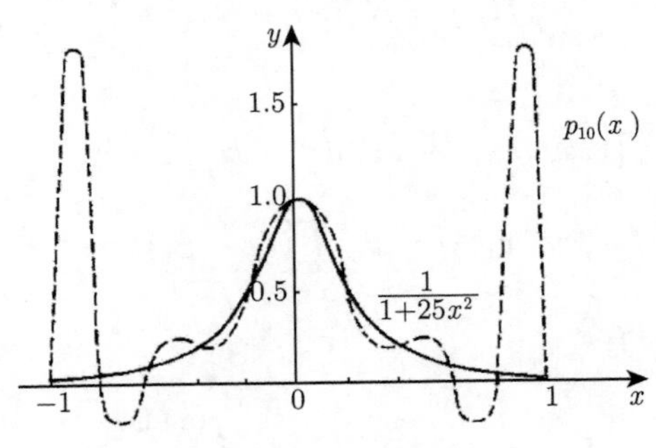


图 2-11　Runge 现象

2) 数值稳定性问题

高次插值多项式的计算需要用到高阶差分或差商, 差分的误差传播会随阶数的提高越来越严重.

例如, 给出函数 $f(x)$ 在一组等距节点上的值

$$f_k := f\left(x_k\right) := f\left(x_0 + kh\right) = 0, \quad k = 0, 1, \cdots, n,$$

显然关于序列 $\{f_k\}$ 的各阶差分均为 0.

现假定在某个节点 $x_i$ 处 $f_i$ 产生一个小扰动 $\varepsilon$, 即序列 $\{f_k\}$ 变为新序列 $\{\hat{f}_k\}$, 其中

$$\hat{f}_k = \begin{cases} 0, & k \neq i, \\ \varepsilon, & k = i. \end{cases}$$

表 2-8 给出了序列 $\{\hat{f}_k\}$ 阶数不超过 6 的差分值.

**表 2-8 扰动在各阶差分中的传播**

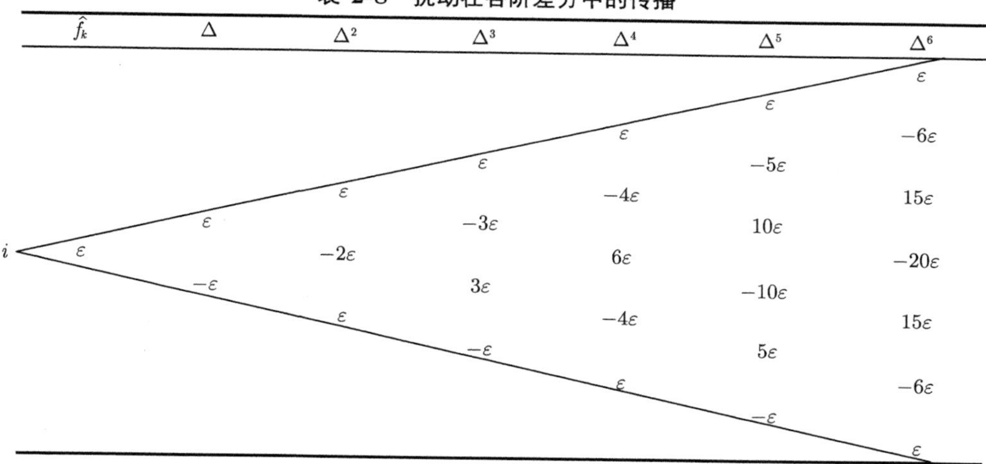

| | $\hat{f}_k$ | $\Delta$ | $\Delta^2$ | $\Delta^3$ | $\Delta^4$ | $\Delta^5$ | $\Delta^6$ |
|---|---|---|---|---|---|---|---|
| | | | | | | | $\varepsilon$ |
| | | | | | | $\varepsilon$ | |
| | | | | | $\varepsilon$ | | $-6\varepsilon$ |
| | | | | $\varepsilon$ | | $-5\varepsilon$ | |
| | | | $\varepsilon$ | | $-4\varepsilon$ | | $15\varepsilon$ |
| | | $\varepsilon$ | | $-3\varepsilon$ | | $10\varepsilon$ | |
| $i$ | $\varepsilon$ | | $-2\varepsilon$ | | $6\varepsilon$ | | $-20\varepsilon$ |
| | | $-\varepsilon$ | | $3\varepsilon$ | | $-10\varepsilon$ | |
| | | | $\varepsilon$ | | $-4\varepsilon$ | | $15\varepsilon$ |
| | | | | $-\varepsilon$ | | $5\varepsilon$ | |
| | | | | | $\varepsilon$ | | $-6\varepsilon$ |
| | | | | | | $-\varepsilon$ | |
| | | | | | | | $\varepsilon$ |

从表 2-8 可见, 尽管在 $x = x_i$ 处 $f_i$ 有微小扰动 $\varepsilon$, 但 $\Delta^6 \hat{f}_k$ 与 $\Delta^6 f_k$ 之差将可能为 $\varepsilon$ 的 20 倍, 即高次插值算法的数值稳定性得不到保证.

上述缺陷使得利用高次插值多项式来减少插值误差这条途径受到了限制. 目前提高对被插函数的逼近性的更常用的方法是用分段低次插值多项式来代替高次插值多项式, 即将插值函数空间取为分段多项式空间. 本节将介绍几种常见的分段低次多项式插值. 为此, 首先引入区间 $[a, b]$ 的一个分划 (或网格剖分)

$$\Delta: \ a = x_0 < x_1 < \cdots < x_{n-1} < x_n = b,$$

称 $x_0, x_1, \cdots, x_{n-1}, x_n$ 为剖分节点, $x_1, \cdots, x_{n-1}$ 为内剖分节点, 小区间 $e_j = [x_{j-1}, x_j]$ 为第 $j$ 个剖分单元 (图 2-12).

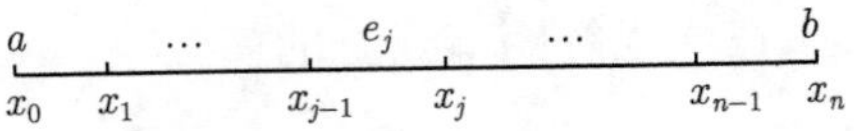

$$\begin{array}{l} a \quad \cdots \quad e_j \quad \cdots \quad b \\ x_0 \quad x_1 \quad x_{j-1} \quad x_j \quad x_{n-1} \quad x_n \end{array}$$

图 2-12

记 $f_i = f(x_i)$, $f_i' = f'(x_i)$ 和 $f_i'' = f''(x_i)$, 它们分别表示被插函数 $f(x)$ 在节点 $x_i$ 处的函数值、一阶和二阶导数值.

设关于剖分 $\Delta$ 的分段多项式插值函数空间为

$$Sp(k;l;\Delta) = \{s \in C^l[a,b]:\ s \in P_k, x \in e_i, i = 1,2,\cdots,n\},$$

它表示在每个剖分单元为 $k$ 次多项式且在整个定义区间 $[a,b]$ 上 $l$ 阶连续可微的函数的全体. 称 $Sp(k;l;\Delta)$ 为关于剖分 $\Delta$ 重数为 $k-l$ 的 $k$ 次多项式样条空间.

若引入重指标向量 $M = (m_1,\cdots,m_{n-1})$, 则还可以定义更一般的多项式样条空间 $Sp(k;M;\Delta)$. 与 $Sp(k;l;\Delta)$ 不同的是：该空间中的函数在内剖分节点 $x_i$ 要求满足 $k-m_i$ 阶连续可微. 特别地, 当 $m_1 = \cdots = m_{n-1} = k-l$ 时, $Sp(k;M;\Delta) = Sp(k;l;\Delta)$. 进一步, 当 $l = k-1$ 时, 简记 $Sp(k;l;\Delta)$ 为 $Sp(k;\Delta)$ 并称为 (完全) 样条函数空间.

下面从直观上导出一般多项式样条空间 $Sp(k;M;\Delta)$ 的维数公式.

(1) 若不考虑段与段之间的连接条件, 则关于分划 $\Delta$ 的分段 $k$ 次多项式函数空间的维数为 $m_1 = (k+1)n$.

(2) 由于 $Sp(k;M;\Delta)$ 中的函数在每个内剖分节点处要求满足 $k-m_i$ 阶连续可微, 所以共有 $\sum_{i=1}^{n-1}(k-m_i+1)$ 个约束条件.

由以上分析可知: 样条空间 $Sp(k;M;\Delta)$ 的维数公式为

$$(k+1)n - \sum_{i=1}^{n-1}(k-m_i+1). \tag{2.36}$$

下面主要讨论 $k=1$ 和 3 的情形.

### 2.5.1　分段一次多项式插值

这时取插值函数空间为 $Sp(1;\Delta) := Sp(1;0;\Delta)$, 它表示在每个剖分单元为线性多项式且在区间 $[a,b]$ 上连续的函数全体. 由 (2.36) 知：该样条空间的维数为

$$2n - (n-1) = n+1.$$

利用该空间, 可以定义如下分段一次多项式插值问题：求 $s \in Sp(1;\Delta)$, 满足插值条件

$$s(x_i) = f_i, \quad i = 0,1,\cdots,n.$$

显然上述插值问题的解是存在且唯一的. 事实上该分段一次插值多项式 $s(x)$ 可以被局部确定, 即在每个剖分单元上, 可以利用线性插值公式得到其分段表达式

$$s(x)=\frac{x-x_i}{x_{i-1}-x_i}f_{i-1}+\frac{x-x_{i-1}}{x_i-x_{i-1}}f_i,\quad x\in e_i,\ i=1,2,\cdots,n,$$

它是一折线函数, 相应的图像如图 2-13 所示.

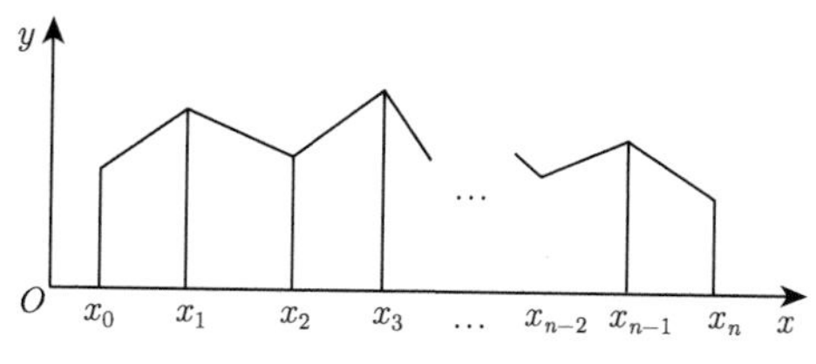


图 2-13 分段一次多项式插值

在每个剖分单元上, 利用线性插值多项式的误差余项公式 (2.26) 可知: 若 $f(x)$ 在 $[a,b]$ 上二阶连续可微, 则当 $x\in e_i$ 时, 有

$$f(x)-s(x)=\frac{f''(\xi_i)}{2!}(x-x_{i-1})(x-x_i),\quad x_{i-1}\leqslant\xi_i\leqslant x_i,$$

从而

$$|f(x)-s(x)|\leqslant\frac{1}{2}\left|(x-x_{i-1})(x-x_i)\right|\max_{x_{i-1}\leqslant x\leqslant x_i}\left|f''(x)\right|.$$

由于 $\max\limits_{x_{i-1}\leqslant x\leqslant x_i}|(x-x_{i-1})(x-x_i)|=\dfrac{h_i^2}{4}$, $h_i=x_i-x_{i-1}$, 于是在整个区间 $[a,b]$ 上有

$$|f(x)-s(x)|\leqslant\frac{h^2}{8}\max_{a\leqslant x\leqslant b}|f''(x)|,$$

其中, $h=\max\limits_{1\leqslant i\leqslant n}h_i$.

### 2.5.2 分段三次 Hermite 多项式插值

首先讨论所谓分段三次 Hermite 插值问题, 该问题的特点是其解函数可以被局部确定. 取插值函数空间为 $Sp(3;1;\Delta)$, 由 (2.36) 知: 该样条空间的维数为

$$4n-2(n-1)=2n+2.$$

利用该空间, 可以定义如下分段三次 Hermite 多项式插值问题: 求 $H\in Sp(3;1;\Delta)$, 满足插值条件

$$H(x_i)=f_i,\ H'(x_i)=f_i',\quad i=0,1,\cdots,n.$$

显然上述插值问题的解是存在且唯一的, 并且其解函数 $H(x)$ 可以被局部确定, 即在每个剖分单元 $e_i$ 上, 利用关于 $x_{i-1}, x_i$ 的两点 Hermite 插值公式 (2.24), 即可得到 $H(x)$ 的分段表达式

$$H(x) = f_{i-1} \cdot h_{i-1,0}(x) + f_i \cdot h_{i,0}(x) + f'_{i-1} \cdot h_{i-1,1}(x) + f'_i \cdot h_{i,1}(x),$$
$$x \in e_i,\ i = 1, 2, \cdots, n,$$

其中

$$h_{i-1,0}(x) = \phi_0\left(\frac{x - x_{i-1}}{h_i}\right), \quad h_{i,0}(x) = \phi_0\left(\frac{x_i - x}{h_i}\right),$$

$$h_{i-1,1}(x) = h_i\phi_1\left(\frac{x - x_{i-1}}{h_i}\right), \quad h_{i,1}(x) = -h_i\phi_1\left(\frac{x_i - x}{h_i}\right),$$

而 $\phi_0(t)$, $\phi_1(t)$, $t \in [0, 1]$, 由 (2.22) 定义.

由于这种分段插值多项式可以被局部确定, 所以其误差估计也很简单, 下面以分段 Hermite 多项式为例讨论之.

利用两点 Hermite 插值多项式的误差余项公式 (2.33) 可知: 若 $f(x)$ 在 $[a, b]$ 上四阶连续可微, 则当 $x \in e_i$ 时, 有

$$f(x) - H(x) = \frac{f^{(4)}(\xi_i)}{4!}(x - x_{i-1})^2(x - x_i)^2, \quad \xi_i \in (x_{i-1}, x_i),$$

从而在整个区间 $[a, b]$ 上有

$$|f(x) - H(x)| \leqslant \frac{h^4}{384} \max_{a \leqslant x \leqslant b} \left|f^{(4)}(x)\right|,$$

其中, $h = \max\limits_{1 \leqslant i \leqslant n} h_i$.

上述分段一次和分段三次插值多项式的优点是公式简单 (可以局部确定), 但缺点是:(1) 整体光滑性较低, 前者仅函数连续, 后者一阶连续可微;(2) 自由度过多, 前者为 $n + 1$, 后者为 $2n + 2$. 另外, 为了确定分段三次 Hermite 插值多项式还需要提供一阶导数的值.

下面介绍的三次插值样条函数将克服上述缺陷, 但其代价是相应的插值公式不能局部确定, 它需要求解一个线性代数方程组.

### 2.5.3　三次样条插值

这时取插值函数空间为 $Sp(3; \Delta)$, 它表示在每个剖分单元为三次多项式且在区间 $[a, b]$ 上二阶连续可微的函数全体. 易知该插值函数空间的维数为 $4n - 3(n - 1) = n + 3$.

利用该空间, 可以定义相应的三次插值样条函数 $s \in Sp(3;\Delta)$, 其关键是给出适当的插值条件, 首先自然要求 $s(x)$ 在所有内节点上满足

$$s(x_i) = f_i, \quad i = 1, 2, \cdots, n-1, \tag{2.37}$$

但这些插值条件的个数仅为 $n-1$, 为了将 $s(x)$ 唯一确定, 还需要提供另外 4 个插值条件, 它通常有三种提法.

(1) I 型边界条件:

$$s(x_0) = f_0,\ s(x_n) = f_n; \quad s'(x_0) = f_0',\ s'(x_n) = f_n'.$$

(2) Ⅱ 型边界条件:

$$s(x_0) = f_0,\ s(x_n) = f_n; \quad s''(x_0) = f_0'',\ s''(x_n) = f_n''.$$

(3) Ⅲ 型 (或周期型) 边界条件:

$$s(x_0) = f_0,\ s(x_0) = s(x_n); \quad s'(x_0) = s'(x_n); \quad s''(x_0) = s''(x_n).$$

利用 I 型边界条件, 可以定义如下所谓的 I 型三次样条插值问题: 求 $s_{\mathrm{I}} \in Sp(3;\Delta)$, 满足插值条件 (2.37) 和 I 型边界条件. 称 $s_{\mathrm{I}}(x)$ 为 I 型三次插值样条函数.

类似可以定义 Ⅱ 型和 Ⅲ 型三次插值样条函数 $s_{\mathrm{II}}(x)$ 和 $s_{\mathrm{III}}(x)$, 它们只需将上述定义中的 I 型边界条件分别换成 Ⅱ 型和 Ⅲ 型边界条件即可. $s_{\mathrm{III}}(x)$ 又被称为三次周期样条函数, 当被插函数为周期函数或封闭曲线时, 常要考虑这种插值.

下面构造性地给出 I 型三次样条插值问题的适定性证明. 其他两种情况类似可证.

**定理 2.8** I 型三次样条插值问题的解存在且唯一.

**证明** 记 $M_i = s_{\mathrm{I}}''(x_i)$, $i = 0, 1, \cdots, n$, 将其设为待定参数. 由于 $s_{\mathrm{I}}(x)$ 在 $e_i$ 上为三次多项式, 故 $s_{\mathrm{I}}''(x)$ 在 $e_i$ 上为线性函数, 于是可得 $s_{\mathrm{I}}''(x)$ 的分段表达式

$$s_{\mathrm{I}}''(x) = M_{i-1}\frac{x_i - x}{h_i} + M_i\frac{x - x_{i-1}}{h_i}, \quad x \in e_i,\ i = 1, 2, \cdots, n. \tag{2.38}$$

将式 (2.38) 积分两次, 并利用 $s_{\mathrm{I}}(x_{i-1}) = f_{i-1}$, $s_{\mathrm{I}}(x_i) = f_i$ 来确定积分常数, 可得

$$\begin{aligned} s_{\mathrm{I}}(x) = {} & \frac{1}{6h_i}[(x_i - x)^3 M_{i-1} + (x - x_{i-1})^3 M_i] + \frac{1}{h_i}[(x_i - x)f_{i-1} + (x - x_{i-1})f_i] \\ & - \frac{h_i}{6}[(x_i - x)M_{i-1} + (x - x_{i-1})M_i], \quad x \in e_i,\ i = 1, 2, \cdots, n. \end{aligned} \tag{2.39}$$

由 (2.39) 可知, 要证 $s_{\mathrm{I}}(x)$ 唯一存在, 只需证明 $M_i(i=0,1,\cdots,n)$ 可被唯一确定.

显然, 上述 $s_{\mathrm{I}}(x)$ 满足其自身和二阶导函数在整个区间 $[a,b]$ 上连续, 由连接条件, 还要求其一阶导函数在整个区间 $[a,b]$ 上连续, 即

$$s_{\mathrm{I}}'(x_j+0)=s_{\mathrm{I}}'(x_j-0),\quad j=1,2,\cdots,n-1. \tag{2.40}$$

对式 (2.39) 求导, 有

$$s_{\mathrm{I}}'(x)=-M_{i-1}\frac{(x_i-x)^2}{2h_i}+M_i\frac{(x-x_{i-1})^2}{2h_i}+\frac{f_i-f_{i-1}}{h_i}-\frac{(M_i-M_{i-1})h_i}{6},$$
$$x\in e_i,\ i=1,2,\cdots,n,$$

于是, 单元 $e_j$ 右端点的左极限和左端点的右极限分别为

$$\begin{cases} s_{\mathrm{I}}'(x_j-0)=\dfrac{h_j}{6}M_{j-1}+\dfrac{h_j}{3}M_j+\dfrac{f_j-f_{j-1}}{h_j}, \\ s_{\mathrm{I}}'(x_{j-1}+0)=-\dfrac{h_j}{3}M_{j-1}-\dfrac{h_j}{6}M_j+\dfrac{f_j-f_{j-1}}{h_j}, \end{cases} \quad j=1,2,\cdots,n. \tag{2.41}$$

由 (2.40) 和 (2.41) 可得

$$\frac{h_j}{6}M_{j-1}+\frac{h_j+h_{j+1}}{3}M_j+\frac{h_{j+1}}{6}M_{j+1}=\frac{f_{j+1}-f_j}{h_{j+1}}-\frac{f_j-f_{j-1}}{h_j}, \quad j=1,2,\cdots,n-1, \tag{2.42}$$

若记

$$\lambda_j=\frac{h_{j+1}}{h_j+h_{j+1}},\ \mu_j=1-\lambda_j=\frac{h_j}{h_j+h_{j+1}},\quad j=1,2,\cdots,n-1,$$

则式 (2.42) 可化为

$$\mu_jM_{j-1}+2M_j+\lambda_jM_{j+1}=d_j,\quad j=1,2,\cdots,n-1, \tag{2.43}$$

这里 $d_j=6f[x_{j-1},x_j,x_{j+1}]$, 其中 $f[x_{j-1},x_j,x_{j+1}]$ 表示 $f(x)$ 的二阶差商.

此外, $s_{\mathrm{I}}'(x)$ 在端点 $x_0$ 和 $x_n$ 处应分别右连续和左连续, 利用附加边界条件 $s_{\mathrm{I}}'(x_0)=f_0'$, $s_{\mathrm{I}}'(x_n)=f_n'$ 及式 (2.41), 可得

$$\begin{cases} -\dfrac{h_1}{3}M_0-\dfrac{h_1}{6}M_1+\dfrac{f_1-f_0}{h_1}=f_0', \\ \dfrac{h_n}{6}M_{n-1}+\dfrac{h_n}{3}M_n+\dfrac{f_n-f_{n-1}}{h_n}=f_n'. \end{cases}$$

化简之, 有

$$\begin{cases} 2M_0 + M_1 = \dfrac{6}{h_1}\left(\dfrac{f_1 - f_0}{h_1} - f_0'\right) := d_0, \\ M_{n-1} + 2M_n = \dfrac{6}{h_n}\left(f_n' - \dfrac{f_n - f_{n-1}}{h_n}\right) := d_n. \end{cases} \tag{2.44}$$

联立 (2.43) 和 (2.44), 可以得到一个关于待定参数 $M_0, M_1, \cdots, M_n$ 的 $n+1$ 阶线性代数方程组, 其矩阵形式为

$$\begin{bmatrix} 2 & 1 & & & & \\ \mu_1 & 2 & \lambda_1 & & & \\ & \mu_2 & 2 & \lambda_2 & & \\ & & \ddots & \ddots & \ddots & \\ & & & \mu_{n-1} & 2 & \lambda_{n-1} \\ & & & & 1 & 2 \end{bmatrix} \begin{bmatrix} M_0 \\ M_1 \\ M_2 \\ \vdots \\ M_{n-1} \\ M_n \end{bmatrix} = \begin{bmatrix} d_0 \\ d_1 \\ d_2 \\ \vdots \\ d_{n-1} \\ d_n \end{bmatrix}. \tag{2.45}$$

显然方程组 (2.45) 的系数矩阵是严格对角占优的, 因此非奇异, 于是由 (2.45) 可以唯一地解出 $M_i(i = 0, 1, \cdots, n)$, 从而证得 I 型三次样条插值问题的解存在且唯一. □

称 (2.45) 为三弯矩方程, 类似还可以通过建立三转角方程, 来构造性地证明 I 型三次样条插值问题的解是存在且唯一的 (见习题 2.19), 这时只需将 $m_i = s_{\mathrm{I}}'(x_i)$, $i = 0, 1, \cdots, n$ 这组待定参数来置换上述参数 $M_i$.

**例 2.13** 求三次插值样条函数 $s(x)$, 满足插值条件 (表 2-9) 及边界条件

$$s'(x_0) = f_0' = 1, \quad s'(x_3) = f_3' = 0.$$

**表 2-9**

| $x_i$ | 0 | 1 | 2 | 3 |
|---|---|---|---|---|
| $f_i$ | 0 | 0 | 0 | 0 |

**解** 利用三弯矩方程求解 $s(x)$. 设 $M_i = s''(x_i)$, $i = 0, 1, 2, 3$, 为待定参数, 则关于内部分节点有

$$\mu_i M_{i-1} + 2M_i + \lambda_i M_{i+1} = d_i, \quad i = 1, 2, \tag{2.46}$$

其中

$$\lambda_i = \frac{h_{i+1}}{h_i + h_{i+1}} = \frac{1}{2}, \quad \mu_i = 1 - \lambda_i = \frac{1}{2}, \quad d_i = 6f[x_{i-1}, x_i, x_{i+1}] = 0.$$

再利用边界条件, 可得

$$2M_0 + M_1 = -6, \quad M_2 + 2M_3 = 0. \tag{2.47}$$

联立 (2.46) 和 (2.47), 可得如下线性代数方程组：

$$\begin{bmatrix} 2 & 1 & & \\ 1/2 & 2 & 1/2 & \\ & 1/2 & 2 & 1/2 \\ & & 1 & 2 \end{bmatrix} \begin{bmatrix} M_0 \\ M_1 \\ M_2 \\ M_3 \end{bmatrix} = \begin{bmatrix} -6 \\ 0 \\ 0 \\ 0 \end{bmatrix},$$

由此可以解得

$$M_0 = -\frac{52}{15}, \quad M_1 = \frac{14}{15}, \quad M_2 = -\frac{4}{15}, \quad M_3 = \frac{2}{15}.$$

利用 (2.39), 可得 $s(x)$ 的分段表达式为

$$s(x) = \begin{cases} \dfrac{1}{15}x(1-x)(15-11x), & x \in [0,1], \\ \dfrac{1}{15}(x-1)(x-2)(7-3x), & x \in [1,2], \\ \dfrac{1}{15}(x-2)(x-3)^2, & x \in [2,3]. \end{cases}$$

### 2.5.4 三次插值样条函数的基本性质和误差估计

这里主要讨论 I 型三次样条插值问题. 首先给出 I 型三次插值样条函数 $s_{\mathrm{I}}(x)$ 的一些基本性质.

**引理 2.1** 若 $f \in C^2[a,b]$, $s_{\mathrm{I}}(x)$ 是 I 型三次插值样条函数, 则对 $\forall g \in Sp(3;\Delta)$, 有

$$\int_a^b [f''(x) - s''_{\mathrm{I}}(x)] \cdot g''(x)\mathrm{d}x = 0.$$

**证明** 令 $w(x) = f(x) - s_{\mathrm{I}}(x)$, 则 $w \in C^2[a,b]$, 且满足

$$w(x_i) = 0, \ i = 0, 1, \cdots, n; \quad w'(a) = w'(b) = 0. \tag{2.48}$$

对 $\forall g \in Sp(3;\Delta)$, 利用分部积分及 (2.48), 有

$$\begin{aligned} \int_a^b [f''(x) - s''_{\mathrm{I}}(x)] \cdot g''(x)\mathrm{d}x &= \int_a^b w''(x)g''(x)\mathrm{d}x = \sum_{i=1}^n \int_{e_i} w''(x)g''(x)\mathrm{d}x \\ &= \sum_{i=1}^n \left[ w'(x)g''(x)\Big|_{x_{i-1}}^{x_i} - \int_{e_i} w'(x)g'''(x)\mathrm{d}x \right] \\ &= -\sum_{i=1}^n g'''(x_{i+1/2}) \cdot \int_{e_i} w'(x)\mathrm{d}x = 0, \end{aligned}$$

其中利用了 $g'''(x)$ 在每个剖分单元上为常数而将其取为剖分单元中点的函数值. □

利用上述引理, 有如下定理.

**定理 2.9** (最佳逼近性质) 若 $f \in C^2[a,b]$, $s_{\mathrm{I}}(x)$ 是 I 型三次插值样条函数, 则对 $\forall g \in Sp(3;\Delta)$, 有

$$\int_a^b [f''(x)-s''_{\mathrm{I}}(x)]^2\mathrm{d}x \leqslant \int_a^b [f''(x)-g''(x)]^2\mathrm{d}x. \tag{2.49}$$

**证明** 利用引理 2.1 及 Cauchy-Schwarz 不等式, 有

$$\begin{aligned}
\int_a^b [f''(x)-s''_{\mathrm{I}}(x)]^2\mathrm{d}x &= \int_a^b [f''(x)-s''_{\mathrm{I}}(x)]\cdot[f''(x)-g''(x)+g''(x)-s''_{\mathrm{I}}(x)]\mathrm{d}x \\
&= \int_a^b [f''(x)-s''_{\mathrm{I}}(x)]\cdot[f''(x)-g''(x)]\mathrm{d}x \\
&\quad + \int_a^b [f''(x)-s''_{\mathrm{I}}(x)]\cdot[g''(x)-s''_{\mathrm{I}}(x)]\mathrm{d}x \\
&= \int_a^b [f''(x)-s''_{\mathrm{I}}(x)]\cdot[f''(x)-g''(x)]\mathrm{d}x \\
&\leqslant \sqrt{\int_a^b [f''(x)-s''_{\mathrm{I}}(x)]^2\mathrm{d}x}\cdot\sqrt{\int_a^b [f''(x)-g''(x)]^2\mathrm{d}x},
\end{aligned}$$

在上式两边约去 $\sqrt{\int_a^b [f''(x)-s''_{\mathrm{I}}(x)]^2\mathrm{d}x}$ 后再平方, 即可证得 (2.49). □

三次样条在实际应用中比较广泛, 样条 (spline) 本来是绘图员用来画光滑曲线的一种细木条 (或细金属丝), 在画曲线时要求它通过一些已知点, 在木条形变不很大的情况下, 细木条弯曲成的曲线恰好是三次样条函数.

下面给出 I 型三次插值样条函数的误差估计. 为方便起见, 取 $\Delta$ 为等距剖分, 即 $h_i = x_i - x_{i-1} = h = \dfrac{b-a}{n}$, $i=1,2,\cdots,n$, 并对 $\forall g \in C[a,b]$, 定义如下两种范数:

$$\|g\|_0 = \sqrt{\int_a^b [g(x)]^2\mathrm{d}x}, \quad \|g\|_\infty = \max_{a\leqslant x\leqslant b}|g(x)|.$$

以下总假设 $f \in C^4[a,b]$, 并记 $M = \max\limits_{a\leqslant x\leqslant b}\left|f^{(4)}(x)\right|$.

**定理 2.10** 设 $e(x)=f(x)-s_{\mathrm{I}}(x)$ 为 I 型三次插值样条问题的误差函数, 则有

$$\|e''\|_0 \leqslant cMh^2, \quad \|e'\|_\infty \leqslant cMh^{5/2}, \quad \|e\|_\infty \leqslant cMh^{7/2}, \tag{2.50}$$

其中 $c=\dfrac{\sqrt{b-a}}{2}$.

**证明** 首先证明 (2.50) 中的第一式. 利用最佳逼近性质有

$$\int_a^b [e''(x)]^2\mathrm{d}x = \min_{g\in Sp(3;\Delta)}\int_a^b [f''(x)-g''(x)]^2\mathrm{d}x. \tag{2.51}$$

令 $w(x)=f''(x), v(x)=g''(x)$, 则 $v(x)$ 为分段线性函数且 $v(x)\in C[a,b]$, 即 $v(x)$ 为 $[a,b]$ 上的一次样条函数, 于是 (2.51) 等价于

$$\int_a^b [e''(x)]^2\mathrm{d}x = \min_{v\in Sp(1;\Delta)}\int_a^b [w(x)-v(x)]^2\mathrm{d}x.$$

特别地, 取 $v(x)=v_{\mathrm{I}}(x)$ 为 $w(x)$ 在 $[a,b]$ 上的一次插值样条函数, 则有

$$\int_a^b [e''(x)]^2\mathrm{d}x \leqslant \int_a^b [w(x)-v_{\mathrm{I}}(x)]^2\mathrm{d}x. \tag{2.52}$$

下面估计 $\displaystyle\int_a^b [w(x)-v_{\mathrm{I}}(x)]^2\mathrm{d}x$. 由 Lagrange 插值多项式的误差余项公式可得

$$\begin{aligned}\int_a^b [w(x)-v_{\mathrm{I}}(x)]^2\mathrm{d}x &= \sum_{i=1}^n\int_{e_i}\left[\frac{w''(\xi)}{2!}(x-x_{i-1})(x-x_i)\right]^2\mathrm{d}x\\ &= \sum_{i=1}^n\int_{e_i}\left[\frac{f^{(4)}(\xi)}{2!}(x-x_{i-1})(x-x_i)\right]^2\mathrm{d}x\\ &\leqslant \left(\frac{M}{2!}\right)^2\cdot h^4\cdot\sum_{i=1}^n\int_{e_i}1\ \mathrm{d}x=\frac{b-a}{4}M^2h^4,\end{aligned}$$

将上式代入 (2.52) 并在两边同时开方, 即证得 (2.50) 中的第一式成立.

接下来证明 (2.50) 中的第二式. 根据插值条件知, $e(x_{i-1})=e(x_i)=0$, 利用 Rolle 定理, $\exists\xi\in e_i$, 使得 $e'(\xi)=0$, 由此并利用 Cauchy-Schwarz 不等式, 对 $\forall x\in e_i$, 有

$$e'(x)=\int_\xi^x e''(t)\mathrm{d}t\leqslant\sqrt{\int_\xi^x 1^2\mathrm{d}t}\cdot\sqrt{\int_\xi^x [e''(t)]^2\mathrm{d}t}\leqslant\sqrt{h}\,\|e''\|_0\,.$$

由此并利用 (2.50) 中的第一式, 即证得 (2.69) 中的第二式成立.

最后证明 (2.50) 中的第三式. 利用 $e(x_{i-1})=0$, 对 $\forall x\in e_i$, 有

$$|e(x)|=\left|\int_{x_{i-1}}^x e'(t)\mathrm{d}t\right|\leqslant\int_{x_{i-1}}^x |e'(t)|\mathrm{d}t\leqslant h\,\|e'\|_\infty\,,$$

由此并利用 (2.50) 中的第二式, 即证得 (2.50) 中的第三式成立. □

定理 2.10 中关于函数 $e$ 和 $e'$ 的误差阶没有达到饱和阶, 通过更细致的分析, 有如下饱和误差阶估计 (Atkinson, 1978).

**定理 2.11** 设 $f \in C^4[a,b]$, $s \in Sp(3;\Delta)$ 为 I 型或 II 型三次插值样条函数, 则

$$\left\|(f-s)^{(l)}\right\|_\infty \leqslant c_l M h^{4-l}, \quad l=0,1,2,3,$$

这里 $c_0=\dfrac{5}{384}$, $c_1=\dfrac{1}{24}$, $c_2=\dfrac{3}{8}$, $c_3=\dfrac{\beta+\beta^{-1}}{2}$, 而 $\beta=\dfrac{\max\limits_i\{h_i\}}{\min\limits_i\{h_i\}}$ 为剖分网格比.

以上定理指出, 只要 $h\to 0$, 便能保证三次插值样条函数 $s(x)$ 及其一、二阶导数一致收敛于 $f(x)$ 及其相应的导数. 但 $s'''(x)$ 对 $f'''(x)$ 的一致收敛性, 还要求 $\beta$ 关于分划 $\Delta$ 一致有界.

## 2.6 插值技术的应用: 数值积分与数值微分

在许多实际计算问题中, 需要求给定函数的积分和微分, 但这些函数往往不具有简单的解析形式, 甚至只提供了一些离散点上的函数值, 无法直接进行积分和微分的运算, 因此需要研究新的算法. 前面学习的插值技术, 只要知道有限多个点处的函数值信息, 即可构造出逼近给定函数的多项式函数, 求多项式函数的积分和微分则容易很多. 下面具体讨论如何基于插值技术, 构造积分和微分的近似计算方法.

### 2.6.1 数值积分

给定定义在区间 $[a,b]$ 上的函数 $f(x)$，其定积分

$$I=\int_a^b f(x)\mathrm{d}x$$

的计算, 通常是通过 Newton-Leibniz(牛顿-莱布尼茨) 公式来实现的：

$$\int_a^b f(x)\mathrm{d}x = F(b)-F(a),$$

其中 $F(x)$ 是 $f(x)$ 的原函数, 即 $F'(x)=f(x)$.

但是, 在许多实际计算问题中, 往往难以运用以上方法来求积分, 这是因为有些被积函数找不到用初等函数表示的原函数 (如 $f(x)=\sin x^2, (\sin x)/x$), 或者 $f(x)$ 无完整的表达式而仅是由实验测量或数值计算给出的若干离散点上的值. 对于这类问题, 常常采用另一种求积方法——**数值积分法**.

数值积分法的特点是：将被积函数在某些节点上的函数值作加权求和并以该和值作为积分值的近似值

$$\int_a^b f(x)\mathrm{d}x \approx \sum_{k=0}^{n} A_k f(x_k), \quad a \leqslant x_0 < x_1 < \cdots < x_n \leqslant b, \tag{2.53}$$

从而将积分求值问题归结为函数值的计算问题, 避开了 Newton-Leibniz 公式需要求原函数的困难. 而前面学习的插值技术, 就是构造 (2.53) 中积分点 $x_k$ 和积分权重系数 $A_k$ 的可行办法. 其基本思想是先构造一个连续或分段连续的多项式逼近函数 $p_n(x)$ 来逼近 $f(x)$, 并以 $p_n(x)$ 在区间 $[a,b]$ 上的积分作为 $I$ 近似, 即

$$I \approx \int_a^b p_n(x)\mathrm{d}x.$$

例如, 可以取区间的两个端点 $a$ 和 $b$ 作为插值点, 构造出 $f(x)$ 的一个线性插值函数

$$p_1(x) = \frac{b-x}{b-a}f(a) + \frac{x-a}{b-a}f(b).$$

在 $[a,b]$ 直接对 $p_1(x)$ 进行积分, 即可得**梯形公式**

$$\int_a^b f(x)\mathrm{d}x \approx \frac{b-a}{2}[f(a)+f(b)]. \tag{2.54}$$

进一步, 可以取 $a$, $b$ 和 $(a+b)/2$ 三个插值点, 则可以构造 $f(x)$ 的一个二次多项式逼近, 可得 **Simpson (辛普森) 公式**

$$\int_a^b f(x)\mathrm{d}x \approx \frac{b-a}{6}\left[f(a) + 4f\left(\frac{a+b}{2}\right) + f(b)\right]. \tag{2.55}$$

数值求积公式 (2.53) 是近似的, 但我们希望能够选取恰当的 $\{x_k\}$ 和 $\{A_k\}$, 使它对“尽可能多”的被积函数 $f(x)$ 是精确的. 为此, 引入代数精度的概念.

**定义 2.3**　如果求积公式 (2.53) 对所有次数 $\leqslant m$ 的多项式是精确的, 但对 $m+1$ 次多项式不精确, 则称 (2.53) 具有 $m$ 次**代数精度**.

可以验证, 梯形公式 (2.54) 具有 1 次代数精度, 而 Simpson 公式 (2.55) 具有 3 次代数精度.

一般地, 欲使求积公式 (2.53) 具有 $m$ 次代数精度, 只要令它对于 $f(x) = 1, x, \cdots, x^m$ 都能精确成立, 这就要求

$$\begin{cases} \sum A_k = b-a, \\ \sum A_k x_k = \dfrac{1}{2}(b^2-a^2), \\ \qquad \cdots\cdots \\ \sum A_k\, x_k^m = \dfrac{1}{m+1}(b^{m+1}-a^{m+1}). \end{cases} \tag{2.56}$$

为简洁起见, 这里省略了符号 $\sum_{k=0}^{n}$ 中的上下标.

构造求积公式 (2.53), 原则上是个确定参数 $x_k$ 和 $A_k$ 的代数问题. 可以事先选定求积节点 $x_k$, 再由 (2.56) 解出系数 $A_k$, 使得求积公式具有 $m$ 次代数精度; 也可以同时待定参数 $x_k$ 和 $A_k$, 使得求积公式具有尽可能高的代数精度.

**定理 2.12** 对任意给定的 $n+1$ 个互异节点:

$$a \leqslant x_0 < x_1 < \cdots < x_n \leqslant b,$$

总存在 $n+1$ 个相应的求积系数 $\{A_k\}$, 使求积公式 (2.53) 至少具有 $n$ 次代数精度.

**证明** 分别将 $f(x) = x^i (i = 0, 1, 2, \cdots, n)$ 代入 (2.53), 并令其精确成立, 于是得到关于 $\{A_k\}$ 的线性代数方程组:

$$\sum_{k=0}^{n} A_k x_k^i = \int_a^b x^i \mathrm{d}x = \frac{1}{i+1}(b^{i+1} - a^{i+1}), \quad i = 0, 1, \cdots, n,$$

其系数行列式为 Vandermonde(范德蒙德) 行列式

$$V = \begin{vmatrix} 1 & 1 & 1 & \cdots & 1 \\ x_0 & x_1 & x_2 & \cdots & x_n \\ x_0^2 & x_1^2 & x_2^2 & \cdots & x_n^2 \\ \vdots & \vdots & \vdots & & \vdots \\ x_0^n & x_1^n & x_2^n & \cdots & x_n^n \end{vmatrix} = \prod_{0 \leqslant i < j \leqslant n} (x_j - x_i) \neq 0,$$

所以该方程组有唯一解 $\{A_k\}$. 显然, 以此组 $\{A_k\}$ 构成的 (2.53) 对所有次数 $\leqslant n$ 的多项式都是精确的. □

注意, 对于积分区间为无穷区间或被积函数 (也许只是它的低阶导数) 存在奇异性的积分, 不能直接用上面的方法进行积分, 可以借助**分部积分**与**变量替换**, 或者把无限区间截断为有限区间的方法, 把问题转化为正常积分计算问题, 所以这里只讨论正常函数在有限区间上的数值积分问题.

根据插值方法的不同, 可以把数值积分方法分为**基于 Lagrange 插值方法**和**分段插值的方法**.

对 $n+1$ 个互异节点 $\{x_k\}$: $a \leqslant x_0 < x_1 < \cdots < x_n \leqslant b$, 记

$$l_k(x) = \prod_{\substack{j=0 \\ j \neq k}}^{n} \frac{x - x_j}{x_k - x_j}, \quad k = 0, 1, 2, \cdots, n, \tag{2.57}$$

则 $\{l_k(x)\}$ 为以 $\{x_k\}$ 为插值点的 $n$ 次 Lagrange 插值多项式的基函数系. 取

$$A_k = \int_a^b l_k(x) \mathrm{d}x, \quad k = 0, 1, 2, \cdots, n, \tag{2.58}$$

则有以下定义.

**定义 2.4** 若 (2.53) 中的 $\{A_k\}$ 满足 (2.58), 则称求积公式 (2.53) 为插值型的.

**定理 2.13** 形如 (2.53) 的求积公式至少具有 $n$ 次代数精度的充要条件是它是插值型的.

**证明** 必要性. 因求积公式对形如 (2.57) 的 $n$ 次多项式 $l_k(x)$ 精确成立:

$$\int_a^b l_k(x)\mathrm{d}x = \sum_{i=0}^{n} A_i l_k(x_i).$$

注意到基函数性质

$$l_k(x_i) = \delta_{ki} = \begin{cases} 0, & k \neq i, \\ 1, & k = i, \end{cases}$$

所以

$$\int_a^b l_k(x)\mathrm{d}x = \sum_{i=0}^{n} A_i \delta_{ki} = A_k,$$

即 $\{A_k\}$ 满足 (2.58), 从而 (2.53) 是插值型的.

充分性. 因对任何次数 $\leqslant n$ 的多项式 $f(x)$, 它的以 $\{x_k\}$ 为插值节点的 $n$ 次 Lagrange 插值多项式 $\sum\limits_{k=0}^{n} f(x_k) l_k(x)$ 就是 $f(x)$, 所以

$$\int_a^b f(x)\mathrm{d}x = \sum_{k=0}^{n} f(x_k) \int_a^b l_k(x)\mathrm{d}x = \sum_{k=0}^{n} A_k f(x_k).$$

从而 (2.53) 至少具有 $n$ 次代数精度. □

如果把区间 $[a,b]$ 作 $n$ 等分, 可得 $n+1$ 个点 $x_k = a + kh$, $h = (b-a)/n$, $k = 0, 1, \cdots, n$, 相应的插值型积分公式

$$\int_a^b f(x)\mathrm{d}x \approx (b-a) \sum_{k=0}^{n} c_k^{(n)} f(x_k) \tag{2.59}$$

称为 **Newton-Cotes 公式**, 其中系数 $c_k^{(n)}$ 称为 **Cotes (科茨) 系数**, 满足

$$c_k^{(n)} = \frac{1}{b-a} A_k = \frac{1}{b-a} \int_a^b l_k(x)\mathrm{d}x = \frac{(-1)^{n-k}}{n \cdot k!(n-k)!} \int_0^n \prod_{\substack{i=0 \\ i \neq k}}^{n} (t-i)\mathrm{d}t.$$

显然它与积分区间 $[a,b]$ 无关, 所以可以提前计算出来, 表 2-10 列出了 Cotes 系数的一部分.

表 2-10 Cotes 系数

| $n$ | $c_k^{(n)},\ k=0,1,2,\cdots,n$ | | | | | | |
|---|---|---|---|---|---|---|---|
| 1 | $\frac{1}{2}$ | $\frac{1}{2}$ | | | | | |
| 2 | $\frac{1}{6}$ | $\frac{2}{3}$ | $\frac{1}{6}$ | | | | |
| 3 | $\frac{1}{8}$ | $\frac{3}{8}$ | $\frac{3}{8}$ | $\frac{1}{8}$ | | | |
| 4 | $\frac{7}{90}$ | $\frac{16}{45}$ | $\frac{2}{15}$ | $\frac{16}{45}$ | $\frac{7}{90}$ | | |
| 5 | $\frac{19}{288}$ | $\frac{25}{96}$ | $\frac{25}{144}$ | $\frac{25}{144}$ | $\frac{25}{96}$ | $\frac{19}{288}$ | |
| 6 | $\frac{41}{840}$ | $\frac{9}{35}$ | $\frac{9}{280}$ | $\frac{34}{105}$ | $\frac{9}{280}$ | $\frac{9}{35}$ | $\frac{41}{840}$ |

在假定 $f(x)$ 在 $[a,b]$ 上足够光滑的前提下, 借助带积分余项的 Taylor 公式, 可以证明 $n$ 阶 Newton-Cotes 公式的代数精度为

$$d=\begin{cases} n+1, & n \text{ 为偶数时}, \\ n, & n \text{ 为奇数时}. \end{cases}$$

必须指出, Newton-Cotes 公式并不是对所有的可积函数 $f(x)$ 都是数值求积收敛的. 一个著名的例子是, 用 Newton-Cotes 公式计算

$$I=\int_{-4}^{4}\frac{\mathrm{d}x}{1+x^2}=2\arctan(4)\approx 2.6516$$

时, 数值求积过程是发散的 (表 2-11).

表 2-11 用 Newton-Cotes 公式计算的例子

| $n$ | $I_n$ |
|---|---|
| 2 | 5.4902 |
| 4 | 2.2776 |
| 6 | 3.3288 |
| 8 | 1.9411 |
| 10 | 3.5956 |

其次, 还可以证明当 $n$ 充分大时, Cotes 系数 $c_k^{(n)}$ 必定变号, 如 $n=8$ 时

$$\begin{aligned}\int_a^b f(x)\mathrm{d}x\approx I_8(f)=\frac{4(b-a)}{14175}&[989(f_0+f_8)+5888(f_1+f_7)\\ &-928(f_2+f_6)+10496(f_3+f_5)-4540f_4],\end{aligned}$$

其中 $f_k = f(x_k)$. 显然, 这样的公式会引起有效数字的损失 (尽管在 $n$ 变得较大之前未必成为问题). 因此, 实际应用时常常只采用几种低阶 ($n \leqslant 7$) 的求积公式, 如梯形公式、Simpson 公式和四阶 Newton-Cotes 公式——特别称作 Cotes 公式.

为避免高次 Newton-Cotes 公式存在的问题, 可以用分段低次的插值代替整体插值, 即得到"复化求积公式", 其基本思想是: 将区间 $[a,b]$ 分作 $n$ 等分, 步长 $h=(b-a)/n$, 等分点 $x_k = a+kh, k=0,1,2,\cdots,n$, 先在每个子区间 $[x_k, x_{k+1}]$ 上采用低阶的数值求积公式求得近似积分值 $I_k$, 再将它们累加并以和 $\sum\limits_{k=0}^{n-1} I_k$ 作为积分 $I$ 的近似值.

**复化梯形公式**

$$\int_a^b f(x)\mathrm{d}x = \sum_{k=0}^{n-1}\int_{x_k}^{x_{k+1}} f(x)\mathrm{d}x \approx \sum_{k=0}^{n-1} I_k = \sum_{k=0}^{n-1}\frac{h}{2}[f(x_k)+f(x_{k+1})],$$

即

$$\int_a^b f(x)\mathrm{d}x \approx \frac{h}{2}\left[f(a)+2\sum_{k=1}^{n-1} f(x_k)+f(b)\right] := T_n. \tag{2.60}$$

**复化 Simpson 公式**

$$\int_a^b f(x)\mathrm{d}x \approx \frac{h}{6}\left[f(a)+4\sum_{k=0}^{n-1} f(x_{k+1/2})+2\sum_{k=1}^{n-1} f(x_k)+f(b)\right] := S_n, \tag{2.61}$$

其中 $x_{k+1/2}$ 表示子区间 $[x_k, x_{k+1}]$ 的中点.

**定理 2.14** 设 $f(x)$ 在 $[a,b]$ 上有二阶连续导数, 则复化梯形公式 (2.60) 有误差估计

$$\left|\int_a^b f(x)\mathrm{d}x - T_n\right| \leqslant \frac{b-a}{12}\cdot h^2 \cdot \max_{a\leqslant x\leqslant b}|f''(x)|. \tag{2.62}$$

**定理 2.15** 设 $f(x)$ 在 $[a,b]$ 上有四阶连续导数, 则复化 Simpson 公式 (2.61) 有误差估计

$$\left|\int_a^b f(x)\mathrm{d}x - S_n\right| \leqslant \frac{b-a}{2880}\cdot h^4 \cdot \max_{a\leqslant x\leqslant b}|f^{(4)}(x)|. \tag{2.63}$$

复化 Simpson 公式是常用的数值求积方法, 从编程角度考虑, 常采用 (2.61) 的等价形式:

$$\int_a^b f(x)\mathrm{d}x \approx \frac{h}{6}\left\{f(a)-f(b)+\sum_{k=1}^{n}[4f(x_{k-1/2})+2f(x_k)]\right\}.$$

从定理 2.14 和定理 2.15 可见, 若将步长 $h$ 减半 (即等分数 $n$ 加倍), 则复化梯形公式和复化 Simpson 公式的误差分别减至原有误差的 1/4 和 1/16.

**例 2.14** 用复化梯形公式 (2.60) 和复化 Simpson 公式 (2.61) 计算

$$I=\int_0^{\pi} \mathrm{e}^x \cos x \mathrm{d}x, \tag{2.64}$$

精确值是 $I=-12.0703463164$.

分别采用复化梯形公式 (2.60) 和复化 Simpson 公式 (2.61) 计算所得的结果分别列于表 2-12 和表 2-13 中. 从表 2-12 中可看到, 当 $n$ 加倍 (因此步长 $h$ 减半) 时, 误差 $E_n$ 按因子 4 递减, 这表明误差确是 $O(h^2)$, 与 (2.62) 或定理 2.14 相符. 同样, 在表 2-13 中, 当 $n$ 加倍时, 误差 $E_n$ 按因子 16 递减, 表明误差确是 $O(h^4)$, 与 (2.63) 或定理 2.15 相符. 与表 2-12 中结果相比, 显然, Simpson 公式优越得多.

**表 2-12 用复化梯形公式计算**(2.64)

| $n$ | $T_n$ | $E_n=I-T_n$ | $E_n/E_{2n}$ |
|---|---|---|---|
| 2 | −17.389259 | 5.23 | |
| 4 | −13.336023 | 1.72 | 4.20 |
| 8 | −12.382162 | $3.12\times10^{-1}$ | 4.06 |
| 16 | −12.148004 | $7.77\times10^{-2}$ | 4.02 |
| 32 | −12.089742 | $1.94\times10^{-2}$ | 4.00 |
| 64 | −12.075194 | $4.85\times10^{-3}$ | 4.00 |
| 128 | −12.071558 | $1.21\times10^{-3}$ | 4.00 |
| 256 | −12.070649 | $3.03\times10^{-4}$ | 4.00 |
| 512 | −12.070422 | $7.57\times10^{-5}$ | 4.00 |

**表 2-13 用复化 Simpson 公式计算**(2.64)

| $n$ | $S_n$ | $E_n=I-S_n$ | $E_n/E_{2n}$ |
|---|---|---|---|
| 2 | −11.5928395534 | $-4.78\times10^{-1}$ | |
| 4 | −11.9849440198 | $-8.54\times10^{-2}$ | 5.59 |
| 8 | −12.0642089572 | $-6.14\times10^{-3}$ | 14.9 |
| 16 | −12.0699513233 | $-3.95\times10^{-4}$ | 15.5 |
| 32 | −12.0703214561 | $-2.49\times10^{-5}$ | 15.9 |
| 64 | −12.0703447599 | $-1.56\times10^{-6}$ | 16.0 |
| 128 | −12.0703462191 | $-9.73\times10^{-8}$ | 16.0 |
| 256 | −12.0703463103 | $-6.08\times10^{-9}$ | 16.0 |

在运用复化求积公式进行计算时, 要求预先给定 $n$ 或步长 $h$, 这在实际计算时往往难以把握. 因为步长取得太大时精度难以保证, 步长太小时则会增加计算工作量. 自适应复化求积法就是在步长逐次分半的过程中, 反复利用复化求积公式进行计算, 直到所求得的积分值满足精度要求为止. 当然, 此时的步长就是既能保证精度要求又使计算工作量最小的最恰当的步长.

下面以复化 Simpson 公式为例, 介绍自适应复化求积算法.

记 $S_n$ 为 $n$ 等分 $[a,b]$ 后用复化 Simpson 公式算得的积分值, 于是

$$S_n = \frac{h}{6}\sum_{k=0}^{n-1}[f(x_k)+4f(x_{k+1/2})+f(x_{k+1})].$$

根据截断误差式, 可以推出

$$I - S_{2n} \approx \frac{1}{15}(S_{2n}-S_n). \tag{2.65}$$

式 (2.65) 提供了一个方便的误差判据. 可以通过检验条件

$$|S_{2n}-S_n| < \varepsilon \quad (\text{预置的容许误差})$$

来判断积分近似值 $S_{2n}$ 是否已满足精度要求, 具体算法如下.

**算法 2.1**(自适应复化求积法)

**步骤 1** $h := b-a,\quad S_1 := \dfrac{h}{6}\left[f(a)+4f\left(\dfrac{a+b}{2}\right)+f(b)\right].$

**步骤 2**

$$S := \sum_{k=0}^{n-1}\left[2f\left(a+\left(k+\frac{1}{4}\right)h\right)-f\left(a+\left(k+\frac{1}{2}\right)h\right)+2f\left(a+\left(k+\frac{3}{4}\right)h\right)\right],$$

$$S_2 := \frac{1}{2}S_1+\frac{h}{6}S.$$

**步骤 3** 判断 $|S_2-S_1|<\varepsilon$? 若是, 则转步骤 5.

**步骤 4** $h := h/2,\quad S_1 := S_2$, 转步骤 2.

**步骤 5** 输出 $S_2$.

另外, 还可以借助复化求积公式的渐近展开, 构造可以提高其精度的算法——**Richardson (理查森) 外推法**和 **Romberg (龙贝格) 求积法**, 这里就不作详细介绍.

### 2.6.2 数值微分

若已知 $f(x)$ 在节点 $x_k(k=0,1,2,\cdots,n)$ 的函数值 $f(x_k)$, 则可作 $n$ 次插值多项式 $p_n(x)$, 如果取 $p_n'(x)$ 作为 $f'(x)$ 的近似:

$$f'(x) \approx p_n'(x), \tag{2.66}$$

则这样建立的数值微分公式统称为**插值型求导公式**.

根据 Lagrange 插值余项定理, (2.66) 的余项为

$$f'(x)-p_n'(x) = \frac{f^{(n+1)}(\xi)}{(n+1)!}\cdot\omega_n'(x)+\frac{\omega_n(x)}{(n+1)!}\cdot\frac{\mathrm{d}}{\mathrm{d}x}\left[f^{(n+1)}(\xi)\right], \tag{2.67}$$

其中 $\omega_n(x)=\prod_{i=0}^{n}(x-x_i)$, $\xi$ 是关于 $x$ 的未知函数. 尽管无法对余项公式中的第二项作进一步的分析, 但当 $x$ 取插值点 $x_k$ 时, 由于 $\omega_n(x_k)=0$, 从而有

$$f'(x_k)-p'(x_k)=\frac{f^{(n+1)}(\xi)}{(n+1)!}\cdot\omega_n'(x_k). \tag{2.68}$$

应当指出的是, 即使 $p_n(x)$ 与 $f(x)$ 非常接近, 但 $p_n'(x)$ 与 $f'(x)$ 仍有可能相差很大, 因此在使用插值型求导公式时要特别注意误差分析.

类似地, 也可建立高阶数值微分公式:

$$f^{(m)}(x)\approx p_n^{(m)}(x). \tag{2.69}$$

利用 Lagrange 插值公式可以推出常见的数值微分公式. 如给定点 $a$ 及步长 $h$, 取两个节点

$$x_0=a,\quad x_1=a+h,$$

构造函数 $f(x)$ 在上面两点处线性插值

$$p_1(x)=\frac{x_1-x}{x_1-x_0}f(x_0)+\frac{x-x_0}{x_1-x_0}f(x_1).$$

求出 $p_1$ 在 $x_0$ 处的导数, 即可得向前差分格式

$$f'(a)\approx p_1'(a)=\frac{f(a+h)-f(a)}{h}.$$

若取两节点为

$$x_0=a-h,\quad x_1=a,$$

类似可得向后差分格式

$$f'(a)\approx\frac{f(a)-f(a-h)}{h}.$$

同样中心差分格式也可由 Lagrange 插值公式直接推出. 取 $n=2$, 三个节点分别为

$$x_0=a-h,\quad x_1=a,\quad x_2=a+h.$$

记 $x=a+\lambda h$, 则对应的二次插值函数可以写为

$$p_2(x)=p_2(a+\lambda h)=\frac{\lambda}{2}(\lambda-1)f(x_0)+(1-\lambda^2)f(x_1)+\frac{\lambda}{2}(\lambda+1)f(x_2).$$

从而

$$\begin{aligned} p_2'(x) &= p_2'(a+\lambda h) = \frac{1}{h}\cdot\frac{\mathrm{d}p_2(a+\lambda h)}{\mathrm{d}\lambda} \\ &= \frac{1}{h}\left[\left(\lambda-\frac{1}{2}\right)f(x_0) - 2\lambda f(x_1) + \left(\lambda+\frac{1}{2}\right)f(x_2)\right], \\ p_2''(x) &= \frac{1}{h^2}[f(x_0)-2f(x_1)+f(x_2)]. \end{aligned}$$

取 $x = x_1$ 时, $\lambda = 0$, 插值型求导公式分别是

$$f'(a) \approx p_2'(a) = \frac{f(a+h)-f(a-h)}{2h},$$

$$f''(a) \approx p_2''(a) = \frac{1}{h^2}[f(a+h)+f(a-h)-2f(a)].$$

## *2.7　B 样条函数与样条插值

2.5 节是将三次样条插值函数在节点处的二阶导数设为待定参数, 然后通过求解三弯矩方程来获得 $s_{\mathrm{I}}(x)$ 的. 本节将通过构造样条函数空间的基函数来求得相应的样条插值函数.

首先引入 $m$ 次截断幂函数

$$x_+^m = \begin{cases} x^m, & x \geqslant 0, \\ 0, & x < 0. \end{cases}$$

易知 $x_+^m$ 自身以及它的一阶、二阶直到 $m-1$ 阶导数都是处处连续的, 但它的 $m$ 阶导数是一个在 $x=0$ 为跳跃的阶梯函数.

利用截断幂函数, 可以给出 $k$ 次样条函数空间 $Sp(k;\Delta)$ 的一组基

$$\{\,1, x, \cdots, x^k, (x-x_i)_+^k,\ i=1,2,\cdots,n-1\,\},$$

简称这组基为空间 $Sp(k;\Delta)$ 的单边基, 其优点是公式简洁, 但它没有紧支集.

下面将给出样条空间的另一组基, 即所谓的 B 样条 (basis spline) 基, 与单边基相比, 这组基具有更好的性质, 如具有紧支集性和正性等. 为了简单起见, 下面仅讨论 $\Delta$ 为等距剖分的情形. 首先介绍 B 样条函数.

### 2.7.1　*k* 次 B 样条函数

对整数节点, 用 $\delta$ 表示步长为 1 的中心差分算子

$$\delta f(x) = f\left(x+\frac{1}{2}\right) - f\left(x-\frac{1}{2}\right) = \left(E^{1/2}-E^{-1/2}\right)f(x),$$

其中 $E^{\lambda}$ 是位移算子, $E^{\lambda}f(x)=f(x+\lambda)$.

记 $\delta^m$ 为步长为 1 的 $m$ 阶中心差分算子. B 样条函数有许多等价的定义, 这里采用如下的差分定义.

**定义 2.5** 分段 $k$ 次多项式

$$B_k(x)=\delta^{k+1}\left(\frac{x_+^k}{k!}\right)$$

称为 $k$ 次 B 样条函数.

下面的引理说明了 $k$ 次 B 样条函数可以用单边基线性表出.

**引理 2.2**

$$B_k(x)=\frac{1}{k!}\sum_{j=0}^{k+1}(-1)^j\mathrm{C}_{k+1}^j\left(x+\frac{k+1}{2}-j\right)_+^k. \tag{2.70}$$

**证明** 以下证明过程用到了对差分算子的形式运算:

$$\begin{aligned}B_k(x)&=(E^{1/2}-E^{-1/2})^{k+1}\left(\frac{x_+^k}{k!}\right)\\&=\sum_{j=0}^{k+1}(-1)^j\mathrm{C}_{k+1}^jE^{\frac{k+1-j}{2}}\cdot E^{-\frac{j}{2}}\left(\frac{x_+^k}{k!}\right)\\&=\sum_{j=0}^{k+1}(-1)^j\mathrm{C}_{k+1}^jE^{\frac{k+1}{2}-j}\left(\frac{x_+^k}{k!}\right)\\&=\frac{1}{k!}\sum_{j=0}^{k+1}(-1)^j\mathrm{C}_{k+1}^j\left(x+\frac{k+1}{2}-j\right)_+^k.\end{aligned}$$

□

下面给出 B 样条函数的一些基本性质.

### 2.7.2 B 样条函数的性质

利用引理 2.2 有以下性质.

**性质 2.5**(连续性) $B_k(x)$ 的 $k-1$ 阶导数连续, $k$ 阶导数在

$$x_j=-\frac{k+1}{2}+j,\quad j=0,1,\cdots,k+1$$

处间断.

**性质 2.6**(局部支撑性质) 当 $|x|\geqslant\dfrac{k+1}{2}$ 时, $B_k(x)=0$.

**证明**　连续性可从式 (2.70) 直接得到. 以下证明局部支撑性质. 由式 (2.70), 当 $x \leqslant -\dfrac{k+1}{2}$ 时, 有

$$\left(x+\frac{k+1}{2}-j\right)_+^k=0, \quad j=0,1,\cdots,k+1,$$

从而 $B_k(x)=0$. 当 $x \geqslant \dfrac{k+1}{2}$ 时, 有

$$B_k(x)=\frac{1}{k!}\sum_{j=0}^{k+1}(-1)^j\mathrm{C}_{k+1}^j\left(x+\frac{k+1}{2}-j\right)^k=\delta^{k+1}\left(\frac{x^k}{k!}\right).$$

由于 $k$ 次多项式的 $k+1$ 阶差分等于零, 故 $B_k(x)=0$. □

以下讨论 B 样条函数的其他几个性质, 为此先引入关于乘积函数的高阶差分公式.

**引理 2.3**

$$\delta^n(f(x)g(x))=\sum_{j=0}^{n}\mathrm{C}_n^j\delta^j f\left(x-\frac{n-j}{2}\right)\delta^{n-j}g\left(x+\frac{j}{2}\right). \tag{2.71}$$

**证明**　当 $n=1$ 时, 有

$$\begin{aligned}\delta\left(f(x)g(x)\right)=&f\left(x+\frac{1}{2}\right)g\left(x+\frac{1}{2}\right)-f\left(x-\frac{1}{2}\right)g\left(x-\frac{1}{2}\right)\\=&f\left(x-\frac{1}{2}\right)\delta g(x)+\delta f(x)\cdot g\left(x+\frac{1}{2}\right).\end{aligned}$$

假设当 $n=k-1$ 时式 (2.71) 成立, 那么

$$\begin{aligned}\delta^k(f\cdot g)=&\delta(\delta^{k-1}(f\cdot g))\\=&\delta\left[\sum_{j=0}^{k-1}\mathrm{C}_{k-1}^j\delta^j f\left(x-\frac{k-1-j}{2}\right)\delta^{k-1-j}g\left(x+\frac{j}{2}\right)\right]\\=&\sum_{j=0}^{k-1}\mathrm{C}_{k-1}^j\left[\delta^j f\left(x-\frac{k-j}{2}\right)\delta^{k-j}g\left(x+\frac{j}{2}\right)\right.\\&\left.+\delta^{j+1}f\left(x-\frac{k-1-j}{2}\right)\delta^{k-1-j}g\left(x+\frac{j+1}{2}\right)\right]\\=&f\left(x-\frac{k}{2}\right)\delta^k g(x)+\sum_{j=1}^{k-1}(\mathrm{C}_{k-1}^j+\mathrm{C}_{k-1}^{j-1})\delta^j f\left(x-\frac{k-j}{2}\right)\end{aligned}$$

$$\cdot\delta^{k-j}g\left(x+\frac{j}{2}\right)+\delta^k f(x)g\left(x+\frac{k}{2}\right)$$

$$=\sum_{j=0}^{k}\mathrm{C}_k^j\delta^j f\left(x-\frac{k-j}{2}\right)\delta^{k-j}g\left(x+\frac{j}{2}\right),$$

即当 $n=k$ 时, 式 (2.71) 成立. □

由引理 2.3 可得 B 样条函数的如下递推公式.

**引理 2.4**

$$kB_k(x)=\left(\frac{k+1}{2}-x\right)B_{k-1}\left(x-\frac{1}{2}\right)+\left(\frac{k+1}{2}+x\right)B_{k-1}\left(x+\frac{1}{2}\right). \quad (2.72)$$

**证明** 在 (2.71) 中取 $f(x)=x,\ g(x)=\dfrac{x_+^{k-1}}{k!}$, 得

$$\begin{aligned}
&B_k(x)\\
=&\delta^{k+1}\left(\frac{x\cdot x_+^{k-1}}{k!}\right)\\
=&\mathrm{C}_{k+1}^0\left(x-\frac{k+1}{2}\right)\delta^{k+1}\left(\frac{x_+^{k-1}}{k!}\right)+\mathrm{C}_{k+1}^1\delta^k\left(\frac{(x+1/2)_+^{k-1}}{k!}\right)\\
=&\left(x-\frac{k+1}{2}\right)\left[\delta^k\left(\frac{(x+1/2)_+^{k-1}}{k!}\right)-\delta^k\frac{(x-1/2)_+^{k-1}}{k!}\right]\\
&+(k+1)\delta^k\left(\frac{(x+1/2)_+^{k-1}}{k!}\right)\\
=&\frac{1}{k}\left[\left(x+\frac{k+1}{2}\right)\cdot B_{k-1}\left(x+\frac{1}{2}\right)+\left(\frac{k+1}{2}-x\right)\cdot B_{k-1}\left(x-\frac{1}{2}\right)\right].
\end{aligned}$$

□

利用上述递推公式, 可得 B 样条函数的如下性质.

**性质 2.7**(对称性)

$$B_k(-x)=B_k(x). \quad (2.73)$$

**性质 2.8**(规范性)

$$\int_{-\infty}^{+\infty}B_k(x)\mathrm{d}x=1. \quad (2.74)$$

**性质 2.9**(正性) 当 $|x|<\dfrac{k+1}{2}$ 时, $B_k(x)>0$.

**证明** 这里仅给出性质 2.7 和性质 2.8 的证明, 性质 2.9 类似可证 (见习题 2.32).

当 $k=1$ 时, $B_1(-x)=B_1(x)$, $\int_{-\infty}^{+\infty}B_1(x)\mathrm{d}x=1$, 即上述两式成立. 现假定当 $k=n-1$ 时 (2.70) 和 (2.74) 成立, 由式 (2.72) 可得

$$\begin{aligned}B_n(-x)&=\frac{1}{n}\left[\left(x+\frac{n+1}{2}\right)B_{n-1}\left(-x-\frac{1}{2}\right)+\left(\frac{n+1}{2}-x\right)B_{n-1}\left(-x+\frac{1}{2}\right)\right]\\&=\frac{1}{n}\left[\left(x+\frac{n+1}{2}\right)B_{n-1}\left(x+\frac{1}{2}\right)+\left(\frac{n+1}{2}-x\right)B_{n-1}\left(x-\frac{1}{2}\right)\right]\\&=B_n(x),\end{aligned}$$

$$\begin{aligned}\int_{-\infty}^{+\infty}B_n(x)\mathrm{d}x=&\frac{1}{2}\int_{-\infty}^{+\infty}B_{n-1}\left(x-\frac{1}{2}\right)\mathrm{d}x+\frac{1}{2}\int_{-\infty}^{+\infty}B_{n-1}\left(x+\frac{1}{2}\right)\mathrm{d}x\\&+\frac{1}{n}\left[\int_{-\infty}^{+\infty}\left(x+\frac{1}{2}\right)B_{n-1}\left(x+\frac{1}{2}\right)\mathrm{d}x\right.\\&\left.-\int_{-\infty}^{+\infty}\left(x-\frac{1}{2}\right)B_{n-1}\left(x-\frac{1}{2}\right)\mathrm{d}x\right]\\=&1,\end{aligned}$$

即当 $k=n$ 时定理也为真. □

利用式 (2.70) 和 B 样条函数支集性质, 易知 $B_k(x)$ 在区间 $I_k:=\left[-\frac{k+1}{2},\frac{k+1}{2}\right]$ 之外恒为零, 并且其在该区间的第 $l$ 段 $I_k^l:=\left[l-\frac{k+1}{2},l-\frac{k+1}{2}+1\right]$, $l=0,1,\cdots,k$ 上为如下 $k$ 次多项式:

$$B_k(x)=\frac{1}{k!}\sum_{j=0}^{l}(-1)^j\mathrm{C}_{k+1}^j\left(x+\frac{k+1}{2}-j\right)^k,\quad x\in I_k^l.$$

特别地, 当 $k=1,2,3$ 时, 有

$$B_1(x)=\begin{cases}0, & x\geqslant 1,\\1-x, & 0\leqslant x<1,\\B_1(-x), & x<0,\end{cases}\tag{2.75}$$

$$B_2(x)=\begin{cases}0, & x\geqslant\frac{3}{2},\\\frac{1}{2}x^2-\frac{3}{2}x+\frac{9}{8}, & \frac{1}{2}\leqslant x<\frac{3}{2},\\-x^2+\frac{3}{4}, & 0\leqslant x<\frac{1}{2},\\B_2(-x), & x<0,\end{cases}\tag{2.76}$$

$$B_3(x)=\begin{cases}0, & x\geqslant 2,\\ -\dfrac{1}{6}x^3+x^2-2x+\dfrac{4}{3}, & 1\leqslant x<2,\\ \dfrac{1}{2}x^3-x^2+\dfrac{2}{3}, & 0\leqslant x<1,\\ B_3(-x), & x<0,\end{cases} \tag{2.77}$$

其相应的图像如图 2-14 所示.

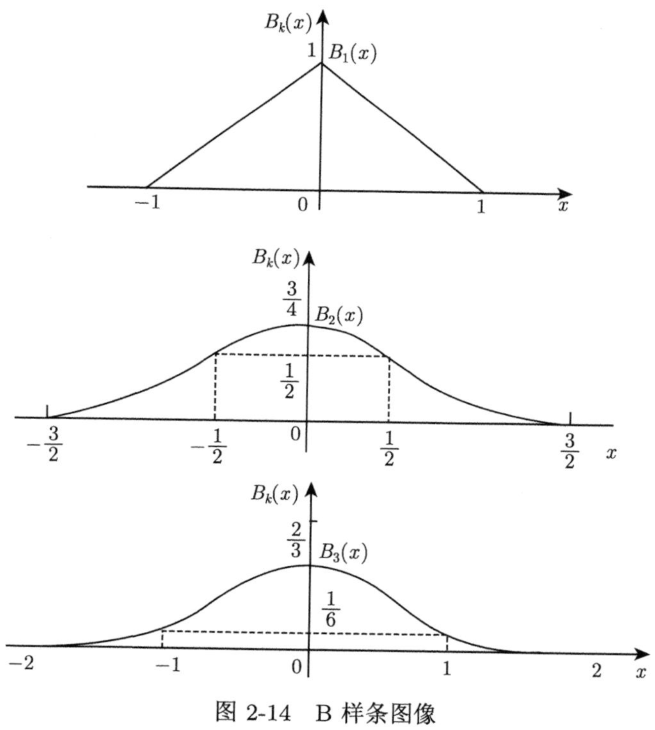

图 2-14　B 样条图像

为了应用的方便, 还需要 B 样条导函数的计算公式. 可以证明,

$$B_k'(x)=B_{k-1}\left(x+\frac{1}{2}\right)-B_{k-1}\left(x-\frac{1}{2}\right).$$

事实上, 由于 $B_k(x)=\delta^{k+1}\left(\dfrac{x_+^k}{k!}\right)$, 因而

$$B_k'(x) = \delta^{k+1}\left(\frac{x_+^{k-1}}{(k-1)!}\right) = \delta^k\left(\frac{(x+1/2)_+^{k-1}}{(k-1)!}\right) - \delta^k\left(\frac{(x-1/2)_+^{k-1}}{(k-1)!}\right)$$
$$= B_{k-1}\left(x+\frac{1}{2}\right) - B_{k-1}\left(x-\frac{1}{2}\right).$$ □

利用 (2.75) ~ (2.77), 可以给出三次 B 样条函数 $B_3(x)$ 及其一阶、二阶导数在整数节点及半节点处的值 (表 2-14).

**表 2-14 $B_3(x)$ 的数值表**

| $x$ | 0 | $\pm 1/2$ | $\pm 1$ | $\pm 3/2$ | $\pm 2$ |
|---|---|---|---|---|---|
| $B_3(x)$ | 2/3 | 23/48 | 1/6 | 1/48 | 0 |
| $B_3'(x)$ | 0 | $\mp 5/8$ | $\mp 1/2$ | $\mp 1/8$ | 0 |
| $B_3''(x)$ | $-2$ | $-1/2$ | 1 | 1/2 | 0 |

利用 B 样条函数就可以给出样条函数空间的一组所谓的 B 样条基, 为简单起见, 下面仅讨论三次情形.

### 2.7.3 三次 B 样条基

给定区间 $[a,b]$ 的一个等距剖分

$$\Delta_h:\ a = x_0 < x_1 < \cdots < x_n = b, \quad h = x_i - x_{i-1} = \frac{b-a}{n},$$

并记外节点 $x_{-1} = a - h,\ x_{n+1} = b + h$.

利用三次 B 样条函数, 可以给出样条函数空间 $Sp(3;\Delta)$ 的三次 B 样条基函数:

$$B_3\left(\frac{x-x_i}{h}\right) = B_3\left(\frac{x-x_0}{h} - i\right), \quad i = -1, 0, \cdots, n+1. \tag{2.78}$$

由三次 B 样条函数的紧支集性质知: 它们中的每一个在 $[a,b]$ 上都不恒等于零, 而其他的 $i$ 所对应的 B 样条函数, 则在 $[a,b]$ 上恒为零. 另外, 它们在 $[a,b]$ 上是线性无关的. 由于 (2.78) 所定义的基函数的总个数为 $n+3$, 这与 $Sp(3;\Delta_h)$ 的维数一致, 因此它们构成空间 $Sp(3;\Delta_h)$ 的基底.

利用三次 B 样条基函数, 可给出三次插值样条函数的另一种构造方法.

### 2.7.4 三次插值样条函数

这里仅以 I 型三次样条插值问题为例来讨论, 这时相应的样条插值函数可以待定为

$$s_{\mathrm{I}}(x) = \sum_{i=-1}^{n+1} c_i B_3\left(\frac{x-x_i}{h}\right). \tag{2.79}$$

下面来确定 (2.79) 中的待定系数 $\{c_i\}_{i=-1}^{n+1}$. 利用 (2.37) 和 I 型边界条件, 有

$$\begin{cases} s_h'(x_0) = \dfrac{1}{h}\displaystyle\sum_{i=-1}^{n+1} c_i B_3'(-i) = f_0', \\ s_h(x_j) = \displaystyle\sum_{i=-1}^{n+1} c_i B_3(j-i) = f_j, \quad j = 0, 1, \cdots, n, \\ s_h'(x_n) = \dfrac{1}{h}\displaystyle\sum_{i=-1}^{n+1} c_i B_3'(n-i) = f_n', \end{cases} \tag{2.80}$$

再利用表 2-14 知上面每一个方程中最多有三个非零系数, 它们满足

$$\begin{cases} c_{-1} - c_1 = -2hf_0', \\ c_{j-1} + 4c_j + c_{j+1} = 6f_j, \quad j = 0, 1, \cdots, n, \\ -c_{n-1} + c_{n+1} = 2hf_n'. \end{cases} \tag{2.81}$$

将式 (2.81) 写成矩阵形式为

$$Ac = f, \tag{2.82}$$

其中 $f = (-2hf_0', 6f_0, \cdots, 6f_n, 2hf_n')^{\mathrm{T}}$, $c = (c_{-1}, c_0, \cdots, c_{n+1})^{\mathrm{T}}$, 而

$$A = \begin{bmatrix} 1 & 0 & -1 & & \\ 1 & 4 & 1 & & \\ & \ddots & \ddots & \ddots & \\ & & 1 & 4 & 1 \\ & & -1 & 0 & 1 \end{bmatrix}_{(n+3)\times(n+3)}.$$

显然, 线性代数方程组 (2.82) 的系数矩阵是一个不可约对角占优矩阵, 因此非奇异, 所以方程组 (2.82) 存在唯一的解. 这样我们就给出了求解 I 型三次插值样条函数的另一计算方法.

## 习 题 2

2.1 利用 Lagrange 插值公式求下列各离散函数的插值多项式 (结果要简化):

(1)

| $x_i$ | $-1$ | $0$ | $1/2$ | $1$ |
|---|---|---|---|---|
| $f_i$ | $-3$ | $-1/2$ | $0$ | $1$ |

(2)

| $x_i$ | $-1$ | $0$ | $1/2$ | $1$ |
|---|---|---|---|---|
| $f_i$ | $-3/2$ | $0$ | $0$ | $1/2$ |

2.2　设 $l_0(x), l_1(x), \cdots, l_n(x)$ 是以 $x_0, x_1, \cdots, x_n$ 为节点的 $n$ 次 Lagrange 插值问题的基函数. 试证明:

(1) $\displaystyle\sum_{i=0}^{n} x_i^k l_i(x) = x^k, \quad k = 0, 1, 2, \cdots, n.$

(2) $l_0(x) = 1 + \dfrac{x-x_0}{x_0-x_1} + \dfrac{(x-x_0)(x-x_1)}{(x_0-x_1)(x_0-x_2)} + \cdots + \dfrac{(x-x_0)(x-x_1)\cdots(x-x_{n-1})}{(x_0-x_1)(x_0-x_2)\cdots(x_0-x_n)}.$

2.3　设 $f(x) \in C^3[a,b]$, $0 < \varepsilon < b-a$. 考虑以 $a, a+\varepsilon, b$ 为节点的 Lagrange 插值公式当 $\varepsilon \to 0$ 时的极限. 证明:

$$f(x) = p(x) + R(x),$$

其中

$$p(x) = \frac{(b-x)(x+b-2a)}{(b-a)^2} f(a) + \frac{(x-a)(b-x)}{b-a} f'(a) + \frac{(x-a)^2}{(b-a)^2} f(b),$$

$$R(x) = \frac{1}{6}(x-a)^2(x-b) f'''(\xi),\ \xi \in (a,b),$$

并计算 $p(a)$, $p(b)$, $p'(a)$.

2.4　在节点 $x_0, x_1, \cdots, x_n$ 处取值 $f_0, f_1, \cdots, f_n$ 的次数不超过 $n$ 的多项式 $p(x)$ 可写成

$$p(x) = C \begin{vmatrix} 0 & 1 & x & x^2 & \cdots & x^n \\ f_0 & 1 & x_0 & x_0^2 & \cdots & x_0^n \\ f_1 & 1 & x_1 & x_1^2 & \cdots & x_1^n \\ \vdots & \vdots & \vdots & \vdots & & \vdots \\ f_n & 1 & x_n & x_n^2 & \cdots & x_n^n \end{vmatrix},$$

其中 $C$ 是某个常数. 确定 $C$ 并证明此公式.

2.5　给出 $f(x) = \mathrm{e}^{x^2-1}$ 的数值表如下:

| $x_i$ | 1.0 | 1.1 | 1.2 | 1.3 | 1.4 |
|---|---|---|---|---|---|
| $f(x_i)$ | 1.00000 | 1.23368 | 1.55271 | 1.99372 | 2.61170 |

试利用 Neville 法求 $f(1.25)$ 的近似值.

2.6　设 $f(x) = x^7 + x^3 + 1$, 试求:

(1) $f[3^0, 3^1, \cdots, 3^7]$;　　　　(2) $f[2^0, 2^1, \cdots, 2^8]$.

2.7　设 $f(x) = 1/(a-x)$, 证明:

$$f[x_0, x_1, \cdots, x_n] = \frac{1}{(a-x_0)(a-x_1)\cdots(a-x_n)},$$

而且

$$\frac{1}{a-x} = \frac{1}{a-x_0} + \frac{x-x_0}{(a-x_0)(a-x_1)} + \cdots + \frac{(x-x_0)\cdots(x-x_{n-1})}{(a-x_0)\cdots(a-x_n)} + \frac{(x-x_0)\cdots(x-x_n)}{(a-x_0)\cdots(a-x_n)(a-x)}.$$

2.8　证明下列关系式:

(1) $\Delta(f_i \cdot g_i) = f_i \Delta g_i + g_{i+1} \Delta f_i$; (2) $\Delta(f_i/g_i) = (g_i \Delta f_i - f_i \Delta g_i)/g_i g_{i+1}$;

(3) $\Delta^n (1/x) = (-1)^n n! h^n / x(x+h) \cdots (x+nh)$.

2.9 证明下列关系式:

(1) $\Delta^n f_i = \sum_{k=0}^{n} (-1)^k \mathrm{C}_n^k f_{n+i-k}$; (2) $\Delta^n f_i = n! h^n f[x_i, x_{i+1}, \cdots, x_{i+n}]$.

2.10 利用差分性质证明:

$$g(n) = 1^3 + 2^3 + \cdots + n^3 = \left[\frac{n(n+1)}{2}\right]^2.$$

2.11 分别利用 Newton 向前与向后插值公式及下表数据

| $x_i$ | 0.0 | 0.2 | 0.4 | 0.6 | 0.8 |
|---|---|---|---|---|---|
| $f(x_i)$ | 1.00000 | 1.22140 | 1.49182 | 1.82212 | 2.22554 |

计算 $f(0.05)$ 与 $f(0.65)$ 的近似值.

2.12 给出自然对数 $\ln x$ 和它的导数 $1/x$ 的数表如下:

| $x$ | 0.50 | 0.70 |
|---|---|---|
| $\ln x$ | $-0.693147$ | $-0.356675$ |
| $1/x$ | 2.00 | 1.43 |

利用 Hermite 插值公式求 $\ln 0.60$.

2.13 寻找一 $2n-1$ 次多项式 $p_{2n-1}(x)$ 满足插值条件:

$$p_{2n-1}(a) = f(a), \quad p'_{2n-1}(a) = f'(a), \quad \cdots, \quad p_{2n-1}^{(n-1)}(a) = f^{(n-1)}(a),$$

$$p_{2n-1}(b) = f(b), \quad p'_{2n-1}(b) = f'(b), \quad \cdots, \quad p_{2n-1}^{(n-1)}(b) = f^{(n-1)}(b).$$

2.14 设 $x_0 = 0, x_2 = 1, x_1 \in (0,1)$, 已知

$$f(x_0) = f_0, \quad f'(x_1) = f'_1, \quad f(x_2) = f_2,$$

要求一个插值多项式 $p \in P_2$ 且满足

$$p(x_0) = f_0, \quad p'(x_1) = f'_1, \quad p(x_2) = f_2.$$

(1) 当 $x_1$ 满足什么条件时, 上述插值问题是适定的;

(2) 当插值问题适定时, 求出 $p(x)$;

(3) 试对 (2) 中求出的 $p(x)$ 进行误差分析.

2.15 设 $f(x) \in C^4[a,b]$, 且 $x_{i_1}$ 和 $x_{i_2}$ 为剖分单元 $e_i$ 的三等分点, 试给出区间 $[a,b]$ 的分段三次 Lagrange 插值多项式的误差估计.

2.16 设 $f(x) = x^4$, 求 $f(x)$ 在区间 $[0,1]$ 上的分段三次 Hermite 插值函数 $f_h(x)$, 并估计误差, 取等距节点且 $h = 1/10$.

2.17　设 $f(x) \in C^2[0,1]$ 且 $f(0)=0,\ f(1/2)=f(1)=1$, 证明：

$$\int_0^1 [f''(x)]^2 \mathrm{d}x \geqslant 12.$$

2.18　定义分段三次 Lagrange 多项式插值问题：求 $u \in Sp(3;0;\Delta)$ 满足插值条件

$$u(x_i)=f_i,\quad i=0,1,\cdots,n,$$

$$u(x_{k_j})=f_{k_j},\quad j=1,2,\ k=1,2,\cdots,n,$$

其中 $x_{k_j}, j=1,2$ 表示第 $k$ 个剖分单元内的两个互异的点. 试求出 $u(x)$ 的分段表达式.

2.19　将定理 2.8 证明过程中的待定系数 $M_i$ 换成 $m_i=s'(x_i),\ i=0,1,\cdots,n$ 后再证明之, 并利用三转角方程来求解例 2.13.

2.20　对任意非负整数 $k$, 证明：$x_+^k+(-1)^k(-x)_+^k=x^k$.

2.21　设 $x_1<x_2<\cdots<x_n$, 如下样条函数：

$$s(x)=a_0+a_1x+\sum_{j=1}^{n} c_j(x-x_j)_+^3$$

当在 $(-\infty,x_1)$ 和 $(x_n,+\infty)$ 上变为一次多项式时, 称为三次自然样条. 证明：当且仅当系数 $c_j$ 满足关系 $\sum\limits_{j=1}^{n} c_j=0, \sum\limits_{j=1}^{n} c_jx_j=0$ 时, $s(x)$ 才是三次自然样条.

2.22　已知插值条件如下表所示：

| $x$ | 1 | 2 | 3 |
|---|---|---|---|
| $f(x)$ | 2 | 4 | 12 |
| $f'(x)$ | 1 | | $-1$ |

求相应的三次插值样条函数.

2.23　(最小模性质) 若 $f \in C^2[a,b]$, $s_{\mathrm{I}}(x)$ 是 I 型三次插值样条函数, 则

$$\int_a^b [s_{\mathrm{I}}''(x)]^2 \mathrm{d}x \leqslant \int_a^b [f''(x)]^2 \mathrm{d}x,$$

而且等号仅当 $f(x)=s_{\mathrm{I}}(x)$ 时成立.

2.24　直接验证梯形公式具有 1 次代数精度, 而 Simpson 公式则具有 3 次代数精度.

2.25　设 $f(x)$ 在 [0, 1] 上连续, $f'(x)$ 在 [0, 1] 上可积, 证明：用复化梯形公式计算 $\int_0^1 f(x)\mathrm{d}x$ 的误差形式为

$$\int_0^1 f(x)\mathrm{d}x - T_n(f) = \int_0^1 k(t)f'(t)\mathrm{d}t,$$

$$k(t)=\frac{t_{i-1}+t_i}{2}-t,\quad t_{i-1}\leqslant t\leqslant t_i,\quad i=1,2,\cdots,n,$$

其中 $T_n(f)$ 是复化梯形和, $t_i(i=0,1,\cdots,n)$ 为积分区间 $[0,1]$ 的分划节点.

2.26　对于 $I=\int_0^{3h}f(x)\mathrm{d}x$的数值积分公式 $I_h=\int_0^{3h}p(x)\mathrm{d}x$, 其中 $p(x)$ 为对 $f(x)$ 在 $x=0,h,2h$ 进行插值的 2 次多项式. 证明:

$$I-I_h=\frac{3}{8}h^4\cdot f'''(0)+O(h^5).$$

2.27　求系数 $A_1,A_2$ 和 $A_3$, 使求积公式

$$\int_{-1}^{1}f(x)\mathrm{d}x\approx A_1f(-1)+A_2f\left(-\frac{1}{3}\right)+A_3f\left(\frac{1}{3}\right),$$

对于次数 $\leqslant 2$ 的一切多项式都是精确成立的.

2.28　利用自适应 Simpson 方法计算下列积分 (精确至 $10^{-6}$):

(1) $\int_1^{10}\ln x\mathrm{d}x$;　(2) $\int_{-4}^{4}\frac{\mathrm{d}x}{1+x^2}$.

2.29　求数值微分公式的余项.

$$f'(x_0)\approx\frac{-3f(x_0)+4f(x_0+h)-f(x_0+2h)}{2h}.$$

2.30　求证:

$$B_4(0)=\frac{115}{192},\quad B_4(\pm1)=\frac{19}{96},\quad B_4(\pm2)=\frac{1}{384}.$$

2.31　证明等距 B 样条 $B_k(x)$ 可定义为

$$B_0(x)=\begin{cases}1, & |x|<1/2,\\ 1/2, & |x|=1/2,\\ 0, & |x|>1/2,\end{cases}\qquad B_{k+1}(x)=\int_{-\infty}^{+\infty}B_0(t)B_k(x-t)\mathrm{d}t.$$

2.32　证明 B 样条的正性:

$$B_k(x)>0,\quad |x|<\frac{k+1}{2}.$$

思维导图2

# 第 3 章　函数基本逼近 (二)——最佳逼近

第 2 章讨论了函数 $f(x)$ 的插值多项式逼近及其在数值积分和微分中的应用. 本章将在另一种逼近方式, 即最佳逼近下, 讨论相应的逼近问题. 另外在本章最后还将简要介绍周期函数的最佳平方逼近、三角多项式插值及快速傅里叶变换 (fast Fourier transform, FFT) 等内容.

## 3.1　最佳逼近问题的提出

第 2 章讨论了函数 $f(x)$ 的插值多项式逼近. 然而尚需回答的是：当 $n \to \infty$ 时, 是否有其插值多项式 $p_n(x)$ 一致收敛于 $f(x)$. 对一般情况, 该结论的正确性不能得到保证 (见 Runge 现象). 有定理表明 (王德人等, 1990), 对任意插值点集合, 都存在某个连续函数 $f(x)$, 其插值多项式在给定区间上不一致收敛于 $f(x)$. 这样人们自然会问, 对于一个给定的连续函数, 是否存在某个多项式序列, 它在有界闭区间上一致收敛于该函数. 1885 年 Weierstrass(魏尔斯特拉斯) 给出了肯定的回答.

**定理 3.1** (Weierstrass 定理)　设函数 $f(x)$ 在区间 $[a,b]$ 上连续, 则对任何 $\varepsilon > 0$, 总存在一代数多项式 $p(x)$, 使得

$$\max_{a \leqslant x \leqslant b} |f(x) - p(x)| < \varepsilon. \tag{3.1}$$

该定理的证明这里不作介绍 (切尼, 1981). 由此启发我们可通过其他逼近方法对被逼近函数 $f(x)$ 构造整体逼近效果更好的多项式序列 $\{p_n(x)\}_{n=0}^{\infty}$. 特别地, 按如下方式进行选取：选取 $p_n \in P_n$, 使式 (3.1) 的左端取最小值. 由此, 可导出如下最佳一致逼近的定义.

**定义 3.1**　设 $f(x)$ 是 $[a,b]$ 上的连续函数, 称

$$E_n(f; P_n) = \inf_{p_n \in P_n} \max_{a \leqslant x \leqslant b} |f(x) - p_n(x)| \tag{3.2}$$

为逼近子空间 $P_n$ 对函数 $f(x)$ 的**最佳一致逼近**, 简称最佳逼近或 Chebyshev(切比雪夫) 逼近, 并简记为 $E_n(f)$; 而使式 (3.2) 达到最佳逼近值的多项式 $p_n^* \in P_n$, 即满足

$$E_n(f) = \max_{a \leqslant x \leqslant b} |f(x) - p_n^*(x)|,$$

称为 $f(x)$ 的 $n$ 次最佳一致逼近代数多项式.

下面举例说明最佳一致逼近多项式的整体逼近效果, 同时通过粗略的分析, 来考察它应具有的特征性质.

**例 3.1** 求 $\mathrm{e}^x$ 在 $[-1,1]$ 上的一次最佳一致逼近多项式 $p_1^*(x)$.

**解** 令 $p_1^*(x)=a_0+a_1x$, 为求系数 $a_0,a_1$, 考察 $y=\mathrm{e}^x$ 及其可能的一次多项式逼近 (图 3-1(a)). 记

$$\varepsilon(x)=\mathrm{e}^x-p_1^*(x),\quad \rho_1=\max_{-1\leqslant x\leqslant 1}|\varepsilon(x)|.$$

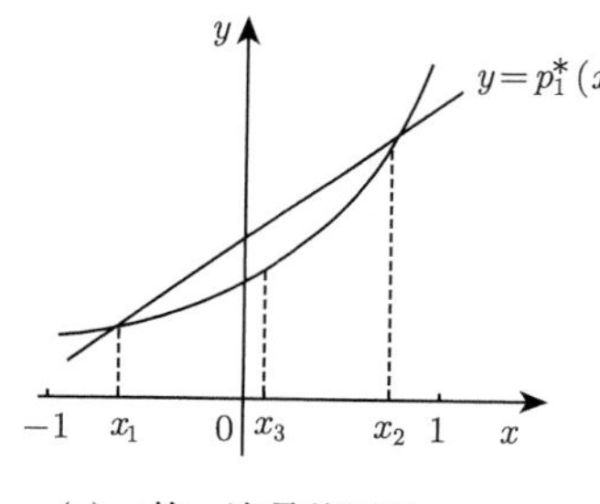


(a) $\mathrm{e}^x$的一次最佳逼近

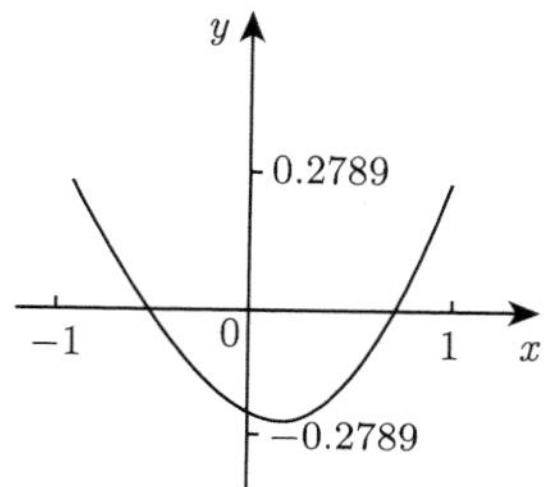


(b) $\mathrm{e}^x$的一次最佳逼近误差

图 3-1

显然 $p_1^*(x)$ 应与 $\mathrm{e}^x$ 在 $[-1,1]$ 上有两个点相交, 否则, 适当地移动直线段 $y=p_1^*(x),x\in[-1,1]$, 总能改善逼近. 另外, 通过移动 $y=p_1^*(x)$ 的图像, 可以发现最佳一致逼近多项式 $p_1^*(x)$ 应使误差函数 $\varepsilon(x)$ 在 $[-1,1]$ 上是均匀分布的, 即误差的最大值 $\rho_1$ 正好在下面三个点上正负相间地达到 (图 3-1(b)):

$$\varepsilon(-1)=\rho_1,\quad \varepsilon(x_3)=-\rho_1,\quad \varepsilon(1)=\rho_1, \tag{3.3}$$

其中 $x_1<x_3<x_2$, $x_1$ 和 $x_2$ 是 $p_1^*(x)$ 与 $\mathrm{e}^x$ 在 $[-1,\ 1]$ 的两个相交点的 $x$ 坐标. 因为 $x_3$ 是 $\varepsilon(x)$ 的极值点, 所以有

$$\varepsilon'(x_3)=0, \tag{3.4}$$

结合式 (3.3) 和 (3.4), 有

$$\begin{gathered}\mathrm{e}^{-1}-(a_0-a_1)=\rho_1,\quad \mathrm{e}-(a_0+a_1)=\rho_1,\\ \mathrm{e}^{x_3}-(a_0+a_1x_3)=-\rho_1,\quad \mathrm{e}^{x_3}-a_1=0.\end{gathered}$$

经过对上述式子的简单计算, 可得

$$\begin{aligned}&a_1=\frac{\mathrm{e}-\mathrm{e}^{-1}}{2}\approx 1.1752,\quad x_3=\ln(a_1)\approx 0.1614,\\ &\rho_1=\frac{1}{2}(\mathrm{e}^{-1}+a_1x_3)\approx 0.2788,\quad a_0=\rho_1+(1-x_3)a_1\approx 1.2643.\end{aligned}$$

于是, 所求的最佳逼近多项式为 $p_1^*(x) \approx 1.2643 + 1.1752x$.

图 3-1 给出了函数 $e^x$ 的一次最佳一致逼近多项式及其误差的函数曲线, 为了说明其逼近效果和逼近特性, 我们还在图 3-2 中画出了通过 $e^x$ 于区间 $[-1,1]$ 上的两个端点的线性插值多项式 $l_1(x)$ 及其误差函数的图像. 比较图 3-1 和图 3-2 可见, 最佳一致逼近多项式 $p_1^*(x)$ 的整体逼近效果 (误差绝对值的最大值小于 0.3) 要好于线性插值多项式 $l_1(x)$ 的整体逼近效果 (误差绝对值的最大值大于 0.5), 并且该逼近还具有逼近误差分布均匀的特性, 即误差函数 $\varepsilon(x)$ 的最大、最小值的绝对值相等且交替取得.

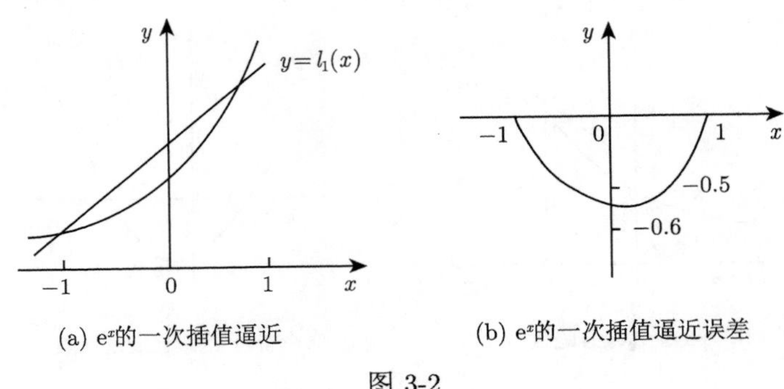


(a) $e^x$的一次插值逼近　　(b) $e^x$的一次插值逼近误差

图 3-2

由于求解最佳一致逼近的困难性, 本章还将讨论其他最佳意义下的逼近问题 (如最佳平方逼近等). 下面通过引入线性赋范空间, 可将这些最佳逼近问题在一个统一的框架下进行描述.

## 3.2　线性赋范空间的最佳逼近及存在性定理

首先给出一般线性赋范空间最佳逼近的提法.

**定义 3.2**　设 $E$ 为一线性赋范空间, $H_m \subseteq E$ 为其 $m$ 维子空间, $f \in E$ 为任意给定的元素, 称量

$$E(f;H_m) = \inf_{\phi \in H_m} \|f - \phi\| \tag{3.5}$$

为子空间 $H_m$ 对元素 $f$ 的最佳逼近, 而使式 (3.5) 成立的元素 $\phi^* \in H_m$, 即满足 $E(f;H_m) = \|f - \phi^*\|$, 称为 $f$ 的最佳逼近元素.

有了最佳逼近问题的提法, 自然会产生以下问题:

(1) 最佳逼近元素 $\phi^*$ 是否存在;

(2) 如果最佳逼近元素存在, 是否唯一;

(3) 最佳逼近元素应具有什么特征;

(4) 最佳逼近元素的构造及其应用.

现在回答问题 (1). 为此, 先给出定义 3.2 的易于分析的等价定义.

设 $H_m=\mathrm{span}\{\phi_1,\phi_2,\cdots,\phi_m\}$, 其中, $\phi_i\in E$, $i=1,2,\cdots,m$, 且元素系 $\phi_1$, $\phi_2,\cdots,\phi_m$ 线性无关. 这时, 对于 $\forall\phi\in H_m$, 有

$$\phi=\sum_{i=1}^{m}\alpha_i\phi_i,\quad \alpha_i\in\mathbb{R},i=1,2,\cdots,m,$$

即 $\phi$ 与 $\mathbb{R}^m$ 中的元素 $(\alpha_1,\alpha_2,\cdots,\alpha_m)^{\mathrm{T}}$ 一一对应. 由此, 可给出定义 3.2 中最佳逼近元素的等价定义.

**定义 3.2′** 称 $\phi^*=\sum\limits_{i=1}^{m}\alpha_i^*\phi_i\in H_m$, 为 $f$ 的最佳逼近元素, 如果它满足

$$\left\|f-\sum_{i=1}^{m}\alpha_i^*\phi_i\right\|=\inf_{(\alpha_1,\alpha_2,\cdots,a_m)^{\mathrm{T}}\in\mathbb{R}^m}\left\|f-\sum_{k=1}^{m}\alpha_k\phi_k\right\|.$$

**定理 3.2** (存在性定理) 对任给的 $f\in E$, 总存在 $f$ 的最佳逼近元素 $\phi^*\in H_m$.

该定理的证明需要以下两个引理.

令 $\alpha=(\alpha_1,\alpha_2,\cdots,\alpha_m)^{\mathrm{T}}\in\mathbb{R}^m$, 定义两个多元函数

$$g(\alpha):=g(\alpha_1,\alpha_2,\cdots,\alpha_m)=\|\phi\|=\left\|\sum_{i=1}^{m}\alpha_i\phi_i\right\|,$$

$$h(\alpha):=h(\alpha_1,\alpha_2,\cdots,\alpha_m)=\|f-\phi\|=\left\|f-\sum_{i=1}^{m}\alpha_i\phi_i\right\|.$$

由 1.5 节中的范数条件 (3), 容易证明下面引理.

**引理 3.1** 函数 $g,h$ 是 $\mathbb{R}^m$ 上的连续函数.

**引理 3.2** 对任给的 $f\in E,\alpha=(\alpha_1,\alpha_2,\cdots,\alpha_m)^{\mathrm{T}}\in\mathbb{R}^m$, 当 $\sum\limits_{i=1}^{m}\alpha_i^2\to\infty$ 时, 有 $h(\alpha)\to\infty$.

**证明** 由多元函数 $g$ 的连续性可知, $g$ 在 $\mathbb{R}^m$ 中的单位闭球面 $\left\{\alpha\middle|\sum\limits_{i=1}^{m}\alpha_i^2=1\right\}$ 上达到它的最小值 $\mu$, 又由 $\phi_i,i=1,2,\cdots,m$ 的线性无关性, 必有 $\mu>0$. 这样, 若令 $\beta=\sqrt{\sum\limits_{i=1}^{m}\alpha_i^2}$, 则

$$h(\alpha)\geqslant\left\|\sum_{i=1}^{m}\alpha_i\phi_i\right\|-\|f\|=\beta\left\|\sum_{i=1}^{m}\frac{\alpha_i}{\beta}\phi_i\right\|-\|f\|\geqslant\beta\mu-\|f\|,$$

由此可知, 当 $\sum\limits_{i=1}^{m}\alpha_i^2 \to \infty$ 时, $h(\alpha) \to \infty$. □

引理 3.2 表明, 多元函数 $h$ 的最小值点不会出现在无穷远处. 下面给出定理 3.2 的证明. 由引理 3.2 知, 必存在充分大的 $r>0$, 使在闭球 $K_r = \left\{\alpha \,\middle|\, \sum\limits_{i=1}^{m}\alpha_i^2 \leqslant r^2\right\}$ 外, 总有

$$h(\alpha) = h(\alpha_1, \alpha_2, \cdots, \alpha_m) > \|f\|. \tag{3.6}$$

而在闭球 $K_r$ 内, 由 $h$ 的连续性可知, 必存在点 $\alpha^* = (\alpha_1^*, \alpha_2^*, \cdots, \alpha_m^*)^{\mathrm{T}} \in \mathbb{R}^m$, 使 $h$ 在 $\alpha^*$ 处达到最小值, 又

$$h(\alpha_1^*, \alpha_2^*, \cdots, \alpha_m^*) = \min_{\alpha \in K_r} h(\alpha_1, \alpha_2, \cdots, \alpha_m) \leqslant h(0, 0, \cdots, 0) = \|f\|,$$

这样, 由式 (3.6) 知, $(\alpha_1^*, \alpha_2^*, \cdots, \alpha_m^*)$ 是 $h$ 在 $\mathbb{R}^m$ 上的最小值点, 即完成了定理 3.2 的证明. □

本节仅回答了一般线性赋范空间最佳逼近元素的存在性问题. 关于其他的几个问题, 以后各节会针对具体的线性赋范空间逐一讨论. 需要指出的是, 在一般情况下, 最佳逼近元素的唯一性并不能够得到保证, 它依赖于引入的范数和子空间 $H_m$ 的性质. 对 $\forall x, y \in E$, 若 $\|x+y\| = \|x\| + \|y\|$, 则存在正常数 $\alpha$ 使 $x = \alpha y$, 此时, 称满足此性质的范数是严格凸的, 相应空间 $E$ 称为狭义线性赋范空间. 可以证明对狭义线性赋范空间存在唯一的最佳逼近元素 (见习题 3.1). 下面就两类具有重要理论意义和应用背景的线性赋范空间讨论相应的最佳逼近问题.

## 3.3 最佳一致逼近多项式

本节主要讨论定义 3.1 所引入的最佳一致逼近问题. 由 3.2 节的一般描述, 它可视为 $n+1$ 维代数多项式子空间 $P_n$ 对线性赋范空间 $C[a,b]$ 的最佳逼近. 这时,

$$E_n(f) := E_n(f; P_n) = \inf_{p_n \in P_n} \|f - p_n\| = \inf_{p_n \in P_n} \max_{a \leqslant x \leqslant b} |f(x) - p_n(x)|.$$

由定理 3.2 知, 最佳逼近元素是存在的. 现在讨论其他逼近问题, 首先研究最佳一致逼近多项式的特征性质. 由 3.1 节中关于最佳一致逼近的例子分析知, 最佳逼近误差应在整个逼近区间上均匀分布, 即误差函数的最大、最小值大小相等符号相反, 且交错分布, 特别我们给出这些最大、最小值点的定义.

**定义 3.3** 设 $f \in C[a,b]$, 称满足 $a \leqslant x_0 < x_1 < \cdots < x_k \leqslant b$ 的点集 $\{x_i\}_{i=0}^{k}$ 为 $f(x)$ 在 $[a,b]$ 上的交错点组, 如果它满足

$$f(x_i) = (-1)^i \sigma \|f\|, \quad i = 0, 1, \cdots, k, \sigma = 1 \text{ 或 } -1,$$

并称 $x_i$ 为交错点, 简称 $(e)$ 点.

**例 3.2** 令 $f(x)=\cos 5\pi x,\ 0\leqslant x\leqslant 1$, 则 $x_i=i/5,\ i=0,1,\cdots,5$, 构成了 $f(x)$ 在 $[0,1]$ 上的交错点组.

以下定理给出了 $E_n(f)$ 的下界估计式.

**定理 3.3** (Vallee-Poussin(瓦莱–普桑) 定理) 设 $f\in C[a,b]$, 若存在多项式 $p\in P_n$, 使 $f(x)-p(x)$ 在 $[a,b]$ 上至少在 $n+2$ 个点 $x_0,x_1,\cdots,x_{n+1}$ 处的取值正负相间, 则

$$E_n(f)\geqslant\lambda=\min_{0\leqslant i\leqslant n+1}|f(x_i)-p(x_i)|.$$

**证明** 用反证法. 设 $p_n^*\in P_n$ 为 $f(x)$ 的最佳一致逼近多项式, 且 $E_n(f)<\lambda$. 注意

$$p_n^*(x)-p(x)=f(x)-p(x)-(f(x)-p_n^*(x)),$$

则 $n$ 次多项式 $p_n^*-p$ 在 $x_i(i=0,1,\cdots,n+1)$ 处的符号完全由 $f(x_i)-p(x_i)$ 决定, 即在这些点处交错地取正负值. 于是, 由介值定理知, $p_n^*-p$ 在 $[a,b]$ 上至少有 $n+1$ 个零点, 因此, 必有 $p_n^*\equiv p$, 从而与假设矛盾. 这样就证明了定理 3.3. □

利用定理 3.3, 可得如下最佳一致逼近的特征定理.

**定理 3.4** (Chebyshev 定理) 对任意函数 $f\in C[a,b],\ f\notin P_n$, $p$ 是 $f$ 的 $n$ 次最佳一致逼近多项式的充要条件是 $f-p$ 在 $[a,b]$ 上存在至少有 $n+2$ 个点组成的交错点组.

**证明** 这里只给出充分性证明, 必要性的证明可参见文献 (王德人等, 1990).

设 $f-p$ 在 $[a,b]$ 上有一交错点组 $\{x_i\}_{i=0}^{n+1}$, 由定理 3.3, 有

$$E_n(f)\geqslant\min_{0\leqslant i\leqslant n+1}|f(x_i)-p(x_i)|=\|f-p\|.$$

另一方面, 由最佳逼近多项式的定义知

$$E_n(f)\leqslant\|f-p\|.$$

结合上面两不等式, 可得 $E_n(f)=\|f-p\|$, 即 $p$ 是 $f$ 在 $[a,b]$ 上的 $n$ 次最佳一致逼近多项式. □

作为定理 3.4 的推论, 可以得到如下唯一性结果.

**推论 3.1** 如果 $f\in C[a,b]$, 那么, 在 $P_n$ 中只存在一个关于 $f(x)$ 的最佳一致逼近多项式.

**证明** 设 $p_1,p_2$ 均为 $P_n$ 对 $f$ 的 $n$ 次最佳逼近多项式, 令 $p_0=\dfrac{p_1+p_2}{2}\in P_n$, 则由

$$\|f-p_0\|\leqslant\frac{1}{2}(\|f-p_1\|+\|f-p_2\|)=E_n(f)$$

可知 $p_0$ 也是 $f(x)$ 的最佳逼近多项式. 这样, 由定理 3.4 知, 存在交错点组 $a \leqslant x_0 < x_1 < \cdots < x_{n+1} \leqslant b$, 使

$$E_n(f) = |f(x_i) - p_0(x_i)| = \left|\frac{f(x_i) - p_1(x_i)}{2} + \frac{f(x_i) - p_2(x_i)}{2}\right|,$$

但 $|f(x_i) - p_1(x_i)|$ 和 $|f(x_i) - p_2(x_i)|$ 均不大于 $E_n(f)$, 于是有

$$f(x_i) - p_1(x_i) = f(x_i) - p_2(x_i) = \sigma E_n(f), \quad \sigma = 1 \text{ 或 } -1,$$

从而 $p_1(x_i) = p_2(x_i)$, $i = 0, 1, \cdots, n+1$, 即 $p_1 - p_2$ 有 $n+2$ 个根, 由此推得 $p_1 \equiv p_2$. □

注意, 上述证明利用了 $P_n$ 中的非平凡代数多项式的零点数 $\leqslant n$ 的性质, 这点很重要, 否则, 唯一性不一定成立.

一般情况下, 交错点组的确定是困难的, 但当 $f(x)$ 满足一定条件时, 下面的推论可以保证区间 $[a, b]$ 的两个端点一定是交错点.

**推论 3.2**　设 $p(x)$ 是 $f(x)$ 的 $n$ 次最佳一致逼近多项式, 如果 $f(x)$ 在 $[a, b]$ 上有 $n+1$ 阶导数, 并且 $f^{(n+1)}(x)$ 在 $[a, b]$ 上保号, 那么, $f - p$ 的交错点组恰有 $n+2$ 个交错点, 并且区间 $[a, b]$ 的端点属于 $f - p$ 的交错点组.

**证明**　假设 $f - p$ 的交错点的个数超过 $n+2$ 个, 或者 $a$ 和 $b$ 中有一个不属于 $f - p$ 的交错点组, 则至少有 $n+1$ 个交错点落在 $(a, b)$ 内, 由于这些点是 $f - p$ 的极值点, 所以在 $(a, b)$ 内存在 $n+1$ 个点 $\{\xi_i\}_{i=0}^n$, 使得

$$f'(\xi_i) - p'(\xi_i) = 0, \quad i = 0, 1, \cdots, n.$$

反复利用 Rolle 定理知, 必有一点 $\eta \in (a, b)$, 使

$$f^{(n+1)}(\eta) - p^{(n+1)}(\eta) = f^{(n+1)}(\eta) = 0,$$

这与 $f^{(n+1)}(x)$ 在 $[a, b]$ 上保号的假设矛盾, 从而推论得证. □

**例 3.3**　设 $f(x) = \sqrt{x}$, $1/4 \leqslant x \leqslant 1$, 求 $f(x)$ 的一次最佳一致逼近多项式.

**解**　设 $f(x)$ 的一次最佳逼近多项式为 $p_1^*(x) = a + bx$, 记 $R = f - p_1^*$. 因 $f''(x) = -x^{-3/2}/4$ 在 $[1/4, 1]$ 上保号, 由推论 3.2 知, $x_0 = 1/4, x_2 = 1$ 均为 $R(x)$ 的 (e) 点. 而另一个 (e) 点 $x_1 \in (1/4, 1)$ 应满足

$$R'(x_1) = \frac{1}{2\sqrt{x_1}} - b = 0. \tag{3.7}$$

由 (e) 点的定义知

$$f\left(\frac{1}{4}\right) - \left(a + \frac{b}{4}\right) = f(1) - (a + b),$$

由此解得 $b = 2/3$, 将其代入式 (3.7) 求得 $x_1 = 9/16$, 再次利用 ($e$) 点的定义有

$$f(1) - (a + b) = -[f(x_1) - (a + bx_1)].$$

以 $b = 2/3, x_1 = 9/16$ 代入上式可得 $a = 17/48$, 这样就求得了 $\sqrt{x}$ 于 $[1/4, 1]$ 上的一次最佳逼近多项式 $p_1^*(x) = 2x/3 + 17/48$.

至此, 已就最佳一致逼近问题中的几个主要理论问题进行了比较系统的讨论. 虽然 Chebyshev 定理从理论上给出了最佳一致逼近的特征性质, 但在一般情况下, 求最佳一致逼近多项式是很困难的, 通常只能近似计算. 下面简要介绍一种最常用的求解近似最佳一致逼近多项式的算法——Remes(列梅兹) 算法.

设 $f(x)$ 的 $n$ 次最佳一致逼近多项式为 $p_n^*(x) = \sum\limits_{i=0}^{n} a_i^* x^i$, 由前面分析知 $f - p_n^*$ 在 $[a, b]$ 上存在 $n + 2$ 个 ($e$) 点 $\{x_i\}_{i=0}^{n+1}$, 使

$$p_n^*(x_i) - f(x_i) = (-1)^i \mu, \quad i = 0, 1, \cdots, n + 1, \tag{3.8}$$

其中, $\mu = \sigma E_n(f)$, $\sigma = 1$ 或 $-1$.

由式 (3.8) 可见, 求 $p_n^*(x)$ 的关键在于寻找这 $n + 2$ 个 ($e$) 点, 因为一旦找到该交错点组后, 就可由线性代数方程组 (3.8) 唯一地解出最佳逼近多项式 $p_n^*(x)$ 的系数和最佳逼近值 $E_n(f)$. 下面介绍的 Remes 算法将给出寻找交错点组近似值的一种方法, 它属于逐次逼近法. 该算法的计算步骤如下:

**算法 3.1**( Remes 算法)

**步骤 1** 给定精度 $\varepsilon > 0$, 在区间 $[a, b]$ 上任选点集 $a \leqslant x_0^0 < x_1^0 < \cdots < x_{n+1}^0 \leqslant b$ 代入方程组 (3.8), 求得逼近多项式 $p_0(x) = \sum\limits_{i=0}^{n} a_i^0 x^i$ 及 $\mu^0$.

**步骤 2** 设在第 $l$ 步 ($l \geqslant 0$) 已有 $\mu^l$, $[a, b]$ 上的点集 $X^{(l)} = \{x_i^l\}_{i=0}^{n+1}$ 及逼近多项式 $p_l(x) = \sum\limits_{i=0}^{n} a_i^l x^i$, 令

$$v^l := \max_{a \leqslant x \leqslant b} |f(x) - p_l(x)| = |f(\hat{x}^l) - p_l(\hat{x}^l)|,$$

若 $v^l - |\mu^l| < \varepsilon$, 则算法结束; 这时, 点集 $X^{(l)}$ 可作为所需的 $f - p_n^*$ 的近似交错点组, $p_l(x)$ 可作为 $p_n^*$ 的近似最佳一致逼近多项式. 否则, 分以下情况, 通过用 $\hat{x}^l$ 替换 $X^{(l)}$ 的某一点, 得到新的点集 $X^{(l+1)}$.

**情况 1** 当 $\hat{x}^l \in (x_j^l, x_{j+1}^l)$ 时, $0 \leqslant j \leqslant n$, 如果 $f(x_j^l) - p_l(x_j^l)$ 与 $f(\hat{x}^l) - p_l(\hat{x}^l)$ 同号, 则在 $X^{(l)}$ 中将点 $\hat{x}^l$ 置换点 $x_j^l$, 否则将点 $\hat{x}^l$ 置换点 $x_{j+1}^l$.

**情况 2** 当 $\hat{x}^l < x_0^l$ 时, 如果 $f(\hat{x}^l) - p_l(\hat{x}^l)$ 与 $f(x_0^l) - p_l(x_0^l)$ 同号, 则在 $X^{(l)}$ 中将点 $\hat{x}^l$ 置换点 $x_0^l$; 否则取如下新的点集 $\{\hat{x}^l, x_0^l, \cdots, x_n^l\}$ 来置换点集

$$X^{(l)} = \{x_0^l, x_1^l, \cdots, x_{n+1}^l\}.$$

**情况 3** 当 $\hat{x}^l > x_{n+1}^l$ 时, 可同情况 2, 作类似的处理.

**步骤 3** 将新的点集 $X^{(l+1)} = \{x_i^{l+1}\}_{i=0}^{n+1}$ 代入方程组 (3.8), 求得 $p_{l+1}(x) = \sum_{i=0}^{n} a_i^{l+1} x^i$, 及 $\mu^{l+1}$; 令 $l := l+1$, 返回步骤 2.

关于上述 Remes 算法, 给出一些评注.

**注 3.1** 若 $f^{(n+1)}(x)$ 于 $[a,b]$ 保号, 则总可将迭代点集 $X^{(l)}$ 的首尾点分别取为区间的端点 $a$ 和 $b$; 而初始点集 $X^0$ 通常可取为 $n+1$ 次 Chebyshev 多项式 (见 3.4 节) 的交错点组.

**注 3.2** 步骤 2 中的最大值点 $\hat{x}^l$ 一般只能近似求出; 另外, 关于算法结束的条件, 并不仅限于我们这里给出的 $v^l - |\mu^l| < \varepsilon$.

**注 3.3** 本算法中, 每迭代一步, 只改变点集 $X^{(l)}$ 中的一个点, 所以称之为 Remes 第一算法. 类似还可一次变动多个点, 相应的算法称为 Remes 第二算法; 另外, Remes 算法对初值的选取不敏感, 并且收敛速度也是相当快的 (冯康等, 1978).

由于 Remes 算法的计算量较大, 所以, 实际计算中, 常使用其他近似方法, 其中一类重要的近似方法将用到所谓的 Chebyshev 多项式. 鉴于 Chebyshev 多项式在理论和实际应用中的重要性, 下面将对它进行深入的探讨.

## 3.4 与零偏差最小的多项式——Chebyshev 多项式

本节将讨论在区间 $[-1,1]$ 上, 子空间 $P_{n-1}$ 对函数 $x^n$ 的最佳一致逼近问题. 它可描述为：求 $p_{n-1}^* \in P_{n-1}$, 使之满足

$$E_{n-1}(x^n) = \min_{p_{n-1} \in P_{n-1}} \|x^n - p_{n-1}\| = \left\|x^n - p_{n-1}^*\right\|,$$

其中, 范数 $\|f\| = \max\limits_{-1 \leqslant x \leqslant 1} |f(x)|$.

记集合 $P_n^1$ 为所有首项系数为 1 的 $n$ 次代数多项式的全体, 则上述最佳逼近问题等价于问题：求 $p_n^* \in P_n^1$, 使之满足

$$\|p_n^* - 0\| = \min_{p_n \in P_n^1} \|p_n - 0\|.$$

因此, 常称上述最佳逼近问题为**与零偏差最小问题**. 利用前面一般理论, 我们可圆满地解决该最佳逼近问题. 为此, 引入 Chebyshev 多项式.

考虑变换 $x = \cos\theta$, 它为 $[0,\pi] \to [-1,1]$ 上的一一映射, 令

$$T_n(x) = \cos n\theta = \cos(n \arccos x), \quad n = 0, 1, \cdots. \tag{3.9}$$

由三角恒等式

$$\cos n\theta + \cos(n-2)\theta = 2\cos\theta\cos(n-1)\theta,$$

可得 $T_n(x)$ 的如下递推公式.

**性质 3.1**

$$\begin{cases} T_n(x) = 2xT_{n-1}(x) - T_{n-2}(x), \quad n = 2, 3, \cdots, \\ T_0(x) = 1, \quad T_1(x) = x. \end{cases}$$

由性质 3.1, 立即有以下性质.

**性质 3.2** $T_n(x)$ 是首项系数为 $2^{n-1}$ 的 $n$ 次代数多项式, 且 $T_{2k}(x)$ 只含 $x$ 的偶次幂, $T_{2k-1}(x)$ 只含 $x$ 的奇次幂.

进一步, 还可给出函数系 $\{T_k(x)\}_0^n$ 和幂函数系 $\{x^k\}_0^n$ 的互为表示式. 为今后应用方便起见, 给出表 3-1 和表 3-2.

**表 3-1**

|  |
|---|
| $T_0(x) = 1$ |
| $T_1(x) = x$ |
| $T_2(x) = 2x^2 - 1$ |
| $T_3(x) = 4x^3 - 3x$ |
| $T_4(x) = 8x^4 - 8x^2 + 1$ |
| $T_5(x) = 16x^5 - 20x^3 + 5x$ |
| $T_6(x) = 32x^6 - 48x^2 + 18x^2 - 1$ |
| $T_7(x) = 64x^7 - 112x^5 + 56x^3 - 7x$ |
| $T_8(x) = 128x^8 - 256x^6 + 160x^4 - 32x^2 + 1$ |
| $T_9(x) = 256x^9 - 576x^7 + 432x^5 - 120x^3 + 9x$ |
| $T_{10}(x) = 512x^{10} - 1280x^8 + 1120x^6 - 400x^4 + 50x^2 - 1$ |
| $T_{11}(x) = 1024x^{11} - 2816x^9 + 2816x^7 - 1232x^5 + 220x^3 - 11x$ |
| $T_{12}(x) = 2048x^{12} - 6144x^{10} + 6912x^8 - 3584x^6 + 840x^4 - 72x^2 + 1$ |

**表 3-2**

|  |
|---|
| $1 = T_0$ |
| $x = T_1$ |
| $x^2 = (T_0 + T_2)/2$ |
| $x^3 = (3T_1 + T_3)/4$ |
| $x^4 = (3T_0 + 4T_2 + T_4)/8$ |
| $x^5 = (10T_1 + 5T_3 + T_5)/16$ |
| $x^6 = (10T_0 + 15T_2 + 6T_4 + T_6)/32$ |
| $x^7 = (35T_1 + 21T_3 + 7T_5 + T_7)/64$ |
| $x^8 = (35T_0 + 56T_2 + 28T_4 + 8T_6 + T_8)/128$ |
| $x^9 = (126T_1 + 64T_3 + 36T_6 + 9T_7 + T_9)/256$ |
| $x^{10} = (126T_0 + 210T_2 + 120T_4 + 45T_6 + 10T_8 + T_{10})/512$ |
| $x^{11} = (462T_1 + 330T_3 + 165T_5 + 55T_7 + 11T_9 + T_{11})/1024$ |
| $x^{12} = (462T_0 + 792T_2 + 495T_4 + 220T_6 + 66T_8 + 12T_{10} + T_{12})/2048$ |

由式 (3.9) 知, 当 $\theta_k = \dfrac{k\pi}{n}$, 即 $x_k = \cos\dfrac{k\pi}{n}(k = 0, 1, \cdots, n)$ 时, $T_n(x)$ 在 $x_k$ 处交错地取最大值 1 和最小值 $-1$. 这样, 由 Chebyshev 定理知, $p^*_{n-1} = x^n - 2^{1-n}T_n(x)$ 是 $x^n$ 在 $[-1, 1]$ 上的 $n-1$ 次最佳逼近多项式. 再由与零最小偏差问题的提法, 可得如下定理.

**定理 3.5** 在首项系数为 1 的所有 $n$ 次多项式中, $p^*_n(x) = 2^{1-n}T_n(x)$ 对零的偏差最小.

定理 3.5 有如下直接推论.

**推论 3.3** 设 $p_n(x)$ 是首项系数为 1 的 $n$ 次多项式, 则

$$\|p_n\| = \max_{|x|\leqslant 1}|p_n(x)| \geqslant 2^{1-n}.$$

由式 (3.9) 定义的多项式非常重要, 称为 $n$ 次 Chebyshev 多项式. 下面不加证明地给出 Chebyshev 多项式的一些其他重要性质.

**性质 3.3** Chebyshev 多项式序列 $\{T_k(x)\}_0^n$, 在区间 $[-1, 1]$ 上关于权函数 $\dfrac{1}{\sqrt{1-x^2}}$ 正交, 且有

$$\int_{-1}^{1}\frac{T_m(x)T_n(x)}{\sqrt{1-x^2}}\mathrm{d}x = \begin{cases} 0, & m \neq n, \\ \pi/2, & m = n \neq 0, \\ \pi, & m = n = 0. \end{cases}$$

**性质 3.4** $T_n(x)$ 在区间 $[-1, 1]$ 上恰有 $n$ 个不同的实根

$$x_k = \cos\frac{(2k-1)\pi}{2n}, \quad k = 1, 2, \cdots, n.$$

Chebyshev 多项式具有广泛的应用价值, 这里介绍它的两个重要应用.

### 3.4.1 代数插值多项式余项的极小化

由第 2 章知, 函数 $f(x)$ 关于 $[-1, 1]$ 上彼此互异的节点 $x_0, x_1, \cdots, x_n$ 的 $n$ 次插值多项式 $p_n(x)$, 有余项估计式

$$\|f - p_n\| \leqslant \frac{\left\|f^{(n+1)}\right\|}{(n+1)!}\max_{|x|\leqslant 1}|(x-x_0)\cdots(x-x_n)|.$$

所谓代数插值多项式余项的极小化问题是: 如何选取节点 $x_i$, $i = 0, 1, \cdots, n$, 使 $\max\limits_{|x|\leqslant 1}|(x-x_0)(x-x_1)\cdots(x-x_n)|$ 尽可能地小. 换句话说, 是在首项系数为 1 的 $n+1$ 次多项式中, 寻找与零偏差最小的代数多项式.

由定理 3.5 知, 当上述插值节点取成 $n+1$ 次 Chebyshev 多项式的零点时, 即

$$x_k = \cos\frac{(2k-1)\pi}{2(n+1)}, \quad k=1,2,\cdots,n+1,$$

$\max\limits_{|x|\leqslant 1}|(x-x_0)\cdots(x-x_n)|$ 可达到最小, 这时有截断误差估计

$$|f(x)-p_n(x)| \leqslant \frac{\left\|f^{(n+1)}\right\|}{(n+1)!}\cdot 2^{-n}\left\|T_{n+1}\right\| = \frac{\left\|f^{(n+1)}\right\|}{(n+1)!}\cdot 2^{-n}. \tag{3.10}$$

**注 3.4** 由估计式 (3.10) 知, 当 $f^{(n+1)}(x)$ 在 $[-1,1]$ 上变化不大时, $p_n(x)$ 可作为 $f(x)$ 的近似最佳逼近多项式. 另外, 如果插值区间是 $[a,b]$, 不是 $[-1,1]$, 经过简单仿射变换, 上述插值节点可取为

$$x_k = \frac{a+b}{2}+\frac{b-a}{2}\cos\frac{(2k-1)\pi}{2(n+1)}, \quad k=1,2,\cdots,n+1.$$

### 3.4.2 利用 Chebyshev 多项式降低近似多项式项数

由 2.1 节可知, Taylor 逼近是一种局部逼近, 现利用 Chebyshev 多项式, 可对它进行改造, 以提高计算效率和改善其整体逼近效果. 现以 $\mathrm{e}^{-x}$ 的 Taylor 展开为例说明该过程是如何进行的.

在 $[-1,1]$ 上函数 $\mathrm{e}^{-x}$ 的 Taylor 展开式的前 13 项为

$$\mathrm{e}^{-x} \approx p_{12}(x) := 1-x+\frac{x^2}{2!}-\frac{x^3}{3!}+\cdots+\frac{x^{12}}{12!}, \tag{3.11}$$

由表 3-2 知, 式 (3.11) 可由 Chebyshev 多项式 $T_0,\cdots,T_{12}$ 表成

$$\begin{aligned} p_{12}(x) \approx\, & 1.2661T_0 - 1.1303T_1 + 0.2715T_2 + 0.0443T_3 \\ & +0.005474T_4 - 0.000543T_5 + 0.000045T_6 \\ & -0.000003198436T_7 + 0.000000199212T_8 \\ & -0.000000011037T_9 + 0.000000000550T_{10} \\ & -0.000000000025T_{11} + 0.000000000001T_{12}. \end{aligned}$$

可见 $k$ 越大, $T_k(x)$ 的系数就越小, 由于 $|T_k(x)|\leqslant 1$, 因此可略去含次数高的 $T_k(x)$ 的项. 这时, 逼近多项式的次数降低了, 从而大大节省了计算工作量. 例如, 为了求 $[-1,1]$ 上逼近 $\mathrm{e}^{-x}$ 的绝对误差不超过 0.00005 的代数多项式, 只需取 $T_5(x)$ 以前的项作近似. 这时, 将 $T_0(x),\cdots,T_5(x)$ 用 $1,x,\cdots,x^5$ 表示, 则有

$$\begin{aligned} \mathrm{e}^{-x} \approx \phi_5(x) :=\, & 1.000045 - 1.000022x + 0.499199x^2 \\ & -0.166488x^3 + 0.043794x^4 - 0.008687x^5, \end{aligned}$$

而若按 Taylor 展开式 (3.11) 截断到 $x^5$ 这一项则有

$$\mathrm{e}^{-x} \approx p_5(x) := 1 - x + \frac{x^2}{2!} - \frac{x^3}{3!} + \frac{x^4}{4!} - \frac{x^5}{5!},$$

这时, $|\mathrm{e}^{-x} - p_5(x)| \leqslant \dfrac{1}{6!} + \dfrac{1}{7!} + \cdots \approx 0.0016$, 约为前者绝对误差的 33 倍. 两种近似的误差曲线如图 3-3 所示. 可见当 $x$ 在原点附近时, Taylor 逼近误差非常小, 但越偏离原点, 其误差就越大. 而运用 Chebyshev 多项式加以调整后, 误差分布显得均匀, 即 $\phi_5(x)$ 在 $[-1,1]$ 上较一致地逼近 $\mathrm{e}^{-x}$, 因此可作为 $\mathrm{e}^{-x}$ 的近似最佳逼近多项式.

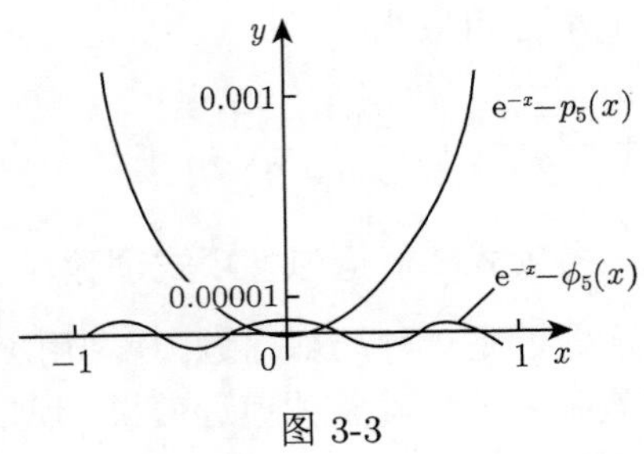


图 3-3

**注 3.5**　上面的讨论是在区间 $[-1,1]$ 上进行的, 对一般区间, 通过仿射变换, 可转化到 $[-1,1]$ 上讨论, 因此有完全平行的结果.

## 3.5　内积空间的最佳逼近

本节将在内积空间中讨论相应的最佳逼近问题, 下面首先给出内积空间中最佳逼近问题的提法.

**定义 3.4**　设 $X$ 为一内积空间, $M \subseteq X$ 为有限维子空间, 对 $\forall f \in X$, 称量

$$E(f;M) = \inf_{\phi \in M} \|f - \phi\| \tag{3.12}$$

为子空间 $M$ 对元素 $f$ 的最佳逼近, 并简记为 $E(f)$. 而使式 (3.12) 成立的元素 $\phi^* \in M$, 即满足 $E(f) = \|f - \phi^*\|$, 称为 $f$ 的最佳逼近元素. 这里范数由内积空间 $X$ 的内积定义导出.

关于最佳逼近元素的存在性, 3.2 节已统一给出了回答, 下面证明它还是唯一的.

**定理 3.6**　对 $\forall f \in X$, 在 $M$ 中存在 $f$ 的唯一最佳逼近元素.

**证明** 用反证法. 设在 $M$ 中有两个不同的最佳逼近元素 $\phi_1^*, \phi_2^*$, 令 $\phi_0^* = \dfrac{\phi_1^*+\phi_2^*}{2}$, 并记 $\mu = \|f-\phi_1^*\| = \|f-\phi_2^*\|$, 则有

$$\mu \leqslant \left\|f-\frac{1}{2}(\phi_1^*+\phi_2^*)\right\| \leqslant \frac{1}{2}\|f-\phi_1^*\| + \frac{1}{2}\|f-\phi_2^*\| = \mu,$$

即 $\phi_0^*$ 亦为 $f$ 的最佳逼近元素. 这样由性质 1.2 可推得

$$\begin{aligned}\mu^2 &= \|f-\phi_0^*\|^2 = \left\|\frac{f-\phi_1^*}{2}+\frac{f-\phi_2^*}{2}\right\|^2 \\ &= \frac{1}{2}\left(\|f-\phi_1^*\|^2 + \|f-\phi_2^*\|^2\right) - \left\|\frac{f-\phi_1^*}{2}-\frac{f-\phi_2^*}{2}\right\|^2 \\ &= \mu^2 - \frac{1}{4}\|\phi_1^*-\phi_2^*\|^2.\end{aligned}$$

因此, $\phi_1^* \equiv \phi_2^*$, 这与假设矛盾. 证毕. □

下面定理刻画了内积空间最佳逼近元素的特征性质.

**定理 3.7** 对于任意的 $f \in X$, 设 $M \subseteq X$ 为有限维子空间. $\phi^* \in M$ 是 $f$ 的最佳逼近元素的充要条件是误差元素 $f-\phi^*$ 与 $M$ 中的任意元素正交, 即

$$(f-\phi^*, \phi) = 0, \quad \forall \phi \in M. \tag{3.13}$$

**证明** 必要性. 设存在某一 $\phi \in M$, 使 $(f-\phi^*, \phi) \neq 0$. 令

$$\varphi = \frac{\phi}{\|\phi\|}, \quad \alpha = (f-\phi^*, \varphi),$$

则

$$\begin{aligned}\|f-\phi^*-\alpha\varphi\|^2 &= (f-\phi^*-\alpha\varphi, f-\phi^*-\alpha\varphi) \\ &= \|f-\phi^*\|^2 - 2\alpha(f-\phi^*, \varphi) + \alpha^2 \\ &= \|f-\phi^*\|^2 - \alpha^2 < \|f-\phi^*\|^2,\end{aligned}$$

这表明 $\phi^*$ 不是 $f$ 的最佳逼近元素, 从而必要性得证.

充分性. 若对 $\forall \phi \in M$, 有 $(f-\phi^*, \phi) = 0$, 则

$$\begin{aligned}\|f-\phi\|^2 - \|f-\phi^*\|^2 &= \|\phi\|^2 - \|\phi^*\|^2 - 2(f,\phi) + 2(f,\phi^*) \\ &= \|\phi-\phi^*\|^2 + 2(f-\phi^*, \phi^*-\phi) \\ &= \|\phi-\phi^*\|^2 \geqslant 0,\end{aligned}$$

因此, $\phi^*$ 为 $f$ 的最佳逼近元素. 充分性得证. □

定理 3.7 的几何意义见图 3-4, 从图中可见, $f$ 在 $M$ 中的正交投影 $\phi^*$ 便是 $f$ 的最佳逼近元素.

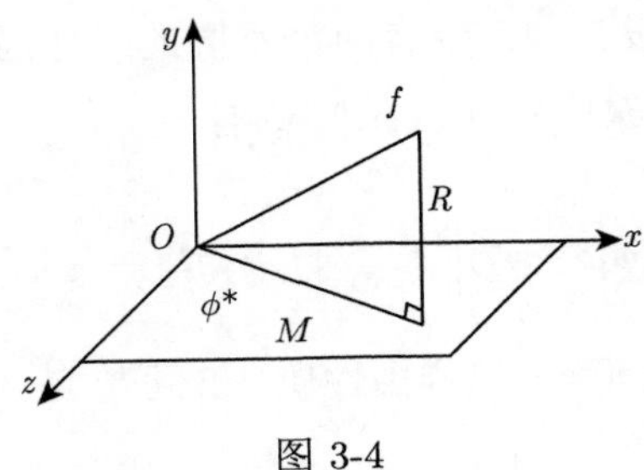


图 3-4

利用式 (3.13) 可得最佳逼近值的如下表达式:

$$E^2(f;M)=(f,f)-(f,\phi^*). \tag{3.14}$$

下面, 设 $X$ 的 $n$ 维子空间 $M$=span$\{\phi_1,\phi_2,\cdots,\phi_n\}$, 且 $\phi_1,\phi_2,\cdots,\phi_n$ 是 $X$ 的线性无关元素系. 对 $\forall f\in X$, 设其最佳逼近元素 $\phi^*$ 可表示为 $\phi^*=\sum\limits_{i=1}^{n}c_i^*\phi_i$, 由式 (3.13), 有

$$\left(f-\sum_{i=1}^{n}c_i^*\phi_i,\phi_j\right)=0,\quad j=1,2,\cdots,n,$$

即

$$\sum_{i=1}^{n}(\phi_i,\phi_j)c_i^*=(f,\phi_j),\quad j=1,2,\cdots,n. \tag{3.15}$$

称式 (3.15) 为最佳逼近元素的法方程组 (或正规方程组). 记 $n\times n$ 阶对称矩阵

$$G=\begin{bmatrix}(\phi_1,\phi_1) & (\phi_1,\phi_2) & \cdots & (\phi_1,\phi_n)\\ (\phi_2,\phi_1) & (\phi_2,\phi_2) & \cdots & (\phi_2,\phi_n)\\ \vdots & \vdots & & \vdots\\ (\phi_n,\phi_1) & (\phi_n,\phi_2) & \cdots & (\phi_n,\phi_n)\end{bmatrix},$$

利用 $\{\phi_i\}_{i=1}^n$ 的线性无关性, 容易证明矩阵 $G$ 是正定的. 因此, 法方程组 (3.15) 的解存在且唯一.

从法方程组 (3.15) 可见, 若 $\phi_1,\phi_2,\cdots,\phi_n$ 两两正交 (这时称该元素系为空间 $M$ 的正交基), 则矩阵 $G$ 成为对角矩阵, 这样可直接得解. 这时, 最佳逼近元素为

$$\phi^*=\sum_{j=1}^{n}\frac{(f,\phi_j)}{(\phi_j,\phi_j)}\phi_j. \tag{3.16}$$

称式 (3.16) 为 $f$ 的广义 Fourier 展开, 相应的系数称为广义 Fourier 系数. 利用 $\{\phi_i\}_{i=1}^n$ 的正交性, 由式 (3.14) 有

$$\|f-\phi^*\|^2=\|f\|^2-\sum_{i=1}^{n}(c_i^*)^2\|\phi_i\|^2.$$

由此并令 $n\to\infty$, 可得如下 Bessel 不等式:

$$\sum_{i=1}^{\infty}(c_i^*)^2\|\phi_i\|^2\leqslant\|f\|^2,\quad c_i^*=(f,\phi_i)/(\phi_i,\phi_i).$$

特别地, 若最佳逼近元素序列收敛于 $f$, 则上述不等式成为等式, 称之为广义 Parseval(帕塞瓦尔) 等式.

关于有限维空间正交基的存在性可由下面定理保证.

**定理 3.8** 任何 $n$ 维内积空间 $M$ 都存在正交基.

**证明** 下面从 $\phi_1,\phi_2,\cdots,\phi_n$ 出发, 通过所谓的 Gram-Schmidt(格拉姆–施密特) 正交化过程, 构造出 $M$ 的正交基 $e_1,e_2,\cdots,e_n$. 具体做法如下:

令 $e_1=\phi_1$, 求元素 $e_2=\phi_2+\alpha e_1$, 使 $(e_1,e_2)=0$. 经简单计算知, 待定系数 $\alpha=-(\phi_2,e_1)/(e_1,e_1)$. 因为 $\phi_2$ 与 $e_1$ 线性无关, 所以 $e_2$ 与 $e_1$ 线性无关, 当然不是零向量.

设已构造了 $k-1$ 个两两正交且异于零的向量 $e_1$, $e_2,\cdots,e_{k-1}$, 它们与 $\phi_1$, $\phi_2,\cdots,\phi_{k-1}$ 互为线性表出. 现求 $e_k$, 它具有形式

$$e_k=\phi_k+\lambda_{k-1}e_{k-1}+\cdots+\lambda_1e_1, \tag{3.17}$$

使 $e_k$ 与 $e_j(j=1,2,\cdots,k-1)$ 均正交, 即

$$(e_k,e_j)=0,\quad j=1,2,\cdots,k-1. \tag{3.18}$$

以 (3.18) 代入 (3.17), 并注意 $e_1,e_2,\cdots,e_{k-1}$ 两两正交, 可得

$$\lambda_j=-\frac{(\phi_k,e_j)}{(e_j,e_j)},\quad j=1,2,\cdots,k-1.$$

由 $\phi_k$ 与 $e_1,e_2,\cdots,e_{k-1}$ 线性无关, 知 $e_k$ 不是零向量. 将上述正交化过程进行下去, 最后可得正交元素系 $e_1,e_2,\cdots,e_n$, 它构成了 $M$ 的一组正交基, 从而定理得证. □

进一步, 如将 $e_k$ 换成 $e_k'=\dfrac{e_k}{\|e_k\|}$, 就得到了长度为 1 的正交基, 称为正规化的正交基. 下面对两类重要内积空间的最佳逼近问题进行更深入的讨论.

## 3.6 最佳平方逼近与正交多项式

本节主要讨论内积空间 $L_\rho^2[a,b]$ 中的最佳多项式逼近问题, 称之为连续情形的最佳平方逼近问题. 另外, 我们还将引入正交多项式, 并给出它在最佳平方逼近中的应用.

### 3.6.1 连续情形的最佳平方逼近

考虑 $L_\rho^2[a,b]$ 空间 (当 $\rho(x)$ 取 1 时, 简记为 $L^2[a,b]$), 相应的内积及范数分别为

$$(f,g)=\int_a^b \rho(x)f(x)g(x)\mathrm{d}x,\quad \forall f,g\in L_\rho^2[a,b],$$
$$\|f\|=\sqrt{(f,f)},\quad \forall f\in L_\rho^2[a,b].$$

由 3.5 节知, 对 $\forall f\in L_\rho^2[a,b]$, 在 $n+1$ 维多项式子空间 $P_n$ 中, 存在唯一的最佳平方逼近多项式: $p_n^*(x)=\sum\limits_{j=0}^{n}a_j^*x^j$, 其中系数 $\{a_i^*\}_{i=0}^n$ 满足法方程组

$$\sum_{j=0}^{n}(x^i,x^j)a_j^*=(f,x^i),\quad i=0,1,\cdots,n, \tag{3.19}$$

其中

$$(x^i,x^j)=\int_a^b \rho(x)x^{i+j}\mathrm{d}x,\quad (f,x^i)=\int_a^b \rho(x)f(x)x^i\mathrm{d}x.$$

**例 3.4** 设 $f(x)=\sqrt{x}\in L^2\,[1/4,1]$, 求 $f(x)$ 在 $[1/4,1]$ 上的一次最佳平方逼近多项式.

**解** 设所求的最佳一次逼近多项式为

$$p_1^*(x)=a_0^*+a_1^*x,\quad x\in[1/4,1]\,,$$

经简单计算可得

$$(1,1)=\frac{3}{4},\quad (1,x)=(x,1)=\frac{15}{32},$$
$$(x,x)=\frac{21}{64},\quad (f,1)=\frac{7}{12},\quad (f,x)=\frac{31}{80}.$$

将上述式子代入式 (3.19), 则 $a_0^*,a_1^*$ 满足法方程组

$$\begin{cases}\dfrac{3}{4}a_0^*+\dfrac{15}{32}a_1^*=\dfrac{7}{12},\\[2mm] \dfrac{15}{32}a_0^*+\dfrac{21}{64}a_1^*=\dfrac{31}{80}.\end{cases}$$

求解该方程组得：$a_0^* = \dfrac{10}{27}$，$a_1^* = \dfrac{88}{135}$. 从而 $\sqrt{x}$ 在 $[1/4, 1]$ 上的一次最佳平方逼近多项式为

$$p_1^*(x) = \frac{10}{27} + \frac{88}{135}x.$$

上面利用 $P_n$ 中的幂函数基 $x^k(k = 0, 1, \cdots, n)$, 求最佳平方逼近多项式. 当 $n$ 较大时, 法方程组 (3.19) 的系数矩阵是高度病态的, 因此求解时, 舍入误差很大. 这时, 最好利用下面引入的正交多项式基函数, 可保证计算的可靠性. 另外, 正交多项式本身在其他领域也有重要的应用.

### 3.6.2 正交多项式

**定义 3.5** 定义在 $[a, b]$ 上的函数系 $\{g_l(x)\}_{l=0}^n$ 称为 $P_n$ 的带权 $\rho(x)$ 正交基 ($g_l(x)$ 称为 $[a, b]$ 上的带权 $l$ 次正交多项式), 如果它满足

(1) $g_l(x) = \sum\limits_{k=0}^{l} \alpha_k x^k$ 恰为 $l$ 次多项式, 即 $\alpha_l \neq 0$；

(2) $(g_i, g_j) = \begin{cases} 0, & i \neq j, \\ \displaystyle\int_a^b \rho(x) g_i^2(x) \mathrm{d}x > 0, & i = j. \end{cases}$

特别地, 若 $(g_i, g_i) = 1, i = 0, 1, \cdots, n$, 则称 $\{g_l(x)\}_{l=0}^n$ 为 $[a, b]$ 上 $P_n$ 的正规正交基.

由该定义易知, 对任给的 $k$ 次多项式 $p_k(x)$ 有

$$(p_k, g_l) = 0, \quad l > k.$$

记 $g_l^*(x) = g_l(x)/\alpha_l, l = 0, 1, \cdots, n$, 则 $\{g_l^*\}_{l=0}^n$ 构成了 $P_n$ 的首项系数为 1 的带权正交多项式基.

**定理 3.9** 上述带权正交基有递推公式

$$\begin{cases} g_{k+1}^*(x) = (x - \beta_k) g_k^*(x) - \alpha_k g_{k-1}^*(x), & k = 1, 2, \cdots, n-1, \\ g_0^*(x) = 1, \quad g_1^*(x) = x - (x g_0^*, g_0^*)/(g_0^*, g_0^*), \end{cases} \tag{3.20}$$

其中常数

$$\beta_k = \frac{(x g_k^*, g_k^*)}{(g_k^*, g_k^*)}, \quad \alpha_k = \frac{(g_k^*, g_k^*)}{(g_{k-1}^*, g_{k-1}^*)}.$$

因篇幅限制, 定理 3.9 的证明这里不作介绍, 参见文献 (关治等, 1990). 下面讨论正交多项式的零点性质. 首先, 利用式 (3.20) 及反证法, 可得如下定理.

**定理 3.10** 带权正交多项式 $g_l^*(x)(l \geqslant 1)$ 有 $l$ 个互异的实根, 并且全部位于区间 $(a, b)$ 内.

由定理 3.9 及数学归纳法可证.

**定理 3.11** 设 $\{g_l(x)\}_{l=0}^n$ 为带权正交多项式系. 对 $l \geqslant 1$, 多项式 $g_l(x)$ 和 $g_{l+1}(x)$ 的零点必交错, 即若 $\xi_1 < \xi_2 < \cdots < \xi_l$, $\eta_1 < \eta_2 < \cdots < \eta_{l+1}$, 分别为 $g_l(x)$ 和 $g_{l+1}(x)$ 的零点, 则

$$a < \eta_1 < \xi_1 < \eta_2 < \xi_2 < \cdots < \xi_l < \eta_{l+1} < b.$$

下面给出几类特殊而又重要的带权正交多项式.

1) Legendre(勒让德) 多项式

设 $\rho(x) \equiv 1$, $\{l_i(x)\}_0^n$ 为 $[-1,1]$ 上 $P_n$ 的正规正交基, 则称 $l_i(x)$ 为 Legendre 多项式.

利用正交多项式的定义, 可直接构造 Legendre 多项式, 详细推导这里不作介绍, 可参见文献 (关治等, 1990), 这里仅给出它的具体表达式

$$l_k(x) = \frac{1}{2^k k!} \cdot \sqrt{\frac{2k+1}{2}} \cdot \frac{\mathrm{d}^k}{\mathrm{d}x^k}\left[(x^2-1)^k\right], \quad k = 0, 1, \cdots, n.$$

实用中, 由于求高阶导数较麻烦, 所以常按以下递推公式计算:

$$l_{k+1}(x) = \frac{\sqrt{(2k+1)(2k+3)}}{k+1} x l_k(x) - \frac{k}{k+1}\sqrt{\frac{2k+3}{2k-1}} l_{k-1}(x), k = 1, 2, \cdots. \tag{3.21}$$

由式 (3.21) 及数学归纳法易知, 当 $k$ 为偶数时, $l_k(x)$ 为偶函数; 当 $k$ 为奇数时, $l_k(x)$ 为奇函数.

2) Chebyshev 多项式

由 3.4 节性质 3.3 知, Chebyshev 多项式

$$T_j(x) = \cos(j \arccos x), \quad j = 0, 1, \cdots \tag{3.22}$$

是区间 $[-1,1]$ 上带权 $\rho(x) = (1-x^2)^{-1/2}$ 的 $j$ 次正交多项式. 由式 (3.22) 定义的多项式又称为第一类 Chebyshev 多项式.

除了上述两类重要的带权正交多项式外, 我们还给出几个常用的带权正交多项式.

3) 第二类 Chebyshev 多项式

$$U_n(x) = \frac{\sin((1+n)\arccos x)}{\sqrt{1-x^2}}, \quad n = 0, 1, \cdots.$$

它是区间 $[-1,1]$ 上带权 $(1-x^2)^{1/2}$ 的 $n$ 次正交多项式.

4) Laguerre(拉盖尔) 多项式

$$L_n(x) = \mathrm{e}^x \frac{\mathrm{d}^n}{\mathrm{d}x^n}(x^n \cdot \mathrm{e}^{-x}), \quad n = 0, 1, \cdots.$$

它是区间 $[0,+\infty)$ 上带权 $\mathrm{e}^{-x}$ 的 $n$ 次正交多项式.

5) Hermite 多项式

$$H_n(x)=(-1)^n\mathrm{e}^{x^2}\frac{\mathrm{d}^n}{\mathrm{d}x^n}(\mathrm{e}^{-x^2}),\quad n=0,1,\cdots.$$

它是区间 $(-\infty,+\infty)$ 上带权 $\mathrm{e}^{-x^2}$ 的 $n$ 次正交多项式.

下面讨论正交多项式的一个重要应用.

### 3.6.3 近似 Chebyshev 逼近

利用带权 $\rho(x)=(1-x^2)^{-1/2}$ 的 Chebyshev 正交多项式和式 (3.16), 可给出 $L_\rho^2[-1,1]$ 的 $n$ 次最佳平方逼近多项式

$$S_n(x)=a_0\frac{T_0(x)}{2}+\sum_{j=1}^{n}a_jT_j(x),\tag{3.23}$$

其中

$$a_j=\frac{(f,T_j)}{(T_j,T_j)}=\frac{2}{\pi}\int_{-1}^{1}\frac{f(x)T_j(x)}{\sqrt{1-x^2}}\mathrm{d}x,\quad j=0,1,\cdots,$$

称式 (3.23) 为函数 $f(x)$ 按 Chebyshev 多项式展开的部分和. 可以证明 (Atkinson, 1978), 对于 $\forall f\in C^1[-1,1]$, 当 $n\to+\infty$ 时, $S_n(x)$ 一致收敛于 $f(x)$(称为 $f(x)$ 的 Chebyshev 级数), 且 Chebyshev 多项式展开式的系数 $a_k$ 随着 $k$ 的增大, 迅速趋向于零. 由此可知, 当 $n$ 充分大时, $f(x)-S_n(x)\approx a_{n+1}T_{n+1}(x)$. 因为 $T_{n+1}(x)$ 在 $[-1,1]$ 上具有 $n+2$ 个交错点, 所以由 Chebyshev 定理知, $S_n(x)$ 可作为 $f(x)$ 的近似 Chebyshev 逼近多项式, 下面的例子也说明了这一点.

**例 3.5** 求 $\mathrm{e}^x$ 的三次 Chebyshev 最佳平方逼近多项式 $S_3(x)$.

**解** 由式 (3.23) 知

$$S_3(x)=\frac{a_0}{2}+\sum_{j=1}^{3}a_jT_j(x),$$

其中

$$a_j=\frac{2}{\pi}\int_{-1}^{1}\frac{\mathrm{e}^xT_j(x)}{\sqrt{1-x^2}}\mathrm{d}x=\frac{2}{\pi}\int_0^{\pi}\mathrm{e}^{\cos\theta}\cos(j\theta)\mathrm{d}\theta.$$

利用数值积分可求得

$$a_0\approx 2.5321318,\quad a_1\approx 1.1303182,\quad a_2\approx 0.2714953,\quad a_3\approx 0.0443369.$$

利用 $T_j(x)$ 在幂函数下的表示式可得

$$S_3(x)\approx 0.994571+0.997308x+0.542991x^2+0.177347x^3,$$

$e^x - S_3(x)$ 的图像由图 3-5 给出, 可见它与最佳一致逼近具有非常相似的特征, 即误差函数是均匀分布的.

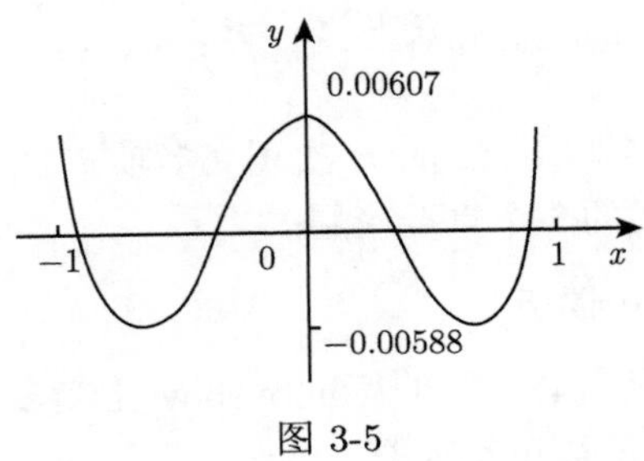


图 3-5

## 3.7　最佳逼近的应用：Gauss 型数值积分

考虑带权积分

$$I = \int_a^b \rho(x) f(x) \mathrm{d}x,$$

其中权函数 $\rho(x) \geqslant 0$. 特别地, 当 $\rho(x) \equiv 1$ 时即为普通的积分.

可以仿照处理普通积分的方法讨论带权积分的数值积分问题.

考虑求积公式

$$\int_a^b \rho(x) f(x) \mathrm{d}x \approx \sum_{k=1}^{n} A_k f(x_k), \tag{3.24}$$

其中 $x_i \neq x_j$(当 $i \neq j$ 时). 可以证明，积分公式 (3.24) 至少具有 $n-1$ 次代数精度的充分必要条件是它是插值型的，即带权系数 $A_k$ 满足:

$$A_k = \int_a^b \rho(x) l_k(x) \mathrm{d}x, \quad l_k(x) = \prod_{\substack{j=1 \\ j \neq k}}^{n} \frac{x - x_j}{x_k - x_j}. \tag{3.25}$$

现在要讨论的问题是：是否存在积分节点 $\{x_k\}$ 和求积系数 $\{A_k\}$, 使 (3.24) 具有 $2n-1$ 次代数精度? 答案是肯定的, 有如下讨论.

**定义 3.6**　若形如 (3.24) 的求积公式具有 $2n-1$ 次代数精度, 则称它为 $n$ 点 Gauss (高斯) 型求积公式, 积分节点 $\{x_k\}$ 称为 Gauss 点.

为求得 $\{x_k\}$, $\{A_k\}$, 分别将 $f(x) = x^i (i = 0, 1, 2, \cdots, 2n-1)$ 代入 (3.24) 并令其精确成立, 则得到含有 $2n$ 个方程和 $2n$ 个未知数的代数方程组:

$$\sum_{k=1}^{n} A_k x_k^i = \int_a^b \rho(x) x^i \mathrm{d}x, \quad i = 0, 1, 2, \cdots, 2n-1. \tag{3.26}$$

例如, 当 $n=1$ 时, (3.26) 即

$$A_1=\int_a^b \rho(x)\mathrm{d}x,\quad A_1x_1=\int_a^b x\rho(x)\mathrm{d}x.$$

可解得

$$A_1=\int_a^b \rho(x)\mathrm{d}x,\quad x_1=\left[\int_a^b x\rho(x)\mathrm{d}x\right]\bigg/\int_a^b \rho(x)\mathrm{d}x.$$

所以权函数 $\rho(x)=1$ 的一点 Gauss 型求积公式为

$$\int_a^b f(x)\mathrm{d}x\approx(b-a)f\left(\frac{a+b}{2}\right).$$

它就是**中矩形公式**, 具有 1 次的代数精度.

对一般的 $n$, 由于 (3.26) 是非线性的, 求解比较困难, 所以另辟寻找 $\{x_k\}$, $\{A_k\}$ 的途径. 由前面讨论知道，$n$ 点 Gauss 型求积公式 (3.24) 必定是插值型的, 因此只要找到了 Gauss 点 $\{x_k\}$, 求积系数 $\{A_k\}$ 就可按 (3.25) 算得. 下面从研究 Gauss 点的基本特性入手来解决 Gauss 公式的构造问题.

**定理 3.12** 互异节点 $x_k(k=1,2,\cdots,n)$是 $n$ 点 Gauss 求积公式的 Gauss 点的充分必要条件是, $\omega_n(x)=\prod\limits_{k=1}^n(x-x_k)$ 与任何次数 $\leqslant n-1$ 的多项式关于权函数 $\rho(x)$ 正交, 即成立

$$\int_a^b \rho(x)\omega_n(x)\cdot x^j\mathrm{d}x=0,\quad j=0,1,2,\cdots,n-1. \tag{3.27}$$

**证明** 必要性. 由于 $n$ 点 Gauss 求积公式具有 $2n-1$ 次代数精度, 所以对次数 $\leqslant 2n-1$ 的多项式 $\omega_n(x)\cdot x^j$, $j=0,1,\cdots,n-1$, 精确成立, 即

$$\int_a^b \rho(x)\omega_n(x)x^j\mathrm{d}x=\sum_{k=1}^n A_k\omega_n(x_k)x_k^j.$$

注意到 $\omega_n(x_k)=0(k=1,2,\cdots,n)$, 因而 (3.27) 成立.

充分性. 以 $x_k(k=1,2,\cdots,n)$ 为求积节点, 构造插值型求积公式

$$\int_a^b \rho(x)f(x)\mathrm{d}x\approx\sum_{k=1}^n A_kf(x_k). \tag{3.28}$$

对任何次数 $\leqslant 2n-1$ 的多项式 $f(x)$, 以 $\omega_n(x)$ 除 $f(x)$, 商和余分别记为 $p(x)$, $q(x)$, 于是

$$f(x)=\omega_n(x)p(x)+q(x),$$

$$f(x_k) = \omega_n(x_k)p(x_k) + q(x_k) = q(x_k).$$

$p(x), q(x)$ 的次数 $\leqslant n-1$. 于是

$$\int_a^b \rho(x)f(x)\mathrm{d}x = \int_a^b \rho(x)\omega_n(x)p(x)\mathrm{d}x + \int_a^b \rho(x)q(x)\mathrm{d}x.$$

由假设, 上式右边第一项为 0, 第二项应用 (3.28) 并注意 (3.28) 至少具有 $n-1$ 次代数精度, 于是有

$$\int_a^b \rho(x)f(x)\mathrm{d}x = \int_a^b \rho(x)q(x)\mathrm{d}x = \sum_{k=1}^{n} A_k q(x_k) = \sum_{k=1}^{n} A_k f(x_k),$$

这表明 (3.28) 具有 $2n-1$ 次代数精度, 从而 $x_k(k=1,2,\cdots,n)$ 是 $n$ 点 Gauss 求积公式的 Gauss 点. □

根据前面几节关于正交多项式的讨论, 以下结论成立:

(1) $[a,b]$ 上关于权函数 $\rho(x)$ 的正交多项式系 $\{\varphi_m(x)\}$ 是存在的, 而且 $\varphi_m(x)$ 的次数恰为 $m$, 在 $(a,b)$ 内恰有 $m$ 个互异的零点, 并与任何次数 $\leqslant m-1$ 的多项式 $q(x)$ 正交:

$$\int_a^b \rho(x)\varphi_m(x)q(x)\mathrm{d}x = 0.$$

(2) 若 $\{g_m(x)\}$ 是 $[a,b]$ 上关于权函数 $\rho(x)$ 的另一个正交多项式系, 则$g_m(x) = c_m\varphi_m(x)$, $c_m$ 为常数, $m=0,1,2,\cdots$.

记 $x_1, x_2, \cdots, x_n$ 为 $\varphi_n(x)$ 的 $n$ 个互异零点, $\omega_n(x) = \prod_{k=1}^{n}(x-x_k)$, 则 $\varphi_n(x) = a_n\omega_n(x)$, 其中常数 $a_n$ 为 $\varphi_n(x)$ 的首项 $(x^n)$ 的系数. 于是, 对任何次数 $\leqslant n-1$ 的多项式 $q(x)$, 有

$$\int_a^b \rho(x)\omega_n(x)q(x)\mathrm{d}x = a_n^{-1}\int_a^b \rho(x)\varphi_n(x)q(x)\mathrm{d}x = 0.$$

由定理 3.12, $x_1, x_2, \cdots, x_n$ 为 $n$ 点 Gauss 求积公式的 Gauss 点.

反之, 若求积点 $x_1, x_2, \cdots, x_n$ 是 $n$ 点 Gauss 求积公式的 Gauss 点, 则由定理 3.12, $\int_a^b \rho(x)\omega_n(x)q(x)\mathrm{d}x = 0$ 对任何次数 $\leqslant n-1$ 的多项式成立, 从而

$$(\omega_n, \varphi_k) = \int_a^b \rho(x)\omega_n(x)\varphi_k(x)\mathrm{d}x = 0, \quad 0 \leqslant k \leqslant n-1.$$

注意到 $\omega_n(x)$ 可由 $\varphi_k(x)(k=0,1,2,\cdots,n)$ 线性表出,

$$\omega_n(x) = \sum_{j=0}^{n} \alpha_j\varphi_j(x).$$

于是

$$(\omega_n, \varphi_k) = \sum_{j=0}^{n} \alpha_j (\varphi_j, \varphi_k) = \alpha_k (\varphi_k, \varphi_k),$$

从而

$$\alpha_n = \frac{(\omega_n, \varphi_n)}{(\varphi_n, \varphi_n)}, \quad \alpha_k = 0, \quad 0 \leqslant k \leqslant n-1, \quad \omega_n(x) = \alpha_n \varphi_n(x).$$

可见 $x_1, x_2, \cdots, x_n$ 就是 $\varphi_n(x)$ 的 $n$ 个互异零点.

于是得到以下定理.

**定理 3.13** 对任何正整数 $n$, $n$ 点 Gauss 求积公式是存在的, 其 Gauss 点就是求积区间上关于权函数的正交多项式系 $\{\varphi_m(x)\}$ 中 $\varphi_n(x)$ 的零点.

### 3.7.1 Gauss 型求积公式的余项和稳定性

记 $E_n[f]$ 为 $n$ 点 Gauss 型求积公式的余项, 即

$$E_n[f] = \int_a^b \rho(x) f(x) \mathrm{d}x - \sum_{k=1}^{n} A_k f(x_k),$$

其中 $x_k$ 和 $A_k$ $(k = 1, 2, \cdots, n)$ 为 Gauss 点和求积系数. 再记

$$\omega_n(x) = \prod_{k=1}^{n} (x - x_k),$$

有以下定理.

**定理 3.14** 若求积函数 $f(x)$ 在 $[a, b]$ 上有 $2n$ 阶连续导数, 则

$$E_n[f] = \frac{f^{(2n)}(\xi)}{(2n)!} (\omega_n, \omega_n),$$

其中 $\xi \in (a, b)$, $(\omega_n, \omega_n) = \int_a^b \rho(x) \omega_n^2(x) \mathrm{d}x$.

**证明** 构造 $2n-1$ 次 Hermite 插值多项式 $h(x)$, 满足

$$h(x_i) = f(x_i), \quad h'(x_i) = f'(x_i), \quad i = 1, 2, \cdots, n.$$

可以验证, $h(x)$ 可表示成 (见 2.3 节)

$$h(x) = \sum_{i=1}^{n} l_i^2(x)(\alpha_i x + \beta_i) f(x_i) + \sum_{i=1}^{n} l_i^2(x)(x - x_i) f'(x_i),$$

其中 $\alpha_i=-2l_i'(x_i),\beta_i=1-\alpha_i x_i,i=1,2,\cdots,n$. $l_i(x)$ 为关于 $x_1,x_2,\cdots,x_n$ 的 Lagrange 插值基函数. 记

$$r(x)=f(x)-h(x),$$

由第 2 章 Hermite 插值多项式余项的结果, 可得

$$r(x)=\frac{f^{(2n)}(\tilde{\xi})}{(2n)!}\omega_n^2(x),\quad a<\tilde{\xi}<b.$$

于是由积分中值定理知

$$\int_a^b\rho(x)r(x)\mathrm{d}x=\frac{1}{(2n)!}\int_a^b\rho(x)f^{(2n)}(\tilde{\xi})\cdot\omega_n^2(x)\mathrm{d}x=\frac{f^{(2n)}(\xi)}{(2n)!}(\omega_n,\omega_n).$$

注意到 $h(x)$ 为 $2n-1$ 次多项式, 所以

$$\begin{aligned}\int_a^b\rho(x)r(x)\mathrm{d}x&=\int_a^b\rho(x)f(x)\mathrm{d}x-\int_a^b\rho(x)h(x)\mathrm{d}x\\&=\int_a^b\rho(x)f(x)\mathrm{d}x-\sum_{k=1}^n A_k h(x_k)\\&=\int_a^b\rho(x)f(x)\mathrm{d}x-\sum_{k=1}^n A_k f(x_k)=E_n[f].\end{aligned}$$ □

对于 Gauss 型求积公式中的求积系数 $A_k$, 有以下定理.

**定理 3.15** Gauss 型求积公式的求积系数都是正数.

**证明** 对 $n$ 点 Gauss 型求积公式的 Gauss 点 $x_1,x_2,\cdots,x_n$, 构造 $n$ 个 $2n-2$ 次多项式

$$q_j(x)=\prod_{\substack{k=1\\k\neq j}}^n\frac{(x-x_k)^2}{(x_j-x_k)^2},\quad j=1,2,\cdots,n.$$

于是

$$\int_a^b\rho(x)q_j(x)\mathrm{d}x=\sum_{i=1}^n A_i q_j(x_i)=A_j>0.$$ □

以下讨论 Gauss 型求积公式的稳定性.

设计算函数值 $f(x_k)$ 的误差为 $\varepsilon_k,k=1,2,\cdots,n$, 则用求积公式进行计算所得的结果的误差为 $E=\sum\limits_{k=1}^n A_k\varepsilon_k$. 于是

$$|E|\leqslant\sum_{k=1}^n A_k|\varepsilon_k|\leqslant\left(\sum_{k=1}^n A_k\right)\varepsilon=\varepsilon\int_a^b\rho(x)\mathrm{d}x,$$

其中 $\varepsilon=\max\limits_{1\leqslant k\leqslant n}|\varepsilon_k|$. 由此可见, 对于有限区间 $[a,b]$, Gauss 型求积公式是稳定的.

### 3.7.2 几种特殊的 Gauss 型求积公式

对积分区间 $[a,b]$, 作变换 $x=[(a+b)+(b-a)t]/2$ 后变成 $[-1,1]$, 积分变为

$$\int_a^b f(x)\mathrm{d}x=\frac{b-a}{2}\int_{-1}^1 f\left(\frac{a+b}{2}+\frac{b-a}{2}t\right)\mathrm{d}t.$$

因此, 只需给出 $[-1,1]$ 上的 Gauss 求积公式即可.

1. Gauss-Legendre 求积公式

Legendre 多项式

$$L_n(x)=\frac{1}{2^n\cdot n!}\frac{\mathrm{d}^n}{\mathrm{d}x^n}[(x^2-1)^n],\quad n\geqslant 1,\quad L_0(x)=1$$

是 $[-1,1]$ 上关于权函数 $\rho(x)\equiv 1$ 的正交多项式, 于是 $n$ 点 Gauss-Legendre 求积公式为

$$\int_{-1}^1 f(x)\mathrm{d}x\approx\sum_{k=1}^n A_k f(x_k),\tag{3.29}$$

其中 $x_1,x_2,\cdots,x_n$ 是 $L_n(x)$ 的 $n$ 个互异零点,

$$A_k=\int_{-1}^1 l_k(x)\mathrm{d}x,\quad l_k(x)=\prod_{\substack{i=1\\i\neq k}}^n\frac{x-x_i}{x_k-x_i},\quad k=1,2,\cdots,n.$$

$n\leqslant 5$ 点的 Gauss-Legendre 求积公式的 Gauss 点和求积系数列于表 3-3 中.

**表 3-3 Gauss-Legendre 求积公式的 $x_k$ 与 $A_k$**

| $n$ | $x_k,k=1,2,3,4,5$ | $A_k,k=1,2,3,4,5$ |
|---|---|---|
| 1 | $x_1=0.0$ | $A_1=2$ |
| 2 | $x_1=-x_2=-0.5773502692$ | $A_1=A_2=1$ |
| 3 | $x_1=-x_3=-0.7745906692$<br>$x_2=0.0$ | $A_1=A_3=5/9$<br>$A_2=8/9$ |
| 4 | $x_1=-x_4=-0.8611363116$<br>$x_2=-x_3=-0.3399810436$ | $A_1=A_4=0.3478548451$<br>$A_2=A_3=0.6521451549$ |
| 5 | $x_1=-x_5=-0.9061798459$<br>$x_2=-x_4=-0.5384693101$<br>$x_3=0.0$ | $A_1=A_5=0.2369268851$<br>$A_2=A_4=0.4786286705$<br>$A_3=0.5688888889$ |

将定理 3.14 具体应用到 (3.29), 可得 $n$ 点 Gauss-Legendre 求积公式的误差为

$$E_n[f]=\frac{2^{2n+1}(n!)^4}{(2n+1)[(2n)!]^3}f^{(2n)}(\xi),\quad -1<\xi<1.$$

2. Gauss-Chebyshev 求积公式

Chebyshev 多项式定义如下：

$$T_n(x)=\cos(n\arccos x),\quad -1\leqslant x\leqslant 1,$$

$T_n(x)$ 是 $[-1,1]$ 上关于权函数 $\rho(x)=(1-x^2)^{-1/2}$ 的正交多项式, 它的 $n$ 个互异零点是

$$x_k=\cos\left(\frac{2k-1}{2n}\pi\right),\quad k=1,2,\cdots,n.$$

于是, $n$ 点 Gauss-Chebyshev 求积公式为

$$\int_{-1}^{1}\frac{1}{\sqrt{1-x^2}}f(x)\mathrm{d}x\approx\frac{\pi}{n}\sum_{k=1}^{n}f(x_k),\tag{3.30}$$

其中 $x_k=\cos\left(\dfrac{2k-1}{2n}\pi\right)$, $k=1,2,\cdots,n$.

将定理 3.14 具体应用到 (3.30), 可得 $n$ 点 Gauss-Chebyshev 求积公式的误差为

$$E_n[f]=\frac{\pi}{2^{2n-1}(2n)!}f^{(2n)}(\xi),\quad -1<\xi<1.$$

值得注意的是, 运用正交多项式的零点构造 Gauss 求积公式, 这种方法只是针对某些特殊的权函数才有效. 然而构造 Gauss 求积公式的一般方法则是前面介绍过的待定系数法. 下面再举一个例子来具体构造积分公式.

例如, 要构造下列形式的 Gauss 求积公式:

$$\int_0^1\sqrt{x}f(x)\mathrm{d}x\approx A_0f(x_0)+A_1f(x_1).\tag{3.31}$$

令 (3.31) 对 $f(x)=1,x,x^2,x^3$ 精确成立, 得

$$\begin{cases}A_0+A_1=\dfrac{2}{3},\\ A_0x_0+A_1x_1=\dfrac{2}{5},\\ A_0x_0^2+A_1x_1^2=\dfrac{2}{7},\\ A_0x_0^3+A_1x_1^3=\dfrac{2}{9},\end{cases}\tag{3.32}$$

由于

$$A_0x_0+A_1x_1=(A_0+A_1)x_0+A_1(x_1-x_0),$$

利用 (3.32) 的第一式, 可将第二式化为

$$\frac{2}{3}x_0 + (x_1 - x_0)A_1 = \frac{2}{5}.$$

同样利用其他式子可得

$$\frac{2}{5}x_0 + (x_1 - x_0)x_1 A_1 = \frac{2}{7},$$

$$\frac{2}{7}x_0 + (x_1 - x_0)x_1^2 A_1 = \frac{2}{9},$$

从以上三个式子消去 $(x_1 - x_0)A_1$, 有

$$\frac{2}{5}x_0 + \left(\frac{2}{5} - \frac{2}{3}x_0\right) x_1 = \frac{2}{7},$$

$$\frac{2}{7}x_0 + \left(\frac{2}{7} - \frac{2}{5}x_0\right) x_1 = \frac{2}{9},$$

进一步整理得

$$\frac{2}{5}(x_0 + x_1) - \frac{2}{3}x_0 x_1 = \frac{2}{7},$$

$$\frac{2}{7}(x_0 + x_1) - \frac{2}{5}x_0 x_1 = \frac{2}{9}.$$

由此解得

$$x_0 x_1 = \frac{5}{21}, \quad x_0 + x_1 = \frac{10}{9}.$$

从而求得

$$x_0 = 0.821162, \quad x_1 = 0.289949,$$

$$A_0 = 0.389111, \quad A_1 = 0.277556.$$

于是形如 (3.31) 得 Gauss 积分公式是

$$\int_0^1 \sqrt{x} f(x) \mathrm{d}x \approx 0.389111 f(0.821162) + 0.277556 f(0.289949).$$

## 3.8 离散情形的最佳平方逼近与最小二乘法

本节将在内积空间 $\mathbb{R}^n$ 中讨论最佳逼近问题, 即所谓的离散情形的最佳平方逼近问题, 并由此导出数据拟合的最小二乘法.

### 3.8.1　离散情形的最佳平方逼近

任给向量 $X=(x_1,x_2,\cdots,x_n)^{\mathrm{T}}$, $Y=(y_1,y_2,\cdots,y_n)^{\mathrm{T}}\in\mathbb{R}^n$ 及一组权系数 $w_i>0,\ i=1,2,\cdots,n$, 定义相应的内积和范数分别为

$$(X,Y)=\sum_{i=1}^{n}w_ix_iy_i,\quad \|X\|=\sqrt{(X,X)}. \tag{3.33}$$

设 $X_i=(x_{1i},x_{2i},\cdots,x_{ni})^{\mathrm{T}}$, $i=1,2,\cdots,l$, $l\leqslant n$ 为 $\mathbb{R}^n$ 中的一组线性无关向量, $H_l=\operatorname{span}\{X_1,X_2,\cdots,X_l\}$ 为 $\mathbb{R}^n$ 的 $l$ 维子空间, 这时 $H_l$ 中的任意元素

$$X=\sum_{k=1}^{l}c_kX_k.$$

现对 $\mathbb{R}^n$ 中的任意向量 $Y=(y_1,y_2,\cdots,y_n)^{\mathrm{T}}$, 考虑最佳逼近问题：求 $X^*=\sum\limits_{k=1}^{l}c_k^*X_k\in H_l$, 使得

$$\|Y-X^*\|=\inf_{X\in H_l}\|Y-X\|, \tag{3.34}$$

称 $X^*$ 为向量 $Y$ 的离散情形的最佳平方逼近向量.

由式 (3.15) 知, 系数 $\{c_i^*\}_{i=1}^{l}$ 由下面法方程组唯一确定：

$$\sum_{j=1}^{l}(X_i,X_j)c_j^*=(Y,X_i),\quad i=1,2,\ \cdots,l. \tag{3.35}$$

记 $d_i=(Y,X_i)$, $i=1,2,\ \cdots,l$, 则式 (3.35) 的等价矩阵形式为

$$Ac^*=d, \tag{3.36}$$

这里向量 $c^*=(c_1^*,c_2^*,\cdots,c_l^*)^{\mathrm{T}}$, $d=(d_1,d_2,\cdots,d_l)^{\mathrm{T}}$, $l$ 阶方阵 $A=(a_{i,j})_{l\times l}$, 而矩阵元素 $a_{i,j}=(X_i,X_j)$.

称方程组 (3.36) 为离散情况最佳平方逼近问题的法方程组. 由向量系 $X_1$, $X_2,\cdots,X_l$ 的线性无关性, 容易证明系数矩阵 $A$ 是 $l$ 阶对称正定矩阵. 这样可用一些特殊方法对它求解, 进而得到离散意义下的最佳平方逼近向量 $X^*$.

特别地, 当 $l=n$ 时, $H_l=\mathbb{R}^n$. 这时, $Y$ 的最佳平方逼近向量就是它自己, 即

$$X^*=Y. \tag{3.37}$$

可将离散情况的最佳平方逼近应用于求解如下超定方程组 (设 $n>l$)：

$$Ax=b, \tag{3.38}$$

其中, 向量 $x=(x_1,x_2,\cdots,x_l)^{\mathrm{T}}$, $b=(b_1,b_2,\cdots,b_n)^{\mathrm{T}}$, 矩阵 $A=(a_{i,j})_{n\times l}$.

在一般情况下, 线性方程组 (3.38) 可以无解. 因此, 常常需要求它在如下最佳平方逼近意义下的解：

$$\min_{x\in\mathbb{R}^l}\|Ax-b\|, \tag{3.39}$$

这里向量范数由式 (3.33) 定义, 权系数 $w_i(i=1,2,\cdots,n)$ 取为 1.

设矩阵 $A$ 列满秩, 则问题 (3.39) 等价于离散情形的最佳平方逼近问题 (3.34), 其中, $X_j=(a_{1j},a_{2j},\cdots,a_{nj})^{\mathrm{T}}\in\mathbb{R}^n$, $j=1,2,\cdots,l$. 这样, 通过求解法方程组 (3.35) 即可求得问题 (3.39) 的解.

作为离散情况的最佳平方逼近的重要应用, 下面将导出数据拟合的最小二乘法.

### 3.8.2 数据拟合的最小二乘法

在生产实践中, 人们常常需要根据已知观测数据确定不同量之间的关系, 为进一步判断、预测等提供理论依据, 数据拟合的最小二乘法正是解决这个问题的重要方法. 下面首先就两个变量 $y$ 和 $x$ 的情况, 讨论相应的数据拟合问题.

考察变量 $x$ 和 $y$, 通过实验得到它们之间满足一组数据 $(x_i,y_i)$, $i=1,2,\cdots,n$, 希望建立变量 $y$ 和 $x$ 的近似函数关系式, 并称 $y=\phi(x)$ 为相应的数据拟合曲线. 为了建立 $y$ 与 $x$ 的关系, 首先需猜想 $\phi(x)$ 的形式, 或称给出问题的数学模型.

关于数学模型的选取是件不容易的事情, 这主要靠人们对问题所属专业知识的了解来决定. 非专业人员可先用坐标纸描出数据点, 然后按照数据点呈现的分布规律从数学上加以选择.

**例 3.6** 某物质的溶解度 $y$ 和温度 $x$ 的关系经测定满足数据表 3-4, 试建立该问题的数学模型.

**表 3-4**

| $x$ | 8 | 10 | 12 | 16 | 20 | 30 | 40 | 60 | 100 |
|---|---|---|---|---|---|---|---|---|---|
| $y$ | 0.88 | 1.22 | 1.64 | 2.72 | 3.96 | 7.66 | 11.96 | 21.56 | 43.16 |

将 $(x,y)$ 的数据点描在一坐标纸上, 如图 3-6 所示.

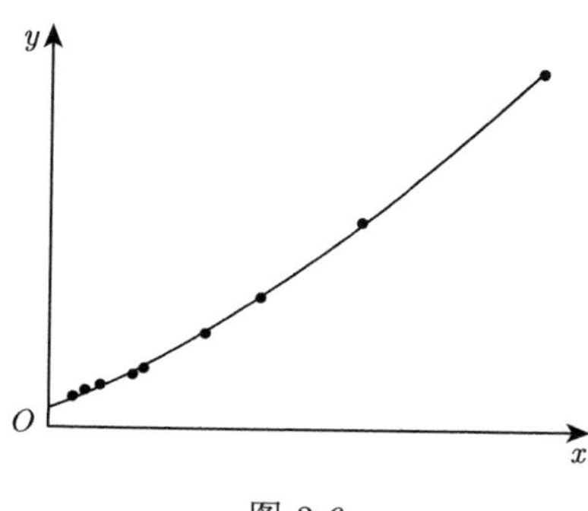


图 3-6

从图中可见, 数据点分布在一抛物线的两侧. 因此, 可以猜测 $y$ 与 $x$ 近似成抛物线关系, 即有 $y=\phi(x)=\alpha_1+\alpha_2x+\alpha_3x^2$, 其中 $\alpha_1,\alpha_2,\alpha_3$ 是待定常数, 这就是该问题的数学模型.

确定了问题的数学模型后, 还需求出 $\phi(x)$ 中的待定常数. 为此, 不妨假设 $\phi(x)$ 与待定常数呈线性关系, 即设它可表示为

$$\phi(x)=\alpha_1\phi_1(x)+\alpha_2\phi_2(x)+\cdots+\alpha_l\phi_l(x),\quad l\leqslant n,$$

其中 $\phi_1(x),\phi_2(x),\cdots,\phi_l(x)$ 是线性无关函数系, $\alpha_i(i=1,2,\cdots,l)$ 为待定常数. 对上例, 函数 $\phi_{i+1}(x)=x^i$, $i=0,\ 1,\ 2$. 记 $\phi(x_i)$ 与实测值 $y_i$ 之间的误差为 $\delta_i=y_i-\phi(x_i),i=1,2,\cdots,n$, 我们希望猜想的数学模型应尽量接近观测数据, 即使得误差带权平方和 $\sum\limits_{i=1}^{n}w_i\delta_i^2$ 越小越好. 这样就导出了如下所谓的线性最小二乘逼近 (拟合) 问题.

求 $\alpha^*=(\alpha_1^*,\alpha_2^*,\cdots,\alpha_l^*)^{\mathrm{T}}$, 使得

$$\sum_{i=1}^{n}w_i[y_i-\phi^*(x_i)]^2=\min_{\alpha\in R^l}\sum_{i=1}^{n}w_i[y_i-\phi(x_i)]^2,\tag{3.40}$$

称 $\phi^*(x)=\sum\limits_{j=1}^{l}\alpha_j^*\phi_j(x)$ 为关于数据 $(x_i,y_i)$, $i=1,2,\cdots,n$, 的最小二乘逼近 (拟合) 函数. 下面讨论如何求解极小问题 (3.40).

记 $n$ 维向量

$$Y=(y_1,y_2,\cdots,y_n)^{\mathrm{T}}\in\mathbb{R}^n,$$

$$\varPhi_j=(\phi_j(x_1),\phi_j(x_2),\cdots,\phi_j(x_n))^{\mathrm{T}}\in\mathbb{R}^n,\quad j=1,2,\cdots,l,$$

再记 $\mathbb{R}^n$ 中的 $l$ 维子空间 $H_l=\mathrm{span}\{\varPhi_1,\varPhi_2,\cdots,\varPhi_l\}$, 则极小问题 (3.40) 等价于离散情况的最佳平方逼近问题 (3.34), 其中, 将向量系 $\{X_i\}_1^l$ 视为 $\{\varPhi_i\}_1^l$, 并将 $c_j,c_j^*$ 视为 $\alpha_j,\alpha_j^*$, $j=1,2,\cdots,l$. 这样, 极小问题 (3.40) 的解可通过求解相应的法方程组 (3.35) 得到.

现在对表 3-4 中的离散数据求最小二乘逼近 $\varPhi(x)$. 这时, 取权系数为 1, 基函数 $\varPhi_{i+1}(x)=x^i,i=0,1,2$, 待定常数 $\alpha^*=(\alpha_1^*,\alpha_2^*,\alpha_3^*)^{\mathrm{T}}$ 由最小二乘问题的法方程组 (3.35) 确定. 经计算可得

$$\alpha_1^*\approx-1.919,\quad \alpha_2^*\approx0.2782,\quad \alpha_3^*\approx0.001739,$$

因此, 溶解度 $y$ 和温度 $x$ 近似满足关系

$$y = -1.919 + 0.2782x + 0.001739x^2,$$

其图形为图 3-6 所示的抛物线.

**注 3.6**　这里是将最小二乘逼近问题化为离散情况的最佳平方逼近问题进行求解的. 实用中, 也可将误差带权平方和 $\sum\limits_{i=1}^{m} w_i\delta_i^2$ 视为待定参数 $\alpha_i(i = 1, 2, \cdots, l)$ 的多元函数, 通过对该多元函数求极小值点, 同样可得极小解 $\alpha^* = (\alpha_1^*, \alpha_2^*, \cdots, \alpha_l^*)$.

上述变量 $y$ 依赖于单个变量 $x$ 的数据拟合问题, 可推广到依赖于多个变量 $x_1, x_2, \cdots, x_m$ 的情形. 这时, 相应的数据拟合问题可描述为：已知一组测量数据 $(x_1^i, x_2^i, \cdots, x_m^i, y_i)$, $i = 1, 2, \cdots, n$, 以及一组权系数 $w_i > 0$, $i = 1, 2, \cdots, n$, 要求用数据拟合的最小二乘法确定变量 $y$ 与变量 $x_1, x_2, \cdots, x_m$ 的关系式, 即求多元函数 $y = \Phi(x_1, x_2, \cdots, x_m)$. 同两个变量的数据拟合的最小二乘法类似, 可分两步实现多个变量的最小二乘数据拟合.

**算法 3.2** (多变量最小二乘拟合算法)

**步骤 1**　建立多个变量数据拟合问题的数学模型, 即确定多元函数 $\Phi(x_1, x_2, \cdots, x_m)$ 所属的有限维函数空间 $\Phi_l$, 不妨记

$$\Phi_l = \mathrm{span}\{\phi_1, \phi_2, \cdots, \phi_l\}, \quad l \leqslant n,$$

这里多元函数系 $\phi_i(x_1, x_2, \cdots, x_m), i = 1, 2, \cdots, l$ 是线性无关函数组.

**步骤 2**　$\alpha = (\alpha_1, \alpha_2, \cdots, \alpha_l)^{\mathrm{T}}$, 求 $\alpha^* = (\alpha_1^*, \alpha_2^*, \cdots, \alpha_l^*)^{\mathrm{T}}$, 使得

$$\sum_{i=1}^{n} w_i[y_i - \phi_i^*]^2 = \min_{\alpha=\mathbb{R}^l} \sum_{i=1}^{n} w_i[y_i - \phi_i]^2, \tag{3.41}$$

这里

$$\phi_i^* := \phi^*(x_1^i, x_2^i, \cdots, x_m^i) = \sum_{k=1}^{l} \alpha_k^* \phi_k(x_1^i, x_2^i, \cdots, x_m^i), \quad i = 1, 2, \cdots, n,$$

$$\phi_i := \phi(x_1^i, x_2^i, \cdots, x_m^i) = \sum_{k=1}^{l} \alpha_k \phi_k(x_1^i, x_2^i, \cdots, x_m^i), \quad i = 1, 2, \cdots, n.$$

称 $\phi^*(x_1, x_2, \cdots, x_m)$ 为关于测量数据 $(x_1^i, x_2^i, \cdots, x_m^i, y_i)$, $i = 1, 2, \cdots, n$ 的最小二乘逼近 (拟合) 函数. 同两个变量的情形完全类似, 多个变量最小二乘问题 (3.41) 等价于离散情况的最佳平方逼近问题 (3.34), 只是法方程组中内积的定义为

$$(\Phi_i, Y) = \sum_{k=1}^{n} w_k y_k \cdot \phi_i(x_1^k,\ x_2^k, \cdots, x_m^k),$$

$$(\Phi_i, \Phi_j) = \sum_{k=1}^{n} w_k \phi_i(x_1^k, x_2^k, \cdots, x_m^k) \cdot \phi_j(x_1^k, x_2^k, \cdots, x_m^k).$$

## 3.9 周期函数的最佳逼近与快速 Fourier 变换

本节主要讨论周期函数的最佳平方逼近、三角多项式插值及快速 Fourier 变换 (FFT) 等内容. FFT 在数字信号处理、光谱分析和科学工程计算等众多领域具有广泛的应用价值, 它被评为 20 世纪十大算法之一.

### 3.9.1 最佳平方逼近三角多项式

首先就连续情况进行讨论. 设 $f(x), g(x)$ 是以 $2\pi$ 为周期的实的平方可积函数, 分别定义相应的内积和范数为

$$(f, g) = \int_0^{2\pi} f(x)g(x)\mathrm{d}x, \quad \|f\| = \sqrt{(f, f)}.$$

选取 $[0, 2\pi]$ 上的逼近函数空间 $X = \mathrm{span}\{\phi_0, \phi_1, \cdots, \phi_{2n}\}$, 其中

$$\phi_0 = \frac{1}{2},\ \phi_{2k} = \cos kx,\ \phi_{2k-1} = \sin kx, \quad k = 1, 2, \cdots, n.$$

容易验证三角多项式函数系 $\{\phi_i\}_{i=0}^{2n}$ 构成内积空间 $X$ 的一组正交基. 于是由 3.5 节可知, 空间 $X$ 关于 $f(x)$ 的最佳平方逼近元素唯一存在, 且可表示成

$$f_n(x) = \frac{a_0}{2} + \sum_{k=1}^{n} (a_k \cos kx + b_k \sin kx),$$

其中

$$a_k = \frac{(f, \phi_{2k})}{(\phi_{2k}, \phi_{2k})} = \frac{1}{\pi}\int_0^{2\pi} f(x)\cos kx\mathrm{d}x, \quad k = 0, 1, \cdots, n,$$

$$b_k = \frac{(f, \phi_{2k-1})}{(\phi_{2k-1}, \phi_{2k-1})} = \frac{1}{\pi}\int_0^{2\pi} f(x)\sin kx\mathrm{d}x, \quad k = 1, 2, \cdots, n.$$

由数学分析中的 Fourier 级数理论知, 最佳平方逼近三角多项式函数 $f_n(x)$ 恰好是 $f(x)$ 的 Fourier 级数的部分和, 而 $a_k, b_k$ 为 Fourier 系数.

由 Fourier 级数的收敛性定理知：若 $f(x)$ 在 $[0, 2\pi]$ 上平方可积, 则 $f_n(x)$ 平方收敛到 $f(x)$, 即 $\lim\limits_{n\to\infty} \|f - f_n\| = 0$.

下面讨论数据拟合的三角多项式最小二乘逼近问题.

记 $\mathbb{C}^n$ 是 $n$ 维复向量空间, 其相应的内积和范数分别被定义为

$$(\beta,\gamma)_{\mathbb{C}^n}=\sum_{k=1}^{n}\beta_k\bar{\gamma}_k,\quad \|\gamma\|_{\mathbb{C}^n}=\left(\sum_{k=1}^{n}|\gamma_k|^2\right)^{1/2},$$

这里 $\beta=(\beta_1,\beta_2,\cdots,\beta_n)^{\mathrm{T}}$, $\gamma=(\gamma_1,\gamma_2,\cdots,\gamma_n)^{\mathrm{T}}\in\mathbb{C}^n$, $\bar{\gamma}_k$ 是 $\gamma_k$ 的共轭复数.

令 $T_m$ 是所有次数不超过 $m-1$ 的复三角多项式全体所构成函数空间, 易知 $\phi_{j+1}(x)=\mathrm{e}^{\mathrm{i}jx},j=0,1,\cdots,m-1$ 构成 $T_m$ 的一个基底.

设 $f(x)$ 是以 $2\pi$ 为周期的复函数, $f_j:=f(x_j)$, $j=1,2,\cdots,n$ 是 $f(x)$ 在 $n$ 个等分点 $x_j=\dfrac{2\pi(j-1)}{n}$ 上的值. 考虑数据拟合的三角多项式最小二乘逼近问题：求 $m-1$ 次复三角多项式 $(m\leqslant n)s^*(x)=\sum\limits_{j=0}^{m-1}\alpha_{j+1}^*\mathrm{e}^{\mathrm{i}jx}$, 使得

$$\sum_{j=1}^{n}|s^*(x_j)-f_j|^2=\min\sum_{j=1}^{n}|s(x_j)-f_j|^2,\tag{3.42}$$

其中 $s(x)=\sum\limits_{j=0}^{m-1}\alpha_{j+1}\mathrm{e}^{\mathrm{i}jx}$ 是任意 $m-1$ 次复三角多项式, $\mathrm{i}=\sqrt{-1}$ 是虚数单位.

称 $s^*(x)$ 为关于数据 $(x_i,f_i)$, $i=1,2,\cdots,n$, 的最小二乘逼近 (拟合) $m-1$ 次三角多项式.

记 $m$ 维复向量

$$\Lambda^*=(\alpha_1^*,\alpha_2^*,\cdots,\alpha_m^*)^{\mathrm{T}},\quad \Lambda=(\alpha_1,\alpha_2,\cdots,\alpha_m)^{\mathrm{T}},$$

它们对应的复三角多项式分别为 $s^*(x)=\sum\limits_{j=0}^{m-1}\alpha_{j+1}^*\mathrm{e}^{\mathrm{i}jx}$ 和 $s(x)=\sum\limits_{j=0}^{m-1}\alpha_{j+1}\mathrm{e}^{\mathrm{i}jx}$, 这两个复三角多项式在 $x_i(i=1,2,\cdots,n)$ 处的值所构成的 $n$ 维复向量记为

$$S^*=(s^*(x_1),s^*(x_2),\cdots,s^*(x_n))^{\mathrm{T}},\quad S=(s(x_1),s(x_2),\cdots,s(x_n))^{\mathrm{T}},$$

则极小问题 (3.42) 等价于如下极小问题：求 $\Lambda^*\in\mathbb{C}^m$, 使得

$$\|F-S^*\|_{\mathbb{C}^n}=\min_{\Lambda\in C^m}\|F-S\|_{\mathbb{C}^n},\tag{3.43}$$

其中 $n$ 维复向量 $F=(f_1,f_2,\cdots,f_n)^{\mathrm{T}}$.

与问题 (3.40) 完全类似, 极小问题 (3.42) 或 (3.43) 的解可通过求解相应的法方程组 (3.35) 得到, 这里的内积是指复向量空间的内积, $l:=m$, $c_j^*:=\alpha_j^*$, $j=$

$1, 2, \cdots, m$, $Y = (f_1, f_2, \cdots, f_n)^{\mathrm{T}}$, 而复向量 (它是空间 $T_m$ 的第 $j$ 个基函数在 $n$ 个样本点上的值所构成的向量)

$$\begin{aligned} X_j &= (\phi_j(x_1), \phi_j(x_2), \cdots, \phi_j(x_n))^{\mathrm{T}} \\ &= (\mathrm{e}^{\mathrm{i}(j-1)x_1}, \mathrm{e}^{\mathrm{i}(j-1)x_2}, \cdots, \mathrm{e}^{\mathrm{i}(j-1)x_n})^{\mathrm{T}}, \quad j = 1, 2, \cdots, m. \end{aligned}$$

可以验证复向量系 $\{X_j\}_1^m$ 构成了内积空间 $\mathbb{C}^n$ 下的正交向量系, 即

$$(X_j, X_l)_{\mathbb{C}^n} = \sum_{k=1}^{n} \mathrm{e}^{\mathrm{i}(j-l)x_k} = \sum_{k=0}^{n-1} \mathrm{e}^{\mathrm{i}(j-l)2\pi k/n} = \begin{cases} 0, & j \neq l, \\ n, & j = l. \end{cases} \tag{3.44}$$

由此可知, 法方程组的系数矩阵为对角矩阵, 因此容易求得复向量 $\Lambda^*$, 其中

$$\alpha_l^* = \frac{1}{n}(Y, X_l)_{\mathbb{C}^n} = \frac{1}{n}\sum_{k=0}^{n-1} f_{k+1}\mathrm{e}^{-\mathrm{i}(l-1)2\pi k/n}, \quad l = 1, 2, \cdots, m. \tag{3.45}$$

特别地, 当 $m = n$ 时, 由式 (3.37) 知: $S^* = Y$, 它等价于 $s^*(x_j) = f_j$, $j = 1, 2, \cdots, n$, 即

$$f_j = \sum_{k=0}^{n-1} \alpha_{k+1}^* \mathrm{e}^{\mathrm{i}k2\pi(j-1)/n}, \quad j = 1, 2, \cdots, n, \tag{3.46}$$

这时称 $s^*(x)$ 为 $f(x)$ 的 $n-1$ 次插值三角多项式.

下面将插值三角多项式的系数和样本值与离散 Fourier 变换 (discrete Fourier transform, DFT) 和离散 Fourier 逆变换建立联系.

给定向量 $a = (a_0, a_1, \cdots, a_{N-1})^{\mathrm{T}} \in \mathbb{C}^N$, 定义其 DFT 为

$$\hat{a} = (\hat{a}_0, \hat{a}_1, \cdots, \hat{a}_{N-1})^{\mathrm{T}} \in \mathbb{C}^N,$$

其中

$$\hat{a}_j = \sum_{k=0}^{N-1} a_k \mathrm{e}^{-2\pi\mathrm{i}jk/N}, \quad j = 0, 1, \cdots, N-1. \tag{3.47}$$

利用式 (3.47) 和 (3.44), 容易证得向量 $a$ 可由向量 $\hat{a}$ 表示为

$$a_j = \frac{1}{N}\sum_{k=0}^{N-1} \hat{a}_k \mathrm{e}^{2\pi\mathrm{i}jk/N}, \quad j = 0, 1, \cdots, N-1. \tag{3.48}$$

称 (3.48) 为 (3.47) 的离散 Fourier 逆变换. 易知: 如果令 $N = n$, $a_l := \dfrac{1}{N}f_{l+1}$, $\hat{a}_l := \alpha_{l+1}^*, l = 0, 1, \cdots, N-1$, 则 (3.47) 和 (3.48) 分别与 (3.45) ($m = n$ 时) 和 (3.46) 是一致的.

DFT 是利用计算机进行 Fourier 分析的主要方法. 下面讨论它的计算问题.

### 3.9.2 快速 Fourier 变换

不失一般性, 仅讨论式 (3.47) 的计算问题. 这时若记 $w=\mathrm{e}^{-\mathrm{i}2\pi/N}$, 则有

$$\hat{a}_j=\sum_{k=0}^{N-1}a_kw^{jk},\quad j=0,1,\cdots,N-1. \tag{3.49}$$

首先分析求解 $\{\hat{a}_j\}$ 的运算量. 由式 (3.49) 知, 为了求 DFT $\hat{a}$, 需要求 $N$ 个和式, 每个和式由 $N$ 项构成, 而每项又涉及一个乘法运算. 设作一次四则运算为一次操作. 若不考虑求 $w^{kj}$ 的计算量 (因为 $w^{kj}$ 只与 $N$ 有关, 并不依赖于具体的数据 $a$, 所以可预先算好), 则求解 $\{\hat{a}_j\}$ 共需 $N^2$ 次操作. 当 $N$ 很大时, 运算量相当大, 即使用高速计算机, 也需花费大量的时间. 正因为如此, 在相当长的时间内, 用数值手段进行 Fourier 分析没有得到广泛应用. 直到 20 世纪 60 年代出现了 FFT 后, 才使得该问题得到彻底的解决. 下面介绍 FFT 算法.

1. FFT 的基本思想

不妨设 $N$ 为偶数. 首先我们发现可以将运算规模为 $N$ 的 DFT 问题 (3.49) 递归地化为 2 个运算规模为 $N/2$ 的 DFT 问题. 事实上, 利用 $w^{kN}=1$, $k$ 为整数, 则按奇、偶下标的不同, 有

$$\begin{aligned}\hat{a}_{2k}&=\sum_{l=0}^{N-1}a_l\cdot\mathrm{e}^{-\mathrm{i}\frac{2\pi}{N}\cdot 2kl}=\sum_{l=0}^{N-1}a_l\cdot\mathrm{e}^{-\mathrm{i}\frac{2\pi}{N/2}\cdot kl}\\&=\sum_{l=0}^{N/2-1}a_l\cdot\mathrm{e}^{-\mathrm{i}\frac{2\pi}{N/2}kl}+\sum_{l=N/2}^{N-1}a_l\cdot\mathrm{e}^{-\mathrm{i}\frac{2\pi}{N/2}kl}\\&=\sum_{l=0}^{N/2-1}(a_l+a_{l+N/2})\cdot\mathrm{e}^{-\mathrm{i}\frac{2\pi}{N/2}\cdot kl},\end{aligned}$$

经过同样的分析, 并利用 $w^{N/2}=-1$, 可得

$$\hat{a}_{2k+1}=\sum_{l=0}^{N/2-1}\left[(a_l-a_{l+N/2})\cdot\mathrm{e}^{-\mathrm{i}\frac{2\pi}{N}l}\right]\cdot\mathrm{e}^{-\mathrm{i}\frac{2\pi}{N/2}\cdot kl}.$$

若令 $d_k=\hat{a}_{2k}$, $e_k=\hat{a}_{2k+1}$, $k=0,1,\cdots,N/2-1$, 则 (3.49) 可等价于下面两个运算规模为 $M=N/2$ 的 DFT 问题:

$$d_k=\sum_{l=0}^{M-1}a_{1l}\cdot\mathrm{e}^{-\mathrm{i}\frac{2\pi}{M}\cdot kl}, \tag{3.50}$$

$$e_k=\sum_{l=0}^{M-1}a_{2l}\cdot\mathrm{e}^{-\mathrm{i}\frac{2\pi}{M}kl},\quad k=0,1,\cdots,M-1, \tag{3.51}$$

其中相应的 DFT 系数为

$$a_{1l} = a_l + a_{l+N/2},\ a_{2l} = (a_l - a_{l+N/2})w^l, \quad l = 0, 1, \cdots, M-1. \tag{3.52}$$

易知, 求 $a_{1l}$, $a_{2l}(l = 0, 1, \cdots, M-1)$ 所需要的乘法和加减法次数分别为 $N/2$ 和 $N$, 即通过一个运算量为 $O(N)(=3N/2)$ 的转换过程, 就将一运算规模为 $N$ 的 DFT 问题 (3.49) 递归地化成了两个规模均为 $N/2$ 的 DFT 问题 (3.50) 和(3.52).

重复此过程, 对 $N = 2^m$, 只需作 $m$ 步, 就可得到 $N$ 个规模为 1 的 DFT 问题, 且相应的 DFT 系数就是所要求的 DFT 问题 (3.49) 的解, 这就是 FFT 算法的基本思想.

现在来分析一下应用 FFT 算法作 DFT 计算时的工作量. 分别记 $M(n)$ 和 $A(n)$ 为利用 FFT 算法求解运算规模为 $n$ 的 DFT 问题所需花费的乘法和加减法次数. 由式 (3.52), 可推得如下递推关系:

$$M(n) = 2 \cdot M\left(\frac{n}{2}\right) + \frac{n}{2}, \quad A(n) = 2 \cdot A\left(\frac{n}{2}\right) + n, \tag{3.53}$$

由 (3.53) 第一式, 并注意 $m = \log_2 N$, 有

$$\begin{aligned} M(N) &= 2 \cdot M\left(\frac{N}{2}\right) + \frac{N}{2} \\ &= 2^2 \cdot M\left(\frac{N}{2^2}\right) + 2 \cdot \frac{N}{2} \\ &= \cdots = 2^m M(1) + m \cdot \frac{N}{2} \\ &= O(N \cdot \log_2 N). \end{aligned}$$

同理, 由 (3.53) 的第二式也可得到 $A(N) = O(N \cdot \log_2 N)$. 由此可知, FFT 算法的运算量为 $O(N \cdot \log_2 N)$, 从而大大节省了计算 DFT 所需的工作量.

2. FFT 算法的实现

通过观察运算规模为 $N/2$ 的 DFT 问题的系数计算公式 (3.52), 我们发现, 对每个固定的 $l$, 由于运算规模为 $N$ 的 DFT 问题的系数 $a_l, a_{l+N/2}$ 在求得系数 $a_{1l}, a_{2l}$ 后就不需要使用了. 因此可将系数 $a_{1l}, a_{2l}$ 分别存放在系数 $a_l$ 和 $a_{l+N/2}$ 所占用的存储单元中. 这样, 新产生的两个运算规模为 $N/2$ 的 DFT 问题的系数序列将分别存放在运算规模为 $N$ 的 DFT 问题的系数序列所占用的连续存储单元的前半段和后半段. 实际编程时, 只需引入一个辅助变量 $y$ 及一个数组 $\{\hat{a}(n)\}_0^{N-1}$, 即可实现 FFT 算法.

**算法 3.3** (FFT) 设 $N = 2^m$, $\{a(n)\}_0^{N-1}$ 是 DFT 问题 (3.48) 的已知复数序列.

**步骤 1** 初始化数组 $\{\hat{a}(n)\}_0^{N-1}$, 及整型变量 $S$(表示当前所需计算的 DFT 问题的运算规模).

$$\hat{a}(n) := a(n),\ n = 0, 1, \cdots, N-1, \quad S := N.$$

**步骤 2** 若 $S = 1$, 则转到步骤 3; 否则, 令整型变量 $T = N/S$(表示当前有多少个运算规模为 $S$ 的 DFT 问题需要计算). 由上述存储分析知, 第 $k(1 \leqslant k \leqslant T)$ 个运算规模为 $S$ 的 DFT 问题的系数序列存放在数组 $\{\hat{a}(n)\}_0^{N-1}$ 的第 $k$ 个子段 $\{\hat{a}(l) : l = (k-1)S, \cdots, kS-1\}$ 中. 而由该系数序列按公式 (3.52) 可生成两个运算规模为 $S/2$ 的 DFT 问题的系数序列, 它们分别存放在数组 $\hat{a}$ 的上述子段的前半段和后半段. 即对 $l = (k-1)S, \cdots, (k-1)S + S/2 - 1$, 作

$$y := \hat{a}(l), \quad \hat{a}(l) := y + \hat{a}(l + S/2),$$

$$\hat{a}(l + S/2) := (y - \hat{a}(l + S/2))\mathrm{e}^{-\mathrm{i}2\pi l/S},$$

令 $S := S/2$, 并转入步骤 2.

**步骤 3** 将数组 $\{\hat{a}(n)\}_0^{N-1}$, 按二进制意义下的逆序输出, 就是问题 (3.49) 的解序列.

在步骤 3 中, 我们用到了由步骤 2 所得到的 $N$ 个规模为 1 的 DFT 系数序列就是所要计算的 DFT 解序列在二进制意义下的逆序这一事实. 下面通过一具体实例说明这一重要事实的正确性.

以 $N = 2^3 = 8$ 为例说明上述 FFT 算法的实现过程. 为此, 将下标值用二进制数表示. 这时对任给 $k = 0, 1, \cdots, N-1$(十进制数), 有

$$k = k_2 2^2 + k_1 2^1 + k_0 2^0 := (k_2 k_1 k_0),$$

即 $\hat{a}(k) := \hat{a}(k_2 k_1 k_0)$, $k_i$ 取 0 或 1, $i = 0, 1, 2$. 设 $\{\hat{a}(n)\}_0^7$ 是用于存放 FFT 执行过程中的 DFT 系数序列的数组, 则上述 FFT 算法可由以下 4 步完成:

**算法 3.4** (FFT) 设 $N = 8$, $\{a(n)\}_0^{N-1}$ 是 DFT 问题 (3.48) 的已知复数序列.

**步骤 1** $\hat{a}(k_2 k_1 k_0) := a(k_2 k_1 k_0)$, $k_j = 0, 1$, $j = 0, 1, 2$; $S := 8$.

**步骤 2** 对上述规模为 $S = 8$ 的 DFT 系数序列 $\hat{a}(k_2 k_1 k_0)$, 由循环

$$\begin{aligned}
\text{for} \quad & k_0, k_1 = 0, 1, \quad \text{do} \\
& y := \hat{a}(0k_1k_0), \quad \hat{a}(0k_1k_0) := y + \hat{a}(1k_1k_0), \\
& \hat{a}(1k_1k_0) := (y - \hat{a}(1k_1k_0))\mathrm{e}^{-\mathrm{i}2\pi(0k_1k_0)/S}
\end{aligned}$$

生成 $T(=2)$ 个规模为 $S/2(=4)$ 的 DFT 系数序列, 它们分别被存放在数组 $\hat{a}$ 的前半段和后半段中.

由递推公式 (3.50) 和 (3.51) 的建立过程知, 这两个规模为 4 的 DFT 问题的系数序列 $\{\hat{a}(j_0k_1k_0), k_0,\ k_1=0,1\}$, $j_0=0,1$, 实际占用的是所需求解的解序列 $\{\hat{a}(k_1k_0j_0),\ k_0,\ k_1=0,1\}$, $j_0=0,1$, 应存放的存储单元.

**步骤 3**　重复步骤 2 的做法, 对上述两个规模为 $S:=S/2(=4)$ 的 DFT 问题的系数序列, 由循环

$$\begin{aligned}&\text{for}\quad j_0=0,1,\quad \text{do}\\&\qquad \text{for}\quad k_0=0,1,\quad \text{do}\\&\qquad\qquad y:=\hat{a}(j_00k_0),\quad \hat{a}(j_00k_0):=y+\hat{a}(j_01k_0),\\&\qquad\qquad \hat{a}(j_01k_0):=(y-\hat{a}(j_01k_0))\mathrm{e}^{-\mathrm{i}2\pi(j_00k_0)/S}\end{aligned}$$

生成 $2^2$ 个规模为 $S/2(=2)$ 的 DFT 问题的系数序列. 这 4 个规模为 2 的 DFT 系数序列 $\{\hat{a}(j_0j_1k_0), k_0=0,1\}$, $j_0,j_1=0,1$, 实际占用的是所需求解的 DFT 解序列 $\{\hat{a}(k_0j_1j_0), k_0=0,1\}$, 应存放的存储单元.

**步骤 4**　重复步骤 3 的做法, 对上述 4 个规模为 $S:=S/2(=2)$ 的 DFT 系数序列, 由循环

$$\begin{aligned}&\text{for}\quad j_0,j_1=0,1,\quad \text{do}\\&\qquad y:=\hat{a}(j_0j_10),\quad \hat{a}(j_0j_10):=y+\hat{a}(j_0j_11),\\&\qquad \hat{a}(j_0j_11):=(y-\hat{a}(j_0j_11))\mathrm{e}^{-\mathrm{i}2\pi(j_0j_10)/S}=y-\hat{a}(j_0j_11)\end{aligned}$$

生成 $2^3$ 个规模为 1 的 DFT 系数序列.

这时, 这 8 个规模为 1 的 DFT 系数序列 $\hat{a}(j_0j_1j_2)$, $j_0,j_1,j_2=0,1$, 占用的是所需求解的 DFT 解序列 $\{\hat{a}(j_2j_1j_0)\}$, $j_0,j_1,j_2=0,1$, 应存放的存储单元, 即输出序列 $\{\hat{a}(j_2j_1j_0)\}, j_0,j_1,j_2=0,1$, 构成了所需求解序列在二进制意义的逆序.

**注 3.7**　上面是在运算规模 $N=2^m$ 的假设下推导出 FFT 算法的. 该思想可用于构造一般 $N=r^m$($r$ 为大于 1 的整数) 的 FFT 算法, 其中的关键问题仍是如何将规模为 $N$ 的 DFT 问题递归地化为若干个小规模的 DFT 问题. 这时可将序列的下标值分成 $r$ 组, 经与 $r=2$ 的情形类似的讨论, 将规模为 $N$ 的 DFT 问题递推地化为 $r$ 个规模为 $N/r$ 的 DFT 子问题, 从而建立所谓以 $r$ 为底的 FFT 算法. 限于篇幅, 这里就不作详细介绍了.

## 习　题　3

3.1　证明：若 $E$ 为狭义线性赋范空间, $M$ 为 $E$ 的有限维子空间, 则对 $\forall f\in E, f\notin M$, 在 $M$ 中存在唯一的元素 $f$ 的最佳逼近元素.

3.2　设 $f(x),g(x)\in C^1[a,b]$, 定义 $(f,g)=\displaystyle\int_a^b f'(x)g'(x)\mathrm{d}x$, 问 $(\cdot,\cdot)$ 是否为内积？令空间

$$C_0^1[a,b]=\{f(x)|f(a)=0,f(x)\in C^1[a,b]\},$$

若将 $f,g$ 限制在子空间 $C_0^1[a,b]$ 中, 上述 $(\cdot,\cdot)$ 是否构成内积.

3.3 设 $A$ 为任意的 $n$ 阶实对称正定矩阵, $\mathbb{R}^n$ 为 $n$ 维实向量空间, 对 $\forall x,y\in\mathbb{R}^n$, 试证明定义式

$$(x,y)_A=(Ax,y)$$

为 $\mathbb{R}^n$ 的一个内积 (称为 $A$ 内积).

3.4 设 $f(x)\in C[0,1]$, 相应的 $n$ 次 Bernstein(伯恩斯坦) 多项式定义为

$$B_n(x)=\sum_{k=0}^{n}\binom{k}{n}f\left(\frac{k}{n}\right)x^k(1-x)^{n-k},$$

其中 $\binom{k}{n}=\dfrac{n!}{k!(n-k)!}$. 证明: $B_nf\to f$, 对 $f(x)=1$, $x$ 和 $x^2$ 成立.

3.5 设 $f(x)\in C^2[a,b], f''(x)\neq 0$. 若设 $f(x)$ 在 $[a,b]$ 上的一次最佳一致逼近多项式为 $p_1(x)=\alpha_0+\alpha_1x$.

(1) 求证: $\alpha_1=f'(c)=\dfrac{f(b)-f(a)}{b-a}$, $\alpha_0=\dfrac{f(a)+f(c)}{2}-\dfrac{f(b)-f(a)}{b-a}\cdot\dfrac{a+c}{2}$;

(2) 利用 (1) 的结论, 求 $f(x)=\cos x$, 在 $[0,\pi/2]$ 上的一次最佳一致逼近多项式, 并估计误差.

3.6 选取常数 $\alpha$, 使 $\max\limits_{0\leqslant x\leqslant 1}|x^2-\alpha x|$ 达到极小, 又问该解是否唯一.

3.7 证明: $f(x)$ 的 $n$ 次最佳一致逼近多项式也是它的插值多项式.

3.8 设 $f(x)\in C[a,b]$, 求 $f(x)$ 的零次最佳一致逼近多项式.

3.9 求多项式 $f(x)=6x^3+3x^2+x+4$, 在 $[-1,1]$ 上的二次最佳一致逼近多项式.

3.10 设 $f(x)\in C[-a,a]$, $p_n(x)\in P_n$ 是 $f(x)$ 的 $n$ 次最佳一致逼近多项式, 证明: 当 $f(x)$ 是偶 (奇) 函数时, $p_n(x)$ 亦是偶 (奇) 函数.

3.11 利用 Remes 算法计算函数 $f(x)=\sin\pi x$ 在区间 $[0,1]$ 上的二次最佳一致逼近多项式 $p_2(x)$ (要求精度为 0.0005).

3.12 求函数 $f(x)=\cos\pi x, x\in[0,1]$ 的一次和二次最佳平方逼近多项式.

3.13 证明法方程组 (3.15) 的系数矩阵 $G$ 是正定矩阵.

3.14 设 $g_l(x)$ 是 $[a,b]$ 上带权 $\rho(x)$ 的 $l$ 次正交多项式, $p_k(x)$ 为任意 $k$ 次代数多项式, 证明: $(p_k,g_l)=0, k<l$.

3.15 设 $\rho(x)=1$, 试证 Legendre 多项式 $\{l_i(x)\}_0^n$,

$$l_k(x)=\frac{1}{2^kk!}\cdot\sqrt{\frac{2k+1}{2}}\cdot\frac{\mathrm{d}^k}{\mathrm{d}x^k}[(x^2-1)^k],\quad k=0,1,\cdots,n$$

为 $[-1,1]$ 上 $P_n$ 的正规正交基.

3.16 设 $\{g_l(x)\}_{l=0}^n$ 为带权正交多项式系, 证明: 对 $l\geqslant 1$, 多项式 $g_l(x)$ 和 $g_{l+1}(x)$ 的零点必交错.

3.17 试利用 Gram-Schmidt 正交化方法, 求 $[0,1]$ 上带权 $\sqrt{x}$ 的三次正交多项式系, 并利用它求 $f(x)=\cos x$ 带权 $\sqrt{x}$ 的最佳三次平方逼近多项式.

3.18 证明定理 3.10.

3.19 证明: Chebyshev 多项式满足关系式:

$$T_{n+m}(x)+T_{n-m}(x)=2T_n(x)T_m(x),\quad n\geqslant m.$$

3.20 求函数 $f(x)=\cos\frac{\pi}{2}x$ 在 $[-1,1]$ 上关于权函数 $(1-x^2)^{-1/2}$ 的三次最佳平方逼近多项式.

3.21 设 $f(x)\in C[a,b], M_n=\max\limits_{a\leqslant x\leqslant b}|f^{(n)}(x)|$, 若取

$$x_k=\frac{a+b}{2}+\frac{b-a}{2}\cos\frac{2k-1}{2n}\pi,\quad k=1,2,\cdots,n$$

作节点, 证明 Lagrange 插值余项有估计式:

$$\max_{a\leqslant x\leqslant b}|R(x)|\leqslant\frac{M_n}{n!}\frac{(b-a)^n}{2^{2n-1}}.$$

3.22 用最小二乘法, 求拟合下列数据的一次和二次多项式. 哪个多项式逼近得更好.

| $x_i$ | 0 | 0.15 | 0.31 | 0.5 | 0.6 | 0.75 |
|---|---|---|---|---|---|---|
| $y_i$ | 1.0 | 1.004 | 1.031 | 1.117 | 1.223 | 1.422 |

3.23 证明: (1) $l$ 阶线性代数方程组 (3.35) 的系数矩阵 $A$ 是对称正定矩阵; (2) 当 $l=n$ 时, 向量 $Y$ 的离散情况的最佳平方逼近向量 $X^*$ 就是 $Y$ 本身, 即 (3.36) 成立.

3.24 对给定数据表, 确定数据拟合曲线 $y=a\mathrm{e}^{bx}$, 并利用它修正表中的数据.

| $x_i$ | 1.0 | 1.25 | 1.50 | 1.75 | 2.00 |
|---|---|---|---|---|---|
| $y_i$ | 5.10 | 5.79 | 6.53 | 7.45 | 8.48 |

3.25 求 $\alpha$ 值, 使 $\int_0^1|\mathrm{e}^x-\alpha|\mathrm{d}x$ 达到极小, 并求极小值.

3.26 利用离散情况的最佳平方逼近, 求解如下超定方程组:

$$\begin{cases}2x_1+x_2=3,\\ x_1+4x_2+x_3=5,\\ x_1+3x_3=4,\\ x_2+6x_3=8.\end{cases}$$

3.27 证明: 中矩形公式的 Peano(佩亚诺) 核误差公式为

$$\int_0^h f(x)\mathrm{d}x-hf\left(\frac{h}{2}\right)=\int_0^h k(t)f''(t)\mathrm{d}t,$$

其中

$$k(t)=\begin{cases}t^2/2, & 0\leqslant t\leqslant h/2,\\ (h-t)^2/2, & h/2\leqslant t\leqslant h,\end{cases}$$

并由此导出误差形式

$$\int_0^h f(x)\mathrm{d}x=h\cdot f\left(\frac{h}{2}\right)+\frac{h^3}{24}f''(\xi),\quad \xi\in[0,h].$$

3.28 导出

$$I(f)=\int_0^1 f(x)\ln\left(\frac{1}{x}\right)\mathrm{d}x$$

的两点 Gauss 求积公式, 其中权函数为 $w(x)=\ln(1/x)$.

3.29 记 $I_n(f)$ 为求积分 $I(f)=\int_{-1}^1 f(x)\mathrm{d}x$ 的 $n$ 点 Gauss-Legendre 公式. 证明：对任何连续函数 $f(x)$, 当 $n\to\infty$ 时, $I_n(f)\to I(f)$.

提示：利用函数逼近的 Weierstrass 定理及 Gauss 型求积公式中求积系数的正性.

3.30 建立 Gauss 型求积公式：$\int_0^1 \frac{f(x)}{\sqrt{x}}\mathrm{d}x\approx A_1f(x_1)+A_2f(x_2)$.

3.31 编写 FFT 算法程序, 并利用该程序求解如下 DFT 问题：

$$c_l=\sum_{k=0}^{7}x_kw^{kl},\quad l=0,1,2,\dots,N-1,$$

这里, $w=\mathrm{e}^{-\mathrm{i}\frac{2\pi}{N}}, N=8$, 而 DFT 系数序列：

$$\{x_k\}=\{9,7,5,3,1,4,6,8\}.$$

3.32 设 $N=3^m$, 试建立 DFT 问题 (3.47) 的 FFT 算法相应的递推公式.

思维导图3

# 第 4 章 线性代数方程组求解

许多数学物理问题的数学模型最终都要归结为求解线性代数方程组的问题. 因此, 如何快速、有效地求解线性代数方程组是科学工程计算的核心问题之一.

考虑如下线性代数方程组:

$$Ax = b,$$

其中 $A$ 为 $n$ 阶实矩阵, $b$ 为 $n$ 维给定向量, $x$ 为未知向量. 我们知道, 在系数矩阵行列式不为零的情况下, 方程组的解总是存在唯一, 并且可以用 Cramer(克拉默)法则获得方程组的解. 然而在方程组的阶数很高的情况下, 由于 Cramer 法则的运算量巨大 (数量级为 $O(n!)$), 不便使用.

本章主要讨论求解线性代数方程组的直接方法和迭代方法. 直接法是指在没有舍入误差的情况下经过有限次运算可求得方程组的精确解的方法; 迭代法则是采取逐次逼近的方法, 即从一个初始近似解出发, 按某种迭代格式, 逐步地向前推进, 使其近似解逐步地接近精确解, 直到满足精度要求为止. 随着现代科学技术的发展, 科学工程计算的规模越来越趋向于大规模化. 我们通常以运算量和存储量为标志来判断一个算法的优劣, 在这个标准下, 对于大规模稀疏线性代数方程组的数值求解, 迭代法比直接法要有优势.

在本章的最后, 还将介绍共轭梯度法和预条件共轭梯度法, 前者是一种基于变分原理的方法, 后者 (预条件方法) 是当前求解线性代数方程组的一种重要的迭代加速方法, 具有广泛的应用价值.

## 4.1 预 备 知 识

为了便于描述、设计和分析求解线性代数方程组的求解方法, 本节将引入关于 $n$ 维实向量空间 $\mathbb{R}^n$ 和 $n$ 维实矩阵的一些基本概念和记号. 这些内容, 不难推广到复向量和复矩阵情形.

### 4.1.1 向量空间及相关概念和记号

1. 向量序列的收敛问题

在第 1 章讨论向量范数概念的基础上, 我们在这里讨论 $\mathbb{R}^n$ 中向量序列的收敛问题. 设 $x^{(k)} \in \mathbb{R}^n, k = 1, 2, \cdots$ 为 $\mathbb{R}^n$ 中的一个给定向量序列

$$x^{(k)} = (x_1^{(k)}, x_2^{(k)}, \cdots, x_n^{(k)})^{\mathrm{T}}.$$

若 $\lim\limits_{k\to\infty} x_i^{(k)} = x_i,\ i=1,2,\cdots,n$, 则称向量序列 $\{x^{(k)}\}$ 收敛于向量 $x=(x_1, x_2,\cdots,x_n)^{\mathrm{T}}$.

容易证明, 当 $k\to\infty$ 时, $x_k\to x$ 的充要条件为

$$\lim_{k\to\infty}\left\|x^{(k)}-x\right\|_\infty = 0.$$

事实上, 由于

$$\left\|x^{(k)}-x\right\|_\infty = \max\{|x_1^{(k)}-x_1|,|x_2^{(k)}-x_2|,\cdots,|x_n^{(k)}-x_n|\},$$

从而当 $k\to\infty$ 时, $x^{(k)}\to x$ 与 $\left\|x^{(k)}-x\right\|_\infty\to 0$ 等价.

由此, 并利用向量范数的等价性, 有以下定理.

**定理 4.1** 设 $\|\cdot\|$ 为 $\mathbb{R}^n$ 中的任一种范数, 则序列 $\{x^{(k)}\}$ 收敛于 $x\in\mathbb{R}^n$ 的充分必要条件为

$$\left\|x^{(k)}-x\right\|\to 0,\quad k\to\infty \text{ 时}.$$

2. Krylov 子空间

给定向量 $r_0$ 和矩阵 $A$, 我们称由向量 $r_0, Ar_0, A^2r_0,\cdots,A^{k-1}r_0$ 张成的线性子空间为关于 $r_0$ 和 $A$ 的 $k$ 维 Krylov(克雷洛夫) 子空间, 记为 $K(A,r_0,k)$, 即

$$K(A,r_0,k)=\mathrm{span}\left\{r_0, Ar_0, A^2r_0,\cdots,A^{k-1}r_0\right\}.$$

Krylov 子空间是投影类方法中的一个很重要的概念.

### 4.1.2 矩阵的一些相关概念及记号

1. 矩阵的范数

设 $\mathbb{R}^{n\times n}$ 表示所有的 $n$ 阶实方阵的集合, 利用 $\mathbb{R}^n$ 上的向量范数, 可以自然地定义一种矩阵范数.

**定义 4.1** 若 $\|\cdot\|$ 是 $\mathbb{R}^n$ 上任意范数, 则对任一 $A\in\mathbb{R}^{n\times n}$,

$$\|A\| = \max_{x\neq 0}\frac{\|Ax\|}{\|x\|} = \max_{\|x\|=1}\|Ax\| \tag{4.1}$$

称为 $A$ 的由向量范数 $\|\cdot\|$ 导出的矩阵范数, 简称 $A$ 的从属范数.

**定理 4.2** 矩阵的从属范数具有下列基本性质:

(1) $\|A\|\geqslant 0$, 当且仅当 $A=0$ 时, $\|A\|=0$;

(2) $\|\alpha A\| = |\alpha|\cdot\|A\|, \forall\alpha\in\mathbb{R}$;

(3) $\|A+B\|\leqslant\|A\|+\|B\|, \forall A,B\in\mathbb{R}^{n\times n}$;

(4) $\|Ax\| \leqslant \|A\| \cdot \|x\|, \forall x \in \mathbb{R}^n$;

(5) $\|AB\| \leqslant \|A\| \cdot \|B\|, \forall A, B \in \mathbb{R}^{n\times n}$.

**证明** 由从属范数的定义式 (4.1) 及一般范数的定义式 (见 1.5 节), 容易推出性质 (1)~(4), 下面证明性质 (5) 成立. 事实上, 由性质 (4) 可得

$$\begin{aligned}\|AB\| &= \max_{\|x\|=1} \|ABx\| = \max_{\|x\|=1} \|A(Bx)\| \\ &\leqslant \|A\| \cdot \max_{\|x\|=1} \|Bx\| = \|A\| \cdot \|B\|.\end{aligned}$$

□

定理 4.2 中的性质 (1)~(3) 是一般范数所满足的基本性质, 性质 (4)、(5) 称为相容性条件, 一般矩阵范数并不一定满足该条件. 除了矩阵的从属范数, 还可以定义其他满足相容性条件的矩阵范数. 例如 (见习题 4.2), 矩阵 $A = (a_{ij})_{n\times n}$ 的 Frobenius(弗罗贝尼乌斯) 范数 (F 范数)

$$\|A\|_F = \left[\sum_{i=1}^n \sum_{j=1}^n a_{ij}^2\right]^{1/2}$$

就满足相容性条件.

分别记从属于三种重要的向量范数 $\|\cdot\|_p, p = 1, 2, \infty$ 的矩阵范数为 $\|\cdot\|_p, p = 1, 2, \infty$, 现在给出这三种从属范数的计算公式.

(1) $\|A\|_1 = \max\limits_j \sum\limits_{i=1}^n |a_{ij}|$ (列和范数).

**证明** 对任意的 $x \in \mathbb{R}^n$ 满足 $\|x\|_1 = \sum\limits_{i=1}^n |x_i| = 1$, 有

$$\begin{aligned}\|Ax\|_1 &= \sum_{i=1}^n \left|\sum_{j=1}^n a_{ij}x_j\right| \leqslant \sum_{i=1}^n \sum_{j=1}^n |a_{ij}| \cdot |x_j| \\ &= \sum_{j=1}^n |x_j| \cdot \sum_{i=1}^n |a_{ij}| \leqslant \left(\max_j \sum_{i=1}^n |a_{ij}|\right) \cdot \|x\|_1 \\ &= \max_j \sum_{i=1}^n |a_{ij}|.\end{aligned}$$

因此

$$\|A\|_1 \leqslant \max_j \sum_{i=1}^n |a_{ij}|.$$

现设 $\max\limits_j \sum\limits_{i=1}^n |a_{ij}| = \sum\limits_{i=1}^n |a_{ik}|$, $e_k$ 为 $n$ 维单位矩阵的第 $k$ 列, 则 $\|e_k\|_1 = 1$, 且

$$\|A\|_1 = \max_{\|x\|_1=1} \|Ax\|_1 \geqslant \|Ae_k\|_1 = \sum_{i=1}^n |a_{ik}| = \max_j \sum_{i=1}^n |a_{ij}|.$$

从而

$$\|A\|_1 = \max_j \sum_{i=1}^n |a_{ij}|.$$

□

类似于上述证明, 可以证得:

(2) $\|A\|_\infty = \max\limits_i \sum\limits_{j=1}^n |a_{ij}|$ (行和范数).

关于 2 范数, 有

(3) $\|A\|_2 = \sqrt{\lambda_{\max}}$ (谱范数).

$\lambda_{\max}$ 为矩阵 $A^{\mathrm{T}}A$ 的最大特征值. 事实上, 由于

$$\|Ax\|_2^2 = (Ax, Ax) = (A^{\mathrm{T}}Ax, x),$$

根据实对称矩阵最大特征值与矩阵 Rayleigh(瑞利) 商之间的关系 (第 6 章), 有

$$\lambda_{\max} = \max_{\|x\|_2=1} (A^{\mathrm{T}}Ax, x),$$

从而 $\|A\|_2 = \sqrt{\lambda_{\max}}$.

**例 4.1** 已知矩阵 $A = \begin{bmatrix} 1 & -2 \\ -3 & 4 \end{bmatrix}$, 求 $\|A\|_p, p = 1, 2, \infty$.

**解** 按定义, $\|A\|_1 = 6$, $\|A\|_\infty = 7$. 注意

$$A^{\mathrm{T}}A = \begin{bmatrix} 1 & -3 \\ -2 & 4 \end{bmatrix} \begin{bmatrix} 1 & -2 \\ -3 & 4 \end{bmatrix} = \begin{bmatrix} 10 & -14 \\ -14 & 20 \end{bmatrix},$$

所以

$$|\lambda I - A^{\mathrm{T}}A| = \begin{vmatrix} \lambda - 10 & 14 \\ 14 & \lambda - 20 \end{vmatrix} = \lambda^2 - 30\lambda + 4 = 0,$$

即

$$\lambda = 15 \pm \sqrt{221}.$$

由此可得

$$\|A\|_2 = \sqrt{15 + \sqrt{221}} \approx 5.46.$$

与向量范数类似, 矩阵的任意两种范数也是等价的, 特别对上述几种常用范数, 有如下等价关系:

$$\|A\|_2 \leqslant \|A\|_F \leqslant \sqrt{n}\,\|A\|_2\,,$$

$$\frac{1}{\sqrt{n}}\,\|A\|_\infty \leqslant \|A\|_2 \leqslant \sqrt{n}\,\|A\|_\infty\,,$$

$$\frac{1}{\sqrt{n}}\,\|A\|_1 \leqslant \|A\|_2 \leqslant \sqrt{n}\,\|A\|_1\,.$$

2. 谱半径

**定义 4.2**　设 $A \in \mathbb{R}^{n\times n}$, 称其特征值的按模最大值

$$\rho(A) = \max\{|\lambda| : \lambda \in \sigma(A)\}$$

为 $A$ 的谱半径, 其中 $\sigma(A)$ 表示 $A$ 的特征值全体.

由该定义知矩阵 $A$ 的 2 范数可以被表示为

$$\|A\|_2 = \sqrt{\rho(A^{\mathrm{T}}A)}.$$

特别地, 当 $A$ 为对称矩阵时, 有

$$\|A\|_2 = \rho(A).$$

矩阵的谱半径在数值分析中是一个很重要的量. 关于矩阵的谱半径与矩阵的范数之间有如下关系.

**定理 4.3**　设 $A \in \mathbb{R}^{n\times n}$, 则有

(1) 对任意一种 $A$ 的从属范数 $\|\cdot\|$, 有

$$\rho(A) \leqslant \|A\|\,.$$

(2) 对任给的 $\varepsilon > 0$, 存在一种 $A$ 的从属范数 $\|\cdot\|_\varepsilon$, 使得

$$\|A\|_\varepsilon \leqslant \rho(A) + \varepsilon.$$

**证明**　(1) 设 $\|\cdot\|$ 为 $A$ 的任意一种从属范数, 则

$$\|Ax\| \leqslant \|A\| \cdot \|x\|\,, \quad \forall x \in \mathbb{R}^n.$$

设 $\lambda$ 为 $A$ 的任一特征值, 则有 (特征向量)$v \neq 0$, 使得 $Av = \lambda v$. 从而

$$|\lambda|\,\|v\| = \|\lambda v\| = \|Av\| \leqslant \|A\| \cdot \|v\|\,,$$

即 $|\lambda| \leqslant \|A\|$, 由 $\lambda$ 的任意性得 $\rho(A) \leqslant \|A\|$.

(2) 设 $A = PJP^{-1}$,$J$ 为 $A$ 的若当标准型, 即

$$J = \begin{bmatrix} J_1 & & & \\ & J_2 & & \\ & & \ddots & \\ & & & J_s \end{bmatrix}, \quad J_i = \begin{bmatrix} \lambda_i & 1 & & \\ & \lambda_i & \ddots & \\ & & \ddots & 1 \\ & & & \lambda_i \end{bmatrix}_{n_i \times n_i}, \quad \sum_{i=1}^{s} n_i = n.$$

令

$$D = \begin{bmatrix} 1 & & & \\ & \varepsilon & & \\ & & \ddots & \\ & & & \varepsilon^{n-1} \end{bmatrix}_{n \times n},$$

则 $\tilde{J} = D^{-1}JD$ 有如下形式:

$$\tilde{J} = \begin{bmatrix} \tilde{J}_1 & & & \\ & \tilde{J}_2 & & \\ & & \ddots & \\ & & & \tilde{J}_s \end{bmatrix}, \quad \tilde{J}_i = \begin{bmatrix} \lambda_i & \varepsilon & & \\ & \lambda_i & \ddots & \\ & & \ddots & \varepsilon \\ & & & \lambda_i \end{bmatrix}_{n_i \times n_i}.$$

因此 $\left\|\tilde{J}\right\|_\infty \leqslant \rho(A) + \varepsilon$. 记 $Q = PD$, 并引入向量范数

$$\|x\| = \left\|Q^{-1}x\right\|_\infty,$$

则有

$$\|A\| = \max_{\|x\|=1} \|Ax\| = \max_{\|Q^{-1}x\|_\infty = 1} \left\|Q^{-1}Ax\right\|_\infty.$$

令 $y = Q^{-1}x$, 则

$$\|A\| = \max_{\|y\|_\infty = 1} \left\|Q^{-1}AQy\right\|_\infty = \max_{\|y\|_\infty = 1} \left\|\tilde{J}y\right\|_\infty = \left\|\tilde{J}\right\|_\infty \leqslant \rho(A) + \varepsilon. \qquad \square$$

3. 矩阵级数的收敛性

**定义 4.3** 称矩阵序列 $A^{(k)} = (a_{ij}^{(k)}) \in \mathbb{R}^{n \times n}$ 是收敛的, 若存在 $A = (a_{ij}) \in \mathbb{R}^{n \times n}$, 使得

$$\lim_{k \to \infty} a_{ij}^{(k)} = a_{ij}, \quad i, j = 1, 2, \cdots, n.$$

此时称 $A$ 为矩阵序列 $A^{(k)}$ 的极限, 记为 $A = \lim\limits_{k \to \infty} A^{(k)}$.

下面总设 $\|\cdot\|$ 为 $A$ 的任意一种从属范数, 有与向量序列收敛性类似的结论: 矩阵序列 $A^{(k)} \to A$ 的充分必要条件为 $\|A^{(k)} - A\| \to 0$.

**定理 4.4**　设 $A \in \mathbb{R}^{n\times n}$. 当 $k \to \infty$ 时, $A^k \to 0$ 的充分必要条件是 $\rho(A) < 1$.

**证明**　充分性. 若 $\rho(A) < 1$, 则由定理 4.3 可以选择一种范数, 使 $\|A\| < 1$. 因此当 $k \to \infty$ 时,

$$\|A^k\| \leqslant \|A\|^k \to 0,$$

于是 $\lim\limits_{k\to\infty} A^k = 0$.

必要性. 设 $\rho(A) \geqslant 1$, 令 $\lambda$ 为某一使 $|\lambda| \geqslant 1$ 的特征值, $x$ 为对应的特征向量, 则

$$\|A^k x\| = \|\lambda^k x\| \geqslant \|x\|,$$

这就是说对所有的 $k$, $\|A^k\| \geqslant 1$, 矛盾于 $A^k \to 0$. □

**定理 4.5** (Neumann(诺伊曼) 引理)　矩阵幂级数 $\sum\limits_{k=0}^{\infty} A^k$ 收敛的充分必要条件为 $\rho(A)<1$, 且当 $\rho(A) < 1$ 时, 有

$$I + A + \cdots + A^k + \cdots = (I - A)^{-1}.$$

**证明**　若 $\sum\limits_{k=0}^{\infty} A^k$ 收敛, 则 $A^k \to 0$, 从而 $\rho(A) < 1$. 反之, 若 $\rho(A) < 1$, 则 $I - A$ 的特征值均不等于零. 因此 $I - A$ 非奇异. 于是由恒等式

$$(I - A)(I + A + \cdots + A^k) = I - A^{k+1},$$

得

$$(I + A + \cdots + A^k) = (I - A)^{-1}(I - A^{k+1}).$$

由于 $\rho(A) < 1$, 因而 $A^{k+1} \to 0$, 有

$$I + A + \cdots + A^k + \cdots = (I - A)^{-1}.$$ □

注意 $\rho(A) \leqslant \|A\|$, 由上述定理的证明过程可得以下推论.

**推论 4.1**　当 $\|A\| < 1$ 时, $I - A$ 非奇异, 且

$$\|(I - A)^{-1}\| \leqslant 1/(1 - \|A\|).$$

利用上述推论, 并注意 $A + E = A(I + A^{-1}E)$, 则有以下定理.

**定理 4.6** (Banach(巴拿赫) 引理)　若矩阵 $A \in \mathbb{R}^{n\times n}$ 非奇异, $E \in \mathbb{R}^{n\times n}$ 且 $\|A^{-1}\| \cdot \|E\| < 1$, 则 $A + E$ 非奇异, 且

$$\|(A + E)^{-1}\| \leqslant \frac{\|A^{-1}\|}{1 - \|A^{-1}\| \cdot \|E\|}.$$

定理 4.6 将被应用于解方程组的扰动分析和 Gauss 消去法的舍入误差分析.

4. 矩阵的条件数

**定义 4.4** 对于给定的非奇异方阵 $A$, 称 $\|A^{-1}\| \cdot \|A\|$ 为 $A$ 的条件数, 并记为 $\mathrm{cond}(A)$. 特别当矩阵范数为 $\|\cdot\|_p$ 时, 对应的条件数记为 $\mathrm{cond}_p(A)$.

由定义, $\mathrm{cond}(A) = \|A^{-1}\| \cdot \|A\| \geqslant \|A^{-1} \cdot A\| = \|I\| = 1$, 因此, 对于任意非奇异方阵 $A$, 都有

$$\mathrm{cond}(A) \geqslant 1.$$

进一步, 若矩阵 $A$ 对称正定, 设 $0 < \lambda_{\min} \leqslant \lambda_{\max}$ 分别为 $A$ 的最小和最大特征值, 则由 $A$ 的对称性可得

$$\|A\|_2 = \rho(A) = \lambda_{\max}, \quad \left\|A^{-1}\right\|_2 = \rho(A^{-1}) = \frac{1}{\lambda_{\min}},$$

因此有

$$\mathrm{cond}_2(A) = \frac{\lambda_{\max}}{\lambda_{\min}}.$$

今后为了方便起见, 对一般的非奇异矩阵 (可能非对称), 常将下式:

$$\mathrm{cond}_{sp}(A) \triangleq \frac{\max\{|\lambda_i(A)|, i = 1, 2, \cdots, n\}}{\min\{|\lambda_i(A)|, i = 1, 2, \cdots, n\}} \tag{4.2}$$

定义为矩阵 $A$ 的条件数, 并称它为矩阵 $A$ 的谱条件数, 其中, $\lambda_i(A)$ 表示 $A$ 的第 $i$ 个特征值.

5. 几种特殊矩阵

**定义 4.5** 若矩阵 $A$ 满足条件

$$\sum_{\substack{j=1 \\ j \neq i}}^{n} |a_{ij}| \leqslant |a_{ii}|, \quad i = 1, 2, \cdots, n,$$

且至少有一个 $i$, 使不等式严格成立, 则称 $A$ 为按行对角占优矩阵, 若对 $i = 1, 2, \cdots, n$ 严格不等式均成立, 称 $A$ 为按行严格对角占优矩阵. 类似地, 可以给出矩阵 $A$ 为按列 (严格) 对角占优矩阵的定义.

**定义 4.6** 设 $A$ 为 $n$ 阶方阵 $(n \geqslant 2)$, 若存在 $n$ 阶置换矩阵 $P$, 使得

$$PAP^{\mathrm{T}} = \begin{bmatrix} A_{11} & A_{12} \\ O & A_{22} \end{bmatrix},$$

其中 $A_{11}$ 为 $r$ 阶方阵, $A_{22}$ 为 $n-r$ 阶方阵 $(1 \leqslant r < n)$, 则称 $A$ 为可约矩阵; 如果不存在这样的置换矩阵, 则称 $A$ 为不可约矩阵.

上述定义的一个等价说法是：设 $A$ 为 $n$ 阶方阵 $(n \geqslant 2)$, 记 $W=\{1,2,\cdots,n\}$, 如果存在 $W$ 的两个非空子集 $S$ 和 $T$ 满足

$$S \cup T = W, \quad S \cap T = \varPhi,$$

使得

$$a_{ij} = 0, \quad i \in S, j \in T,$$

则称 $A$ 为可约矩阵; 否则, 称 $A$ 为不可约矩阵.

用定义去判定一个给定矩阵是否可约, 往往是比较困难的, 但利用图论的方法却比较快.

设 $A = (a_{ij})_{n\times n}$, 在平面上给出 $n$ 个点 $P_1, P_2, \cdots, P_n$. 若 $a_{ij} \neq 0$, 则作从 $P_i$ 到 $P_j$ 的有向连接, 这样就可以得到一个关于矩阵 $A$ 的有向图. 如果该有向图是强连接的, 则 $A$ 为不可约矩阵, 否则, $A$ 为可约矩阵.

**定理 4.7** 若 $A$ 为严格对角占优矩阵, 则 $A$ 非奇异.

**证明** 只证 $A$ 按行严格对角占优的情形, 这时有

$$\sum_{\substack{j=1\\ j\neq i}}^{n} |a_{ij}| < |a_{ii}|, \quad i = 1, 2, \cdots, n, \tag{4.3}$$

为了证明 $A$ 非奇异, 只需证明方程组 $Ax = 0$ 仅有零解.

假设 $Ax = 0$ 有非零解 $x = (x_1, x_2, \cdots, x_n)^{\mathrm{T}}$, 则存在下标 $1 \leqslant i \leqslant n$, 使得 $|x_i| = \max\limits_{1\leqslant j\leqslant n} |x_j| > 0$, 考虑 $Ax = 0$ 的第 $i$ 行

$$a_{i1}x_1 + a_{i2}x_2 + \cdots + a_{in}x_n = 0.$$

从而

$$|a_{ii}|\,|x_i| \leqslant \sum_{\substack{j=1\\ j\neq i}}^{n} |a_{ij}|\,|x_j| \leqslant |x_i| \sum_{\substack{j=1\\ j\neq i}}^{n} |a_{ij}|,$$

两边约去 $|x_i|$, 得

$$|a_{ii}| \leqslant \sum_{\substack{j=1\\ j\neq i}}^{n} |a_{ij}|.$$

这与 (4.3) 矛盾. 这样就证得了该定理. □

**定理 4.8** 若 $A$ 为对角占优且不可约矩阵, 则 $A$ 非奇异.

**证明** 反证法. 若 $\det A = 0$, 则有非零向量

$$\alpha = (\alpha_1, \alpha_2, \cdots, \alpha_n)^{\mathrm{T}}$$

使得 $A\alpha=0$. 不妨设 $|\alpha_n|\geqslant|\alpha_{n-1}|\geqslant\cdots\geqslant|\alpha_1|$, 否则作适当的下标变换总可以做到这一点. 由 $A\alpha=0$ 知：对任意的下标 $1\leqslant i\leqslant n$ 均有

$$-a_{ii}\alpha_i=\sum_{\substack{j=1\\j\neq i}}^{n}a_{ij}\alpha_j. \tag{4.4}$$

下面讨论两种情形:

(1) $|\alpha_1|=|\alpha_2|=\cdots=|\alpha_n|\neq 0$.

这时, 利用式 (4.4) 有

$$|a_{ii}|\leqslant\sum_{\substack{j=1\\j\neq i}}^{n}|a_{ij}|\cdot\left|\frac{\alpha_j}{\alpha_i}\right|=\sum_{\substack{j=1\\j\neq i}}^{n}|a_{ij}|,\quad i=1,2,\cdots,n.$$

上式与矩阵 $A$ 是对角占优矩阵的定义相矛盾, 因为根据定义, 至少有一个下标, 使上述不等式严格成立.

(2) 若存在 $p$, 使得

$$|\alpha_n|=\cdots=|\alpha_{p+1}|>|\alpha_p|\geqslant\cdots\geqslant|\alpha_1|.$$

因为 $\alpha\neq 0$, 故有 $|\alpha_n|=\cdots=|\alpha_{p+1}|>0$. 由此并利用式 (4.4) 有

$$|a_{ii}|\leqslant\sum_{\substack{j=1\\j\neq i}}^{n}|a_{ij}|\cdot\frac{|\alpha_j|}{|\alpha_i|}=\sum_{j=i+1}^{n}|a_{ij}|+\sum_{j=1}^{i-1}|a_{ij}|\cdot\frac{|\alpha_j|}{|\alpha_i|},\quad i=p+1,p+2,\cdots,n.$$

利用对角占优矩阵的定义, 并注意 $\dfrac{|\alpha_j|}{|\alpha_i|}<1,\ j=1,2,\cdots,i-1$, 则有

$$a_{ij}=0,\quad j=1,2,\cdots,i-1.$$

这样就证得了：当 $i\geqslant p+1,\ s\leqslant p$ 时, 所有 $a_{is}=0$, 即 $A$ 形如

$$\begin{bmatrix} A_{11} & A_{12}\\ O & A_{22}\end{bmatrix},$$

其中 $A_{11}, A_{22}$ 为方阵. 这又与 $A$ 不可约相矛盾.

综上所述, $A$ 必为非奇异矩阵. □

**定义 4.7** 若存在置换矩阵 $P$, 使得

$$PAP^{\mathrm{T}}=\begin{bmatrix} D_1 & H\\ R & D_2\end{bmatrix},$$

其中 $D_1$ 和 $D_2$ 是对角矩阵, 则称矩阵 $A$ 具有**性质** A.

**定义 4.8** 称矩阵 $A \in \mathbb{R}^{n\times n}$ 为一个稀疏矩阵是指该矩阵的绝大多数元素是零. 一般说来, 一个 $n\times n$ 矩阵, 如果其非零元总数为 $O(n)$, 就可称之为稀疏矩阵.

**定义 4.9** 如果矩阵 $A \in \mathbb{R}^{n\times n}$ 的所有元素均为非负数, 则称之为非负矩阵, 并简记 $A \geqslant 0$.

**定义 4.10** 矩阵 $A=(a_{ij}) \in \mathbb{R}^{n\times n}$ 称为 $M$ 矩阵, 如果它满足:

(i) $a_{ii}>0, i=1,2,\cdots,n$;

(ii) $a_{ij}\leqslant 0, i\neq j, 1\leqslant i,j\leqslant n$;

(iii) $A$ 是非奇异矩阵;

(iv) $A^{-1}\geqslant 0$.

## 4.2 Gauss 消去法、矩阵分解

### 4.2.1 Gauss 消去法

Gauss 消去法是一种最常用的求解线性代数方程组的直接方法. 下面以三阶线性方程组为例, 说明它的计算步骤.

设给定方程组

$$\begin{cases} a_{11}x_1+a_{12}x_2+a_{13}x_3=b_1, \\ a_{21}x_1+a_{22}x_2+a_{23}x_3=b_2, \\ a_{31}x_1+a_{32}x_2+a_{33}x_3=b_3. \end{cases} \tag{4.5}$$

若 $a_{11}\neq 0$, 则分别将 $l_{i1}=a_{i1}/a_{11}(i=2,3)$ 乘以第一个方程, 并用第 $i$ 个方程减去它, 则消去了 (4.5) 第 $i(i=2,3)$ 个方程中的变元 $x_1$. 这样方程组 (4.5) 化为

$$\begin{cases} a_{11}x_1+a_{12}x_2+a_{13}x_3=b_1, \\ \qquad\quad\ a_{22}^{(2)}x_2+a_{23}^{(2)}x_3=b_2^{(2)}, \\ \qquad\quad\ a_{32}^{(2)}x_2+a_{33}^{(2)}x_3=b_3^{(2)}, \end{cases} \tag{4.6}$$

其中

$$\begin{aligned} a_{ij}^{(2)}&=a_{ij}-l_{i1}\cdot a_{1j}, \quad i,j=2,3, \\ b_i^{(2)}&=b_i-l_{i1}\cdot b_1, \quad i=2,3. \end{aligned}$$

以上实现了对原方程组的第一步消去, 显然方程组 (4.6) 和原方程组 (4.5) 等价. 下面对 (4.6) 的后面两个方程, 进行相仿的步骤, 即设 $a_{22}^{(2)}\neq 0$, 以 (4.6) 的第三个方程, 减去 $l_{32}=a_{32}^{(2)}/a_{22}^{(2)}$ 乘以 (4.6) 的第二个方程, 则消去了 (4.6) 的第三个方程中的变元 $x_2$. 这样 (4.6) 化为

$$\left\{\begin{aligned} a_{11}x_1 + a_{12}x_2 + a_{13}x_3 &= b_1,\\ a_{22}^{(2)}x_2 + a_{23}^{(2)}x_3 &= b_2^{(2)},\\ a_{33}^{(3)}x_3 &= b_3^{(3)}, \end{aligned}\right. \tag{4.7}$$

其中

$$a_{33}^{(3)} = a_{33}^{(2)} - l_{32}\cdot a_{23}^{(2)},\quad b_3^{(3)} = b_3^{(2)} - l_{32}\cdot b_2^{(2)}.$$

现在线性方程 (4.7) 组具有如下特征, 即它的系数矩阵为一上三角阵, 称将方程组 (4.5) 按以上步骤化为等价方程组 (4.7) 的过程为 Gauss 消去法的消元过程.

对于线性方程组 (4.7), 若假定 $a_{33}^{(3)} \neq 0$, 则由 (4.7) 的最后一个方程, 可得

$$x_3 = \frac{b_3^{(3)}}{a_{33}^{(3)}},$$

将 $x_3$ 代入 (4.7) 倒数第二个方程, 可得

$$x_2 = \frac{b_2^{(2)} - a_{23}^{(2)}x_3}{a_{22}^{(2)}},$$

再将 $x_3$ 和 $x_2$ 代入 (4.7) 的第一个方程, 得到

$$x_1 = \frac{b_1 - a_{12}x_2 - a_{13}x_3}{a_{11}},$$

这样就将线性方程组 (4.5) 的解全部计算出来了. 以上所述的过程称为 Gauss 消去法的回代过程.

对于 $n$ 阶线性代数方程组 $Ax = b$ 的 Gauss 消去法, 可以重复运用上述的消元过程和回代过程. 只要各步称为**主元素**的 $a_{11} \neq 0, a_{22}^{(2)} \neq 0, \cdots, a_{n-1,n-1}^{(n-1)} \neq 0$, 总可由消元过程得到系数矩阵为上三角阵的线性代数方程组, 其第 $k(\geqslant 2)$ 步的结果为

$$\begin{aligned} a_{11}^{(1)}x_1 + a_{12}^{(1)}x_2 + \cdots + a_{1n}^{(1)}x_n &= b_1^{(1)},\\ a_{22}^{(2)}x_2 + \cdots + a_{2n}^{(2)}x_n &= b_2^{(2)},\\ &\cdots\cdots\\ a_{kk}^{(k)}x_k + \cdots + a_{kn}^{(k)}x_n &= b_k^{(k)},\\ &\cdots\cdots\\ a_{nk}^{(k)}x_k + \cdots + a_{nn}^{(k)}x_n &= b_n^{(k)}, \end{aligned} \tag{4.8}$$

其中

$$a_{ij}^{(k)} = a_{ij}^{(k-1)} - \frac{a_{i,k-1}^{(k-1)}}{a_{k-1,k-1}^{(k-1)}}\cdot a_{k-1,j}^{(k-1)},\quad i,j = k, k+1, \cdots, n,$$

$$b_i^{(k)} = b_i^{(k-1)} - \frac{a_{i,k-1}^{(k-1)}}{a_{k-1,k-1}^{(k-1)}} \cdot b_{k-1}^{(k-1)}, \quad i = k, k+1, \cdots, n,$$

这里令 $a_{1j}^{(1)} = a_{1j}, j = 1, 2, \cdots, n, b_1^{(1)} = b_1$.

若通过消元过程原方程组已化为等价的三角形方程组

$$\begin{aligned} a_{11}^{(1)} x_1 + a_{12}^{(1)} x_2 + \cdots + a_{1n}^{(1)} x_n &= b_1^{(1)}, \\ a_{22}^{(2)} x_2 + \cdots + a_{2n}^{(2)} x_n &= b_2^{(2)}, \\ \cdots\cdots \\ a_{nn}^{(n)} x_n &= b_n^{(n)}. \end{aligned} \tag{4.9}$$

且 $a_{nn}^{(n)} \neq 0$, 则逐步回代可得原方程组的解向量

$$x_n = b_n^{(n)} / a_{nn}^{(n)},$$

$$x_k = \left( b_k^{(k)} - \sum_{j=k+1}^{n} a_{kj}^{(k)} x_j \right) \bigg/ a_{kk}^{(k)}, \quad k = n-1, n-2, \cdots, 2, 1.$$

现在来计算 Gauss 消去法的算术运算总工作量. 这里我们仅分析消元过程 (回代过程完全类似), 并且只给出乘法次数, 这是因为其他四则运算的次数不超过它; 计算机作算术运算时, 乘、除法所需的机时比加、减法长.

经简单计算知: 第 $k(1 \leqslant k \leqslant n-1)$ 个消元步所需的乘法次数为

$$(n-k+1)(n-k).$$

因此消元过程所需的乘法次数为

$$\sum_{k=1}^{n-1} (n-k+1)(n-k) = \frac{n(n^2-1)}{3} = O(n^3).$$

易知 Gauss 消去法的总运算量亦为 $O(n^3)$. 与 Cramer 法则 (运算量为 $O(n!)$) 相比较, Gauss 消去法已本质性地改进求解线性代数方程组的运算效率. 但对于求解大规模线性代数方程组而言, Gauss 消去法的运算效率还是太低. Gauss 消去法的另一缺陷是: 如果 $A$ 为一大型稀疏矩阵, 则消元过程可能会新增许多非零元素, 从而大量地增加存储开销. 今后介绍的迭代法, 通过结合加速技术, 可部分克服这些缺陷.

### 4.2.2 Gauss 主元素消去法

上述 Gauss 消去法由于其消元过程是按变量下标的自然顺序 (从小到大) 进行的, 所以又称之为 Gauss 逐步消去法. 该方法在解线性代数方程组的过程中, 每

一步必须用一个称为主元素的 $a_{kk}^{(k)}$ 去除. 这就要求所有的

$$a_{kk}^{(k)} \neq 0, \quad k = 1, 2, \cdots, n-1.$$

然而即使 $a_{kk}^{(k)} \neq 0$, 但当其绝对值很小时, 由于舍入误差的影响, 对于计算结果也是不利的. 且看例子.

二元线性方程组

$$10^{-4}x_1 + x_2 = 1, \quad x_1 + x_2 = 2$$

的精确解为 $x_1 = 10.000/9.999$, $x_2 = 9.998/9.999$.

现用三位浮点十进制数求解:

(1) 按 Gauss 逐步消去法.

$$10^{-3} \times 0.100x_1 + 10^1 \times 0.100x_2 = 10^1 \times 0.100,$$

$$-10^5 \times 0.100x_2 = -10^5 \times 0.100.$$

由此得近似解

$$x_2' = 10^1 \times 0.100, \quad x_1' = 0,$$

$x_1'$ 完全失去近似意义.

(2) 变换方程的顺序, 即改变主元素, 然后消元.

$$10^1 \times 0.100x_1 + 10^1 \times 0.100x_2 = 10^1 \times 0.200,$$

$$10^1 \times 0.100x_2 = 10^1 \times 0.100.$$

由此得近似解

$$x_2'' = 10^1 \times 0.100, \quad x_1'' = 10^1 \times 0.100,$$

$x_1''$ 具有良好近似精度.

上例说明, 若主元素的绝对值很小, 利用它来作除数将会带来大的舍入误差, 而采用选主元素的消去法可以部分克服该缺陷. 下面介绍两种常用的选主元素的 Gauss 消去法.

1) 列主元消去法

假设 Gauss 消去法的消元过程进行到第 $k(1 \leqslant k \leqslant n-1)$ 步 (式 (4.8)), 设

$$a_k = \max_{k \leqslant i \leqslant n} \left| a_{i,k}^{(k)} \right|,$$

并令 $j$ 为达到最大值 $a_k$ 的最小行标 $j \geqslant k$, 若 $j > k$, 则交换 $A$ 和 $b$ 中的第 $k$ 行和第 $j$ 行再进行消元过程的第 $k$ 步. 这时每个乘子 $l_{ik} = a_{i,k}^{(k)}/a_{k,k}^{(k)}$, 都满足 $|l_{i,k}| \leqslant 1$, $i = k, k+1, \cdots, n$, 可以防止有效数字大量丢失而产生误差的可能性.

2) 全主元消去法

定义

$$\alpha_k = \max_{k \leqslant i,j \leqslant n} \left| a_{i,j}^{(k)} \right|,$$

此时交换 $A$ 和 $b$ 的行及 $A$ 的列, 使主元位置的元素的绝对值具有给出的最大值 $\alpha_k$, 然后进行第 $k$ 步消元过程. 注意因为有列的交换, 因此未知量的次序有改变, 待消元过程结束时必须还原.

以上两种选主元素的方法都能使得 Gauss 消元过程中舍入误差以相当慢的速度传播. 从理论上说全主元消去法结果会更好一些, 但从运算时间来说, 全面选主元较为费机时, 因此大多使用列主元消去法.

### 4.2.3　矩阵的三角分解与 Gauss 消去法的变形

下面将指出, Gauss 消去法的实质是将线性代数方程组的系数矩阵分解为两个三角形矩阵的乘积, 然后求解, 即将矩阵 $A$ 分解为

$$A = L \cdot U,$$

其中 $L$ 为单位下三角阵, $U$ 为上三角阵.

事实上, 线性方程组

$$Ax = b$$

经过 $k$ 步消元过程后, 有等价方程组

$$A_k x = b_k,$$

其中 $A_1 = A$, $b_1 = b$, 而 $A_k$ 和 $b_k$ 的形式为 (式 (4.8))

$$A_k = \begin{bmatrix} a_{11}^{(1)} & \cdots & \cdots & \cdots & a_{1n}^{(1)} \\ & \ddots & & & \vdots \\ & & a_{kk}^{(k)} & \cdots & a_{kn}^{(k)} \\ & & \vdots & & \vdots \\ & & a_{nk}^{(k)} & \cdots & a_{nn}^{(k)} \end{bmatrix}, \quad b_k = \begin{bmatrix} b_1^{(k)} \\ \vdots \\ b_k^{(k)} \\ \vdots \\ b_n^{(k)} \end{bmatrix}. \tag{4.10}$$

可以直接验证 $A_{k+1} = L_k \cdot A_k$, $b_{k+1} = L_k \cdot b_k$, 其中

$$L_k = \begin{bmatrix} 1 & & & & & \\ & \ddots & & & & \\ & & 1 & & & \\ & & -l_{k+1,k} & 1 & & \\ & & \vdots & & \ddots & \\ & & -l_{n,k} & & & 1 \end{bmatrix}, \quad l_{i,k} = \frac{a_{i,k}^{(k)}}{a_{kk}^{(k)}}, \quad i = k+1, k+2, \cdots, n.$$

记 $l_k = (0, \cdots, 0, l_{k+1,k}, \cdots, l_{n,k})^{\mathrm{T}}, k = 1, 2, \cdots, n-1$, 则

$$L_k = I - l_k \cdot e_k^{\mathrm{T}},$$

其中 $e_k$ 是第 $k$ 个坐标向量, 那么上面定义的矩阵 $A_k$ 和向量 $b_k$ 可以用

$$A_k = L_{k-1} \cdots L_1 A, \quad b_k = L_{k-1} \cdots L_1 b, \quad k = 2, 3, \cdots, n \tag{4.11}$$

表示.

由此可见, 用矩阵 $L_1, L_2, \cdots, L_{n-1}$ 依次左乘原给方程组 $Ax = b$ 两边之后, 就把它化成等价方程组 (式 (4.9))

$$A_n x = b_n.$$

乘积 $L_{n-1} \cdots L_1$ 是下三角阵, 而且对角元全部等于 1. 因此

$$L = [L_{n-1} \cdots L_1]^{-1},$$

也是对角元等于 1 的下三角阵. 不难验证

$$L_k^{-1} = I + l_k \cdot e_k^{\mathrm{T}},$$

因此

$$\begin{aligned} L &= [L_{n-1} \cdots L_1]^{-1} = L_1^{-1} \cdots L_{n-1}^{-1} = I + \sum_{k=1}^{n-1} l_k \cdot e_k^{\mathrm{T}} \\ &= \begin{bmatrix} 1 & & & \\ l_{21} & 1 & & \\ \vdots & & \ddots & \\ l_{n1} & \cdots & l_{n,n-1} & 1 \end{bmatrix}. \end{aligned} \tag{4.12}$$

注意到 (4.11) 中 $A_n$ 为上三角阵, 记

$$U = A_n, \tag{4.13}$$

于是证明了 $A$ 可以分解为一个单位下三角阵与一个上三角阵的乘积, 即

$$A = L \cdot U = \begin{bmatrix} 1 & 0 & \cdots & 0 \\ l_{21} & 1 & \cdots & 0 \\ \vdots & \ddots & \ddots & \vdots \\ l_{n1} & \cdots & l_{n,n-1} & 1 \end{bmatrix} \cdot \begin{bmatrix} u_{11} & u_{12} & \cdots & u_{1n} \\ 0 & u_{22} & \cdots & u_{2n} \\ \vdots & \ddots & \ddots & \vdots \\ 0 & \cdots & 0 & u_{nn} \end{bmatrix},$$

称上述分解为矩阵 $A$ 的 LU 分解. 因此 Gauss 消去法亦等价于下述过程:

(1) 将矩阵 $A$ 作 LU 分解;

(2) 求解三角形方程组 $Ux = L^{-1}b$(回代过程). 它等价于求解如下两个具有三角形系数矩阵的方程组

$$Ux = z, \quad Lz = b.$$

显然这种利用矩阵的 LU 分解进行求解的方法是 Gauss 消去法的变形.

上面的全部讨论都是以 $a_{k,k}^{(k)} \neq 0, k = 1, 2, \cdots, n-1$ 的假设为前提条件的. 以下将这一条件和矩阵 $A$ 本身的性质联系起来.

**定理 4.9** 当且仅当 $A$ 的所有顺序主子阵均非奇异时, $A$ 有唯一的 LU 分解.

**证明** 由式 (4.11) 有

$$A = L_1^{-1} \cdot L_2^{-1} \cdot \cdots \cdot L_{k-1}^{-1} \cdot A_k = \bar{L}_k \cdot A_k, \tag{4.14}$$

其中 $A_k$ 形如 (4.10),

$$\bar{L}_k = \begin{bmatrix} M_k & O \\ H_k & I_{n-k} \end{bmatrix},$$

这里

$$M_k = \begin{bmatrix} 1 & & & \\ l_{21} & 1 & & \\ \vdots & \ddots & \ddots & \\ l_{k1} & \cdots & l_{k,k-1} & 1 \end{bmatrix}, \qquad H_k = \begin{bmatrix} l_{k+1,1} & \cdots & l_{k+1,k-1} & 0 \\ l_{k+2,1} & \cdots & l_{k+2,k-1} & 0 \\ \vdots & & \vdots & \vdots \\ l_{n1} & \cdots & l_{n,k-1} & 0 \end{bmatrix},$$

写 (4.14) 为分块形式

$$\begin{bmatrix} A_{11} & A_{12} \\ A_{21} & A_{22} \end{bmatrix} = \begin{bmatrix} M_k & O \\ H_k & I_{n-k} \end{bmatrix} \cdot \begin{bmatrix} A_{11}^{(k)} & A_{12}^{(k)} \\ A_{21}^{(k)} & A_{22}^{(k)} \end{bmatrix},$$

其中 $A_{11}^{(k)}$ 为 $A_k$ 的 $k$ 阶顺序主子阵, $A_{11}$ 为 $A$ 的 $k$ 阶顺序主子阵, 于是

$$A_{11} = M_k \cdot A_{11}^{(k)}.$$

从而

$$\det(A_{11}) = \det(M_k) \cdot \det(A_{11}^{(k)}) = \det(A_{11}^{(k)}) = a_{11}^{(1)} \cdot a_{22}^{(2)} \cdots a_{kk}^{(k)},$$

因此 $a_{kk}^{(k)} \neq 0$, $k = 1, 2, \cdots, n-1$, 即 $A$ 有 LU 分解的充分必要条件为 $A$ 的所有顺序主子阵非奇异.

最后, 假设 $L_1U_1 = L_2U_2 = A$ 是 $A$ 的两个 LU 分解, 那么

$$B = L_1^{-1} \cdot L_2 = U_1 \cdot U_2^{-1}$$

既是对角元等于 1 的上三角阵, 又是对角元等于 1 的下三角阵, 即 $B = I$, 所以

$$L_1 = L_2, \quad U_1 = U_2,$$

从而证明了 LU 分解的唯一性. □

采用列主元消去法, 只需要行交换就可将消元法进行到底. 这样, 就可以去掉定理 4.9 中关于顺序主子阵非奇异的假设, 从而有如下定理.

**定理 4.10** 设 $A$ 非奇异, 则存在置换矩阵 $P$, 以及元素的绝对值不大于 1 的单位下三角阵 $L$ 和上三角阵 $U$, 使

$$PA = LU,$$

并且这种三角分解可由列主元消去法得到.

由定理 4.9 知, 当 $A$ 的所有顺序主子阵均非奇异时, 可以得到矩阵 $A$ 的唯一 LU 分解, 其中 $L$ 为单位下三角阵, $U$ 为一般的上三角阵, 并称之为矩阵 $A$ 的 Doolittle(杜利特尔) 分解. 进一步, 利用式 (4.12) 和 (4.13), 可以给出如下该分解式 LU 的算法:

**算法 4.1**

for $k = 1, \cdots, n-1$

  for $i = k+1, \cdots, n$

    $a_{ik} = \dfrac{a_{ik}}{a_{kk}}$

    for $j = k+1, \cdots, n$

      $a_{ij} = a_{ij} - a_{ik} \cdot a_{kj}$

算法 4.1 实际上反映了 Gauss 消去法中, $L$ 和 $U(= A_n)$ 的形成过程, 因此算法的结果矩阵 $A$ 满足:

$$\begin{cases} l_{ij} = a_{ij}, & j < i, \\ u_{ij} = a_{ij}, & i \leqslant j, \end{cases} \quad i, j = 1, 2, \cdots, n.$$

容易发现, 算法 4.1 进行到第 $k$ 步时, 第 $k+1$ 行到第 $n$ 行的元素都要改变. 于是, 我们再考虑下面一种算法.

**算法 4.2**

$$
\begin{aligned}
&\text{for } i = 2, \cdots, n \\
&\qquad \text{for } k = 1, \cdots, i-1 \\
&\qquad\qquad a_{ik} = \frac{a_{ik}}{a_{kk}} \\
&\qquad\qquad \text{for } j = k+1, \cdots, n \\
&\qquad\qquad\qquad a_{ij} = a_{ij} - a_{ik} \cdot a_{kj}
\end{aligned}
$$

算法 4.2 通过调换循环变量 $k$ 和 $i$ 的顺序而得到, 是算法 4.1 的变形, 因此两种算法是等价的. 事实上, 可以将算法 4.1 的前两行改为

$$
\begin{aligned}
&\text{for } k = 1, \cdots, n \\
&\qquad \text{for } i = 1, \cdots, n \\
&\qquad\qquad \text{if } (k < i) \text{ do}
\end{aligned}
$$

再交换循环指标 $k, i$(因为这时彼此独立), 并将条件 $k < i$ 对循环指标 $k$ 进行约束, 就得到了算法 4.2.

算法 4.2 的优点是：进行到第 $i$ 步时可以同时产生 $L$ 的第 $i$ 行元素和 $U$ 的第 $i$ 行元素 (实际上是将 Gauss 消去法对第 $i$ 行的所有作用一次性完成), 即它可以通过 $i$ 的循环, 连续地生成 $L$ 和 $U$ 的各行, 因此该算法较算法 4.1 更常用.

矩阵 $A$ 的 Doolittle 分解也可以通过令

$$
\begin{bmatrix} a_{11} & a_{12} & \cdots & a_{1n} \\ a_{21} & a_{22} & \cdots & a_{2n} \\ \vdots & \vdots & & \vdots \\ a_{n1} & a_{n2} & \cdots & a_{nn} \end{bmatrix} = \begin{bmatrix} 1 & & & 0 \\ l_{21} & 1 & & \\ \vdots & \ddots & \ddots & \\ l_{n1} & \cdots & l_{n,n-1} & 1 \end{bmatrix} \cdot \begin{bmatrix} u_{11} & u_{12} & \cdots & u_{1n} \\ & u_{22} & \cdots & u_{2n} \\ & & \ddots & \vdots \\ 0 & & & u_{nn} \end{bmatrix},
$$

再利用待定系数法, 通过比较等式两边对应元素, 得到 $L$ 和 $U$ 的元素.

如果要求 $A$ 的三角分解中, $U$ 是单位上三角阵, $L$ 为一般的下三角阵, 即

$$
L = \begin{bmatrix} l_{11} & & & 0 \\ l_{21} & l_{22} & & \\ \vdots & \vdots & \ddots & \\ l_{n1} & l_{n2} & \cdots & l_{nn} \end{bmatrix}, \quad U = \begin{bmatrix} 1 & u_{12} & \cdots & u_{1n} \\ & 1 & \cdots & u_{2n} \\ & & \ddots & \vdots \\ 0 & & & 1 \end{bmatrix},
$$

也可以得到矩阵 $A$ 相应的分解式, 该分解称为 Crout(克劳特) 分解.

实际上, 关于矩阵 $A$, 还可以进一步作如下的分解：

$$
A = LDU, \tag{4.15}
$$

其中 $D=\mathrm{diag}(d_1,d_2,\cdots,d_n)$, $L, U$ 分别为单位下、上三角阵. (4.15) 是 $A$ 的 LU 分解的进一步变形.

**例 4.2** 下式对一具体的 $3\times 3$ 矩阵 $A$, 给出了其 LU 和 LDU 分解式.

$$A=\begin{bmatrix}1&2&1\\2&2&3\\-1&-3&0\end{bmatrix}=\begin{bmatrix}1&0&0\\2&1&0\\-1&1/2&1\end{bmatrix}\cdot\begin{bmatrix}1&2&1\\0&-2&1\\0&0&1/2\end{bmatrix}$$

$$=\begin{bmatrix}1&0&0\\2&1&0\\-1&1/2&1\end{bmatrix}\cdot\begin{bmatrix}1&0&0\\0&-2&0\\0&0&1/2\end{bmatrix}\cdot\begin{bmatrix}1&2&1\\0&1&-1/2\\0&0&1\end{bmatrix}.$$

下面针对两种特殊情形, 做进一步的讨论.

1. 对称正定矩阵的 Cholesky 分解

当 $A$ 为对称正定矩阵时, 可以证明 $A$ 存在三角分解

$$A=L\cdot L^{\mathrm{T}},\tag{4.16}$$

其中 $L$ 为下三角阵.

事实上, $A$ 存在形如 (4.15) 的三角分解 $A=LDU$, 又由于 $A^{\mathrm{T}}=A$, 则 $U=L^{\mathrm{T}}$, 于是得到

$$A=LDL^{\mathrm{T}},$$

其中 $D=\mathrm{diag}(d_1,d_2,\cdots,d_n)$, 由于 $A$ 正定, 此时有

$$d_i>0,\quad i=1,2,\cdots,n.$$

因此可取 $D^{1/2}=\mathrm{diag}(d_1^{1/2},d_2^{1/2},\cdots,d_n^{1/2})$, 并令 $\tilde{L}=L\cdot D^{1/2}$, 则有

$$A=LD^{1/2}D^{1/2}L^{\mathrm{T}}=(LD^{1/2})(LD^{1/2})^{\mathrm{T}}=\tilde{L}\cdot\tilde{L}^{\mathrm{T}},$$

分解 (4.16) 称为 Cholesky(楚列斯基) 分解.

下面利用待定系数法给出 $A=L\cdot L^{\mathrm{T}}$ 分解的算法. 由

$$\begin{bmatrix}a_{11}&a_{12}&\cdots&a_{1n}\\a_{21}&a_{22}&\cdots&a_{2n}\\\vdots&\vdots&&\vdots\\a_{n1}&a_{n2}&\cdots&a_{nn}\end{bmatrix}=\begin{bmatrix}l_{11}&&&0\\l_{21}&l_{22}&&\\\vdots&\ddots&\ddots&\\l_{n1}&\cdots&l_{n,n-1}&l_{nn}\end{bmatrix}\cdot\begin{bmatrix}l_{11}&l_{21}&\cdots&l_{n1}\\&l_{22}&\ddots&\vdots\\&&\ddots&l_{n,n-1}\\0&&&l_{nn}\end{bmatrix},$$

比较上式两边对应的元素, 首先有

$$l_{11}^2 = a_{11}.$$

因为 $A$ 正定, $a_{11} > 0$, 故 $l_{11} = \sqrt{a_{11}}$, 以 $L$ 的第二行乘 $L^{\mathrm{T}}$ 的前两列, 得

$$l_{21} \cdot l_{11} = a_{21}, \quad l_{21}^2 + l_{22}^2 = a_{22},$$

又可解得未知量 $l_{21}$ 和 $l_{22}$. 一般地, 对 $i = 1, 2, \cdots, n$,

$$\begin{aligned} l_{ij} &= \left[ a_{ij} - \sum_{k=1}^{j-1} l_{ik} l_{jk} \right] \Big/ l_{jj}, \quad j = 1, 2, \cdots, i-1, \\ l_{ii} &= \left[ a_{ii} - \sum_{k=1}^{i-1} l_{ik}^2 \right]^{1/2}. \end{aligned} \tag{4.17}$$

由 $A$ 的正定性可证明 (4.17) 的平方根中值为正的.

对称正定矩阵 $A$ 的 Cholesky 分解的缺点在于计算 $L$ 主对角线上的元素时需要开平方根. 下面例子说明如果将其待定为 $A = LDU$, 则可以避免这种情形.

**例 4.3**

$$\begin{bmatrix} 3 & 3 & 5 \\ 3 & 5 & 9 \\ 5 & 9 & 17 \end{bmatrix} = \begin{bmatrix} 1 & & \\ l_{21} & 1 & \\ l_{31} & l_{32} & 1 \end{bmatrix} \cdot \begin{bmatrix} d_1 & & \\ & d_2 & \\ & & d_3 \end{bmatrix} \cdot \begin{bmatrix} 1 & l_{21} & l_{31} \\ & 1 & l_{32} \\ & & 1 \end{bmatrix}.$$

由矩阵乘法解得

$$\begin{aligned} &d_1 = 3, \quad l_{21} = 1, \quad l_{31} = 5/3, \\ &d_2 = 2, \quad l_{32} = 2, \quad d_3 = 2/3. \end{aligned}$$

2. 解三对角方程组的追赶法

设线性方程组 $Ax = b$ 的系数矩阵 $A$ 为三对角矩阵

$$A = \begin{bmatrix} e_1 & f_1 & & 0 \\ d_2 & \ddots & \ddots & \\ & \ddots & \ddots & f_{n-1} \\ 0 & & d_n & e_n \end{bmatrix}, \tag{4.18}$$

这时 $A$ 可以作如下 LU 分解:

$$A = LU = \begin{bmatrix} 1 & & & 0 \\ l_2 & 1 & & \\ & \ddots & \ddots & \\ 0 & & l_n & 1 \end{bmatrix} \cdot \begin{bmatrix} r_1 & f_1 & & 0 \\ & r_2 & \ddots & \\ & & \ddots & f_{n-1} \\ 0 & & & r_n \end{bmatrix}.$$

利用上述 LU 分解, 可以给出求解方程组 (4.18) 的相应 Gauss 消去法的变形算法, 具体描述如下:

**步骤 1** LU 分解 (Doolittle 分解),

$$r_1 = e_1.$$

对 $i = 2, 3, \cdots, n$ 计算

$$l_i = \frac{d_i}{r_{i-1}}, \quad r_i = e_i - l_i \times f_{i-1}.$$

**步骤 2** 解 $Ly = b$ (“追” 过程),

$$y_1 = b_1.$$

对 $i = 2, 3, \cdots, n$ 计算

$$y_i = b_i - l_i \times y_{i-1}.$$

**步骤 3** 解 $Ux = y$ (“赶” 过程),

$$x_n = \frac{y_n}{r_n}.$$

对 $i = n-1, n-2, \cdots, 1$ 计算

$$x_i = \frac{y_i - f_i \times x_{i+1}}{r_i}.$$

上述算法又被称为求解三对角方程组的追赶法, 经简单分析知追赶法的运算数量级为 $O(n)$, 即为一种具有最优运算量的算法.

### *4.2.4 稀疏矩阵的不完全 LU 分解

在求解稀疏线性方程组时, 如何避免零元素的存储和运算, 是一个降低计算复杂性的重要途径. 本小节将在矩阵的 LU 分解基础上, 简要介绍一下不完全 LU 分解 (简称 ILU 分解). 这种矩阵近似分解式, 通过与各种加速方法 (特别是预条件方法) 相结合, 构成了求解大规模稀疏线性代数方程组的有效方法.

考虑稀疏矩阵 $A=(a_{ij})_{n\times n}$, 一般的 ILU 分解就是计算一个稀疏单位下三角阵 $L$ 和一个稀疏上三角阵 $U$, 使得 $R=A-LU$($R$ 称为剩余矩阵) 满足一些约束条件.

剩余矩阵 $R$ 的一种常见的约束条件是要求它在某些位置的元素为零, 而这些位置又可由 ILU 分解矩阵 $L$ 和 $U$ 中零元素的分布 $P$ (称零模式) 来决定. 这时单位下三角阵 $L=(l_{ij})$ 和上三角阵 $U=(u_{ij})$ 满足

$$l_{ij}=0,\ u_{ij}=0,\quad (i,j)\in P,$$

这里二元指标集合 $P\subset\{(i,j)|i\neq j;1\leqslant i,j\leqslant n\}$.

对于任意给定的零模式 $P$, 当 $A$ 为 $M$ 矩阵时, 可以利用带约束的 Gauss 消去法, 即仅对不属于 $P$ 的二元指标所对应的元素进行消元和运算, 可以得到矩阵 $A$ 的一种 ILU 分解:

$$A=LU-R,$$

且该分解是一种正规分裂, 即 $(LU)^{-1}\geqslant 0, R\geqslant 0$.

最常用的零模式 $P$ 是让它与稀疏矩阵 $A$ 的零模式相等, 即

$$P=Z(A)=\{(i,j)|a_{ij}=0,1\leqslant i,j\leqslant n\}.$$

特别称这种零模式下的 ILU 分解为 ILU(0), 这时利用 Gauss 消去法 (见算法 4.2) 可以得到如下 ILU(0) 分解算法:

**算法 4.3**

for $i=2,\cdots,n$

  for $k=1,\cdots,i-1$ and for $(i,k)\notin Z(A)$

   $a_{ik}=\dfrac{a_{ik}}{a_{kk}}$

   for $j=k+1,\cdots,n$ and for $(i,j)\notin Z(A)$

    $a_{ij}=a_{ij}-a_{ik}\cdot a_{kj}$

其中, 算法的结果矩阵 $A=(a_{ij})_{n\times n}$ 的严格下三角阵和上三角阵分别存放的是原矩阵 $A$ 的 ILU(0) 分解矩阵 $L$ 的严格下三角部分和 $U$ 的上三角部分.

可以证明: 对应于矩阵 $A$ 的 ILU(0) 分解, 剩余矩阵 $R$ 满足如下零约束条件: $r_{ij}=0,\ (i,j)\notin Z(A)$.

## 4.3 扰动分析、Gauss 消去法的舍入误差

### 4.3.1 扰动分析

考虑线性方程组

$$Ax=b,\tag{4.19}$$

假设它的解存在唯一. 现在讨论其右端及系数矩阵的扰动 (或误差) 对解的影响.

由于线性代数方程组 $Ax = b$ 的矩阵 $A$ 和向量 $b$, 都是通过观测或计算得到的, 因此一般来讲, 误差总是存在的, 这些误差将对方程组的解产生影响.

**例 4.4** 考虑如下两个方程组:

$$
\text{(A)} \begin{cases} x_1 + 5x_2 = 6, \\ x_1 + 5.001x_2 = 6.001; \end{cases} \qquad \text{(B)} \begin{cases} x_1 + 5x_2 = 6, \\ x_1 + 4.999x_2 = 6.002. \end{cases}
$$

方程组 (A) 的解为 $x_1 = 1, x_2 = 1$, 而 (B) 的解为 $x_1 = 16, x_2 = -2$.

由于方程组 (B)(或 (A)) 的系数矩阵和右端可以视为方程组 (A)(或 (B)) 的系数矩阵和右端经过一个小扰动而得到的, 所以该例子表明：方程组 (A)(或 (B)) 的解向量对系数矩阵和右端的扰动很敏感. 具有这种性态的线性系统, 常称之为病态 (或不稳定) 系统, 否则称之为良态 (或稳定) 系统. 对于前者, 其相应方程组的求解会遇到很大的困难, 在计算中一般要作特殊处理, 以免出现“假解”.

下面通过分析系数矩阵和右端的扰动对解的影响, 来探讨如何判定线性系统是否为良态系统, 并且总假设所涉及的矩阵范数满足相容性条件.

1. *右端项的扰动*

设方程组的右端存在误差 (或扰动) $\delta b$, 引起解的误差为 $\delta x$, 则有

$$A(x + \delta x) = b + \delta b.$$

由此得误差方程

$$A\delta x = \delta b, \quad \delta x = A^{-1}\delta b,$$

所以

$$\|\delta x\| \leqslant \left\|A^{-1}\right\| \cdot \|\delta b\|. \tag{4.20}$$

又 $\|b\| \leqslant \|A\| \cdot \|x\|$, 假定 $b \neq 0$, 因而 $x \neq 0$, 由 (4.20) 得到

$$\frac{\|\delta x\|}{\|x\|} \leqslant \|A\| \cdot \left\|A^{-1}\right\| \cdot \frac{\|\delta b\|}{\|b\|}, \tag{4.21}$$

即矩阵 $A$ 的条件数 $\|A^{-1}\| \cdot \|A\|$ 决定了方程组的解对右端扰动量的敏感程度, (4.21) 表明, 若 $\text{cond}(A)$ 很大, 则 $b$ 的微小的相对扰动, 也可能使 $Ax = b$ 的解产生相当大的相对扰动.

2. *系数矩阵的扰动*

当系数矩阵 $A$ 存在误差 $\delta A$ 时, 近似解由方程

$$(A + \delta A)(x + \delta x) = b \tag{4.22}$$

决定. 由于 $\delta A$ 是微小扰动, 可以假设

$$\left\|A^{-1}\right\| \cdot \|\delta A\| < 1,$$

这时由定理 4.6 知 $A+\delta A$ 是非奇异的. 将方程组 (4.22) 减去 (4.19), 得

$$\delta x = -A^{-1}\delta A \cdot x - A^{-1}\delta A \cdot \delta x.$$

于是

$$\|\delta x\| \leqslant \left\|A^{-1}\right\| \cdot \|\delta A\| \cdot \|x\| + \left\|A^{-1}\right\| \cdot \|\delta A\| \cdot \|\delta x\|$$

或

$$\left(1 - \left\|A^{-1}\right\| \cdot \|\delta A\|\right) \|\delta x\| \leqslant \left\|A^{-1}\right\| \cdot \|\delta A\| \cdot \|x\|.$$

由此可得

$$\frac{\|\delta x\|}{\|x\|} \leqslant \frac{\|A^{-1}\| \cdot \|\delta A\|}{1 - \|A^{-1}\| \cdot \|\delta A\|} = \frac{\|A^{-1}\| \cdot \|A\| \left(\|\delta A\| / \|A\|\right)}{1 - \|A^{-1}\| \cdot \|A\| \left(\|\delta A\| / \|A\|\right)}.$$

利用 $\operatorname{cond}(A) = \|A\| \cdot \|A^{-1}\|$, 可进一步得

$$\frac{\|\delta x\|}{\|x\|} \leqslant \frac{\operatorname{cond}(A)\dfrac{\|\delta A\|}{\|A\|}}{1 - \operatorname{cond}(A)\dfrac{\|\delta A\|}{\|A\|}}. \tag{4.23}$$

由此可以得到与关于右端扰动分析完全类似的结论, 即若 $\operatorname{cond}(A)$ 很大, 则系数矩阵 $A$ 的微小相对扰动 $\|\delta A\| / \|A\|$, 也可能使方程组的解 $x$ 产生相当大的相对扰动.

大量实际计算的经验证实, 条件数刻画了扰动对方程组解的影响程度. 通常条件数越大, 扰动对解的影响越大. 因此也常称条件数很大的方程组为病态方程组.

### 4.3.2 Gauss 消去法的舍入误差

本小节希望利用上述扰动理论来分析 Gauss 消去法过程中, 舍入误差对该算法的解向量所产生的影响.

舍入误差分析通常有两种方法: 第一, 按照所执行的运算次序而估计舍入误差积累的界限, 称为向前误差分析方法, 这种方法的好处是估计比较准确, 但对复杂算法 (如 Gauss 消去法) 一般难以进行; 第二种方法称为向后误差分析方法, 其基本思想是如何将实际计算过程的误差转换为关于原始数据的误差. 对于 Gauss 消去法, 其具体做法是: 用 Gauss 消去法解线性代数方程组 $Ax=b$ 时, 由于舍入误差的影响, 所得的计算解 $\tilde{x}$ 视为如下扰动方程:

$$(A+\delta A)\tilde{x} = b \tag{4.24}$$

的精确解.

由扰动理论 (式 (4.23)) 知: 为了刻画解的扰动情况, 关键是如何得到 $\|\delta A\| / \|A\|$ 的估计式.

定义

$$\rho = \frac{1}{\|A\|_\infty} \max_{1 \leqslant i,j,k \leqslant n} |a_{ij}^{(k)}|,$$

其中 $a_{i,j}^{(k)}$ 表示 Gauss 消元过程中, 矩阵 $A_k$ 的元素. 又以 $\mu$ 表示所使用计算机上的单位舍入误差或截断误差, 如在十进制且 16 位字长的计算机上, $\mu < 10^{-15}$.

我们知道, Gauss 消去法是由两个独立算法所组成: 一是对 $A$ 作 LU 分解; 二是求解三角方程组. 这两个独立运算均会产生舍入误差, 而选主元的 Gauss 消去只增加了矩阵行、列的交换, 并不产生新的舍入误差, 因此并不影响误差分析.

关于 Gauss 消去法所对应的扰动方程 (4.24) 中的扰动矩阵 $\delta A$ 和 LU 分解中的扰动矩阵 $E$, 有如下的估计式 (Atkinson, 1978).

**定理 4.11** 设 $A$ 为 $n$ 阶非奇异矩阵, 利用选主元的 Gauss 消去法求解线性方程组 $Ax = b$, 则

(1) 利用 Gauss 消去法算得的 $L$ 和 $U$ 满足

$$LU = A + E,$$

$$\|E\|_\infty \leqslant n^2 \rho \|A\|_\infty \mu.$$

(2) 方程 (4.24) 中的扰动矩阵满足

$$\frac{\|\delta A\|_\infty}{\|A\|_\infty} \leqslant 1.01(n^3 + 3n^2)\rho\mu. \tag{4.25}$$

利用式 (4.25) 和 (4.23), 可得 Gauss 消去法计算解 $\tilde{x}$ 关于真解的相对扰动量的估计式为

$$\frac{\|x - \tilde{x}\|_\infty}{\|x\|_\infty} \leqslant \frac{\text{cond}_\infty(A)}{1 - \text{cond}_\infty(A)\dfrac{\|\delta A\|_\infty}{\|A\|_\infty}} [1.01(n^3 + 3n^2)\rho\mu].$$

上式表明, 当矩阵 $A$ 的阶数 $n$ 不是太高, 并且其条件数不是太大时, 虽然由于在消去法求解过程中存在舍入误差, 计算解不精确地满足方程 $Ax = b$, 但它关于真解 $x$ 的相对扰动还是可以接受的, 即这时 Gauss 消去法是数值稳定的.

## 4.4 迭代方法

迭代方法是一种逐步逼近的方法, 它是求解代数方程 (组)、微分和积分方程等的一种基本而重要的数值方法. 本节我们将主要介绍 Jacobi(雅可比)、Gauss-Seidel(高斯–赛德尔) 以及超松弛这三种基本迭代法. 它们分别给出了上述迭代序

列的三种不同构造方法. 为简单起见, 下面将 Gauss-Seidel 和超松弛迭代分别简写为 G-S 和 SOR 迭代.

迭代序列构造方法的本质是: 已知第 $k$ 步迭代向量 $x^k$, 如何得到第 $k+1$ 步迭代向量 $x^{k+1}$.

下面首先介绍 Jacobi 迭代法, 它是最简单的一种迭代法. 先考察一个三阶线性代数方程组 $Ax=b$, 该方程组可等价地写为 (即将第 $i$ 个方程的未知量 $x_i$ 留在方程的左边)

$$\begin{cases} x_1 = (b_1 - a_{12}x_2 - a_{13}x_3)/a_{11}, \\ x_2 = (b_2 - a_{21}x_1 - a_{23}x_3)/a_{22}, \\ x_3 = (b_3 - a_{31}x_1 - a_{32}x_2)/a_{33}, \end{cases} \tag{4.26}$$

将方程组 (4.26) 的右端用 $x^k$ 近似代替, 就得到求 $x^{k+1}$ 的如下计算公式:

$$\begin{cases} x_1^{k+1} = (b_1 - a_{12}x_2^k - a_{13}x_3^k)/a_{11}, \\ x_2^{k+1} = (b_2 - a_{21}x_1^k - a_{23}x_3^k)/a_{22}, \\ x_3^{k+1} = (b_3 - a_{31}x_1^k - a_{32}x_2^k)/a_{33}. \end{cases}$$

这就定义了 Jacobi 迭代法. 关于一般的 $n$ 阶线性代数方程组, 其相应的 Jacobi 迭代算法为

$$x_i^{k+1} = \frac{b_i - \sum\limits_{j=1}^{i-1} a_{ij}x_j^k - \sum\limits_{j=i+1}^{n} a_{ij}x_j^k}{a_{ii}}, \quad i=1,2,\cdots,n. \tag{4.27}$$

由式 (4.27) 可见 Jacobi 迭代法的第 $i$ 个分量的迭代公式中并没有用到其他分量的最新迭代值, 其好处是使得当前迭代向量 $x^{k+1}$ 的各个分量可以独立 (并行) 计算, 但这常常会影响其收敛速度. 通过对它进行修正 (即第 $i$ 个分量的迭代公式中用到前 $i-1$ 个分量的最新迭代值), 就得到了如下 G-S 迭代法:

$$x_i^{k+1} = \frac{b_i - \sum\limits_{j=1}^{i-1} a_{ij}x_j^{k+1} - \sum\limits_{j=i+1}^{n} a_{ij}x_j^k}{a_{ii}}, \quad i=1,2,\cdots,n. \tag{4.28}$$

与 Jacobi 迭代法不同, 该方法的迭代结果与迭代分量的下标序有关, 这里 (式 (4.28)) 的下标序取 $i$ 从 1 到 $n$ 的自然序, 因此它是一种串行算法. 作为 G-S 迭代法的推广 (或加速), 有如下迭代法 (它可以视为 G-S 迭代分量与上一步迭代分量的一种组合式):

$$x_i^{k+1} = \omega\frac{b_i - \sum\limits_{j=1}^{i-1} a_{ij}x_j^{k+1} - \sum\limits_{j=i+1}^{n} a_{ij}x_j^k}{a_{ii}} + (1-\omega)x_i^k, \quad i=1,2,\cdots,n, \tag{4.29}$$

其中 $\omega \in \mathbb{R}$ 被称为松弛因子. 特别当 $\omega > 1$ 时 (4.29) 被称为超松弛迭代; 当 $\omega < 1$ 时被称为低松弛迭代; 而 $\omega = 1$ 时它就是 G-S 迭代. 今后为了描述方便, 将 (4.29) 统称为超松弛迭代.

为了便于理论分析, 给出上述三种迭代法的矩阵形式. 需要指出的是一般的线性迭代法总是可以通过对原系数矩阵 $A$ 作矩阵分裂:

$$A = M - N \tag{4.30}$$

得到. 这里 $M$ 是 $n$ 阶非奇异矩阵, 且一般要求以 $M$ 为系数矩阵的线性代数方程组容易求解.

这时利用式 (4.30), 方程组 $Ax = b$ 可等价地写为

$$x = M^{-1}Nx + M^{-1}b,$$

由此得到迭代算法:

$$x^{k+1} = M^{-1}Nx^k + M^{-1}b = Gx^k + M^{-1}b, \tag{4.31}$$

其中矩阵 $G = M^{-1}N$ 称为迭代法 (4.31) 的迭代矩阵.

令矩阵

$$A = D - L - U, \tag{4.32}$$

其中 $D$, $-L$ 和 $-U$ 分别为矩阵 $A$ 的对角矩阵和严格下、上三角阵.

容易验证, 对上述三种迭代法, 相应的矩阵分解式和迭代矩阵分别如下.

1) Jacobi 迭代法

$$M = D, \quad N = L + U, \quad G = D^{-1}(L + U) = I - D^{-1}A. \tag{4.33}$$

2) G-S 迭代法

$$M = D - L, \quad N = U, \quad G = (D - L)^{-1}U. \tag{4.34}$$

3) SOR 迭代法

它是通过对原方程组 $Ax = b$ 的等价方程组

$$\omega Ax = \omega b, \quad \omega \neq 0$$

的系数矩阵 $\omega A$ 作如下矩阵分裂:

$$M = D - \omega L, \quad N = (1 - \omega)D + \omega U$$

得到的. 这时其迭代矩阵为

$$G=(D-\omega L)^{-1}\left[(1-\omega)D+\omega U\right].$$

迭代算法 (4.31) 的一种等价形式 (校正型) 为

$$x^{k+1}=x^k+B^{-1}(b-Ax^k), \tag{4.35}$$

其中, $B$ 为 $n$ 阶非奇异矩阵, 且一般要求以 $B$ 为系数矩阵的线性代数方程组容易求解. 由 (4.31) 和 (4.35) 易知 $B$ 和 $G$ 有如下关系:

$$G=I-B^{-1}A. \tag{4.36}$$

下面讨论迭代法的收敛性问题.

**定理 4.12**　对于任何初始向量 $x^0$, 迭代法 (4.31) 收敛的充分必要条件为 $\rho(G)<1$.

**证明**　设 $x^*$ 为原方程组 $Ax=b$ 的精确解, 记 $\varepsilon_k=x^k-x^*$, 则有

$$\varepsilon_{k+1}=G\varepsilon_k,\quad k=0,1,\cdots$$

或

$$\varepsilon_k=G^k\varepsilon_0. \tag{4.37}$$

由 (4.37) 可以看出, 对于任意的 $x^0$(即 $\varepsilon_0$ 任意), 迭代方法 (4.31) 收敛的充分必要条件为 $G^k\to 0$, 进一步由 4.1 节中的定理 4.4 可知, 迭代方法 (4.31) 收敛的充分必要条件为 $\rho(G)<1$. □

由于矩阵的谱半径一般难以计算, 因而我们转向考虑迭代法收敛的充分条件. 由于 $\rho(G)\leqslant\|G\|$, 故当 $\|G\|<1$ 时迭代方法 (4.31) 一定收敛, 且其相应的误差估计式可以由以下定理给出.

**定理 4.13**　若迭代矩阵 $G$ 的某种满足相容性条件的矩阵范数 $\|G\|=q<1$, 则迭代方法 (4.31) 有如下误差估计:

$$\left\|x^k-x^*\right\|\leqslant\frac{q^k}{1-q}\left\|x^0-x^1\right\|.$$

**证明**　由 (4.37) 可知

$$\varepsilon_k=G^k\varepsilon_0,$$

利用矩阵范数的相容性条件, 可得

$$\|\varepsilon_k\|\leqslant\left\|G^k\right\|\cdot\|\varepsilon_0\|\leqslant q^k\|\varepsilon_0\|.$$

另一方面，由于 $\rho(G) \leqslant \|G\| < 1$，则 $(I-G)^{-1}$ 存在，并且 $x^* = (I-G)^{-1}d$，$d = M^{-1}b$，于是

$$\begin{aligned} x^0 - x^* &= x^0 - (I-G)^{-1}d = (I-G)^{-1}[(I-G)x^0 - d] \\ &= (I-G)^{-1}[x^0 - (Gx^0 + d)] = (I-G)^{-1}(x^0 - x^1), \end{aligned}$$

于是

$$\|\varepsilon_0\| \leqslant \left\|(I-G)^{-1}\right\| \cdot \left\|x^0 - x^1\right\| \leqslant \frac{1}{1-q}\left\|x^0 - x^1\right\|,$$

因此

$$\left\|x^k - x^*\right\| \leqslant \frac{q^k}{1-q}\left\|x^0 - x^1\right\|. \qquad \square$$

上述迭代收敛的充分条件是对一般线性代数方程组的迭代法给出的. 下面针对两种具有特殊性质系数矩阵的线性代数方程组，讨论三种基本迭代法的收敛性.

1. 严格对角占优或不可约对角占优矩阵

**定理 4.14** 若 $A$ 严格对角占优或不可约对角占优，则求解线性代数方程组 $Ax = b$ 的 Jacobi 迭代法和 SOR 迭代法收敛，其中 SOR 迭代法要求 $0 < \omega \leqslant 1$.

**证明** 这里仅对 SOR 迭代法进行证明，关于 Jacobi 迭代法的证明留作习题.

假定 SOR 迭代矩阵 $G$ 的某个特征值 $|\lambda| \geqslant 1$，下面用反证法证明 SOR 迭代法的收敛性. 由已知条件知矩阵 $D - \omega L$ 非奇异，故

$$\begin{aligned} \det(\lambda I - G) &= \det\left(\lambda I - (D-\omega L)^{-1}\left((1-\omega)D + \omega U\right)\right) \\ &= \det(D-\omega L)^{-1} \cdot \det\left(\lambda(D-\omega L) - (1-\omega)D - \omega U\right) \\ &= \det(D-\omega L)^{-1} \cdot \det\left((\omega+\lambda-1)D - \omega\lambda L - \omega U\right). \end{aligned} \tag{4.38}$$

下面将证明矩阵

$$B = (\omega+\lambda-1)D - \omega\lambda L - \omega U \tag{4.39}$$

是非奇异矩阵. 为此首先证明当 $0 < \omega \leqslant 1$，$|\lambda| \geqslant 1$ 时，有关系式

$$|\lambda\omega| \leqslant |\omega+\lambda-1|. \tag{4.40}$$

事实上，设 $\lambda = a + bi$，由 $|\lambda| \geqslant 1$ 可得

$$a^2 + b^2 \geqslant 1. \tag{4.41}$$

显然不等式 $|\lambda\omega| \leqslant |\omega+\lambda-1|$ 等价于

$$\omega^2(a^2+b^2) \leqslant (\omega+a-1)^2 + b^2$$

或

$$(a^2+b^2)(1-\omega^2)+(1-\omega)^2+2a(\omega-1)\geqslant 0.$$

注意, $0<\omega\leqslant 1$, 所以上式等价于

$$(a^2+b^2)(1+\omega)+(1-\omega)-2a\geqslant 0,$$

即

$$(a-1)^2+b^2+\omega(a^2+b^2-1)\geqslant 0. \tag{4.42}$$

由式 (4.41) 知式 (4.42) 成立, 这样就证得了式 (4.40).

注意 $A$ 是严格对角占优或不可约对角占优矩阵和 $B=(b_{ij})$ 的定义式 (4.39), 并利用式 (4.40), 有

$$\begin{aligned}\sum_{\substack{j=1\\j\neq i}}^{n}|b_{ij}| &= |\lambda\omega|\sum_{j=1}^{i-1}|a_{ij}|+|\omega|\sum_{j=i+1}^{n}|a_{ij}|\leqslant|\lambda\omega|\sum_{j=1}^{i-1}|a_{ij}|+|\lambda\omega|\sum_{j=i+1}^{n}|a_{ij}|\\ &=|\lambda\omega|\sum_{\substack{j=1\\j\neq i}}^{n}|a_{ij}|\leqslant|\omega+\lambda-1|\sum_{\substack{j=1\\j\neq i}}^{n}|a_{ij}|\\ &\leqslant|\omega+\lambda-1|\cdot|a_{ii}|=|b_{ii}|,\end{aligned}$$

上式说明 $B$ 也严格对角占优或不可约对角占优, 从而是非奇异的.

由此并利用式 (4.38), 可得

$$\det(\lambda I-G)=\det(D-\omega L)^{-1}\cdot\det B\neq 0,$$

这与 $\lambda$ 是 $G$ 的特征值矛盾. 从而证得了 $\rho(G)<1$, 即 SOR 迭代法收敛. □

2. 实对称正定矩阵

对于实对称正定矩阵, 将参照文献 (Trottenberg, et al., 2001) 中的做法来讨论校正型迭代法 (4.35) 的收敛性. 首先引入两个引理.

**引理 4.1** 任意给定两个实对称正定矩阵 $B_1$ 和 $B_2$, 必存在某个正常数 $\sigma$, 使得 $B_1-\sigma B_2$ 正定.

**证明** 根据实对称矩阵最大最小特征值与矩阵 Rayleigh 商之间的关系 (第 6 章), 有

$$\lambda_{\min}(B_1)=\min_{\substack{x\in\mathbb{R}^n\\x\neq 0}}\frac{(B_1x,x)}{(x,x)},\quad \lambda_{\max}(B_2)=\max_{\substack{x\in\mathbb{R}^n\\x\neq 0}}\frac{(B_2x,x)}{(x,x)}.$$

于是, 对任意的 $x \in \mathbb{R}^n, x \neq 0$, 有

$$\begin{aligned}((B_1 - \sigma B_2)x, x) &= (B_1 x, x) - \sigma(B_2 x, x) \\ &\geqslant \lambda_{\min}(B_1)\cdot(x,x) - \sigma\lambda_{\max}(B_2)\cdot(x,x) \\ &= [\lambda_{\min}(B_1) - \sigma\cdot\lambda_{\max}(B_2)]\cdot(x,x).\end{aligned}$$

因此, 当取 $0 < \sigma < \dfrac{\lambda_{\min}(B_1)}{\lambda_{\max}(B_2)}$ 时, 有

$$((B_1 - \sigma B_2)x, x) > 0,$$

即 $B_1 - \sigma B_2$ 正定. □

**引理 4.2** 设 $A$ 为实对称正定矩阵, $D$ 为其对角矩阵, $Q$ 为一非奇异矩阵, $G = I - Q^{-1}A$, $\sigma$ 为某个正常数, 则矩阵

$$A_Q^\sigma := \left(Q + Q^{\mathrm{T}} - A\right) - \sigma Q^{\mathrm{T}} D^{-1} Q$$

正定的充分必要条件是对任意的 $x \in \mathbb{R}^n, x \neq 0$, 成立

$$\|Gx\|_A^2 < \|x\|_A^2 - \sigma\|x\|_{A^2}^2, \tag{4.43}$$

其中, 范数 $\|\cdot\|_A$ 的定义见式 (1.36), 而 $\|\cdot\|_{A^2}$ 的定义为

$$\|x\|_{A^2} = (D^{-1}Ax, Ax)^{\frac{1}{2}}.$$

**证明** 对任意的 $x \in \mathbb{R}^n, x \neq 0$, 令 $\tilde{x} = Q^{-1}Ax$, 则

$$\begin{aligned}\|Gx\|_A^2 &= (AGx, Gx) = \left(A(I - Q^{-1}A)x, (I - Q^{-1}A)x\right) \\ &= (Ax, x) - (Ax, Q^{-1}Ax) - (AQ^{-1}Ax, x) + (AQ^{-1}Ax, Q^{-1}Ax) \\ &= \|x\|_A^2 - (QQ^{-1}Ax, Q^{-1}Ax) - (Q^{-1}Ax, QQ^{-1}Ax) + (AQ^{-1}Ax, Q^{-1}Ax) \\ &= \|x\|_A^2 - (Q\tilde{x}, \tilde{x}) - (Q^{\mathrm{T}}\tilde{x}, \tilde{x}) + (A\tilde{x}, \tilde{x}) \\ &= \|x\|_A^2 - \left((Q + Q^{\mathrm{T}} - A)\tilde{x}, \tilde{x}\right).\end{aligned} \tag{4.44}$$

由 (4.44) 知, 不等式 (4.43) 等价于

$$\left((Q + Q^{\mathrm{T}} - A)\tilde{x}, \tilde{x}\right) > \sigma\|x\|_{A^2}^2. \tag{4.45}$$

注意,

$$\begin{aligned}\|x\|_{A^2}^2 &= (D^{-1}Ax, Ax) = (D^{-1}QQ^{-1}Ax, QQ^{-1}Ax) \\ &= (D^{-1}Q\tilde{x}, Q\tilde{x}) = (Q^{\mathrm{T}}D^{-1}Q\tilde{x}, \tilde{x}),\end{aligned} \tag{4.46}$$

由 (4.46) 可得, (4.45) 等价于

$$((Q+Q^{\mathrm{T}}-A)\tilde{x},\tilde{x})>\sigma(Q^{\mathrm{T}}D^{-1}Q\tilde{x},\tilde{x})$$

或

$$(A_Q^{\sigma}\tilde{x},\tilde{x})>0,$$

由此证得了矩阵 $A_Q^{\sigma}$ 正定的充分必要条件是对任意的 $x\in\mathbb{R}^n, x\neq 0$, 有

$$\|Gx\|_A^2<\|x\|_A^2-\sigma\|x\|_{A^2}^2. \qquad \square$$

**注 4.1**　从引理 4.2 的证明过程容易看出, $A_Q^{\sigma}$ 半正定的充分必要条件是, 对任意的 $x\in\mathbb{R}^n, x\neq 0$, 成立

$$\|Gx\|_A^2\leqslant\|x\|_A^2-\sigma\|x\|_{A^2}^2.$$

**推论 4.2**　设 $A$ 为实对称正定矩阵, $Q$ 为一非奇异矩阵, $G=I-Q^{-1}A$, 如果矩阵

$$A_Q:=Q+Q^{\mathrm{T}}-A \tag{4.47}$$

为正定矩阵, 则有

$$\rho(G)<1.$$

**证明**　由于 $A_Q$ 和 $Q^{\mathrm{T}}D^{-1}Q$ 均为对称正定矩阵, 利用引理 4.1 知, 存在某个正常数 $\sigma$, 使得

$$A_Q^{\sigma}=A_Q-\sigma Q^{\mathrm{T}}D^{-1}Q$$

为对称正定矩阵, 因此由引理 4.2 知, 对任意的 $x\in\mathbb{R}^n, x\neq 0$

$$\|Gx\|_A^2<\|x\|_A^2-\sigma\|x\|_{A^2}^2$$

成立, 由此可得

$$\|Gx\|_A<\|x\|_A, \tag{4.48}$$

利用 (4.48) 以及矩阵从属范数的定义式, 有

$$\|G\|_A=\max_{x\neq 0}\frac{\|Gx\|_A}{\|x\|_A}<1,$$

因此, $\rho(G)\leqslant\|G\|_A<1$. $\square$

由 (4.36) 知：若将引理 4.2 中的矩阵 $Q$ 取为校正型迭代法 (4.35) 中的矩阵 $B$, 则引理 4.2 中的 $G$ 为迭代法 (4.31) 中的迭代矩阵. 因此, 对于实对称正定矩

阵 $A$, 上述推论给出了迭代法 (4.31) 或 (4.35) 收敛的一个充分条件. 下面利用该充分条件来讨论三种基本迭代法的收敛性.

首先写出三种基本迭代法的校正型格式所对应的矩阵 $B$, 由 (4.32) ~ (4.34), 有

$$B = \begin{cases} D, & \text{Jacobi 迭代法}, \\ \dfrac{1}{\omega}D - L, & \text{SOR迭代法}. \end{cases} \tag{4.49}$$

利用 (4.47) 和 (4.49), 可分别求得 Jacobi 和 SOR 迭代法所对应的矩阵

$$A_B = \begin{cases} 2D - A, & \text{Jacobi 迭代法}, \\ \dfrac{2-\omega}{\omega}D, & \text{SOR 迭代法}. \end{cases} \tag{4.50}$$

由式 (4.50) 及推论 4.2 可得以下定理.

**定理 4.15** 设 $A$ 为实对称正定矩阵, 则

(1) 若 $2D - A$ 正定, 则 Jacobi 迭代法收敛;

(2) 当 $0 < \omega < 2$ 时, SOR 迭代法收敛.

从定理 4.15 可见, 对于系数矩阵对称正定的线性代数方程组, G-S 迭代法一定收敛, 但 Jacobi 迭代法不一定收敛 (还需 $2D - A$ 正定). 这似乎让人觉得 G-S 迭代法收敛的条件比 Jacobi 迭代法的条件要弱, 然而对于一般的矩阵, 有可能 Jacobi 迭代法收敛, G-S 迭代法却发散.

**例 4.5** 设线性代数方程组 $Ax = b$ 的系数矩阵

$$A = \begin{bmatrix} 1 & -2 & 2 \\ -1 & 1 & -1 \\ -2 & -2 & 1 \end{bmatrix},$$

下面分析 Jacobi 迭代法和 G-S 迭代法的收敛情况.

用 $G_1$ 和 $G_2$ 分别表示 Jacobi 迭代法和 G-S 迭代法的迭代矩阵, 则

$$G_1 = D^{-1}(L + U) = \begin{bmatrix} 0 & 2 & -2 \\ 1 & 0 & 1 \\ 2 & 2 & 0 \end{bmatrix},$$

$$G_2 = (D - L)^{-1}U = \begin{bmatrix} 0 & 2 & -2 \\ 0 & 2 & -1 \\ 0 & 8 & -6 \end{bmatrix}.$$

经计算, $G_1$ 的特征多项式为 $-\lambda^3$, 所以 $\rho(G_1) = 0$; $G_2$ 的特征多项式为

$-\lambda(\lambda^2+4\lambda-4)$, 特征值为 $\lambda_1=0, \lambda_{2,3}=-2\pm2\sqrt{2}$, 所以 $\rho(G_2)=2+2\sqrt{2}$. 因此对于方程组 $Ax=b$, Jacobi 迭代法收敛, 但 G-S 迭代法发散.

最后讨论 SOR 迭代法松弛因子的选择问题. 由定理 4.12 的证明过程可见, 迭代法 (4.31) 或 (4.35) 收敛的快慢与 $\rho(G)$ 的大小有关, $\rho(G)$ 越小收敛就越快. 因此为了使 SOR 迭代法收敛得快, 应选择参数 $\omega^*$ 使得

$$\rho(G_{\omega^*})=\min_{0<\omega<2}\rho(G_\omega),$$

$\omega^*$ 称为最佳松弛因子.

可以证明：如果系数矩阵 $A$ 具有性质 A 且对角线元素全不为零, 而 Jacobi 迭代矩阵 $G_J$ 的特征值全为实数且 $\rho(G_J)<1$, 那么当 $\omega\in(0,2)$ 时, SOR 迭代法收敛, 其最佳松弛因子为

$$\omega^*=\frac{2}{1+\sqrt{1-\rho^2(G_J)}}.$$

限于篇幅, 这个结果不予证明. 图 4-1 针对具有上述条件的矩阵, 给出了 SOR 迭代矩阵的谱半径 $\rho(G_\omega)$ 随松弛因子 $\omega$ 的变化情况.

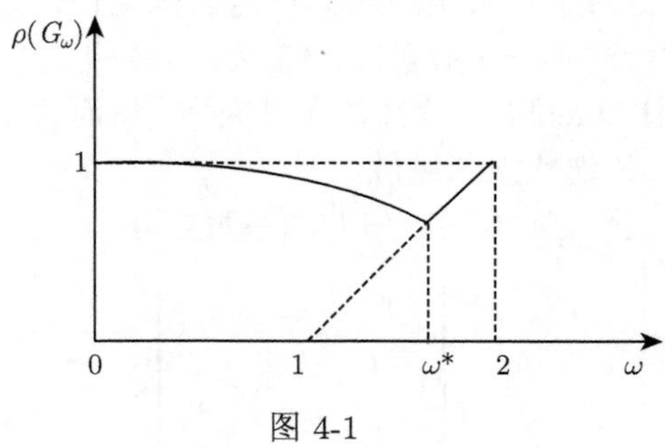


图 4-1

由图 4-1 可见最佳松弛因子对迭代收敛速度的改善还是很明显的, 但它对 $\omega$ 的依赖比较敏感 (见 $\omega>\omega^*$ 时谱半径的变化情况). 对于一般的矩阵, 目前尚无确定最佳松弛因子 $\omega^*$ 的理论结果. 在实际计算时, 通常用几个 $\omega$ 值作尝试并观察其对收敛快慢的影响, 从而近似地得到最佳值 $\omega^*$.

## 4.5 共轭梯度法

4.4 节讨论了 Jacobi, G-S 以及 SOR 迭代法, 这三种基本迭代法虽然普适性较强, 但一般收敛较慢. 本节将针对如下线性代数方程组:

$$Ax=b, \tag{4.51}$$

其中 $A$ 为 $n$ 阶对称正定矩阵, 介绍一种流行的求解方法——共轭梯度法 (conjugate gradient method, CG 法), 该方法最早由德国的 Hestenes(海斯特内斯) 和 Stiefel(斯蒂弗尔) 于 1952 年提出. 从表现形式上看, CG 法为一种迭代法, 但与前面的迭代法不同, 它是一种基于变分原理的方法. 下面将看到, CG 法在没有舍入误差的情况下, 经过 $n$ 步的计算后, 可以得到问题 (4.51) 的精确解. 从这个意义上说, CG 法又可以看成是一种直接方法.

在 $A$ 为对称正定矩阵的假设下, 容易证明, 方程 (4.51) 等价于如下极小问题: 求向量 $x \in \mathbb{R}^n$, 使得

$$\varphi(x) = \min_{w \in \mathbb{R}^n} \varphi(w), \tag{4.52}$$

其中二次泛函 (或二次型)

$$\varphi(w) = \frac{1}{2}(Aw, w) - (b, w), \quad \forall w \in \mathbb{R}^n. \tag{4.53}$$

**证明** 设 $x = A^{-1}b$ 为方程组 (4.51) 的解向量, 则有

$$\varphi(x) = \frac{1}{2}(Ax, x) - (b, x) = -\frac{1}{2}(Ax, x).$$

由此, 对 $\forall w \in \mathbb{R}^n$, 有

$$\begin{aligned}\varphi(w) - \varphi(x) &= \frac{1}{2}(Aw, w) - (b, w) + \frac{1}{2}(Ax, x) \\ &= \frac{1}{2}[(Aw, w) - 2(Ax, w) + (Ax, x)] \\ &= \frac{1}{2}(A(w - x), w - x) = \frac{1}{2}\|w - x\|_A^2 \geqslant 0,\end{aligned}$$

由 $A$ 的正定性知, $w = x$ 为 $\varphi(w)$ 的唯一极小值点. □

定义二次泛函

$$\varphi_1(w) = (A(w - x), w - x),$$

则由 (4.53) 知

$$\varphi_1(w) = 2\varphi(w) + (Ax, x).$$

注意 $(Ax, x)$ 为常数, 因此极小问题 (4.52) 等价于如下极小问题: 求向量 $x \in \mathbb{R}^n$, 使得

$$\varphi_1(x) = \min_{w \in \mathbb{R}^n} \varphi_1(w).$$

下面讨论求解极小问题 (4.52) 的算法. 希望通过某种规则构造出一个迭代向量序列 $\{x^k\}$, 使得函数值序列 $\{\varphi(x^k)\}$ 单调递减, 并收敛于 $\varphi(x)$. 显然构造向量

序列的本质是如何给出从 $x^k$ 到 $x^{k+1}$ 的迭代格式. 设该格式形如

$$x^{k+1} = x^k + \alpha_k q^k, \quad k = 0, 1, 2, \cdots, \tag{4.54}$$

其中, $\alpha_k \in \mathbb{R}$, 而 $q^k$ 表示从向量 $x^k$ 到 $x^{k+1}$ 的迭代方向.

由式 (4.54) 知, 构造迭代格式的关键是如何选取 $\alpha_k$ 和 $q^k$.

由数学分析知识, 一个多元函数沿其负梯度方向函数值下降得最快. 因此, 一种最自然的做法是将 $q^k$ 取为 $\varphi(x)$ 在 $x^k$ 处的负梯度方向: $-\nabla\varphi(x^k)$.

记 $r^k = b - Ax^k$ 为第 $k$ 步迭代向量的残量, 容易验算

$$r^k = -\nabla\varphi(x^k),$$

所以可以取

$$q^k = r^k. \tag{4.55}$$

而 $\alpha_k$ 的一种自然选取是: 使得 $\varphi(x^k + \alpha r^k), \alpha \in \mathbb{R}$ 达到极小, 即

$$\varphi(x^k + \alpha_k r^k) = \min_{\alpha\in\mathbb{R}} \varphi(x^k + \alpha r^k).$$

记 $f(\alpha) = \varphi(x^k + \alpha r^k)$, 则

$$\begin{aligned} f(\alpha) &= \frac{1}{2}(A(x^k + \alpha r^k), x^k + \alpha r^k) - (b, x^k + \alpha r^k) \\ &= \varphi(x^k) - \alpha(r^k, r^k) + \frac{1}{2}\alpha^2(Ar^k, r^k), \end{aligned}$$

由 $A$ 的正定性可知, $f(\alpha)$ 的图像是一条开口向上的抛物线, 故它存在唯一的极小点, 其极小点为

$$\alpha_k = \frac{(r^k, r^k)}{(Ar^k, r^k)}. \tag{4.56}$$

综合 (4.54) ~ (4.56), 可以得到如下迭代格式:

$$\begin{cases} \alpha_k = \dfrac{(r^k, r^k)}{(Ar^k, r^k)}, \\ x^{k+1} = x^k + \alpha_k r^k, \\ r^{k+1} = b - Ax^{k+1} = r^k - \alpha_k A r^k, \end{cases} \quad k = 0, 1, 2, \cdots, \tag{4.57}$$

其中 $x^0$ 为任意给定的初始迭代向量, $r^0 = b - Ax^0$.

迭代格式 (4.57) 称为最速下降法. 关于最速下降法的收敛性, 有下述结果.

**定理 4.16** 设 $A$ 为对称正定矩阵, $x = A^{-1}b$, 则对任意 $x^0 \in \mathbb{R}^n$, 最速下降法收敛, 且有

$$\|x^k - x\|_A \leqslant \left(\frac{\text{cond}_2(A) - 1}{\text{cond}_2(A) + 1}\right)^k \|x^0 - x\|_A,$$

其中矩阵 $A$ 的条件数 $\mathrm{cond}_2(A)$ 由定义 4.4 给出, 范数 $\|\cdot\|_A$ 为 $A$ 范数.

由定理 4.16 可知, 最速下降法的收敛快慢与 $A$ 的条件数有密切关系, 当 $\mathrm{cond}_2(A)$ 很大时, 最速下降法可能收敛很慢.

在最速下降法中, 将每一步的迭代方向 $q^k$ 取为负梯度方向 $r^k$, 它只能保证局部下降最快, 但从全局来看, 这个方向并不一定最好. 下面将介绍一种收敛更快的所谓的 CG 法.

与最速下降法不同, CG 法的迭代方向 $p^k$ 被选为 $A$ 共轭 (或 $A$ 正交) 的向量, 即满足正交性质:

$$(p^i, p^j)_A := (Ap^i, p^j) = 0, \quad \forall i \neq j, \tag{4.58}$$

这里 $A$ 内积 $(\cdot,\cdot)_A$ 由式 (1.37) 定义.

容易证明, 上述向量组 $\{p^k\}_{k=0}^m$ 有如下性质:

(1) 对 $\forall m < n$, $\{p^k\}_{k=0}^m$ 线性无关;

(2) 对 $\forall m \geqslant n$, $p^m$ 为零向量.

下面给出迭代 (或共轭) 方向 $\{p^k\}$ 和相应的迭代向量 $\{x^k\}$ 的构造算法.

设 $x^0$ 为任意给定的初始迭代向量, $r^0 = b - Ax^0$ 为初始残量, 取初始共轭方向 $p^0 = r^0$. 下面讨论 $x^{k+1}, p^{k+1}, k \geqslant 0$ 的递推公式. 这时迭代向量 $x^0, x^1, \cdots, x^k$, 残量 $r^0, r^1, \cdots, r^k$ 和共轭方向 $p^0, p^1, \cdots, p^k$ 为已知量.

首先讨论迭代向量 $x^{k+1}, k \geqslant 0$ 的递推公式. 令

$$x^{k+1} = x^k + \alpha_k p^k,$$

其中 $\alpha_k$ 满足

$$\varphi(x^{k+1}) = \min_{\alpha \in \mathbb{R}} \varphi(x^k + \alpha p^k).$$

类似 (4.56) 的推导, 可得

$$\alpha_k = \frac{(r^k, p^k)}{(Ap^k, p^k)},$$

这时相应的残量为

$$r^{k+1} = b - Ax^{k+1}.$$

接着讨论共轭向量 $p^{k+1}, k \geqslant 0$ 的递推公式. 一种自然的想法是先将 $p^{k+1}$ 待定成如下形式:

$$p^{k+1} = r^{k+1} + c_0 p^0 + c_1 p^1 + \cdots + c_k p^k,$$

然后根据 $\{p^k\}$ 的 $A$ 共轭性 (4.58) 来确定待定系数 $c_0, c_1, \cdots, c_k$. 但下面将发现, 由于矩阵 $A$ 为对称正定矩阵, 所以只需将上述待定式改为两项待定式

$$p^{k+1} = r^{k+1} + \beta_k p^k,$$

这时利用 $p^k$ 和 $p^{k+1}$ 的 $A$ 共轭性, 可求得待定系数

$$\beta_k = -\frac{(r^{k+1}, Ap^k)}{(Ap^k, p^k)}.$$

综上, 可以得到 CG 法的迭代格式:

$$\begin{cases} \alpha_k := \dfrac{(r^k, p^k)}{(Ap^k, p^k)}, \\ x^{k+1} := x^k + \alpha_k p^k, \\ r^{k+1} := b - Ax^{k+1} = r^k - \alpha_k Ap^k, \quad k = 0, 1, 2, \cdots, \\ \beta_k := -\dfrac{(r^{k+1}, Ap^k)}{(Ap^k, p^k)}, \\ p^{k+1} := r^{k+1} + \beta_k p^k, \end{cases} \tag{4.59}$$

其中 $x^0$ 为任意给定的初始迭代向量, $r^0 = b - Ax^0$, $p^0 = r^0$.

以下定理给出了向量系 $\{r^k\}$ 和 $\{p^k\}$ 的两种不同的正交性质.

**定理 4.17**　由式 (4.59) 所得到的向量系 $\{r^k\}$ 和 $\{p^k\}$ 分别构成正交系和 $A$ 共轭系.

**证明**　用数学归纳法, 同时证明定理中的两个结论.

当 $k = 1$ 时, 由 $\alpha_0$ 和 $\beta_0$ 的定义式, 有

$$(r^0, r^1) = (r^0, r^0 - \alpha_0 Ar^0) = (r^0, r^0) - \alpha_0(Ar^0, r^0) = 0,$$

$$(Ap^1, p^0) = (A(r^1 + \beta_0 p^0), p^0) = (Ar^1, p^0) + \beta_0(Ap^0, p^0) = 0,$$

即向量组 $\{r^k\}$ 和 $\{p^k\}$ 中只有两个向量时, 结论成立.

设对整数 $k \geqslant 1$, $r^0, r^1, \cdots, r^k$ 构成一个正交系, $p^0, p^1, \cdots, p^k$ 构成一个 $A$ 共轭系, 下面需要证明

$$(r^{k+1}, r^j) = 0, \quad j = 0, 1, \cdots, k, \tag{4.60}$$

$$(Ap^{k+1}, p^j) = 0, \quad j = 0, 1, \cdots, k. \tag{4.61}$$

首先证明式 (4.60) 成立. 由 (4.59) 及归纳假设, 有

$$\begin{aligned} (r^{k+1}, r^j) &= (r^k - \alpha_k Ap^k, r^j) = (r^k, r^j) - \alpha_k(Ap^k, r^j) \\ &= (r^k, r^j) - \alpha_k(Ap^k, p^j - \beta_{j-1}p^{j-1}) \\ &= (r^k, r^j) - \alpha_k(Ap^k, p^j). \end{aligned} \tag{4.62}$$

当 $j \leqslant k-1$ 时, 由归纳假设, 式 (4.62) 右端为零, 故 $(r^{k+1}, r^j) = 0$. 当 $j = k$ 时, 注意

$$r^k = p^k - \beta_{k-1} r^{k-1},$$

上式两边关于 $r^k$ 作内积, 并注意 $(r^{k-1}, r^k) = 0$, 可得

$$(r^k, r^k) = (p^k, r^k), \tag{4.63}$$

将上式代入 (4.62)(这时 $j = k$), 并利用 $\alpha_k$ 的定义式, 有

$$(r^{k+1}, r^k) = (p^k, r^k) - \alpha_k (Ap^k, p^k) = 0,$$

从而 (4.60) 得证.

下面证明式 (4.61) 成立. 利用 $A$ 的对称性, 有

$$\begin{aligned}(Ap^{k+1}, p^j) &= (p^{k+1}, Ap^j) \\ &= (r^{k+1} + \beta_k p^k, Ap^j) \\ &= (r^{k+1}, Ap^j) + \beta_k (p^k, Ap^j).\end{aligned} \tag{4.64}$$

当 $j \leqslant k-1$ 时, 式 (4.64) 右端的第二项为零, 故

$$\begin{aligned}(Ap^{k+1}, p^j) &= (r^{k+1}, Ap^j) \\ &= \left(r^{k+1}, \frac{r^j - r^{j+1}}{\alpha_j}\right) \\ &= \frac{1}{\alpha_j}[(r^{k+1}, r^j) - (r^{k+1}, r^{j+1})] = 0.\end{aligned}$$

当 $j = k$ 时, 由 $\beta_k$ 的计算公式, 有 $(Ap^{k+1}, p^k) = 0$. 从而 (4.61) 成立. □

利用定理 4.17, CG 法中 $\alpha_k$ 和 $\beta_k$ 的计算公式可以进一步简化. 首先由 (4.63) 可得

$$\alpha_k = \frac{(r^k, p^k)}{(Ap^k, p^k)} = \frac{(r^k, r^k)}{(Ap^k, p^k)}. \tag{4.65}$$

又

$$\begin{cases} (r^{k+1}, Ap^k) = \left(r^{k+1}, \dfrac{r^k - r^{k+1}}{\alpha_k}\right) = -\dfrac{1}{\alpha_k}\left(r^{k+1}, r^{k+1}\right), \\ (Ap^k, p^k) = \left(\dfrac{r^k - r^{k+1}}{\alpha_k}, p^k\right) = \left(\dfrac{r^k - r^{k+1}}{\alpha_k}, r^k + \beta_{k-1} r^{k-1}\right) = \dfrac{1}{\alpha_k}(r^k, r^k). \end{cases}$$

从而

$$\beta_k = -\frac{(r^{k+1}, Ap^k)}{(Ap^k, p^k)} = \frac{(r^{k+1}, r^{k+1})}{(r^k, r^k)}. \tag{4.66}$$

**注 4.2**　在实际编程时, 为了提高计算效率, 常用 (4.65) 和 (4.66) 作为 $\alpha_k$ 和 $\beta_k$ 的计算公式.

由定理 4.17 可知, 若不考虑计算过程中的舍入误差, CG 法最多迭代 $n$ 步就可以得到方程组的精确解. 但是由于舍入误差的影响, 残余向量 $\{r^k\}$ 不能精确满足正交性关系, 一般情况将出现 $r_n \neq 0$; 另一方面, 当 $n$ 很大时, 迭代 $n$ 步的计算量本身就很大. 因此实际计算中, 我们是将 CG 法作为一种迭代法使用, 并以当前残量的范数与初始残量范数的比值是否小于给定的控制精度, 来判别是否终止迭代.

关于 CG 法的收敛性, 有如下定理.

**定理 4.18**　设 $A$ 为对称正定矩阵, $x = A^{-1}b$, 则用 CG 法求得的第 $k$ 步迭代向量 $x^k$ 有如下误差估计式:

$$\|x - x^k\|_A \leqslant 2\left(\frac{\sqrt{\mathrm{cond}_2(A)}-1}{\sqrt{\mathrm{cond}_2(A)}+1}\right)^k \|x - x^0\|_A,$$

其中矩阵 $A$ 的条件数 $\mathrm{cond}_2(A)$ 由定义 4.4 给出.

由定理 4.16 和定理 4.18 可知, 求解对称正定线性代数方程组时, 用 CG 法要比用最速下降法收敛得快.

## 4.6　预条件共轭梯度法

由 4.5 节可知, CG 法收敛的快慢强烈地依赖于系数矩阵 $A$ 的条件数. 对于 $A$ 的条件数很大的线性代数方程组, CG 法收敛很慢. 本节希望利用一种重要的所谓预条件方法, 来提高求解线性代数方程组的迭代法的收敛速度, 这是一种应用相当广泛的迭代加速方法.

考虑一般线性代数方程组

$$Ax = b, \tag{4.67}$$

其中, $A$ 是一个 $n$ 阶非奇异矩阵.

预条件方法的基本思想是：先通过一个计算复杂度远低于求 $A^{-1}$ 的过程, 将 (4.67) 转换为一个等价的, 且系数矩阵条件数远小于 $\mathrm{cond}(A)$ 的线性代数方程组; 再选择适当的常用迭代法, 对该等价线性方程组进行求解. 这时, 由于系数矩阵的条件数较小, 所以迭代法收敛得较快, 这样就达到了迭代加速的目的.

实现上述思想的一种常见的做法是：在 (4.67) 两边同时左乘一个非奇异矩阵 $P^{-1}$, 则 (4.67) 可以等价地写为

$$P^{-1}Ax = P^{-1}b, \tag{4.68}$$

称该过程为预处理过程, 并称矩阵 $P$ 为预条件子, 其选取原则如下:

(1) $\mathrm{cond}(P^{-1}A) \ll \mathrm{cond}(A)$;

(2) $P^{-1}$ 的计算要比直接求 $A^{-1}$ 更容易.

关于求解等价方程组 (4.68) 的迭代法的选取, 一般依赖于系数矩阵 $A$ 的性态. 目前国际上流行的方法是 Krylov 子空间迭代法. 特别地, 当 $A$ 是一个正定但非对称的矩阵时, 常用广义极小残量 (GMRES) 法来求解; 当 $A$ 是一个对称不定矩阵时, 常选用最小剩余 (MINRES) 法来求解.

上述矩阵 $P$ 常称为左预条件子. 类似地, 还可以定义右预条件子. 这时将 (4.67) 变成如下等价方程组:

$$AP^{-1}u = b, \tag{4.69}$$

其中 $u = Px$.

注意, 在利用迭代法求解等价方程组 (4.68) 和 (4.69) 时, 其对应的残量是不同的. 方程组 (4.69) 与原方程组 (4.67) 的残量相同 (均为 $r^k = b - Ax^k$); 但方程组 (4.68) 的残量却为 $P^{-1}r^k$. 因此, 在迭代终止条件的选取上要注意区分.

考察等价方程组 (4.68) 容易发现: 其系数矩阵 $P^{-1}A$ 在欧氏内积下不对称, 即不满足

$$(P^{-1}Ax, y) = (x, P^{-1}Ay), \quad \forall x, y \in \mathbb{R}^n.$$

因此难以直接使用 4.5 节所介绍的 CG 法对 (4.68) 进行求解. 解决该问题的途径通常有两种.

第一种途径是: 利用系数矩阵 $P^{-1}A$ 在 $P$ 内积下的对称性, 即满足

$$(P^{-1}Ax, y)_P = (x, P^{-1}Ay)_P, \quad \forall x, y \in \mathbb{R}^n.$$

这时完全类似于 4.5 节关于欧氏内积下 CG 法的推导过程 (只需将欧氏内积换成 $P$ 内积), 即可得到如下求解方程组 (4.67) 的 $P$ 内积下的 CG 法:

$$\begin{cases} \alpha_k := \dfrac{(z^k, z^k)_P}{(P^{-1}Ap^k, p^k)_P}, \\ x^{k+1} := x^k + \alpha_k p^k, \\ r^{k+1} := b - Ax^{k+1} = r^k - \alpha_k Ap^k, \\ z^{k+1} := P^{-1}r^{k+1}, \\ \beta_k := \dfrac{(z^{k+1}, z^{k+1})_P}{(z^k, z^k)_P}, \\ p^{k+1} := z^{k+1} + \beta_k p^k, \end{cases} \quad k = 0, 1, 2, \cdots, \tag{4.70}$$

其中 $x^0$ 为任意给定的初始迭代向量, $r^0 = b - Ax^0$, $z^0 = P^{-1}r^0$, $p^0 = z^0$.

由算法 (4.70) 知

$$z^k = P^{-1}r^k = P^{-1}b - P^{-1}Ax^k,$$

即它是等价方程组 (4.68) 第 $k$ 步迭代向量的残量.

第二种途径是：通过改造上述预处理过程, 使得等价方程组的系数矩阵为一个在欧氏内积下的对称正定矩阵.

为此, 取 $P$ 为一个对称正定矩阵, 这时可以对 $P$ 作平方分解

$$P = C^2,$$

其中 $C$ 为对称正定矩阵.

在方程组 (4.67) 两边左乘矩阵 $C^{-1}$, 并作变换 $\tilde{x} = Cx$, 就可将其等价地变成

$$\tilde{A}\tilde{x} = \tilde{b}, \tag{4.71}$$

其中, $\tilde{A} = C^{-1}AC^{-1}$, $\tilde{b} = C^{-1}b$.

显然 $\tilde{A}$ 为对称正定矩阵, 因此可以直接对方程组 (4.71) 使用 CG 法, 则得到如下迭代格式：

$$\begin{cases} \alpha_k := \dfrac{(\tilde{r}^k, \tilde{r}^k)}{(\tilde{A}\tilde{p}^k, \tilde{p}^k)}, \\ \tilde{x}^{k+1} := \tilde{x}^k + \alpha_k \tilde{p}^k, \\ \tilde{r}^{k+1} := \tilde{r}^k - \alpha_k \tilde{A}\tilde{p}^k, \qquad k = 0, 1, 2, \cdots, \\ \beta_k := \dfrac{(\tilde{r}^{k+1}, \tilde{r}^{k+1})}{(\tilde{r}^k, \tilde{r}^k)}, \\ \tilde{p}^{k+1} := \tilde{r}^{k+1} + \beta_k \tilde{p}^k, \end{cases} \tag{4.72}$$

其中 $\tilde{x}^0$ 为任意给定的初始迭代向量, $\tilde{r}^0 = \tilde{b} - \tilde{A}\tilde{x}^0$, $\tilde{p}^0 = \tilde{r}^0$.

下面将求解 (4.71) 的迭代格式 (4.72) 转换回求解原问题 (4.67) 的迭代格式. 这时注意

$$\tilde{x} = Cx, \quad P = C^2, \quad \tilde{b} = C^{-1}b, \quad \tilde{A} = C^{-1}AC^{-1}. \tag{4.73}$$

令

$$x^k = C^{-1}\tilde{x}^k, \quad p^k = C^{-1}\tilde{p}^k, \tag{4.74}$$

由此并利用 (4.73), 则可推出

$$r^k = b - Ax^k = C(\tilde{b} - \tilde{A}\tilde{x}^k) = C\tilde{r}^k. \tag{4.75}$$

将 (4.73) ~ (4.75) 代入 (4.72), 可得关于原问题 (4.67) 的迭代格式

$$\begin{cases} \alpha_k := \dfrac{(P^{-1}r^k, r^k)}{(Ap^k, p^k)}, \\ x^{k+1} := x^k + \alpha_k p^k, \\ r^{k+1} := r^k - \alpha_k Ap^k, \\ \beta_k := \dfrac{(P^{-1}r^{k+1}, r^{k+1})}{(P^{-1}r^k, r^k)}, \\ p^{k+1} := P^{-1}r^{k+1} + \beta_k p^k, \end{cases} \qquad k = 0, 1, 2, \cdots , \tag{4.76}$$

其中 $x^0$ 为任意给定的初始迭代向量, $r^0 = b - Ax^0$, $p^0 = P^{-1}r^0$.

迭代格式 (4.76) 称为预条件共轭梯度法 (简称 PCG 法), 它是目前求解大型稀疏对称正定线性代数方程组的有效算法.

以下定理给出了 PCG 法中向量系 $\{r^k\}$ 和 $\{p^k\}$ 的两种不同的正交性质.

**定理 4.19** 由式 (4.76) 所得到的向量系 $\{r^k\}$ 和 $\{p^k\}$ 分别构成 $P^{-1}$ 共轭系和 $A$ 共轭系.

**证明** 由定理 4.17 知

$$(\tilde{r}^i, \tilde{r}^j) = 0, \ (\tilde{A}\tilde{p}^i, \tilde{p}^j) = 0, \quad i \neq j. \tag{4.77}$$

利用 (4.75) 和 (4.77), 并注意 $P^{-1} = (C^{-1})^2$, 可得

$$(r^i, r^j)_{P^{-1}} = (C^{-1}r^i, C^{-1}r^j) = (\tilde{r}^i, \tilde{r}^j) = 0, \quad i \neq j,$$

即证得了 $\{r^k\}$ 为 $P^{-1}$ 共轭系.

利用 (4.75) 和 (4.77), 并注意 $\tilde{A} = C^{-1}AC^{-1}$, 可得

$$(Ap^i, p^j) = (C^{-1}AC^{-1}Cp^i, Cp^j) = (\tilde{A}\tilde{p}^i, \tilde{p}^j) = 0, \quad i \neq j.$$

因此 $\{p^k\}$ 构成 $A$ 共轭系. □

关于 PCG 法的收敛性, 有如下定理.

**定理 4.20** 设 $A$ 和 $P$ 均为对称正定矩阵, $x = A^{-1}b$, 则用 PCG 法求得的第 $k$ 步迭代向量 $x^k$ 有如下误差估计式:

$$\left\|x - x^k\right\|_A \leqslant 2\left(\frac{\sqrt{\mathrm{cond}_{sp}(P^{-1}A)} - 1}{\sqrt{\mathrm{cond}_{sp}(P^{-1}A)} + 1}\right)^k \left\|x - x^0\right\|_A, \tag{4.78}$$

其中 $\mathrm{cond}_{sp}(P^{-1}A)$ 为由式 (4.2) 定义的关于矩阵 $P^{-1}A$ 的谱条件数.

**证明**　由定理 4.18 知, 迭代向量 $\{\tilde{x}^k\}$ 满足:

$$\left\|\tilde{x}-\tilde{x}^k\right\|_{\tilde{A}} \leqslant 2\left(\frac{\sqrt{\operatorname{cond}_2(\tilde{A})}-1}{\sqrt{\operatorname{cond}_2(\tilde{A})}+1}\right)^k\left\|\tilde{x}-\tilde{x}^0\right\|_{\tilde{A}}.$$

利用 (4.73) 和 (4.74), 可得

$$\begin{aligned}\left\|\tilde{x}-\tilde{x}^k\right\|_{\tilde{A}} &=\sqrt{(\tilde{A}(\tilde{x}-\tilde{x}^k), \tilde{x}-\tilde{x}^k)}=\sqrt{(C^{-1}AC^{-1}(Cx-Cx^k), Cx-Cx^k)} \\ &=\sqrt{(A(x-x^k), x-x^k)} \\ &=\left\|x-x^k\right\|_A.\end{aligned}$$

同理, 有

$$\left\|\tilde{x}-\tilde{x}^0\right\|_{\tilde{A}}=\left\|x-x^0\right\|_A.$$

下面证明

$$\operatorname{cond}_2(\tilde{A})=\operatorname{cond}_{sp}(P^{-1}A).$$

由 $\tilde{A}=C^{-1}AC^{-1}=C(C^{-1})^2AC^{-1}=C(P^{-1}A)C^{-1}$ 可知, 矩阵 $\tilde{A}$ 与 $P^{-1}A$ 相似, 因此它们有相同的特征值, 故上式显然成立.

综上可知, 式 (4.78) 成立. □

由定理 4.20 可见, 在 PCG 法中预条件子 $P$ 的选取, 对于提高收敛速度和数值稳定性起关键作用. 目前国际上一种流行的做法是: 对线性代数方程组的系数矩阵作 ILU 分解, 然后用得到的乘积矩阵 $LU$ 作预条件子. 关于 ILU(0) 分解的算法可详见 4.2 节的算法 4.3.

另外, 与 CG 法类似, 若不考虑计算过程中的舍入误差, PCG 法也最多迭代 $n$ 步就可以得到方程组的精确解. 但由于舍入误差的影响, 实际计算中, 我们是将 PCG 法作为一种迭代法使用. 但与 CG 法不同, PCG 法通常是以当前残量的 $P^{-1}$ 范数与初始残量 $P^{-1}$ 范数的比值是否小于给定的控制精度, 来判别是否终止迭代.

## 习　题　4

4.1　试分别画出单位圆 $S_p=\{x\in\mathbb{R}^2, \|x\|_p=1\}$, $p=1,2,\infty$ 的图形.

4.2　试证矩阵 $A$ 的 $F$ 范数满足定理 4.2 中的相容性条件 (4) 和 (5), 并说明当 $A$ 是一个秩为 1 的矩阵时, 矩阵的 $F$ 范数和 2 范数的关系.

4.3　用 Gauss 逐步消去法解方程组

$$\begin{bmatrix}1 & 2 & 1\\ 2 & 2 & 3\\ -1 & -3 & 0\end{bmatrix}\begin{bmatrix}x_1\\ x_2\\ x_3\end{bmatrix}=\begin{bmatrix}0\\ 3\\ 2\end{bmatrix}.$$

4.4　用列主元消去法解方程组

$$\begin{bmatrix} 0 & 2 & 1 \\ 1 & 1 & 0 \\ 2 & 3 & 2 \end{bmatrix} \begin{bmatrix} x_1 \\ x_2 \\ x_3 \end{bmatrix} = \begin{bmatrix} 5 \\ 3 \\ 0 \end{bmatrix}.$$

4.5　设 $A$ 为 $n$ 阶按行严格对角占优矩阵, 经 Gauss 消去法一步后 $A$ 变为如下形式：

$$A^{(2)} = \begin{bmatrix} a_{11} & A_{12} \\ 0 & A_{22}^{(2)} \end{bmatrix},$$

试证 $A_{22}^{(2)}$ 是 $n-1$ 阶按行严格对角占优矩阵.

4.6　设 $A$ 为实对称非奇异矩阵, 且各阶顺序主子式

$$\Delta_k \neq 0, \quad k = 1, \cdots, n,$$

试证 $A$ 可以分解为 $A = LDL^{\mathrm{T}}$, 其中 $L$ 为具有正对角元的下三角阵, $D$ 为对角矩阵, 其对角元 $|d_{ii}| = 1$.

4.7　用追赶法解如下三对角方程组：

$$\begin{bmatrix} 2 & 1 & & \\ 1 & 3 & 1 & \\ & 1 & 1 & 1 \\ & & 2 & 1 \end{bmatrix} \begin{bmatrix} x_1 \\ x_2 \\ x_3 \\ x_4 \end{bmatrix} = \begin{bmatrix} 1 \\ 2 \\ 2 \\ 0 \end{bmatrix}.$$

4.8　假定已知 $A \in \mathbb{R}^{n\times n}$ 的三角分解：$A = LU$, 试设计一个算法来计算 $A^{-1}$ 的 $(i,j)$ 元素.

4.9　试证对 $n$ 维向量 $x$ 有

$$\|x\|_\infty \leqslant \|x\|_1 \leqslant n\|x\|_\infty .$$

4.10　设 $A$ 为 $n$ 阶实矩阵, 试证

$$\frac{1}{\sqrt{n}}\|A\|_F \leqslant \|A\|_2 \leqslant \|A\|_F .$$

4.11　设 $\|\cdot\|$ 是向量范数, $A$ 为 $n\times n$ 实矩阵, $x$ 是 $n$ 维向量, 证明 $\|Ax\|$ 是 $x$ 的连续函数.

4.12　设 $A, B$ 为 $n$ 阶非奇异矩阵, $\|\cdot\|$ 表示矩阵的任一种从属范数, 试证：

(1) $\|A^{-1}\| \geqslant 1/\|A\|$;

(2) $\|A^{-1} - B^{-1}\| \leqslant \|A^{-1}\|\cdot\|B^{-1}\|\cdot\|A-B\|$.

4.13　设 $\|\cdot\|$ 是由向量范数 $\|\cdot\|$ 诱导的矩阵范数, 证明: 若 $A \in \mathbb{R}^{n\times n}$ 非奇异, 则

$$\|A^{-1}\|^{-1} = \min_{\|x\|=1}\|Ax\| .$$

4.14　设 $A = LU$ 是 $A \in \mathbb{R}^{n\times n}$ 的三角分解, 其中 $|l_{ij}| \leqslant 1$. 并设 $a_i^{\mathrm{T}}, u_i^{\mathrm{T}}$ 分别表示 $A$ 和 $U$ 的第 $i$ 行, 验证

$$u_i^{\mathrm{T}} = a_i^{\mathrm{T}} - \sum_{j=1}^{i-1} l_{ij} u_j^{\mathrm{T}},$$

并证明 $\|U\|_\infty \leqslant 2^{n-1}\|A\|_\infty$.

4.15　设 $A$ 非奇异, $\lambda_i$ 是方阵 $A^{\mathrm{T}}A$ 的特征值, 证明:

$$\operatorname{cond}_2^2(A)=\operatorname{cond}_2(A^{\mathrm{T}}A)=\frac{\max\limits_i \lambda_i}{\min\limits_i \lambda_i}.$$

4.16　设

$$A=\begin{bmatrix}1 & 0.99\\ 0.99 & 0.98\end{bmatrix},\quad b=\begin{bmatrix}1\\ 1\end{bmatrix},$$

已知方程组 $Ax=b$ 的精确解为 $x^*=(100,-100)^{\mathrm{T}}$.

(1) 计算条件数 $\|A\|_\infty\cdot\left\|A^{-1}\right\|_\infty$;

(2) 取 $\tilde{x}_1=(1,0)^{\mathrm{T}}$, $\tilde{x}_2=(100.5,-99.5)^{\mathrm{T}}$, 分别计算它的残余向量. 本题的结果说明了什么问题?

4.17　求矩阵 $Q$ 的 $\|Q\|_p$, $p=1,2,\infty$, 以及 $\operatorname{cond}_\infty(Q)$, 其中

$$Q=\begin{bmatrix}1 & 1 & 1 & 1\\ -1 & 1 & -1 & 1\\ -1 & -1 & 1 & 1\\ 1 & -1 & -1 & 1\end{bmatrix}.$$

4.18　若存在正定矩阵 $P$, 使

$$B=P-H^{\mathrm{T}}PH$$

为对称正定矩阵, 试证迭代法

$$x^{k+1}=Hx^k+b,\quad k=0,1,2,\cdots$$

收敛.

4.19　设有方程组 $Ax=b$, 其中

$$A=\begin{bmatrix}1 & 0 & -1\\ 2 & 2 & 1\\ 0 & 2 & 2\end{bmatrix},\quad b=\begin{bmatrix}1/2\\ 1/3\\ -2/3\end{bmatrix},$$

已知它有解 $x=(1/2,-1/3,0)^{\mathrm{T}}$. 如果右端有小扰动 $\|\delta b\|_\infty=10^{-6}/2$, 试估计由此引起的解的相对误差.

4.20　设有迭代格式

$$x^k=Bx^{k-1}+g,\quad k=1,2,\cdots,$$

其中

$$B=\begin{bmatrix}0 & 0.5 & -1/\sqrt{2}\\ 0.5 & 0 & 0.5\\ 1/\sqrt{2} & 0.5 & 0\end{bmatrix},\quad g=\begin{bmatrix}-0.5\\ 1\\ -0.5\end{bmatrix},$$

试证该迭代格式收敛. 并取 $x^0=(0,0,0)^{\mathrm{T}}$, 计算 $x^4$.

4.21 若 $A$ 严格对角占优或不可约对角占优, 试证明求解方程组 $Ax=b$ 的 Jacobi 迭代法是收敛的.

4.22 给定方程组

$$\begin{bmatrix} 1 & 2 & -2 \\ 1 & 1 & 1 \\ 2 & 2 & 1 \end{bmatrix}\begin{bmatrix} x_1 \\ x_2 \\ x_3 \end{bmatrix}=\begin{bmatrix} 1 \\ 1 \\ 1 \end{bmatrix},$$

证明 Jacobi 迭代方法收敛而 G-S 迭代方法发散.

4.23 设 $A=(a_{ij})_{2\times 2}$ 是二阶矩阵, 且 $a_{11}\cdot a_{22}\neq 0$. 证明：求解 $Ax=b$ 的 Jacobi 迭代方法和 G-S 迭代方法同时收敛或同时发散.

4.24 设 $A$ 为正交矩阵, $B=2I-A$. 求证线性方程组 $B^{\mathrm{T}}Bx=b$, 用 G-S 方法求解必收敛.

4.25 设求解方程 $Ax=b$ 的简单迭代法

$$x^{k+1}=Gx^k+d,\quad k=0,1,2,\cdots$$

收敛. 求证当 $0<\omega<1$ 时, 迭代法

$$x^{k+1}=[(1-\omega)I+\omega G]x^k+\omega d,\quad k=0,1,2,\cdots$$

收敛.

4.26 求证矩阵

$$A=\begin{bmatrix} 1 & a & a \\ a & 1 & a \\ a & a & 1 \end{bmatrix}$$

当 $-0.5<a<1$ 时正定, 当 $-0.5<a<0$ 时 Jacobi 迭代法解 $Ax=b$ 收敛.

4.27 设

$$A=\begin{bmatrix} 1 & 0 & a & a \\ 0 & 1 & a & a \\ a & a & 1 & 0 \\ a & a & 0 & 1 \end{bmatrix},\quad a=-\frac{1}{4}.$$

计算 Jacobi, G-S 迭代矩阵的谱半径.

4.28 设 $A$ 为实对称正定矩阵, 试证对于如下 Jacobi 松弛法 (简称 JOR 方法)：

$$x^{k+1}=x^k+\omega D^{-1}(b-Ax^k),$$

总存在某个 $\omega>0$, 使得 JOR 方法收敛.

4.29 设有方程组 $Ax=b$, 其中 $A$ 为对称正定矩阵, 试证当松弛因子 $\omega$ 满足 $0<\omega<2/\beta$ ($\beta$ 为 $A$ 的最大特征值) 时下述迭代法收敛：

$$x^{k+1}=x^k+\omega(b-Ax^k),\quad k=0,1,2,\cdots.$$

4.30 设方程组为

$$\begin{bmatrix} 6 & 3 \\ 3 & 2 \end{bmatrix}\begin{bmatrix} x_1 \\ x_2 \end{bmatrix}=\begin{bmatrix} 0 \\ -1 \end{bmatrix}.$$

(1) 试用最速下降法解方程组, 取 $x^0=(0,0)^{\mathrm{T}}$ 计算到 $x^4$;

(2) 试用共轭梯度法解方程组, 取 $x^0=(0,0)^{\mathrm{T}}$.

4.31　设 $\{p^k\}$, $\{r^k\}$ 为共轭梯度法所定义, 试证:

(1) $(r^i,Ap^i)=(Ap^i,p^i)$;　　(2) $(Ar^i,p^j)=0,\ i\neq j,j+1$.

4.32　设有方程组 $Ax=b$, 其中 $A\in\mathbb{R}^{n\times n}$, $b\in\mathbb{R}^n$.

(1) 设 $A$ 非奇异, 试证明 $Ax=b$ 的解属于 Krylov 空间 $K(A,b,n_0)$, 其中正整数 $n_0=\max\limits_{m\in[1,n]} m=\dim(K(A,b,m))$;

(2) 设 $A$ 对称正定, 试证明对任给的初始迭代向量 $x_0$, 若令初始残量 $r_0=b-Ax_0$，则解向量为 $x=x_0+z$, 其中 $z\in K(A,r_0,n_0)$(满足 $Az=r_0$), 可由初始迭代向量为 0 的 $n_0$ 步 CG 迭代解向量精确得到.

思维导图4

# 第 5 章 非线性方程的数值解法

本章讨论方程

$$f(x)=0$$

的数值解法, 这里 $x\in\mathbb{R}, f\in C[a,b]$. 在工程和科学计算中有大量这样的计算问题, 其中一类特殊的问题是数值求解多项式方程

$$p_n(x)=0,$$

其中 $p_n(x)=a_nx^n+a_{n-1}x^{n-1}+\cdots+a_1x+a_0$, 设系数 $a_n,a_{n-1},\cdots,a_0$ 均为实数, 且 $a_n\neq 0$. 本章只考虑多项式方程实数根的问题.

方程 $f(x)=0$ 的根 $x^*$ 又称 $f$ 的零点. 对于一般给定的 $f$, $x^*$ 是难以用公式表示的. 即使对于多项式的情形, 大家熟知 $n=1,2$ 时的方程求根公式, $n=3,4$ 的求解公式可在数学手册上查到, 但对于 $n\geqslant 5$ 的情形, 是不能用公式表示方程的根的. 所以, 求方程的根要用数值方法, 即给出达到一定精确度的近似根的方法.

对于多项式方程, 有单根和重根的概念, 这可推广到方程 $f(x)=0$. 设 $f(x)$ 可分解为

$$f(x)=(x-x^*)^m g(x),$$

其中 $m$ 为正整数, $g$ 满足 $g(x^*)\neq 0$. 显然 $x^*$ 是 $f$ 的零点. 称 $x^*$ 是 $f$ 的 $m$ **重零点**, 或称 $x^*$ 是方程 $f(x)=0$ 的 $m$ **重根**. 显然, 若 $g$ 充分光滑, $x^*$ 是 $f$ 的 $m$ 重零点, 则有

$$f(x^*)=f'(x^*)=\cdots=f^{(m-1)}(x^*)=0,\quad f^{(m)}(x^*)\neq 0.$$

方程 $f(x)=0$ 的根可能有多个. 虽然求多项式方程根的方法中, 有很多方法是把所有根同时求出的, 但本章所讨论的方法都是逐个求出根的. 所以一般来说, 设在区间 $[a,b]$ 上方程有一个根, $[a,b]$ 就称为方程的一个**有根区间**. 如果在 $[a,b]$ 上方程有且只有一个根, 则 $[a,b]$ 把方程的根隔离出来了. 这时若能把有根区间不断缩小, 便可逐步得出根的近似值.

把方程的根隔离出来, 要根据函数 $f$ 的性质来进行, 包括一些试算. 例如, 若知道 $f(a)f(b)<0$, 由 $f$ 连续性, $[a,b]$ 一定是一个有根区间. 要找出方程的所有实根, 往往要进行所谓 “根的搜索”, 即用各种方法找出若干个有根区间, 然后再用各种方法在各有根区间上求出各个根的近似值, 本章的侧重点在后者.

# 5.1　二　分　法

## 5.1.1　二分算法

求解方程

$$f(x) = 0, \tag{5.1}$$

一种简便的方法就是**二分法**. 设已找到有根区间 $[a, b]$, 满足

$$f(a)f(b) < 0,$$

并且 (5.1) 在 $[a, b]$ 上只有一个根. 下面用简单的方法形成有根区间的序列. 先设 $a_1 = a, b_1 = b$, 即 $[a_1, b_1] = [a, b]$, 对于一般的区间 $[a_n, b_n]$, 设其中点为

$$x_n = \frac{a_n + b_n}{2},$$

若 $f(x_n) = 0$, 则 $x_n$ 即为所求, 否则, 检验 $f(x_n)$ 的符号, 若它与 $f(a_n)$ 同号, 就取 $a_{n+1} = x_n, b_{n+1} = b_n$. 反之, 取 $a_{n+1} = a_n, b_{n+1} = x_n$. 这样必有 $f(a_{n+1})f(b_{n+1}) < 0$, 所以 $[a_{n+1}, b_{n+1}]$ 就是新的有根区间. 继续上述过程, 如图 5-1 所示. 再加上规定的误差要求, 可写成如下的算法:

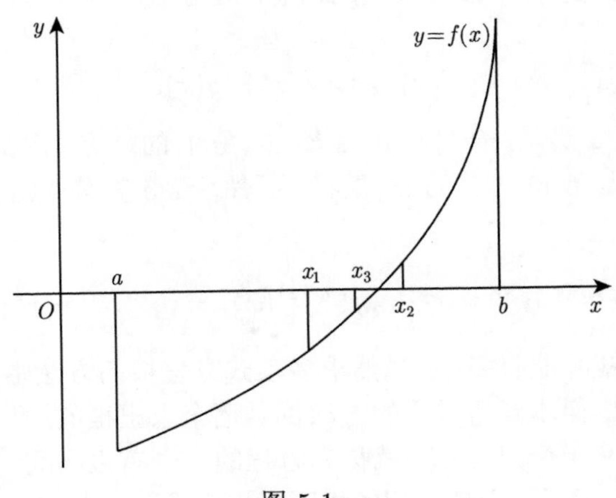


图 5-1

**算法 5.1** (二分算法)　设 $\varepsilon$ 为根的容许误差, $\delta$ 为函数值的容许误差, $n = 1$, $a_1 = a$, $b_1 = b$.

**步骤 1**　令 $x_n = (a_n + b_n)/2$.

**步骤 2**　若 $|f(x_n)| \leqslant \delta$ 或 $b_n - x_n \leqslant \varepsilon$, 则输出 $x_n$, 停止.

**步骤 3** 若 $f(a_n)f(x_n) > 0$, 则令 $a_{n+1} = x_n, b_{n+1} = b_n$; 否则令 $a_{n+1} = a_n, b_{n+1} = x_n$.

**步骤 4** $n := n+1$, 转向步骤 1.

算法 5.1 中步骤 2 中 $b_n - x_n \leqslant \varepsilon$ 的判别, 可用 $|x_n - x_{n-1}| < \varepsilon$ 或相对误差 $|x_n - x_{n-1}|/|x_n| < \varepsilon$ 来代替. 算法得到的

$$x_n = \frac{a_n + b_n}{2}$$

是否一定收敛到方程的根呢？回答是肯定的.

用二分法求方程的根, 需先确定初始区间 $[a, b]$, 使 $f(a)$ 与 $f(b)$ 异号. 一般可用画函数图像或列表格的办法来确定初始区间.

### 5.1.2 误差估计

**定理 5.1** 设 $f \in C[a, b]$, $f(a)f(b) < 0$, 则二分算法产生的序列 $\{x_n\}$ 满足

$$|x_n - x^*| \leqslant \frac{b-a}{2^n}, \tag{5.2}$$

其中 $x^* \in (a, b)$ 为 (5.1) 的根.

**证明** 因为 $[a_n, b_n]$ 由 $[a_{n-1}, b_{n-1}]$ 一分为二得到, 所以对 $n \geqslant 1$, 区间长度

$$b_n - a_n = \frac{b_{n-1} - a_{n-1}}{2} = \cdots = \frac{b-a}{2^{n-1}},$$

而 $x^* \in [a_n, b_n]$, 且 $x_n = (a_n + b_n)/2$, 所以

$$|x_n - x^*| \leqslant \frac{b_n - a_n}{2} = \frac{b-a}{2^n}. \qquad \square$$

定理 5.1 保证了 $n \to \infty$ 时有 $x \to x^*$, 而且给出了误差估计式 (5.2).

**例 5.1** 已知 $f(x) = x^3 + 4x^2 - 10$ 在 [1, 2] 有一个零点, $f(1) = -5, f(2) = 14$. 算法 5.1 的计算结果如表 5-1 所示.

**表 5-1**

| $n$ | 有根区间 | $x_n$ | $f(x_n)$ |
|---|---|---|---|
| 1 | [1.0, 2.0] | 1.5 | 2.375 |
| 2 | [1.0, 1.5] | 1.25 | −1.79687 |
| 3 | [1.25, 1.5] | 1.375 | 0.16211 |
| 4 | [1.25, 1.375] | 1.3125 | −0.84839 |
| 5 | [1.3125, 1.375] | 1.34375 | −0.35098 |
| 6 | [1.34375, 1.375] | 1.359375 | −0.09641 |
| 7 | [1.359375, 1.375] | 1.3671875 | 0.03236 |
| 8 | [1.359375, 1.36718175] | 1.36328125 | −0.03215 |

经过 8 次二分法, $x_8 = 1.36328125$, 由估计式 (5.2) 得到,

$$|x_8 - x^*| \leqslant 2^{-8} \approx 3.9 \times 10^{-3}.$$

实际上有 $x^* \approx 1.36523001$, $|x_8 - x^*| \approx 1.95 \times 10^{-3}$. 另外, 如果要求 $\varepsilon = 10^{-5}$, 则可以由 (5.2) 确定必要的二分次数 $N$, 即由

$$|x_N - x^*| \leqslant \frac{b-a}{2^N} \approx 2^{-N},$$

令 $2^{-N} < 10^{-5}$, 取对数计算得 $N > 5/\lg 2 \approx 16.6$, 即进行 17 次二分法可满足要求.

### 5.1.3　二分法的优缺点

二分法的优点是方法及相应程序均简单, 且对函数 $f(x)$ 的性质要求不高, 只要连续即可. 但它只能用于求实函数方程 $f(x) = 0$ 的实根, 不能用于求复根和偶数重根. 如果 $f$ 有二重根 $x^*$ 或者有相近的两个零点 (图 5-2), 那么即使区间 $[x_0, x_1]$ 包含有 $f$ 的零点, 条件 $f(x_0)f(x_1) < 0$ 也不成立.

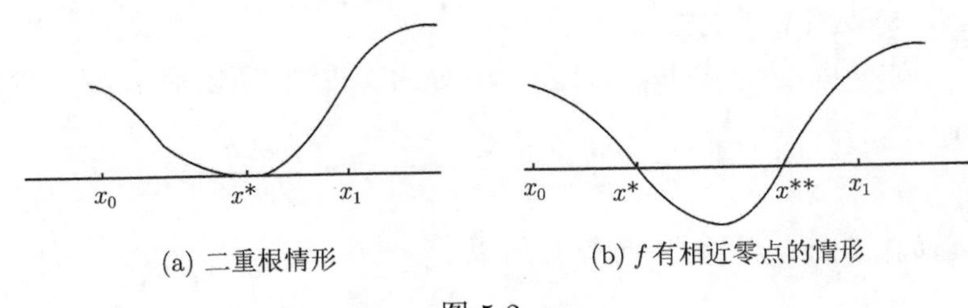


(a) 二重根情形　　(b) $f$ 有相近零点的情形

图 5-2

## 5.2　简单迭代法

给定方程 $f(x) = 0$, 在实际应用中往往采用迭代方法求其满足一定精度的近似根.

### 5.2.1　不动点迭代法

将方程

$$f(x) = 0 \tag{5.3}$$

化为等价的形式

$$x = \varphi(x), \tag{5.4}$$

若 $x^*$ 满足 $f(x^*)=0$, 则 $x^*$ 也满足 $x^*=\varphi(x^*)$, 反之亦然. 称 $x^*$ 是函数 $\varphi(x)$ 的一个不动点, 即映射关系 $\varphi$ 将 $x^*$ 映射到 $x^*$ 自身. 求 $f(x)$ 的零点问题就等价地化为求 $\varphi$ 的不动点问题. 选择一个初始近似值 $x_0$, 然后按以下公式迭代计算:

$$x_{k+1}=\varphi(x_k),\quad k=0,1,2,\cdots \tag{5.5}$$

称迭代式 (5.5) 为**不动点迭代法** (也称**简单迭代法**或**逐次逼近法**), $\varphi$ 为迭代函数. 若式 (5.5) 产生的序列 $\{x_k\}$ 收敛到 $x^*$, 则 $x^*$ 就是 $\varphi$ 的不动点, 即 $f$ 的零点.

可以通过不同的途径将方程 (5.3) 化成 (5.4) 的形式, 如令 $\varphi(x)=x-f(x)$. 可用更复杂的方法. 举例如下.

**例 5.2** 已知方程 $x^3+4x^2-10=0$ 在 [1,2] 上有一个根, 可以用不同的代数运算得到不同形式的方程 (5.4).

**方法 1** $x=x-x^3-4x^2+10$, 即 $\varphi_1(x)=x-x^3-4x^2+10$.

**方法 2** 原方程写成 $4x^2=10-x^3$, 考虑到所求根为正根, 化成 $x=\dfrac{1}{2}(10-x^3)^{1/2}$, 即 $\varphi_2(x)=\dfrac{1}{2}(10-x^3)^{1/2}$.

**方法 3** 原方程写成 $x^2=\dfrac{10}{x}-4x$, 化成 $x=\left(\dfrac{10}{x}-4x\right)^{1/2}$, 即 $\varphi_3(x)=(10/x-4x)^{1/2}$.

**方法 4** 化成 $x=(10/(4+x))^{1/2}$, 即 $\varphi_4(x)=(10/(4+x))^{1/2}$.

**方法 5** 化成 $x=x-\dfrac{x^3+4x^2-10}{3x^2+8x}$, 即 $\varphi_5(x)=x-\dfrac{x^3+4x^2-10}{3x^2+8x}$. 注意在 [1,2] 上, $f'(x)=3x^2+8x>0$, 此时 $\varphi_5(x)=x-\dfrac{f(x)}{f'(x)}$, 易验证, $f(x)=0$ 与 $x=\varphi_5(x)$ 是等价的.

取 $x_0=1.5$, 用以上 5 种方法迭代计算, 结果见表 5-2.

**表 5-2**

| $k$ | 方法 1 | 方法 2 | 方法 3 | 方法 4 | 方法 5 |
|---|---|---|---|---|---|
| 0 | 1.5 | 1.5 | 1.5 | 1.5 | 1.5 |
| 1 | −0.875 | 1.286953768 | 0.81649658 | 1.348399725 | 1.373333333 |
| 2 | 6.732421875 | 1.402540804 | 2.996908806 | 1.367376372 | 1.365262015 |
| 3 | −469.720012 | 1.345458374 | $(-8.650863687)^{1/2}$ | 1.364957015 | 1.365230014 |
| 4 | $1.027545552\times10^8$ | 1.375170253 | | 1.365264748 | 1.365230013 |
| 5 | | 1.360094193 | | 1.365225594 | |
| ⋮ | | ⋮ | | ⋮ | |
| 10 | | 1.365410061 | | 1.365230014 | |
| 11 | | 1.365137821 | | 1.365230013 | |
| ⋮ | | ⋮ | | | |
| 29 | | 1.365230013 | | | |

显然, 方法 1 是不收敛的, 方法 3 在计算过程中出现负数开平方而不能继续作实数运算. 方法 2 算出 $x_{29} = 1.365230013$, 方法 4 算出 $x_{11} = 1.365230013$, 而方法 5 则有 $x_4 = 1.365230013$, 它们都在字长范围内达到完全精确. 可以看出, 迭代函数 $\varphi(x)$ 选得不同, 相应的 $\{x_k\}$ 的收敛情况也不同.

用迭代法 (5.5) 求方程 $f(x) = 0$ 的根的近似解, 需要讨论如下问题:

(1) 如何选取合适的迭代函数 $\varphi(x)$?

(2) 迭代函数 $\varphi(x)$ 应满足什么条件, 序列 $\{x_k\}$ 才收敛?

(3) 怎样加速序列 $\{x_k\}$ 的收敛?

下面讨论一般的收敛理论.

### 5.2.2 不动点迭代法的一般理论

首先考察在 $[a, b]$ 上函数 $\varphi$ 的不动点的存在性, 并给出不动点存在唯一的充分条件.

**定理 5.2** (不动点定理) 设 $\varphi(x) \in C[a, b]$, 且 $a \leqslant \varphi(x) \leqslant b$ 对一切 $x \in [a, b]$ 成立, 则 $\varphi$ 在 $[a, b]$ 上一定有不动点. 进一步假设 $\varphi \in C^1[a, b]$, 且存在常数 $0 < L < 1$, 使对 $\forall x \in [a, b]$, 成立

$$|\varphi'(x)| \leqslant L, \tag{5.6}$$

则 $\varphi$ 在 $[a, b]$ 上的不动点是唯一的.

**证明** 因 $\varphi \in C[a, b]$, 且当 $x \in [a, b]$ 时, $a \leqslant \varphi(x) \leqslant b$, 作辅助函数

$$\psi(x) = \varphi(x) - x,$$

则 $\psi(x) \in C[a, b]$, 且

$$\psi(a) = \varphi(a) - a \geqslant 0, \quad \psi(b) = \varphi(b) - b \leqslant 0.$$

当 $\psi(a) = 0$ 或 $\psi(b) = 0$ 成立时, $\varphi(a) = a$ 或 $\varphi(b) = b$, $a$ 或 $b$ 就是 $\varphi$ 的不动点. 若 $\psi(a) > 0$, $\psi(b) < 0$ 成立时, 根据连续函数的性质, 一定存在 $x^* \in (a, b)$, 使 $\psi(x^*) = 0$, 即 $\varphi(x^*) = x^*$, $x^*$ 就是 $\varphi$ 的不动点.

进一步, 设 $\varphi \in C^1[a, b]$ 且满足式 (5.6). 若 $\varphi$ 有两个不同的不动点 $x_1^*, x_2^* \in [a, b]$, 则由微分中值定理,

$$\begin{aligned} |x_1^* - x_2^*| &= |\varphi(x_1^*) - \varphi(x_2^*)| = |\varphi'(\xi)(x_1^* - x_2^*)| \\ &\leqslant L|x_1^* - x_2^*| < |x_1^* - x_2^*|, \end{aligned}$$

引出矛盾. 故 $\varphi$ 的不动点只能是唯一的. □

**注 5.1** 若 $\varphi(x)$ 为定义在区间 $I=[a,b]$ 上的函数, 且 $\forall x\in I$, 均有 $\varphi(x)\in I$, 称 $\varphi(x)$ 为 $I$ 自身上的一个映射. 若 $\varphi(x)$ 为 $I$ 自身上的映射, 且存在 $0<L<1$, 当 $x_1,x_2\in I$ 时, 有

$$|\varphi(x_1)-\varphi(x_2)|\leqslant L|x_1-x_2|,$$

则称 $\varphi(x)$ 为 $I$ 上的一个压缩映射, $L$ 为 Lipschitz(利普希茨) 常数, 可以证明如下结论:

(1) 若 $\varphi(x)$ 为 $I$ 上的压缩映射, 则 $\varphi$ 必为 $I$ 上的连续函数;

(2) 若 $\varphi(x)$ 为 $I$ 自身上的映射, $\varphi(x)\in C^1(I)$, 且 $|\varphi'(x)|\leqslant L<1$, 则 $\varphi(x)$ 必是 $I$ 上的一个压缩映射.

这样, 读者很容易将定理 5.2 用 $I$ 上的自身映射和压缩映射概念叙述出来. 压缩映射、不动点原理在许多领域中都能用到.

在不动点存在唯一的情况下, 下面给出式 (5.5) 收敛的一个充分条件.

**定理 5.3** 设 $\varphi\in C[a,b]\cap C^1(a,b)$, 且满足

(1) $a\leqslant\varphi(x)\leqslant b$ 对一切 $x\in[a,b]$ 成立;

(2) 存在常数 $0<L<1$, 使 $|\varphi'(x)|\leqslant L$ 对一切 $x\in(a,b)$ 成立,

则有如下结论:

(1) 对任何的 $x_0\in[a,b]$, 由式 (5.5) 产生的序列 $\{x_k\}$ 必收敛到 $\varphi$ 的不动点 $x^*$;

(2) $\{x_k\}$ 有误差估计

$$|x_k-x^*|\leqslant\frac{1}{1-L}|x_{k+1}-x_k| \tag{5.7}$$

和

$$|x_k-x^*|\leqslant\frac{L^k}{1-L}|x_1-x_0|. \tag{5.8}$$

**证明** (1) 在本定理的条件下, 由定理 5.2 保证了 $\varphi$ 存在唯一的不动点 $x^*\in[a,b]$. 由条件 (1), 式 (5.5) 产生的 $x_k(=\varphi(x_{k-1}))$ 必满足 $x_k\in[a,b],k=0,1,2,\cdots$. 再由条件 (2) 可得

$$\begin{aligned}|x_k-x^*|&=|\varphi(x_{k-1})-\varphi(x^*)|=|\varphi'(\xi)|\cdot|x_{k-1}-x^*|\\&\leqslant L|x_{k-1}-x^*|,\quad k=1,2,\cdots,\end{aligned} \tag{5.9}$$

其中 $\xi$ 介于 $x_{k-1}$ 与 $x^*$ 之间, 故 $\xi\in(a,b)$. 反复利用以上不等式, 得

$$\begin{aligned}|x_k-x^*|&\leqslant L|x_{k-1}-x^*|\leqslant L^2|x_{k-2}-x^*|\leqslant\cdots\\&\leqslant L^k|x_0-x^*|,\quad k=0,1,2,\cdots,\end{aligned} \tag{5.10}$$

因 $L<1$, $|x_0-x^*|$ 与 $k$ 无关, 故 $\lim\limits_{k\to\infty}(x_k-x^*)=0$, 即 $\{x_k\}$ 收敛于 $x^*$.

(2) 估计不等式 (5.7) 和 (5.8). 由于

$$\begin{aligned}|x_{k+1}-x_k|\leqslant&|\varphi(x_k)-\varphi(x_{k-1})|=|\varphi'(\xi)|\cdot|x_k-x_{k-1}|\\ \leqslant&L|x_k-x_{k-1}|,\quad k=1,2\cdots,\end{aligned}\tag{5.11}$$

其中, $\xi$ 介于 $x_k$ 与 $x_{k-1}$ 之间, 故 $\xi\in[a,b]$, 于是

$$\begin{aligned}|x_{k+1}-x_k|=&|(x_{k+1}-x^*)+(x^*-x_k)|\\ \geqslant&|x_k-x^*|-|x_{k+1}-x^*|\\ \geqslant&|x_k-x^*|-L|x_k-x^*|\quad(\text{这里利用了式 (5.9)})\\ =&(1-L)|x_k-x^*|,\end{aligned}$$

从而

$$|x_k-x^*|\leqslant\frac{1}{1-L}|x_{k+1}-x_k|,\quad k=0,1,2\cdots.$$

利用上面的不等式及 (5.11), 得

$$|x_k-x^*|\leqslant\frac{1}{1-L}|x_{k+1}-x_k|\leqslant\frac{L}{1-L}|x_k-x_{k-1}|\leqslant\cdots\leqslant\frac{L^k}{1-L}|x_1-x_0|.\quad\square$$

由式 (5.8) 知, $x_1-x_0$ 与 $k$ 是无关的, 若 $L\approx1$, 则 $x_k$ 必然收敛慢; 若 $L\ll1$, 则收敛快. 若给定了 $x_0$(从而定出 $x_1$) 及误差 $\varepsilon$, 由式 (5.8) 可估计出所需迭代次数. 当然, 这样的估计和所确定的 $L$ 有关.

利用定理 5.3 来分析例 5.2 的几种方法. 对 $\varphi_1(x),\varphi_1'(x)=1-3x^2-8x,x^*=1.365230013$, 找不到包含 $x^*$ 的区间 $[a,b]$, 使在其中 $|\varphi_1'(x)|<1$, 故不能用定理 5.3 保证其收敛性. 对于 $\varphi_3(x)$, 设 $[a,b]=[1,2]$, 不能保证 $a\leqslant x\leqslant b$ 时 $a\leqslant\varphi_3(x)\leqslant b$ (从例 5.2 的表中可以看出), 同时 $|\varphi_3'(x^*)|\approx3.4$, 从而找不到包含 $x^*$ 的区间使在其上 $|\varphi_3'(x)|<1$. 对于 $\varphi_2(x),\varphi_2'(x)=-\dfrac{3}{4}x^2(10-x^3)^{-\frac12}$, 若取 $[a,b]=[1,2]$, 因 $|\varphi_2'(2)|\approx2.12$, 不能满足定理的条件 (2). 我们改为考虑 $[1,1.5]$, 可验证其上

$$|\varphi_2'(x)|\leqslant|\varphi_2'(1.5)|\approx0.66.$$

而 $\varphi_2(x)$ 是 $x$ 的减函数, $1.28\approx\varphi_2(1.5)\leqslant\varphi_2(x)\leqslant\varphi_2(1)=1.5$, 在 $[1,1.5]$ 上 $\varphi_2(x)$ 满足定理条件, 若取 $x_0\in[1,1.5]$, 迭代收敛. 对 $\varphi_4$ 也可作类似分析, 可得估计 $|\varphi_4'(x)|<0.15(1\leqslant x\leqslant2)$, $\varphi_4(x)$ 对应的 $L$ 比 $\varphi_2$ 对应的 $L$ 小, 故收敛快. 分析 $\varphi_5$ 满足定理条件较困难, 5.3 节将给出收敛的其他判断方法.

从以上例子可以看出, 利用定理 5.3 分析 $[a,b]$ 上迭代过程的收敛性是比较困难的. 定理给出的是 $[a,b]$ 上的收敛性, 称之为**全局收敛性**. 满足定理 5.3 条件的

迭代, 可用图 5-3 说明. 当然还可有其他形式的图形, 读者可自己画出其他收敛的图形和不满足定理 5.3 条件而迭代发散的图形.

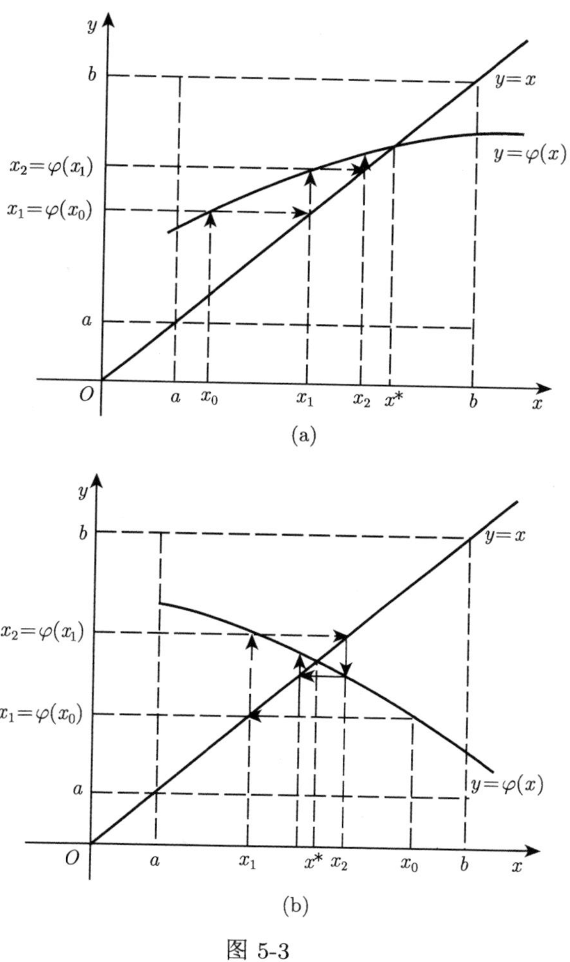


图 5-3

### 5.2.3 局部收敛性和收敛阶

由于讨论 $[a,b]$ 上的全局收敛性比较困难, 下面转向讨论在 $x^*$ 附近的收敛性.

**定义 5.1** 若存在 $\varphi$ 的不动点 $x^*$ 的一个闭邻域 $N(x^*)=[x^*-\delta, x^*+\delta](\delta>0)$, 对任意的 $x_0\in N(x^*)$, 式 (5.5) 产生的序列 $\{x_k\}$ 均收敛于 $x^*$, 就称求 $x^*$ 的迭代法 (5.5) **局部收敛.**

**定理 5.4** 设 $x^*$ 为 $\varphi$ 的不动点, $\varphi'(x)$ 在 $x^*$ 的某邻域连续, 且 $|\varphi'(x^*)|\leqslant L<1$, 则迭代法 (5.5) 局部收敛.

**证明**　因 $\varphi'(x)$ 连续, 所以对任意的 $\varepsilon \in (0, 1-L)$, 存在 $x^*$ 的一个邻域

$$N(x^*) = [x^* - \delta, x^* + \delta],$$

在其上 $|\varphi'(x)| \leqslant L + \varepsilon < 1$, 且有

$$|\varphi(x) - x^*| = |\varphi(x) - \varphi(x^*)| \leqslant (L+\varepsilon)|x - x^*| < \delta.$$

即对一切 $x \in N(x^*)$, 有 $x^* - \delta < \varphi(x) < x^* + \delta$. 根据定理 5.3, 迭代法 (5.5) 对任意 $x_0 \in N(x^*)$ 收敛, 这就证明了式 (5.5) 的局部收敛性. □

下面讨论迭代法的阶, 这是度量一种迭代法收敛快慢的标志.

**定义 5.2**　设序列 $\{x_k\}$ 收敛到 $x^*$, 记 $e_k = x_k - x^*$, 若存在实数 $p \geqslant 1$ 及非零常数 $c > 0$, 使

$$\lim_{k\to\infty} \frac{|e_{k+1}|}{|e_k|^p} = c,$$

则称序列 $\{x_k\}$ 是 $p$ 阶收敛的, $c$ 称为渐近误差常数. 当 $p=1$ 且 $0<c<1$ 时, $\{x_k\}$ 称为线性收敛的, $p>1$ 称为超线性收敛, $p=2$ 时称为平方收敛或二次收敛.

如果由迭代过程 (5.5) 产生的序列 $\{x_k\}$ 是 $p$ 阶收敛的, 则称迭代式 (5.5) 是 $p$ 阶收敛的.

显然, $p$ 的大小反映了迭代法收敛的快慢. $p$ 越大, $\{x_k\}$ 收敛于 $x^*$ 就越快. 所以迭代法的收敛阶是对迭代法收敛速度的一种度量.

现在看一种特殊情形, 设迭代法 (5.5) 中 $\varphi$ 满足定理 5.3 或定理 5.4 的条件, 则 $\lim\limits_{k\to\infty} x_k = x^*$. 再设在 $[a,b]$ 或 $x^*$ 的邻域内 $\varphi'(x) \neq 0$. 利用

$$e_{k+1} = x_{k+1} - x^* = \varphi(x_k) - \varphi(x^*) = \varphi'(\xi) e_k,$$

其中 $\xi$ 介于 $x_k$ 与 $x^*$ 之间. 若取 $x_0 \neq x^*$, 必有 $e_0 \neq 0$, 从而当 $k\to\infty$ 时, $e_k \neq 0$, 由 $\varphi'(x)$ 的连续性得

$$\lim_{k\to\infty} \frac{|e_{k+1}|}{|e_k|} = |\varphi'(x^*)| \neq 0,$$

所以这种情况下迭代是线性收敛的. 这启发我们, 要想得到超线性收敛的方法, 式 (5.5) 中的 $\varphi$ 必须满足 $\varphi'(x^*) = 0$. 以下给出 $p$ 为大于 1 的整数时的一个定理.

**定理 5.5**　设迭代式 (5.5) 的迭代函数 $\varphi$ 的高阶导数 $\varphi^{(p)}(p>1)$ 在不动点 $x^*$ 的邻域内连续, 则式 (5.5) 是 $p$ 阶收敛的充要条件是

$$\varphi(x^*) = x^*, \quad \varphi^{(l)}(x^*) = 0, l = 1, 2, \cdots, p-1, \quad \varphi^{(p)}(x^*) \neq 0, \tag{5.12}$$

且有

$$\lim_{k\to\infty}\frac{e_{k+1}}{e_k^p}=\frac{1}{p!}\varphi^{(p)}(x^*)\neq 0. \tag{5.13}$$

**证明** 充分性. 对 $p>1$, 因 $\varphi'(x^*)=0$, 定理 5.4 保证了式 (5.5) 的局部收敛性 (收敛于 $x^*$). 取充分接近 $x^*$ 的初值 $x_0\neq x^*$, 可验证 $x_k\neq x^*, k=1,2\cdots$. 由 Taylor 展开式

$$\begin{aligned}\varphi(x_k)=&\varphi(x^*)+\varphi'(x^*)(x_k-x^*)+\cdots+\frac{1}{(p-1)!}\varphi^{(p-1)}(x^*)(x_k-x^*)^{p-1}\\&+\frac{1}{p!}\varphi^{(p)}(\xi)(x_k-x^*)^p,\end{aligned}$$

其中 $\xi$ 介于 $x_k$ 与 $x^*$ 之间. 利用条件 (5.12), 得

$$x_{k+1}-x^*=\frac{1}{p!}\varphi^{(p)}(\xi)(x_k-x^*)^p.$$

由 $\varphi^{(p)}$ 的连续性及 $e_k$ 的定义, 就得式 (5.13).

再证必要性. 设式 (5.5) 是 $p$ 阶收敛的, 则有 $\lim\limits_{k\to\infty}x_k=x^*$, 也就是 $\lim\limits_{k\to\infty}e_k=0$, 由 $\varphi$ 的连续性即得 $x^*=\varphi(x^*)$. 现用反证法证明 $\varphi^{(l)}(x^*)=0, l=1,2,\cdots,p-1$, $\varphi^{(p)}(x^*)\neq 0$. 若不成立, 则必有最小正整数 $p_0$, 使

$$\varphi^{(l)}(x^*)=0, l=1,2,\cdots,p_0-1,\quad \varphi^{(p_0)}(x^*)\neq 0,$$

其中 $p_0\neq p$. 不妨先考虑 $p_0\leqslant p-1$ 的情况, 由已证明的充分条件知, 迭代式 (5.5) 是 $p_0$ 阶收敛的, 即有

$$\lim_{k\to\infty}\frac{e_{k+1}}{e_k^{p_0}}=\frac{1}{p_0!}\varphi^{(p_0)}(x^*),\quad p_0\leqslant p-1,$$

显然

$$\frac{e_{k+1}}{e_k^p}=\frac{e_{k+1}}{e_k^{p_0}}\cdot\frac{1}{e_k^{p-p_0}}$$

极限不存在, 与 $\{x_k\}$ 是 $p$ 阶收敛的假设矛盾. 对于 $p_0\geqslant p+1$ 的情况也同样可引出矛盾, 因此必有 $p_0=p$. □

最后直观地看一下一阶和二阶方法迭代步数的差别. 设有两个迭代序列 $\{x_k\}$ 和 $\{\widetilde{x}_k\}$, 且 $\{x_k\}$ 为线性收敛的, $\{\widetilde{x}_k\}$ 为平方收敛的, 且有

$$\lim_{k\to\infty}\frac{|e_{k+1}|}{|e_k|}=c,\quad 0<c<1,$$

$$\lim_{k\to\infty}\frac{|\widetilde{e}_{k+1}|}{|\widetilde{e}_k|^2}=\widetilde{c},\quad \widetilde{c}>0,|\widetilde{c}\cdot e_0|<1,$$

则当 $k$ 充分大时, 有

$$|e_{k+1}| \approx c \cdot |e_k| \approx c^2|e_{k-1}| \approx \cdots \approx c^{k+1}|e_0|,$$

$$|\widetilde{e}_{k+1}| \approx \widetilde{c} \cdot |\widetilde{e}_k|^2 \approx \widetilde{c} \cdot \widetilde{c}^2|\widetilde{e}_{k-1}|^4 \approx \cdots \approx \widetilde{c}^{(2^{k+1}-1)}|\widetilde{e}_0|^{2^{k+1}} = (\widetilde{c} \cdot |\widetilde{e}_0|)^{2^{k+1}-1}|\widetilde{e}_0|.$$

若 $|e_0| = |\widetilde{e}_0| = 1$, $c = \widetilde{c} = 0.75$, 欲使误差小于 $10^{-8}$, 则对于线性收敛的 $\{x_k\}$, 由 $(0.75)^{k+1} \leqslant 10^{-8}$, 可得

$$k + 1 \geqslant \frac{-8}{\lg 0.75} \approx 64.$$

因此大约需要 63 次迭代. 而对于平方收敛的 $\{\widetilde{x_k}\}$, 由 $(0.75)^{2^{k+1}-1} \leqslant 10^{-8}$, 可得

$$2^{k+1} \geqslant \frac{-8}{\lg 0.75} + 1 \approx 65, \quad k \geqslant 5.02.$$

大约需要 6 次迭代. 可见平方收敛序列的收敛速度要快得多.

**注 5.2**　本节只是就求方程 (5.3) 的实根来讨论, 但类似的结果完全可以推广到求方程 (5.3) 的复数根. 也就是说, 不动点迭代法 (5.5) 可以用于求方程 (5.3) 的复数根, 这时 $x_0$ 是复平面上有根区域内的一点, $\{x_k\}$ 是复数序列.

顺便讨论一下 (5.7), (5.8) 与 (5.10) 诸式的用途. 由式 (5.8) 或式 (5.10) 看出, 数 $L$ 越小, 那么迭代序列 $\{x_k\}$ 收敛越快. 此外, 对于给定的允许误差 $\varepsilon(<1)$, 当相邻两次迭代值之差满足 $|x_{k+1} - x_k| \leqslant \varepsilon$ 时, 按式 (5.7), 近似解 $x_k$ 与准确解 $x^*$ 的误差限为 $\dfrac{\varepsilon}{1-L}$, 即 $|x^* - x_k| \leqslant \dfrac{\varepsilon}{1-L}$. 因此当计算机算题时, 由于精确解是未知的, 可以借助于 $|x_{k+1} - x_k| \leqslant \varepsilon$ 来控制迭代结果的精度. 类似地, (5.8) 或 (5.10) 可以用来粗略估算为使近似解达到一定精度 $\varepsilon$ 所需要的迭代次数. 事实上, 对不等式

$$|x^* - x_k| \leqslant L^k|x^* - x_0| \leqslant L^k\delta \leqslant \varepsilon \quad (\text{假如 } |x^* - x_0| \leqslant \delta)$$

与

$$|x^* - x_k| \leqslant \frac{L^k}{1-L}|x_1 - x_0| \leqslant \varepsilon,$$

取对数后分别解出

$$k \geqslant \frac{\ln\varepsilon - \ln\delta}{\ln L},$$

$$k \geqslant \frac{\ln\varepsilon - \ln\dfrac{|x_1 - x_0|}{1-L}}{\ln L},$$

这就是说, 所需要的迭代次数可取为满足上述两式之一的最小自然数 $k$.

# 5.3 Newton 类迭代方法

## 5.3.1 方法及计算公式

用迭代法求解方程 $f(x)=0$, 关键在于选择迭代函数 $\varphi(x)$, 使相应的迭代过程 $x_{n+1}=\varphi(x_n)$ 收敛于 $f(x)=0$ 的根 $\alpha$.

Newton 法是这样选择迭代函数的：设 $f(x)$ 于 $\alpha$ 的近旁二次连续可微, 在 $\alpha$ 的邻域内取初始值 $x_0$, 关于 $x_0$ 作 $f(x)$ 的 Taylor 展开, 有

$$f(x)=f(x_0)+f'(x_0)(x-x_0)+\frac{f''(\xi_0)}{2!}(x-x_0)^2,$$

其中 $\xi_0$ 在 $x$ 与 $x_0$ 之间. 于是

$$0=f(\alpha)=f(x_0)+f'(x_0)(\alpha-x_0)+\frac{f''(\xi_0)}{2!}(\alpha-x_0)^2,$$

若将上式含有 $(\alpha-x_0)^2$ 项忽略不计并设 $f'(x_0)\neq 0$ 便得到 $\alpha$ 的进一步近似值 $x_1$：

$$x_1=x_0-\frac{f(x_0)}{f'(x_0)}.$$

一般地, 得到迭代序列

$$x_{n+1}=x_n-\frac{f(x_n)}{f'(x_n)},\quad n=0,1,2,\cdots. \tag{5.14}$$

迭代过程 (5.14) 称为求解 $f(x)=0$ 的 **Newton 迭代法**.

Newton 法有明显的几何意义 (图 5-4). 函数 $f(x)=0$ 的根 $p$ 是曲线 $y=f(x)$ 与 $x$ 轴的交点的横坐标. 过点 $M_k(x_k,f(x_k))$ 作曲线的切线 $T_k$, 则切线方程为 $y=f(x_k)+f'(x_k)(x-x_k)$, 切线 $T_k$ 与 $x$ 轴的交点的横坐标为 $x_{k+1}=x_k-\dfrac{f(x_k)}{f'(x_k)}$. 因此 Newton 法又称为切线法.

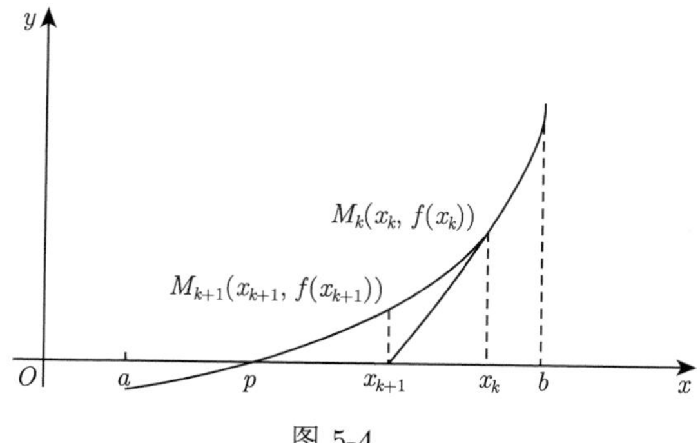


图 5-4

**算法 5.2**　用 Newton 法求方程 $f(x)=0$ 的一个解. 设初始值为 $x_0$; 误差容限为 TOL; 最大迭代次数 $m$. 计算近似解 $p$ 或输出失败信息.

**步骤 1**　$p_0 := x_0$.

**步骤 2**　对 $i=1,2,\cdots,m$ 进行步骤 3 和步骤 4.

**步骤 3**　$p := p_0 - \dfrac{f(p_0)}{f'(p_0)}$.

**步骤 4**　若 $|p-p_0| < \text{TOL}$, 则输出 $p$, 停机; 否则 $p_0 := p$.

**步骤 5**　输出 (“Method failed”), 停机.

在步骤 4 中的迭代终止标准也可用

$$\frac{|p-p_0|}{|p|} < \text{TOL},$$

或者

$$\frac{|p-p_0|}{|p|} < \text{TOL} \quad 且 \quad |f(p)| < \text{TOL}.$$

关于 Newton 法有下面的局部收敛性定理.

**定理 5.6**　假设函数 $f(x)$ 有 $m(>2)$ 阶连续导数, $p$ 是方程 $f(x)=0$ 的单根, 则当 $x_0$ 充分接近于 $p$ 时, Newton 法收敛, 且至少为二阶收敛.

**证明**　令

$$g(x) = x - \frac{f(x)}{f'(x)},$$

由于假设 $f(x)$ 有 $m(>2)$ 阶连续导数, 因此有

$$g'(x) = 1 - \frac{f'(x)f'(x) - f(x)f''(x)}{[f'(x)]^2} = \frac{f(x)f''(x)}{[f'(x)]^2},$$

而 $p$ 是 $f(x)$ 的单重零点, 即有 $f(p)=0, f'(p)\neq 0$, 从而 $g'(p)=0$, 且存在 $r>0$, 使得对一切 $x\in[p-r,p+r]$, 有 $f'(x)\neq 0$. 因此, $g'(x), g''(x)$ 在 $[p-r,p+r]$ 上连续. 据 5.2 节定理 5.5 知, 当初始值 $x_0$ 充分接近于 $p$ 时, 由 Newton 法 (5.14) 产生的迭代序列 $\{x_k\}$ 收敛于 $p$, 且收敛阶数至少为 2. □

定理 5.6 表明, 当初始值充分接近于方程的根时, Newton 法收敛得较快.

前面指出了, 若 $f(x)$ 具有足够阶连续导数, 且选取初始近似值 $x_0$ 充分接近于方程 $f(x)=0$ 的根, 则 Newton 迭代序列 $\{x_k\}$ 收敛于 $p$. 在实际应用中, 有的实际问题本身可以提供接近于根的初始值, 但有的问题却难以确定接近于根的初始值. 关于初始值的选取, 有下面的定理.

**定理 5.7**　设函数 $f(x)$ 在有限区间 $[a,b]$ 上存在二阶导数, 且满足条件:

(1) $f(a)f(b)<0$;

(2) $f'(x)\neq 0, x\in[a,b], f''(x)$ 在 $[a,b]$ 上不变号;

(3) $\left|\dfrac{f(a)}{f'(a)}\right| < b-a,\ \left|\dfrac{f(b)}{f'(b)}\right| < b-a,$

则 Newton 法 (5.14) 对任意的初始值 $x_0 \in [a,b]$ 都收敛于方程 $f(x)=0$ 的唯一解 $p$, 且收敛阶数为 2.

在定理 5.7 中, 条件 (1) 保证方程 $f(x)=0$ 在 $(a,b)$ 内至少有一个根. 条件 (2) 表明函数 $f(x)$ 不是严格单调增大 ($f'>0$) 就是严格单调减小 ($f'<0$), 因而 $f(x)=0$ 在 $(a,b)$ 内有唯一根; 同时, $f(x)$ 的图形不是凹向上 ($f''>0$) 就是凹向下 ($f''<0$). 条件 (3) 保证, 当 $x\in[a,b]$ 时, Newton 序列 $\{x_k\}$ 在 $(a,b)$ 中. 例如, 从图 5-5 看到, 取 $x_0=a$ 或 $x_0=b$ 时, Newton 序列 $x_1,x_2,\cdots,x_k,\cdots$ 为单调增大, 且有上界, 因而收敛.

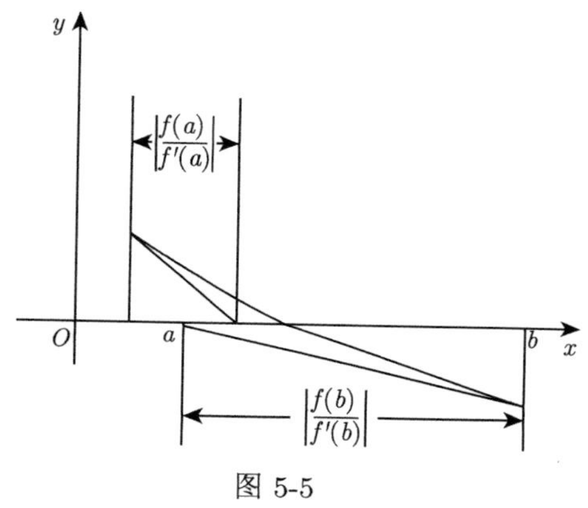


图 5-5

### 5.3.2 Newton 法应用举例

对于给定正数 $C$, 应用 Newton 法解二次方程 $x^2-C=0$, 可导出求开方值 $\sqrt{C}$ 的计算程序

$$x_{k+1}=\frac{1}{2}\left(x_k+\frac{C}{x_k}\right). \tag{5.15}$$

现在证明, 这种迭代公式对于任意初始值 $x_0>0$ 都是收敛的. 事实上, 对式 (5.15) 施行配方, 易知

$$x_{k+1}-\sqrt{C}=\frac{1}{2x_k}(x_k-\sqrt{C})^2,$$

$$x_{k+1}+\sqrt{C}=\frac{1}{2x_k}(x_k+\sqrt{C})^2.$$

以上两式相除得到 $\dfrac{x_{k+1}-\sqrt{C}}{x_{k+1}+\sqrt{C}}=\left(\dfrac{x_k-\sqrt{C}}{x_k+\sqrt{C}}\right)^2$. 据此反复递推有

$$\frac{x_k - \sqrt{C}}{x_k + \sqrt{C}} = \left( \frac{x_0 - \sqrt{C}}{x_0 + \sqrt{C}} \right)^{2^k}. \tag{5.16}$$

记 $q = \dfrac{x_0 - \sqrt{C}}{x_0 + \sqrt{C}}$, 整理式 (5.16), 得 $x_k - \sqrt{C} = 2\sqrt{C} \dfrac{q^{2^k}}{1 - q^{2^k}}$.

对任意 $x_0 > 0$, 总有 $|q| < 1$, 故由上式推知, 当 $k \to \infty$ 时 $x_k \to \sqrt{C}$, 即迭代过程恒收敛.

**例 5.3**　求 $\sqrt{115}$.

**解**　取初始值 $x_0 = 10$, 对 $C = 115$ 按式 (5.15) 迭代三次便得到精度为 $10^{-6}$ 的结果 (表 5-3).

**表 5-3**

| $k$ | $x_k$ | $k$ | $x_k$ |
|---|---|---|---|
| 0 | 10 | 1 | 10.750000 |
| 2 | 10.723837 | 3 | 10.723805 |
| 4 | 10.723805 | | |

由于公式 (5.15) 对任意初始值 $x_0 > 0$ 均收敛, 并且收敛的速度很快, 因此可取确定的初始值如 $x_0 = 1$ 编制通用程序. 用这个通用程序求 $\sqrt{115}$, 也只要迭代 7 次便得到了上面的结果 10.723805.

### 5.3.3　修改的 Newton 迭代法

应用迭代公式 (5.14) 每一步需要计算 $f'(x_n)$. 如果所遇到的问题 $f'(x)$ 很难计算, 工作量将是很大的. 为了避免计算导数值, 可将 $f'(x_n)$ 取为某个定点处的值, 如 $f'(x_0)$. 这时迭代法为

$$x_{n+1} = x_n - \frac{f(x_n)}{f'(x_0)}, \quad n = 0, 1, 2, \cdots.$$

它称为**简化的 Newton 方法**或**修改的 Newton 迭代法**. 迭代函数为

$$\varphi(x) = x - \frac{f(x)}{f'(x_0)}.$$

简化的 Newton 迭代法的几何意义, 是用过点 $(x_n, f(x_n))$ 且斜率为 $f'(x_0)$ 的直线 $y - f(x_n) = f'(x_0)(x - x_n)$ 来代替曲线, 取该直线与 $x$ 轴交点的横坐标 $x_{n+1}$ 作为 $\alpha$ 的新的近似值 (图 5-6). 可以证明, 在一定条件下简化的 Newton 迭代法是局部收敛的.

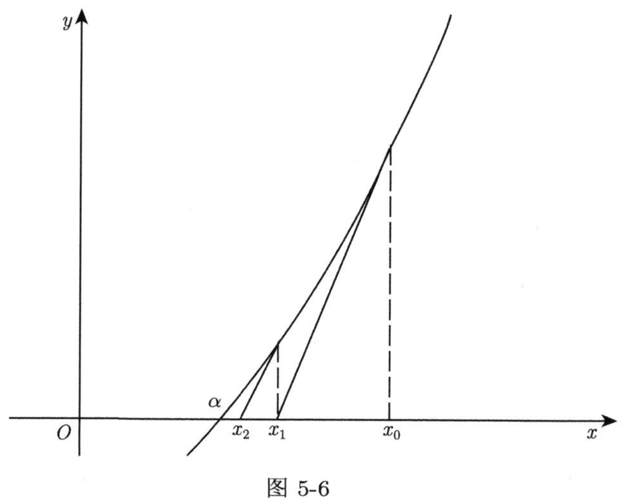


图 5-6

### 5.3.4 $m$ 重根的处理

设 $\alpha$ 为 $f(x)$ 的 $m$ 重根 $(m \geqslant 2)$. 这时若利用 Newton 迭代法计算 $f(x)=0$ 的根 $\alpha$ 的近似值时, 迭代过程收敛速度就要减慢, 因而为了达到较高的收敛速度, Newton 迭代法 (5.14) 必须作适当的修改. 下面来分析这种情形.

由于 $\alpha$ 为 $f(x)=0$ 的 $m$ 重根, 此时有 $f(\alpha)=f'(\alpha)=\cdots=f^{(m-1)}(\alpha)=0$, $f^{(m)}(\alpha)\neq 0$. 考察 (5.14) 的迭代函数 $\varphi(x)=x-f(x)/f'(x)$. 显然 $\varphi(\alpha)=\alpha$, 为了计算 $\varphi'(\alpha)$, 令 $x=\alpha+h$, 则由 Taylor 公式有

$$\begin{aligned}
\varphi(\alpha+h) &= \alpha+h-\frac{f(\alpha+h)}{f'(\alpha+h)}\\
&= \alpha+h-\frac{f^{(m)}(\alpha)h^m/m!+O(h^{m+1})}{f^{(m)}(\alpha)h^{m-1}/(m-1)!+O(h^m)}\\
&= \alpha+h-\frac{1}{m}h+O(h^2)\\
&= \alpha+\left(1-\frac{1}{m}\right)h+O(h^2).
\end{aligned}$$

因此

$$\begin{aligned}
\varphi'(\alpha) &= \lim_{h\to 0}\frac{\varphi(\alpha+h)-\varphi(\alpha)}{h}\\
&= \lim_{h\to 0}\frac{\alpha+(1-1/m)h+O(h^2)-\alpha}{h}\\
&= 1-\frac{1}{m},
\end{aligned}$$

即若 $m \geqslant 2$, 则 $\varphi'(\alpha) = 1 - 1/m > 0$, 且 $|\varphi'(\alpha)| < 1$, 所以 Newton 方法只是线性收敛的.

不难看到, 若取 $\varphi(x) = x - mf(x)/f'(x)$, 从以上分析可得 $\varphi'(\alpha) = 0$, 由此得到平方收敛的修改的 Newton 方法:

$$x_{n+1} = x_n - m\frac{f(x_n)}{f'(x_n)}.$$

但这要预先知道 $\alpha$ 的重数.

在非单根的情况下, 一般不知道重数 $m$. 这时也可采用如下修改 Newton 方法计算 $f(x) = 0$ 的重根. 由于 $\alpha$ 为 $f(x)$ 的 $m$ 重根, 这时 $f(x) = (x-\alpha)^m g(x)$. 假设 $g(x)$ 充分可微, 且 $g(\alpha) \neq 0$. 记 $u(x) = f(x)/f'(x)$, 若 $\alpha$ 为 $f(x)$ 的 $m$ 重根, 则

$$u(x) = \frac{(x-\alpha)g(x)}{mg(x) + (x-\alpha)g'(x)}.$$

故 $\alpha$ 为 $u(x)$ 的单重零点. 这时 Newton 方法修改为

$$x_{n+1} = x_n - \frac{u(x_n)}{u'(x_n)} = x_n - \frac{f(x_n)f'(x_n)}{[f'(x_n)]^2 - f(x_n)f''(x_n)}.$$

如果迭代函数 $g(x) = x - \dfrac{f(x)f'(x)}{[f'(x)]^2 - f(x)f''(x)}$ 具有所需的连续性条件, 那么无论根重数为多少, 这个方法至少是二阶收敛的. 理论上, 这个方法的缺点是增加二阶导数 $f''(x)$ 的计算以及迭代过程中的计算更复杂. 但是, 实际上重根的出现将产生严重的舍入误差问题.

**例 5.4**　方程 $f(x) = x^3 + 2x^2 + 10x - 20 = 0$ 在区间 $(1,2)$ 中有一个单根 $p$. 取初始值 $x_0 = 1$, 应用 Newton 法迭代四次得 $p \approx x_4 = 1.368808108$. 现在改用迭代公式 (5.14) 来计算它.

**解**　据公式 (5.14)

$$x_k = x_{k-1} - \frac{x_{k-1}^3 + 2x_{k-1}^2 + 10x_{k-1} - 20}{3x_{k-1}^2 + 4x_{k-1} + 10},$$

取 $x_0 = 1$, 得 $x_1 = 1.368421053, x_2 = 1.368808065, x_3 = 1.368808108$.

**例 5.5**　对于方程 $f(x) = x^4 - 4x^2 + 4 = 0, x = \sqrt{2}$ 是二重根, 用以下三种方法求解:

(1) Newton 法. $x_{n+1} = x_n - \dfrac{x_n^2 - 2}{4x_n}$.

(2) $\varphi(x) = x - mf(x)/f'(x)$, 现在 $m = 2$, 即 $x_{n+1} = x_n - \dfrac{x_n^2 - 2}{2x_n}$.

(3) 修改的 Newton 迭代方法. $x_{n+1} = x_n - \dfrac{x_n(x_n^2-2)}{x_n^2+2}$.

三种方法均取 $x_0 = 1.5$, 计算结果见表 5-4.

**表 5-4**

| | 方法 1 | 方法 2 | 方法 3 |
|---|---|---|---|
| $x_0$ | 1.5 | 1.5 | 1.5 |
| $x_1$ | 1.458333333 | 1.416666667 | 1.411764706 |
| $x_2$ | 1.436607143 | 1.414215686 | 1.414211438 |
| $x_3$ | 1.425497619 | 1.414213562 | 1.414213562 |

经过三次迭代, 方法 (2) 和方法 (3) 都达到了 $10^{-9}$ 的精确度, 它们都是二阶收敛的方法. 而方法 (1) 是一阶的, 要进行近 30 次迭代才能得到相同的结果.

### 5.3.5 Newton 下山法

Newton 方法的单调收敛定理告诉我们, 为了保证迭代序列 $\{x_n\}$ 收敛, 在假设条件下可利用条件 $x_0 \in [a,b]$ 与 $f(x_0)f''(x_0) \geqslant 0$ 来选取初始值 $x_0$, 但对某些问题, 这些条件, 尤其是区间 $[a,b]$ 难以检验, 这时可应用**下山法**来扩大初始值的选取范围.

这个方法实际上是 Newton 方法的一种修正, 即在迭代格式 (5.14) 中引入一个因子 $\lambda$, 将迭代格式变为

$$x_{n+1} = x_n - \lambda \frac{f(x_n)}{f'(x_n)}, \tag{5.17}$$

其中, $\lambda$ 称为**下山法因子**. 选择下山法因子 $\lambda$ 的原则是使得下式成立 (即 $f(x)$ 的绝对值变小):

$$|f(x_{n+1})| < |f(x_n)|, \quad n = 0, 1, 2, \cdots.$$

在整个计算过程中, 下山法因子 $\lambda$ 是变化的, 一般可以按如下办法进行. 首先取 $\lambda = 1$, 用式 (5.17), 由初始值 $x_0$ 算出 $x_1$. 如果 $|f(x_1)| < |f(x_0)|$, 则可以将 $\lambda$ 扩大一倍, 应用 $x_1$ 按照式 (5.17)(取 $n=1$) 计算 $x_2$; 如果 $|f(x_1)| \geqslant |f(x_0)|$, 逐次地将 $\lambda$ 减半, 直到条件 $|f(x_1)| < |f(x_0)|$ 满足为止, 并利用最后算出的 $x_1$ 进行下一步迭代. 照此进行下去. 这种做法保证每次迭代都使 $|f(x_n)|$ 的值严格下降, 同时在下降的前提下尽可能增大下山法因子 $\lambda$. 这种做法扩大了初始值的选取范围, 并使得迭代序列有比较快的收敛速度.

考虑如下实例.

**例 5.6** 应用 Newton 下山法计算三次代数方程 $f(x) = x^3 - x - 1$ 在 $x = 1.5$ 附近的实根 $x^*$.

取 $x_0 = 0.6$, 如用 Newton 方法计算, 迭代一次后 $x_1 = 17.9$, 偏离 $x^*$ 更远了. 今用 Newton 下山法格式

$$x_{n+1} = x_n - \lambda \frac{x_n^3 - x_n - 1}{3x_n^2 - 1}.$$

其计算结果列于表 5-5 中 (为了比较, 在该表右面列出 Newton 方法的相应计算结果. 精度要求 $|f(x_n)| \leqslant 0.5 \times 10^{-8}$).

**表 5-5**

| $n$ | $\lambda$ | $x_n$(下山法) | $f(x_n)$ | $n$ | $x_n$(Newton 法) | $f(x_n)$ |
|---|---|---|---|---|---|---|
| 0 | 1 | 0.6 | $-1.384$ | 0 | 0.6 | $-1.384$ |
| 1 | $2^{-5}$ | 1.140625 | $-0.6566429$ | 1 | 17.9 | 5716.439 |
| 2 | 1 | 1.366813662 | 0.18663972 | 2 | 11.94680233 | 1692.173533 |
| 3 | 1 | 1.326279804 | $6.6704\times10^{-3}$ | 3 | 7.985520353 | 500.2394162 |
| 4 | 1 | 1.324720226 | $9.67538\times10^{-6}$ | 4 | 5.356909316 | 147.3675179 |
| 5 | 1 | 1.324717957 | $-1.08\times10^{-9}$ | 5 | 3.624996034 | 43.00961324 |
| | | | | 6 | 2.505589191 | 12.22444261 |
| | | | | 7 | 1.820129423 | 3.209724771 |
| | | | | 8 | 1.46104411 | $6.577735\times10^{-1}$ |
| | | | | 9 | 1.339323224 | $6.313395\times10^{-2}$ |
| | | | | 10 | 1.324912868 | $8.313737\times10^{-4}$ |
| | | | | 11 | 1.324717993 | $1.5244\times10^{-7}$ |
| | | | | 12 | 1.324717957 | $-1.08 \times 10^{-9}$ |

因此, $x^* = 1.324717957$. 同时可以看出, Newton 下山法不断修正因子 $\lambda$ 的办法的确可以起到加速收敛的作用.

## 5.4 非线性方程组

### 5.4.1 不动点迭代法及例题

这里考虑方程组

$$\begin{cases} f_1(x_1, x_2, \cdots, x_m) = 0, \\ f_2(x_1, x_2, \cdots, x_m) = 0, \\ \qquad \cdots\cdots \\ f_m(x_1, x_2, \cdots, x_m) = 0, \end{cases} \tag{5.18}$$

其中 $f_1, f_2, \cdots, f_m$ 为 $x_1, x_2, \cdots, x_m$ 的连续函数. 用向量的记号, 记 $x = (x_1, x_2, \cdots, x_m)^{\mathrm{T}}$, $x \in \mathbb{R}^m$. (5.18)中的每个方程可写成

$$f_i(x) = 0, \quad i = 1, 2, \cdots, m.$$

再引入向量函数 $F$:

$$F(x) = (f_1(x), f_2(x), \cdots, f_m(x))^{\mathrm{T}},$$

(5.18) 就可写成

$$F(x) = 0. \tag{5.19}$$

在介绍 (5.19) 的数值方法之前, 先回顾一下向量函数连续的概念. 设数量函数 $f_i$ 和向量函数 $F$ 定义在 $D \subset \mathbb{R}^m$, 且 $x_0 \in D$, $\lim\limits_{x \to x_0} f_i(x) = A_i$ 指对任意的 $\varepsilon > 0$, 存在实数 $\delta > 0$, 使对任意满足 $0 < \|x - x_0\| < \delta$ 的 $x \in D$, 有 $|f_i(x) - A_i| < \varepsilon$. 这里 $\|\cdot\|$ 可取为任一种范数. 若 $\lim\limits_{x \to x_0} f_i(x) = f_i(x_0)$, 则称 $f_i$ 在 $x_0 \in D$ 连续. 若 $f_i$ 在 $D$ 上每点连续, 称 $f_i$ 在 $D$ 上连续. 记向量函数 $F(x) = (f_1(x), f_2(x), \cdots, f_m(x))^{\mathrm{T}}$, $\lim\limits_{x \to x_0} F(x) = A = (A_1, A_2, \cdots, A_m)^{\mathrm{T}}$, 是指 $\lim\limits_{x \to x_0} f_i(x) = A_i, i = 1, 2, \cdots, m$ 成立. 若 $\lim\limits_{x \to x_0} F(x) = F(x_0)$, 称 $F$ 在 $x_0$ 连续. 若 $F$ 在 $D$ 上每点连续, 称 $F$ 在 $D$ 上连续.

现在设 $x^*$ 满足 $F(x^*) = 0$, 下面讨论求解 $x^*$ 的方法. 设有与 (5.19) 等价的方程

$$x = \Phi(x) \tag{5.20}$$

满足 $x^* = \Phi(x^*)$, $x^*$ 就是 $\Phi$ 的不动点. 对应 (5.20) 的不动点迭代法就是

$$x^{n+1} = \Phi(x^n). \tag{5.21}$$

关于 $\Phi$ 的不动点的存在性和 (5.21) 迭代的收敛性, 有下面著名的定理.

**定理 5.8**(压缩映射原理) 在闭域 $D \subset \mathbb{R}^m$ 上, 设 $\Phi$ 满足:

(1) 存在常数 $0 < K < 1$, 使对 $D$ 上所有 $x$ 和 $y$,

$$\|\Phi(x) - \Phi(y)\| \leqslant K \|x - y\|. \tag{5.22}$$

(2) 对所有的 $x \in D$,

$$\Phi(x) \in D, \tag{5.23}$$

则 $\Phi$ 存在唯一的不动点 $x^* \in D$, 而且对任意的 $x^0 \in D$, (5.21) 产生的向量序列 $\{x^n\}$ 收敛到 $x^*$, 并有

$$\|x^n - x^*\| \leqslant \frac{K^n}{1-K} \|x^1 - x^0\|. \tag{5.24}$$

**证明** 因 $x^0 \in D$ 及 (5.23), 显然对 $n = 0, 1, \cdots$, 都有 $x^n \in D$. 而且由 (5.22), 有

$$\left\|x^n - x^{n-1}\right\| = \left\|\Phi(x^{n-1}) - \Phi(x^{n-2})\right\| \leqslant K \left\|x^{n-1} - x^{n-2}\right\|.$$

因此对任意的 $l > n$, 有

$$\begin{aligned}\left\|x^l - x^n\right\| &\leqslant \left\|x^l - x^{l-1}\right\| + \left\|x^{l-1} - x^{l-2}\right\| + \cdots + \left\|x^{n+1} - x^n\right\| \\ &\leqslant (K^{l-n} + \cdots + K^2 + K)\left\|x^n - x^{n-1}\right\| \\ &\leqslant \frac{K^n}{1-K}\left\|x^1 - x^0\right\|,\end{aligned} \tag{5.25}$$

所以当 $n$ 充分大时, $\left\|x^l - x^n\right\|$ 可任意小, 根据 Cauchy 定理, $\{x^n\}$ 必收敛, $\lim\limits_{n\to\infty} x^n = x^*$, 且 $x^* \in D$.

下面说明 $x^*$ 就是 $\Phi$ 的不动点, 由 (5.22) 有

$$\begin{aligned}\|\Phi(x^*) - x^*\| &\leqslant \|\Phi(x^*) - \Phi(x^n)\| + \|\Phi(x^n) - x^*\| \\ &\leqslant K\|x^* - x^n\| + \|x^{n+1} - x^*\|.\end{aligned}$$

对任意的 $n \geqslant 0$ 成立. 因 $\|x^* - x^n\| \to 0$, 所以可得 $\|\Phi(x^*) - x^*\| = 0$, 即 $x^* = \Phi(x^*)$, $x^*$ 是 $\Phi$ 的不动点.

若 $\Phi$ 另有一个不动点 $y^*$, 则

$$\|x^* - y^*\| = \|\Phi(x^*) - \Phi(y^*)\| \leqslant K\|x^* - y^*\|.$$

因 $0 < K < 1$, 所以 $\|x^* - y^*\| = 0$. $x^* = y^*$. 不动点是唯一的. 最后, 由 (5.25), 因范数的连续性, 令 $l \to \infty$ 就得到 (5.24). □

定理 5.8 中 $\Phi$ 的第一个条件称为 $\Phi$ 的压缩性质, 所以该定理常称压缩映射原理.

设 $\Phi(x) = [\varphi_1(x_1, x_2, \cdots, x_m), \cdots, \varphi_m(x_1, x_2, \cdots, x_m)]^{\mathrm{T}}$, 且 $\varphi_1, \cdots, \varphi_m$ 均存在一阶连续偏导数. $\Phi$ 的 Jacobi 矩阵记为

$$\Phi'(x) = \begin{bmatrix} \dfrac{\partial\varphi_1}{\partial x_1} & \cdots & \dfrac{\partial\varphi_1}{\partial x_m} \\ \vdots & & \vdots \\ \dfrac{\partial\varphi_m}{\partial x_1} & \cdots & \dfrac{\partial\varphi_m}{\partial x_m} \end{bmatrix}.$$

可以证明, 若 $\Phi$ 有不动点 $x^*$, 且 $\Phi'$ 连续, $\rho(\Phi'(x^*)) < 1$, 则 (5.21) 产生的序列 $\{x^n\}$ 收敛到 $x^*$, 这里 $\rho(\Phi'(x^*))$ 是 $\Phi'(x^*)$ 的谱半径. 当存在常数 $0 < K < 1$, 使

$$\left|\frac{\partial\varphi_i(x)}{\partial x_j}\right| \leqslant \frac{K}{m}, \quad x \in D, i, j = 1, \cdots, m$$

成立时, 可使 $\Phi'(x^*)$ 的谱半径小于 1.

以下举例说明如何运用不动点迭代法求解非线性方程组.

**例 5.7** 用不动点迭代法求解下列方程组:

$$\begin{cases} x_1^2 - 10x_1 + x_2^2 + 8 = 0, \\ x_1x_2^2 + x_1 - 10x_2 + 8 = 0. \end{cases}$$

**解** 将方程组改为不动点形式 $x = G(x)$, 其中

$$x = \begin{bmatrix} x_1 \\ x_2 \end{bmatrix}, \quad G(x) = \begin{bmatrix} g_1(x) \\ g_2(x) \end{bmatrix} = \begin{bmatrix} \dfrac{x_1^2 + x_2^2 + 8}{10} \\ \dfrac{x_1x_2^2 + x_1 + 8}{10} \end{bmatrix}.$$

设 $D_0 = \{(x_1, x_2) | 0 \leqslant x_1, x_2 \leqslant 1.5\}$, 不难验证,

$$0.8 \leqslant g_1(x) \leqslant 1.25, \quad 0.8 \leqslant g_2(x) \leqslant 1.2875,$$

故有 $G(D_0) \subset D_0$ 又对 $\forall x, y \in D_0$, 有

$$|g_1(y) - g_1(x)| = \frac{1}{10}\left|y_1^2 + y_2^2 - x_1^2 - x_2^2\right| \leqslant \frac{3}{10}(|y_1 - x_1| + |y_2 - x_2|),$$

$$|g_2(y) - g_2(x)| = \frac{1}{10}\left|y_1y_2^2 - x_1x_2^2 + y_1 - x_1\right| \leqslant \frac{4.5}{10}(|y_1 - x_1| + |y_2 - x_2|),$$

于是有

$$\|G(y) - G(x)\|_1 \leqslant 0.75\,\|y - x\|_1, \quad \forall x, y \in D_0$$

成立, 即 $G(x)$ 满足压缩条件, 根据压缩映射原理, $G(x)$ 在 $D_0$ 内存在唯一的不动点 $x^*$. 取 $x^{(0)} = (0, 0)^{\mathrm{T}}$, 由 $x^{(k+1)} = G(x^{(k)}), k = 0, 1, 2, \cdots$, 经过有限次迭代, 其结果列于表 5-6 中. 表中最终结果满足 $\left\|x^{(k+1)} - x^{(k)}\right\|_1 \leqslant 10^{-9}$.

**表 5-6**

| $k$ | $x_1^{(k)}$ | $x_2^{(k)}$ | $k$ | $x_1^{(k)}$ | $x_2^{(k)}$ |
|---|---|---|---|---|---|
| 0 | 0.000000000 | 0.000000000 | ⋮ | ⋮ | ⋮ |
| 1 | 0.800000000 | 0.800000000 | 10 | 0.999957057 | 0.999957058 |
| 2 | 0.928000000 | 0.931200000 | ⋮ | ⋮ | ⋮ |
| 3 | 0.972831744 | 0.973269983 | 20 | 0.999999995 | 0.999999995 |
| 4 | 0.989365606 | 0.989435095 | ⋮ | ⋮ | ⋮ |
| 5 | 0.995782611 | 0.995793654 | 23 | 1.000000000 | 1.000000000 |

由于

$$G'(x) = \begin{bmatrix} \dfrac{\partial g_1}{\partial x_1} & \dfrac{\partial g_1}{\partial x_2} \\ \dfrac{\partial g_2}{\partial x_1} & \dfrac{\partial g_2}{\partial x_2} \end{bmatrix} = \begin{bmatrix} \dfrac{x_1}{5} & \dfrac{x_2}{5} \\ \dfrac{x_2^2 + 1}{10} & \dfrac{x_1x_2}{5} \end{bmatrix}.$$

故 $G'(x^*) = \begin{bmatrix} 0.2 & 0.2 \\ 0.2 & 0.2 \end{bmatrix}$, $\|G'(x^*)\|_1 = 0.4 < 1, \rho(G'(x^*)) \leqslant 0.4$, 它表明定理 5.8 的条件成立.

### 5.4.2 Newton 迭代法及例题

设 $f_j(x_1, x_2, \cdots, x_n), j = 1, 2, \cdots, n$ 是 $n$ 个定义在 $n$ 维空间区域 $D$ 上的 $n$ 元二次连续可微函数, 并且它的值域也包含在 $D$ 内. 在求

$$f_j(x_1, x_2, \cdots, x_n) = 0, \quad j = 1, 2, \cdots, n$$

的解 $(\zeta_1, \zeta_2, \cdots, \zeta_n)$ 时, 和单个一元函数方程的 Newton 法一样, 把 $f_j$ 在点 $(\zeta_1, \zeta_2, \cdots, \zeta_n)$ 附近一点 $(x_1^0, x_2^0, \cdots, x_n^0)$ 展开,

$$f_j(x_1, x_2, \cdots, x_n) = f_j(x_1^0, x_2^0, \cdots, x_n^0) + \sum_{k=1}^{n} (x_k - x_k^0) \frac{\partial}{\partial x_k} f_j(x_1^0, x_2^0, \cdots, x_n^0) + R_j,$$

$$R_j = \frac{1}{2} \sum_{l,k=1}^{n} (x_l - x_l^0)(x_k - x_k^0) \frac{\partial^2}{\partial x_l \partial x_k} f_j(\xi_1, \xi_2, \cdots, \xi_n), \quad j = 1, 2, \cdots, n, \tag{5.26}$$

其中 $\xi_j$ 在 $x_j$ 与 $x_j^0$ 之间, $j = 1, 2, \cdots, n$. 忽略 (5.26) 中的余项 $R_j$, 得到一个线性方程组

$$f_j(x_1^0, x_2^0, \cdots, x_n^0) + \sum_{k=1}^{n} (x_k - x_k^0) \frac{\partial}{\partial x_k} f_j(x_1^0, x_2^0, \cdots, x_n^0) = 0, \quad j = 1, 2, \cdots, n. \tag{5.27}$$

这组线性方程的解 $x_1^1, x_2^1, \cdots, x_n^1$, 自然不能就是 $\zeta_1, \zeta_2, \cdots, \zeta_n$, 而只能是它的近似值. (5.27) 中未知数 $x_1, x_2, \cdots, x_n$ 的系数矩阵就是函数 $f_1, f_2, \cdots, f_n$ 对未知数的 Jacobi 矩阵

$$J(x) = J(x_1, x_2, \cdots, x_n) = \begin{bmatrix} \dfrac{\partial f_1}{\partial x_1} & \dfrac{\partial f_1}{\partial x_2} & \cdots & \dfrac{\partial f_1}{\partial x_n} \\ \dfrac{\partial f_2}{\partial x_1} & \dfrac{\partial f_2}{\partial x_2} & \cdots & \dfrac{\partial f_2}{\partial x_n} \\ \vdots & \vdots & & \vdots \\ \dfrac{\partial f_n}{\partial x_1} & \dfrac{\partial f_n}{\partial x_2} & \cdots & \dfrac{\partial f_n}{\partial x_n} \end{bmatrix}.$$

令 $f = (f_1, f_2, \cdots, f_n)^{\mathrm{T}}$, $x = (x_1, x_2, \cdots, x_n)^{\mathrm{T}}$, $x^0 = (x_1^0, x_2^0, \cdots, x_n^0)^{\mathrm{T}}$, 则 (5.27) 可写成

$$f(x^0) + J(x^0)(x - x^0) = 0, \tag{5.28}$$

而余项 $R=(R_1,R_2,\cdots,R_n)^{\mathrm T}$ 的分量 $R_j$ 是二次型

$$R_j=\frac{1}{2}(x-x^0)^{\mathrm T}H_j(\xi)(x-x^0),$$

其中

$$H_j=\left[\frac{\partial^2 f_i}{\partial x_l\partial x_k}\right],\quad l,k=1,2,\cdots,n.$$

(5.28) 的解为

$$x^1=x^0-J^{-1}(x^0)f(x^0).$$

重复这一步骤, 则得到 Newton 法的迭代公式

$$x^{k+1}=x^k-J^{-1}(x^k)f(x^k),\quad k=0,1,\cdots. \tag{5.29}$$

Newton 法的重要性在于对 $f$ 加某些比较自然的条件后, 若 $x^k$ 充分接近 $\zeta$, 则可得到平方收敛的估计

$$\left\|x^{k+1}-\zeta\right\|\leqslant C\left\|x^k-\zeta\right\|^2.$$

Newton 法的平方收敛性较为吸引人, 但每作一次迭代, 都要求矩阵 $J(x^k)$ 的逆矩阵, 工作量很大. 若写成

$$J(x^k)(x^{k+1}-x^k)=-f(x^k),$$

则每次迭代解一次线性方程组, 工作量可减小一些. 不论怎样, 求矩阵 $J$ 时, 先要求出它的 $n^2$ 个元素 $\dfrac{\partial f_j}{\partial x_l}$, 通常以差商

$$\frac{\partial f_j(x^k)}{\partial x_l}\approx\{f_j(x_1^k,\cdots,x_{l-1}^k,x_l^k+h_{jl}^k,x_{l+1}^k,\cdots,x_n^k)-f_j(x^k)\}/h_{jl}^k,$$

或以

$$\begin{aligned}\frac{\partial f_j(x^k)}{\partial x_l}\approx&\{f_j(x_1^k+h_{j1}^k,\cdots,x_{l-1}^k+h_{jl-1}^k,x_l^k+h_{jl}^k,x_{l+1}^k,\cdots,x_n^k)\\&-f_j(x_1^k+h_{j1}^k,\cdots,x_{l-1}^k+h_{j,l-1}^k,x_l^k,\cdots x_n^k)\}/h_{jl}^k\end{aligned}$$

来代替, 这里的 $h_{jl}^k$ 都是适当的参数, 还可以取 $h_{jl}^k$ 为与 $j,l$ 无关的常数.

记所用 $\dfrac{\partial f_j}{\partial x_l}$ 的近似为 $\varDelta_{jl}(x,h)$ (并记矩阵 $\varDelta_{jl}(x,h)\equiv J(x,h)$), 则有 “离散的 Newton 法”

$$x^{k+1}=x^k-J^{-1}(x^k,h^k)f(x^k),\quad k=0,1,2,\cdots. \tag{5.30}$$

如果矩阵 $(h_{jl}^k)$ 的元素为常数 $h$, 则迭代法 (5.30) 只有线性收敛; 所以要达到平方收敛, 必须取 $h_{jl}^k$ 使 $\lim\limits_{k\to\infty} h_{jl}^k = 0$.

对任何一种迭代方法, 都希望它的剩余量的范数是递减的, 即

$$\|f(x^{k+1})\| \leqslant \|f(x^k)\|, \quad k=0,1,2,\cdots. \tag{5.31}$$

Newton 法并不一定如此, 即使是单个方程, (5.31) 也不一定成立. 通常可加一个修正因子 $\omega_k > 0$, 把 (5.29) 改成

$$x^{k+1} = x^k - \omega_k J^{-1}(x^k) f(x^k), \quad k=0,1,2,\cdots. \tag{5.32}$$

并选 $\omega_k$ 使 (5.31) 成立. 此时 (5.32) 亦称阻尼 Newton 法.

当 $J(x^k)$ 或 $J(x^k, h^k)$ 是奇异矩阵时, (5.29) 可改成

$$x^{k+1} = x^k - [J(x^k) + \mu_k I]^{-1} f(x^k), \quad k=0,1,2,\cdots,$$

其中 $I$ 是单位矩阵, 取 $\mu_k$ 使得 $J(x^k) + \mu_k I$ 非奇异并保证剩余量范数递减.

还有一种简化 Newton 法, 即 $J(x)$ 恒取成 $J(x^0)$, 此时

$$x^{k+1} = x^k - J^{-1}(x^0) f(x^k), \quad k=0,1,2,\cdots.$$

比这更接近 Newton 法而又节省工作量的是求一次 $J^{-1}(x^k)$ 后, 连续作几步迭代再更换新的 $J^{-1}(x^k)$. 用式子表示, 可写成

$$x^{k+1} = x^k - J^{-1}(x^{p(k)}) f(x^k), \quad k=0,1,2,\cdots,$$

其中 $p(k) < k$ 是正整数, 且当 $k\to\infty$ 时 $p(k)\to\infty$.

**例 5.8**　用简化 Newton 迭代法求解方程组

$$\begin{cases} x_1^2 - 10x_1 + x_2^2 + 8 = 0, \\ x_1 x_2^2 + x_1 - 10x_2 + 8 = 0, \end{cases}$$

要求 $\|\Delta x^{(k)}\|_1 < 10^{-9}$, 其中 $\Delta x^{(k)} = x^{(k+1)} - x^{(k)}$.

**解**

$$F(x) = \begin{bmatrix} x_1^2 - 10x_1 + x_2^2 + 8 \\ x_1 x_2^2 + x_1 - 10x_2 + 8 \end{bmatrix},$$

$$J(x) = \begin{bmatrix} 2x_1 - 10 & 2x_2 \\ x_2^2 + 1 & 2x_1 x_2 - 10 \end{bmatrix},$$

选取初始近似 $x^{(0)} = (0,0)^{\mathrm{T}}$, 解方程 $J(x^{(0)})\Delta x^{(0)} = -F(x^{(0)})$, 即解方程组

$$\begin{bmatrix} -10 & 0 \\ 1 & -10 \end{bmatrix} \Delta x^{(0)} = -\begin{bmatrix} 8 \\ 8 \end{bmatrix},$$

其解为 $\Delta x^{(0)} = (0.8, 0.88)^{\mathrm{T}}$. 按修改的 Newton 算法继续进行迭代计算, 结果见表 5-7.

表 5-7

| $k$ | $x_1^{(k)}$ | $x_2^{(k)}$ | $k$ | $x_1^{(k)}$ | $x_2^{(k)}$ |
|---|---|---|---|---|---|
| 0 | 0.000000000 | 0.000000000 | 3 | 0.999975229 | 0.999968524 |
| 1 | 0.800000000 | 0.880000000 | 4 | 1.000000000 | 1.000000000 |
| 2 | 0.991787221 | 0.991711737 | 5 | 1.000000000 | 1.000000000 |

## 习 题 5

5.1 验证方程 $x^3-x-1=0$ 在 $[1,2]$ 内有唯一的根. 用二分法求此根, 误差不超过 $10^{-2}$. 若要误差不超过 $10^{-3}$ 或 $10^{-4}$, 问要作多少次二分?

5.2 用二分法求超越方程 $f(x)=\sin x-x/2=0$ 的唯一的正根 $x^*$, 要求 $|x_k-x^*|\leqslant 10^{-4}$ 或者 $|f(x_k)|\leqslant 10^{-4}$. 并且估计最多需要的迭代次数.

5.3 举出一个方程, 它有偶次重实根, 但不能用二分法求出这个重实根.

5.4 设连续函数 $f(x)$ 在 $[a,b]$ 内只有唯一实根. 如果把区间逐次三等分, 类似于二分法, 能得出什么结论? 试将此法与二分法比较一下优劣.

5.5 用二分法计算下列方程的根, 误差不超过 $10^{-2}$:

(1) $x=\tan x$, 在 $[4,4.5]$; (2) $x-2^{-x}=0$, 在 $[0,1]$;

(3) $x^3-25=0$, 在 $[2.5,3]$.

5.6 为求方程 $x^3-x^2-1=0$ 在 $x_0=1.5$ 附近的一个根, 现将方程改为下列的等价形式, 且建立相应的迭代公式:

(1) $x=1+\dfrac{1}{x^2}$, 迭代公式为 $x_{k+1}=1+\dfrac{1}{x_k^2}$;

(2) $x^3=1+x^2$, 迭代公式为 $x_{k+1}=(1+x_k^2)^{1/3}$;

(3) $x^2=\dfrac{1}{x-1}$, 迭代公式为 $x_{k+1}=\dfrac{1}{(x_k-1)^{1/2}}$.

试分析每一种迭代公式的收敛性, 任选一种收敛的迭代公式计算 1.5 附近的根, 要求 $|x_{k+1}-x_k|<10^{-5}$.

5.7 对下列方程, 试确定迭代函数 $\varphi(x)$ 及区间 $[a,b]$, 使对 $\forall x_0\in[a,b]$, 不动点迭代 $x_{k+1}=\varphi(x_k)\ (k=0,1,2,\cdots)$ 收敛到方程的正根, 并求该正根, 使得 $|x_{k+1}-x_k|<10^{-6}$.

(1) $3x^2-\mathrm{e}^x=0$; (2) $x=\cos x$.

5.8 试用逐次逼近法求方程 $2x-7-\lg x=x$ 的最大正根 $x^*$, 要求 $|x_{k+1}-x_k|<10^{-3}$.

5.9 应用定理证明: 方程 $x=2^{-x}$ 在区间 $[1/3,1]$ 上有一实根. 取初始值 $x_0=0.5$, 试用逐次逼近法求其精度不超过 $10^{-3}$ 的近似解, 并估计要达到这个精度所需要的迭代次数.

5.10 证明方程 $f(x)=x^3-6x-12=0$ 在区间 $[2,5]$ 内有唯一实根 $p$, 并对任意的初始值 $x_0\in[2,5]$, Newton 序列都收敛于 $p$.

5.11 应用 Newton 法求方程 $x^2-3x-\mathrm{e}^x+2=0$ 的一个近似解, 取初始值 $x_0=1$, 要求近似解精确到小数后第八位.

5.12 应用 Newton 法计算 $\sqrt{7}$, 取初始值 $x_0=7$, 要求误差不超过 $10^{-8}$.

5.13 对非零实数 $\alpha$, Newton 法给出了一个不用除法运算求 $1/\alpha$ 的计算程序: $x_{n+1}=x_n(2-\alpha x_n)$. 取初始值 $x_0=0.01$, 应用该程序求 1/7, 要求误差不超过 $10^{-8}$.

5.14　对 $f(x)=0$ 的 Newton 法, 证明:

$$\lim_{n\to\infty}\frac{x_n-x_{n-1}}{(x_{n-1}-x_{n-2})^2}=-\frac{f''(x^*)}{2f'(x^*)}.$$

5.15　用 Newton 下山法求方程 $x^3+4x^2-10=0$ 在 $[0,2]$ 内的根. 取初始值 $x_0=0.1$, 并且与 Newton 法进行比较.

5.16　用 Newton 法解方程组

$$\begin{cases}x^2+y^2=4,\\ x^2-y^2=1.\end{cases}$$

(精确解为 $\pm\sqrt{2.5},\pm\sqrt{1.5}$). 取 $(x_0,y_0)=(1.6,1.2)$.

5.17　给定非线性方程组

$$\begin{cases}x_1=0.75\sin x_1+0.2\cos x_2=g_1(x_1,x_2),\\ x_2=0.70\cos x_1+0.2\sin x_2=g_2(x_1,x_2).\end{cases}$$

(1) 应用压缩映射原理证明 $G=\begin{bmatrix}g_1\\ g_2\end{bmatrix}$ 在 $D=\{(x_1,x_2)|0\leqslant x_1,x_2\leqslant 1.0\}$ 中有唯一的不动点;

(2) 用不动点迭代方法求方程组的解, 当 $\left\|x^{(k+1)}-x^{(k)}\right\|_2<\frac{1}{2}\times 10^{-3}$ 时停止迭代.

5.18　利用非线性方程组的 Newton 迭代方法解方程组:

(1)

$$\begin{cases}x_1^2+x_2^2-4=0,\\ x_1^2-x_2^2-1=0.\end{cases}$$

分别取 $x^{(0)}=(1.6,1.2),(-1.6,1.2),(-1.6,-1.2),(1.6,-1.2)$.

(2)

$$\begin{cases}3x_1^2-x_2^2=0,\\ 3x_1x_2^2-x_1^3-1=0.\end{cases}$$

分别取 $x^{(0)}=(0.8,0.4),(-0.8,0.4),(-0.8,-0.4),(0.8,-0.4)$.

要求迭代到 $\left\|x^{(k+1)}-x^{(k)}\right\|_2<\frac{1}{2}\times 10^{-5}$ 为止.

思维导图5

# 第 6 章 矩阵特征值问题的解法

物理、力学和工程技术中的许多问题 (如工程技术中求一个力学、结构或电学系统的固有或自然频率) 在数学上都归结为求矩阵特征值的问题，因此研究矩阵特征值的数值解法有重要的实际应用价值.

## 6.1 特征值的估计及扰动问题

了解特征值在复平面上的分布以及对矩阵扰动的敏感性, 对选择、设计求解特征值问题的数值方法并提高方法的收敛速度具有重要的指导意义.

对任何实方阵 $A=(a_{ij})_{n\times n}$, 易知其特征值 $\lambda$ 满足

$$|\lambda| \leqslant \|A\|,$$

其中 $\|A\|$ 为 $A$ 的任何一种从属范数.

**定义 6.1** 设 $A=(a_{ij})_{n\times n}$ 为实方阵, 则称复平面上以 $a_{ii}$ 为中心, $r_i=\sum\limits_{\substack{j=1\\j\neq i}}^{n}|a_{ij}|$ 为半径的圆盘

$$D_i(A)=\{z|\ |z-a_{ii}|\leqslant r_i\},\quad i=1,2,\cdots,n$$

为 $A$ 的 Gerschgorin(格尔什戈林) 圆盘.

**定理 6.1** 设 $A=(a_{ij})_{n\times n}$ 为实方阵, 则

(1) $A$ 的任一特征值必落在 $A$ 的某个 Gerschgorin 圆盘之中;

(2) 如果 $A$ 的 $k$ 个 Gerschgorin 圆盘的并集 $S$ 与其他圆盘不相连, 则 $S$ 内恰包含 $A$ 的 $k$ 个特征值. 特别地, 孤立圆盘 (即不与其他圆盘相连) 恰包含 $A$ 的 1 个特征值.

**证明** 仅就 (1) 给出证明. 设 $\lambda$ 为 $A$ 的特征值, $x=(x_1,x_2,\cdots,x_n)^{\mathrm{T}}$ 为对应于 $\lambda$ 的特征向量, 则 $Ax=\lambda x$ 的第 $i$ 个方程为

$$\sum_{j=1}^{n}a_{ij}x_j=\lambda x_i,\quad i=1,2,\cdots,n$$

或

$$(\lambda-a_{ii})x_i=\sum_{\substack{j=1\\j\neq i}}^{n}a_{ij}x_j.$$

不妨令 $|x_k|=\max\limits_{1\leqslant j\leqslant n}|x_j|$, 则 $x_k\neq 0$(因 $x\neq 0$), 且

$$|\lambda-a_{kk}|\leqslant\sum_{\substack{j=1\\j\neq k}}^{n}|a_{kj}|\cdot\frac{|x_j|}{|x_k|}\leqslant\sum_{\substack{j=1\\j\neq k}}^{n}|a_{kj}|=r_k,$$

这表明 $\lambda$ 落在第 $k$ 个圆盘中. □

**例 6.1** 估计矩阵 $A$ 的特征值的范围, 其中

$$A=\begin{bmatrix}2&0&1\\1&-1&2\\0&1&5\end{bmatrix}.$$

**解** $A$ 的 3 个 Gerschgorin 圆盘是

$$\begin{aligned}D_1:&\ \{z|\,|z-2|\leqslant 1\},\\D_2:&\ \{z|\,|z+1|\leqslant 3\},\\D_3:&\ \{z|\,|z-5|\leqslant 1\},\end{aligned}$$

其中 $D_3$ 为孤立圆盘, 故恰好包含了 1 个特征值 $\lambda_3$, 并有估计

$$4\leqslant\lambda_3\leqslant 6,$$

而另外 2 个特征值 $\lambda_1$ 和 $\lambda_2$ 则包含在 $D_1$ 与 $D_2$ 的并集中. 为获得 $\lambda_1$ 和 $\lambda_2$ 的较准确的估计, 现对 $A$ 作相似变换:

$$B=P^{-1}AP,$$

其中

$$P=\begin{bmatrix}1&&\\&5/3&\\&&1\end{bmatrix},\quad B=\begin{bmatrix}2&0&1\\3/5&-1&6/5\\0&5/3&5\end{bmatrix}.$$

$B$ 的 3 个 Gerschgorin 圆盘为

$$\begin{aligned}D_1':&\ \{z|\,|z-2|\leqslant 1\},\\D_2':&\ \left\{z|\,|z+1|\leqslant\frac{9}{5}\right\},\\D_3':&\ \left\{z|\,|z-5|\leqslant\frac{5}{3}\right\},\end{aligned}$$

它们都是孤立圆盘. 故 $A$ 的特征值分布为

$$-\frac{14}{5}\leqslant\lambda_1\leqslant\frac{4}{5},\quad 1\leqslant\lambda_2\leqslant 3,\quad \frac{10}{3}\leqslant\lambda_3\leqslant\frac{20}{3}.$$

**定义 6.2** 设 $A=(a_{ij})_{n\times n}$ 为实方阵, 非零向量 $x=(x_1,x_2,\cdots,x_n)^{\mathrm{T}}\in\mathbb{R}^n$, 则称

$$R(x)=\frac{(Ax,x)}{(x,x)}=\frac{x^{\mathrm{T}}Ax}{x^{\mathrm{T}}x}$$

为矩阵 $A$ 的关于向量 $x$ 的 Rayleigh 商.

**定理 6.2** 设 $A$ 为 $n$ 阶实对称矩阵, 其特征值排列次序为 $\lambda_1\geqslant\lambda_2\geqslant\cdots\geqslant\lambda_n$, 则

$$\lambda_1=\max_{\substack{x\in\mathbb{R}^n\\x\neq 0}}R(x),\quad \lambda_n=\min_{\substack{x\in\mathbb{R}^n\\x\neq 0}}R(x).$$

**证明** 易知 $\lambda_i$ 是实数, 且 $A$ 有规范正交特征向量 $u_i$, 使得

$$Au_i=\lambda_iu_i,\quad (u_i,u_j)=\delta_{ij},\quad i,j=1,2,\cdots,n.$$

于是, 对任何非零向量 $x\in\mathbb{R}^n$, 有

$$x=\sum_{i=1}^n\alpha_iu_i,$$

从而

$$R(x)=\frac{(Ax,x)}{(x,x)}=\frac{\left(\sum\limits_{i=1}^n\lambda_i\alpha_iu_i,\sum\limits_{j=1}^n\alpha_ju_j\right)}{\left(\sum\limits_{i=1}^n\alpha_iu_i,\sum\limits_{j=1}^n\alpha_ju_j\right)}=\frac{\sum\limits_{i=1}^n\lambda_i\alpha_i^2}{\sum\limits_{i=1}^n\alpha_i^2},$$

推得 $\lambda_n\leqslant R(x)\leqslant\lambda_1$. 特别地, 若取 $x=u_1$, 则

$$R(u_1)=(Au_1,u_1)=\lambda_1,$$

故有 $\lambda_1=\max\limits_{\substack{x\in\mathbb{R}^n\\x\neq 0}}R(x)$. 同理可证 $\lambda_n=\min\limits_{\substack{x\in\mathbb{R}^n\\x\neq 0}}R(x)$. □

下面考虑矩阵扰动对特征值的影响问题.

**例 6.2** 计算并比较 $n$ 阶方阵 $A$ 和 $B$ 的特征值, 其中

$$A=\begin{bmatrix}\alpha & 1 & & \\ & \alpha & \ddots & \\ & & \ddots & 1\\ & & & \alpha\end{bmatrix},\quad B=\begin{bmatrix}\alpha & 1 & & \\ & \alpha & \ddots & \\ & & \ddots & 1\\ \varepsilon & & & \alpha\end{bmatrix},\quad \alpha\neq 0,\ \varepsilon>0.$$

**解**　$A$ 的特征值 $\lambda_j(A)=\alpha$($n$ 重特征值), $B$ 的特征值 $\lambda_j(B)=\alpha+\varepsilon^{1/n}\mathrm{e}^{\mathrm{i}2\pi j/n}$, $j=1,2,\cdots,n$, 其中 $\mathrm{i}=\sqrt{-1}$. 于是, 特征值的相对误差

$$e_j=\left|\frac{\lambda_j(B)-\lambda_j(A)}{\lambda_j(A)}\right|=\frac{\varepsilon^{1/n}}{|\alpha|}.$$

若取 $n=20$, $\varepsilon=10^{-20}$, 则当 $\alpha=1$, 0.5 和 0.1 时, 相对误差分别达到 10%, 20% 和 100%. 由此可见, 矩阵 $A$ 的微小扰动 (仅有元素 $a_{n1}$ 发生了微小变化) 使得特征值发生了大的变化. 本例中, $A$ 的特征值对元素 $a_{n1}$ 的扰动非常敏感.

**定理 6.3** (Bauer-Fike(鲍尔–菲克) 定理)　设 $n$ 阶方阵 $A$ 可对角化, 矩阵 $P$ 使得

$$P^{-1}AP=\mathrm{diag}(\lambda_1,\lambda_2,\cdots,\lambda_n),$$

则 $A$ 经扰动后的矩阵 $A+E$ 的特征值 $\mu$ 有估计式

$$\min_{1\leqslant i\leqslant n}|\mu-\lambda_i|\leqslant\left\|P^{-1}\right\|_p\|P\|_p\|E\|_p, \tag{6.1}$$

其中 $\|\cdot\|_p$ 为矩阵的 $p$ 范数 $(p=1,2,\infty)$.

**证明**　若 $\mu\in\sigma(A)$, 则 (6.1) 自然成立. 现设 $\mu\notin\sigma(A)$, $x$ 是 $A+E$ 的对应于 $\mu$ 的特征向量, 于是

$$(A+E)x=\mu x,$$

即

$$(\mu I-A)x=Ex.$$

记 $\Lambda=\mathrm{diag}(\lambda_1,\lambda_2,\cdots,\lambda_n)$, 从而

$$(\mu I-\Lambda)P^{-1}x=P^{-1}EPP^{-1}x,$$

推得

$$P^{-1}x=(\mu I-\Lambda)^{-1}P^{-1}EPP^{-1}x.$$

于是

$$\left\|P^{-1}x\right\|_p\leqslant\left\|(\mu I-\Lambda)^{-1}\right\|_p\left\|P^{-1}\right\|_p\|E\|_p\|P\|_p\left\|P^{-1}x\right\|_p.$$

由于

$$\left\|(\mu I-\Lambda)^{-1}\right\|_p=\max_{1\leqslant i\leqslant n}\left|(\mu-\lambda_i)^{-1}\right|=(\min_{1\leqslant i\leqslant n}|\mu-\lambda_i|)^{-1},$$

所以

$$1\leqslant(\min_{1\leqslant i\leqslant n}|\mu-\lambda_i|)^{-1}\left\|P^{-1}\right\|_p\|P\|_p\|E\|_p,$$

即

$$\min_{1\leqslant i\leqslant n}|\mu-\lambda_i|\leqslant\left\|P^{-1}\right\|_p\|P\|_p\|E\|_p. \qquad \square$$

若 $A$ 为对称矩阵, 则可选 $P$ 为正交矩阵, 这时 $\|P\|_2=1$, 从而有如下推论.

**推论 6.1** 若 $A$ 为实对称方阵, $\mu$ 为扰动矩阵 $A+E$ 的特征值, 则有

$$\min_{\lambda\in\sigma(A)}|\mu-\lambda|\leqslant\|E\|_2.$$

## 6.2 乘幂法与反乘幂法

乘幂法是一种计算矩阵主特征值 (按模最大的特征值) 及其对应特征向量的迭代方法, 特别适用于求解大型稀疏矩阵 (具有大量零元素的矩阵) 的特征值问题. 反乘幂法是乘幂法的变形, 用以计算非奇异矩阵按模最小的特征值及其对应的特征向量. 此外, 它也是计算三对角矩阵或 Hessenberg(海森伯格) 矩阵的对应给定近似特征值的特征向量的有效方法之一.

### 6.2.1 乘幂法

对 $n$ 阶实方阵 $A$, 假设它具有一个完全的特征向量系 $x_1,x_2,\cdots,x_n$ (即这 $n$ 个特征向量线性无关), 相应的特征值分别为 $\lambda_1,\lambda_2,\cdots,\lambda_n$, 主特征值 $\lambda_1$ 满足条件

$$|\lambda_1|>|\lambda_2|\geqslant\cdots\geqslant|\lambda_n|. \tag{6.2}$$

下面讨论计算 $\lambda_1$ (为实数) 及 $x_1$ 的方法.

乘幂法的基本思想是：任取一个非零向量 $z_0$, 反复乘以矩阵 $A$, 依次得到向量序列

$$z_{k+1}=Az_k=A^{k+1}z_0,\quad k=0,1,2,\cdots,$$

再通过该向量序列求得主特征值 $\lambda_1$ 及相应特征向量 $x_1$ 的近似值.

由于 $z_0$ 可表示为

$$z_0=\alpha_1x_1+\alpha_2x_2+\cdots+\alpha_nx_n,$$

当 $\alpha_1\neq0$ 时,

$$\begin{aligned}z_k=A^kz_0&=\alpha_1\lambda_1^kx_1+\alpha_2\lambda_2^kx_2+\cdots+\alpha_n\lambda_n^kx_n\\&=\lambda_1^k\left[\alpha_1x_1+\sum_{i=2}^n\alpha_i\cdot\left(\frac{\lambda_i}{\lambda_1}\right)^kx_i\right]\equiv\lambda_1^k(\alpha_1x_1+\varepsilon_k),\end{aligned}$$

其中 $\varepsilon_k=\sum\limits_{i=2}^{n}\alpha_i(\lambda_i/\lambda_1)^k x_i$. 注意到 $|\lambda_i/\lambda_1|<1\ (i\geqslant 2)$, 从而 $\lim\limits_{k\to\infty}\varepsilon_k=0$, 这表明当 $k$ 充分大时,

$$z_k\approx\alpha_1\lambda_1^k x_1,$$

即 $z_k$ 是 $\lambda_1$ 的特征向量 $x_1$ 的近似向量 (带有常数因子 $\alpha_1\lambda_1^k$). 此外, 若用 $z_k^{(i)}$ 表示 $z_k$ 的第 $i$ 个分量, 则

$$\frac{z_{k+1}^{(i)}}{z_k^{(i)}}=\lambda_1\left[\frac{\alpha_1x_1^{(i)}+\varepsilon_{k+1}^{(i)}}{\alpha_1x_1^{(i)}+\varepsilon_k^{(i)}}\right]\xrightarrow[k\to\infty]{}\lambda_1,$$

即当 $k$ 充分大时, $z_{k+1}^{(i)}/z_k^{(i)}$ 是 $\lambda_1$ 的近似值.

显然, 当 $k$ 充分大时, $z_k$ 会变得充分大或充分小 (因为因子 $\lambda_1^k$ 的缘故). 为避免这种情况, 在实际计算时, 先将 $z_k$ 进行规范化处理, 再参与下一步迭代. 记 $\max(z)$ 为向量 $z$ 的绝对值最大的分量, 则乘幂法的实际计算格式是：任取初始向量 $z_0\neq 0$(但要求 $\alpha_1\neq 0$), 构造向量序列

$$\begin{cases}y_1=Az_0,\ m_1=\max(y_1),\ z_1=y_1/m_1,\\ y_2=Az_1,\ m_2=\max(y_2),\ z_2=y_2/m_2,\\ \qquad\qquad\cdots\cdots\\ y_k=Az_{k-1},\ m_k=\max(y_k),\ z_k=y_k/m_k.\end{cases}\tag{6.3}$$

**定理 6.4** 设 $n$ 阶实方阵 $A$ 有 $n$ 个线性无关的特征向量, 主特征值 $\lambda_1$ 满足 (6.2), 则对任给非零初始向量 $z_0$(要求 $\alpha_1\neq 0$), 由格式 (6.3) 构造的向量序列 $\{z_k\}$ 和数列 $\{m_k\}$ 的极限分别为

(1) $\lim\limits_{k\to\infty}z_k=x_1/\max(x_1)$; (2) $\lim\limits_{k\to\infty}m_k=\lambda_1$.

**证明** 由 (6.3) 知,

$$z_k=\frac{Az_{k-1}}{m_k}=\frac{A^2z_{k-2}}{m_km_{k-1}}=\cdots=\frac{A^kz_0}{m_km_{k-1}\cdots m_1}.$$

注意到 $\max(z_k)=1$, 故有

$$z_k=\frac{A^kz_0}{\max(A^kz_0)}.$$

从而当 $k\to\infty$ 时,

$$z_k=\frac{\lambda_1^k\left[\alpha_1x_1+\sum\limits_{i=2}^{n}\alpha_i(\lambda_i/\lambda_1)^kx_i\right]}{\max\left(\lambda_1^k\left[\alpha_1x_1+\sum\limits_{i=2}^{n}\alpha_i(\lambda_i/\lambda_1)^kx_i\right]\right)}$$

$$=\frac{\alpha_1x_1+\sum\limits_{i=2}^{n}\alpha_i(\lambda_i/\lambda_1)^kx_i}{\max\left(\alpha_1x_1+\sum\limits_{i=2}^{n}\alpha_i(\lambda_i/\lambda_1)^kx_i\right)}\to\frac{x_1}{\max(x_1)},$$

$$\begin{aligned}m_k&=\max(y_k)=\max(Az_{k-1})=\frac{\max(A^kz_0)}{\max(A^{k-1}z_0)}\\&=\lambda_1\frac{\max\left(\alpha_1x_1+\sum\limits_{i=2}^{n}\alpha_i(\lambda_i/\lambda_1)^kx_i\right)}{\max\left(\alpha_1x_1+\sum\limits_{i=2}^{n}\alpha_i(\lambda_i/\lambda_1)^{k-1}x_i\right)}\\&=\lambda_1\left(1+O\left|\frac{\lambda_2}{\lambda_1}\right|^k\right)\to\lambda_1.\end{aligned}\tag{6.4}$$

□

**注 6.1** (1) 由 (6.4) 知, $|m_{k+1}-\lambda_1|/|m_k-\lambda_1|\approx|\lambda_2/\lambda_1|$, 因此乘幂法是线性收敛的, 且收敛速度主要取决于 $|\lambda_2/\lambda_1|$ 的大小.

(2) 由于 $x_1$ 未知, 所以在选取非零初始向量 $z_0$ 时, 有可能出现 $\alpha_1=0$ 或 $\alpha_1\approx 0$ 的情况. 当 $\alpha_1=0$ 时, 舍入误差的影响有可能使得

$$y_1=Az_0=\sum_{i=1}^{n}\beta_ix_i$$

中的 $\beta_1\neq 0$, 但 $\beta_1x_1$ 的分量的数值按绝对值要比其他项小得多. 因此, 在 $\alpha_1=0$ 或 $\alpha_1\approx 0$ 的情形, 乘幂法仍可执行下去, 但要得到较精确的结果, 迭代次数将会很大, 此时, 需要另选初始向量 $z_0$.

(3) 如果 $A$ 的特征值不满足 (6.2), 但满足条件:

$$\lambda_1=\lambda_2=\cdots=\lambda_r,\quad |\lambda_1|>|\lambda_{r+1}|\geqslant\cdots\geqslant|\lambda_n|,\tag{6.5}$$

则由乘幂法计算格式 (6.3) 得到的序列 $m_k$ 收敛于 $\lambda_1$, $z_k$ 收敛于 $\lambda_1$ 的相应特征向量. 事实上,

$$z_k=\frac{A^kz_0}{\max(A^kz_0)}=\frac{\lambda_1^k(\alpha_1x_1+\cdots+\alpha_rx_r)+\sum\limits_{i=r+1}^{n}\alpha_i\lambda_i^kx_i}{\max\left(\lambda_1^k(\alpha_1x_1+\cdots+\alpha_rx_r)+\sum\limits_{i=r+1}^{n}\alpha_i\lambda_i^kx_i\right)}\to\frac{u}{\max(u)},$$

其中 $u=\alpha_1x_1+\alpha_2x_2+\cdots+\alpha_rx_r$ 是 $\lambda_1$ 的某个特征向量. 而

$$m_k=\frac{\max(A^kz_0)}{\max(A^{k-1}z_0)}\to\lambda_1.$$

(4) 如果 $A$ 的特征值既不满足 (6.2) 也不满足 (6.5), 则不能直接使用乘幂法计算格式 (6.3) 求解特征值问题, 在此不作详述.

**例 6.3**　求矩阵

$$A=\begin{bmatrix}2&0&1\\1&-1&2\\0&1&5\end{bmatrix}$$

的主特征值及相应的特征向量.

**解**　易知 $A$ 满足定理 6.4 中的条件, 因而可用乘幂法计算主特征值及相应的特征向量. 取 $z_0=(1,1,1)^{\mathrm{T}}$, 按计算格式 (6.3) 得到的序列如表 6-1 所示.

**表 6-1**

| $k$ | 0 | 1 | 2 | 3 | 4 | 5 | $\cdots$ | 9 | 10 | 11 |
|---|---|---|---|---|---|---|---|---|---|---|
| | | 3.0000 | 2.0000 | 1.7500 | 1.6474 | 1.6142 | $\cdots$ | 1.5953 | 1.5951 | 1.5951 |
| $y_k$ | | 2.0000 | 2.1667 | 1.9688 | 1.9595 | 1.9418 | $\cdots$ | 1.9364 | 1.9364 | 1.9364 |
| | | 6.0000 | 5.3333 | 5.4063 | 5.3642 | 5.3653 | $\cdots$ | 5.3612 | 5.3612 | 5.3612 |
| $m_k$ | | 6.0000 | 5.3333 | 5.4063 | 5.3642 | 5.3653 | $\cdots$ | 5.3612 | 5.3612 | 5.3612 |
| | 1.0000 | 0.5000 | 0.3750 | 0.3237 | 0.3071 | 0.3009 | $\cdots$ | 0.2976 | 0.2975 | 0.2975 |
| $z_k$ | 1.0000 | 0.3333 | 0.4063 | 0.3642 | 0.3653 | 0.3619 | $\cdots$ | 0.3612 | 0.3612 | 0.3612 |
| | 1.0000 | 1.0000 | 1.0000 | 1.0000 | 1.0000 | 1.0000 | $\cdots$ | 1.0000 | 1.0000 | 1.0000 |

可见, 主特征值为 5.3612, 相应的特征向量为$(1.5951, 1.9364, 5.3612)^{\mathrm{T}}$.

### 6.2.2　乘幂法的加速

乘幂法是线性收敛的, 且收敛速度由 $|\lambda_2/\lambda_1|$ 决定, 因此, 当 $|\lambda_2/\lambda_1|$ 接近于 1 时, 收敛就会很慢. 下面介绍两种提高收敛速度的方法.

1. 原点平移法

记 $n$ 阶实方阵 $A$ 的特征值为 $\lambda_1,\lambda_2,\cdots,\lambda_n$, 则对任意常数 $p$, 矩阵 $B=A-pI$ 的特征值为 $\lambda_1-p,\lambda_2-p,\cdots,\lambda_n-p$, 且 $A,B$ 有相同的特征向量.

为求 $A$ 的主特征值 $\lambda_1$, 先选择适当的 $p$, 使得

$$|\lambda_1-p|>|\lambda_2-p|\geqslant\cdots\geqslant|\lambda_n-p|,$$

且

$$\frac{|\lambda_2-p|}{|\lambda_1-p|}<\left|\frac{\lambda_2}{\lambda_1}\right|,$$

再对 $B$ 运用乘幂法求出 $\lambda_1 - p$ 及相应的特征向量, 从而得到 $\lambda_1$ 及相应的特征向量. 这种方法称为原点平移法, 它在计算 $\lambda_1 - p$ 的过程中得到加速.

**例 6.4** 设三阶方阵 $A$ 有特征值

$$\lambda_1 = 12, \quad \lambda_2 = 10, \quad \lambda_3 = 8,$$

则当直接用乘幂法时, 比值 $|\lambda_2/\lambda_1| \approx 0.8$, 但若用原点平移法并取 $p = 9$ 时, 则比值大幅度降为 $|\lambda_2 - p|/|\lambda_1 - p| = 1/3$.

$p$ 的选取有赖于对 $A$ 的特征值分布的大致了解, 因此选择适当的 $p$ 常常是很困难的. 原点平移法在计算上并不常用.

2. Rayleigh 商加速

**定理 6.5** 设 $A$ 为 $n$ 阶实对称方阵, 特征值满足

$$|\lambda_1| > |\lambda_2| \geqslant |\lambda_3| \geqslant \cdots \geqslant |\lambda_n|,$$

则由乘幂法计算格式 (6.3) 得到的向量 $z_k$ 的 Rayleigh 商收敛于 $\lambda_1$, 且

$$\frac{(Az_k, z_k)}{(z_k, z_k)} = \lambda_1 + O\left(\left|\frac{\lambda_2}{\lambda_1}\right|^{2k}\right). \tag{6.6}$$

**证明** 由于 $A$ 是实对称矩阵, 所以存在规范正交的特征向量系 $x_1, x_2, \cdots, x_n$, 即 $\{x_i\}$ 满足

$$(x_i, x_j) = x_i^{\mathrm{T}} x_j = \delta_{i,j}.$$

于是由 (6.3), 可得

$$\begin{aligned}\frac{(Az_k, z_k)}{(z_k, z_k)} &= \frac{(A^{k+1}z_0, A^k z_0)}{(A^k z_0, A^k z_0)} = \frac{\alpha_1^2\lambda_1^{2k+1} + \sum\limits_{j=2}^{n}\alpha_j^2\lambda_j^{2k+1}}{\alpha_1^2\lambda_1^{2k} + \sum\limits_{j=2}^{n}\alpha_j^2\lambda_j^{2k}} \\ &= \lambda_1 + \frac{\sum\limits_{j=2}^{n}\alpha_j^2(\lambda_j - \lambda_1)(\lambda_j/\lambda_1)^{2k}}{\alpha_1^2 + \sum\limits_{j=2}^{n}\alpha_j^2(\lambda_j/\lambda_1)^{2k}} = \lambda_1 + O\left(\left|\frac{\lambda_2}{\lambda_1}\right|^{2k}\right).\end{aligned}$$ □

比较 (6.4) 与 (6.6) 知, 对实对称矩阵 $A$, 利用 $z_k$ 的 Rayleigh 商可大大提高 $\lambda_1$ 的精度.

### 6.2.3　反乘幂法

设 $n$ 阶实方阵 $A$ 非奇异, 它有 $n$ 个线性无关的特征向量 $x_1, x_2, \cdots, x_n$, 对应的特征值分布为 $|\lambda_1| \geqslant |\lambda_2| \geqslant \cdots \geqslant |\lambda_{n-1}| > |\lambda_n|$, 则 $A^{-1}$ 也有特征向量 $x_1, x_2, \cdots, x_n$, 对应的特征值分布为 $|\lambda_1^{-1}| \leqslant |\lambda_2^{-1}| \leqslant \cdots \leqslant |\lambda_{n-1}^{-1}| < |\lambda_n^{-1}|$, 从而 $\lambda_n^{-1}$ 为 $A^{-1}$ 的主特征值. 反乘幂法就是对 $A^{-1}$ 应用乘幂法以求得 $\lambda_n^{-1}$ 和 $x_n$, 从而求得 $\lambda_n$ 和 $x_n$ 的方法. 具体算法是：任取初始向量 $z_0$(但要求 $\alpha_n \neq 0$), 构造向量序列

$$\begin{cases} Ay_1 = z_0, \quad m_1 = \max(y_1), \quad z_1 = y_1/m_1, \\ Ay_k = z_{k-1}, \quad m_k = \max(y_k), \quad z_k = y_k/m_k, \\ k = 2, 3, \cdots. \end{cases}$$

于是, 由乘幂法的分析有

$$z_k \to \frac{x_n}{\max(x_n)}, \quad k \to \infty,$$

$$m_k \to \lambda_n^{-1}, \quad k \to \infty.$$

在计算 $y_k$ 时, 可先把 $A$ 作三角分解

$$A = LU,$$

其中 $L$ 是下三角阵, $U$ 是上三角阵. 再通过解

$$Lu_k = z_{k-1}, \quad Uy_k = u_k$$

来求得 $y_k$.

若已知矩阵 $A$ 的某个特征值 $\lambda_i$ 的近似值 $\tilde{\lambda}$, 则可用原点平移的反乘幂法求得 $\lambda_i$ 对应的特征向量 $x_i$, 并在计算过程中改进近似特征值的精度. 计算格式如下：

$$\begin{cases} (A - \tilde{\lambda} I) y_k = z_{k-1},\ m_k = \max(y_k),\ z_k = \dfrac{y_k}{m_k}, \\ k = 1, 2, \cdots. \end{cases}$$

于是, 若

$$0 < |\lambda_i - \tilde{\lambda}| < |\lambda_j - \tilde{\lambda}|, \quad j \neq i,$$

则 $(\lambda_i - \tilde{\lambda})^{-1}$ 是 $(A - \tilde{\lambda} I)^{-1}$ 的主特征值, $x_i$ 是相应的特征向量, 且

$$z_k \to x_i, \quad k \to \infty,$$

$$m_k \to \frac{1}{\lambda_i - \tilde{\lambda}}, \quad k \to \infty,$$

从而

$$\tilde{\lambda} + \frac{1}{m_k} \to \lambda_i, \quad k \to \infty.$$

## 6.3 约化矩阵的 Householder 方法

我们知道, 相似矩阵有相同的特征值, 因此, 如果能找到矩阵 $A$ 的更容易求解特征值的相似矩阵 $B$, 则可通过求解 $B$ 的特征值问题来减少求解 $A$ 的特征值问题的工作量. 约化矩阵的 Householder(豪斯霍尔德) 方法就是构造这种相似矩阵的有效方法.

### 6.3.1 Householder 矩阵

**定义 6.3** 形如

$$H = I - 2ww^{\mathrm{T}}$$

的矩阵称为 Householder 矩阵, 其中 $I$ 为 $n$ 阶单位阵, $w$ 为 $n$ 维实向量, 且

$$\|w\|_2 = \sqrt{w^{\mathrm{T}}w} = 1.$$

**例 6.5** 对应于 $w = (w_1, w_2, w_3)^{\mathrm{T}}$ 的 Householder 矩阵为

$$H = \begin{bmatrix} 1 - 2w_1^2 & -2w_1w_2 & -2w_1w_3 \\ -2w_2w_1 & 1 - 2w_2^2 & -2w_2w_3 \\ -2w_3w_1 & -2w_3w_2 & 1 - 2w_3^2 \end{bmatrix}.$$

容易验证:

$$H^{\mathrm{T}} = H, \quad H^2 = I,$$

所以, Householder 矩阵既是对称矩阵又是正交矩阵, 并具有如下重要性质.

**定理 6.6** 对任意向量 $x, y \in \mathbb{R}^n$, 若 $\|x\|_2 = \|y\|_2$, 则总存在 Householder 矩阵 $H$, 使得

$$Hx = y. \tag{6.7}$$

**证明** 若 $x = y$, 则只需取 $w$ 为与 $x$ 正交的向量即可. 若 $x \neq y$, 由

$$(I - 2ww^{\mathrm{T}})x = y,$$

即得

$$w = \beta(y - x),$$

其中数 $\beta = -\dfrac{1}{2w^{\mathrm{T}}x}$. 因要求 $\|w\|_2 = 1$, 所以可取

$$w = \pm\frac{y - x}{\|y - x\|_2},$$

相应的 Householder 矩阵 $H$ 满足 (6.7). □

对 $x=(x_1,x_2,\cdots,x_n)^{\mathrm{T}}$, 记 $\mathrm{sgn}(x_1)$ 为 $x_1$ 的符号,

$$\alpha_1=\|x\|_2\,\mathrm{sgn}(x_1)=\sqrt{\sum_{i=1}^{n}x_i^2}\cdot\mathrm{sgn}(x_1),\quad y=-\alpha_1e_1,$$

其中 $e_1=(1,0,\cdots,0)^{\mathrm{T}}$ 为与 $x$ 同维数的单位向量, 则对应

$$w=\frac{x+\alpha_1e_1}{\|x+\alpha_1e_1\|_2} \tag{6.8}$$

的 Householder 矩阵

$$H=I-\frac{2}{\|x+\alpha_1e_1\|_2^2}(x+\alpha_1e_1)(x+\alpha_1e_1)^{\mathrm{T}} \tag{6.9}$$

满足 (6.7), 它使 $Hx$ 的后 $n-1$ 个分量为 0.

将 $y$ 的符号取为 $-\mathrm{sgn}(x_1)$ 是为了避免 (6.9) 中分母过小, 从而可减少计算舍入误差. 此外, 为防止 $\sum\limits_{i=1}^{n}x_i^2$ 过大而发生溢出, 可改写 (6.8), (6.9) 如下：令

$$\eta=\max_{1\leqslant i\leqslant n}|x_i|,\quad y=\frac{x}{\eta},\quad \sigma_1=\|y\|_2\,\mathrm{sgn}(y_1),\quad \upsilon=y+\sigma_1e_1,$$

则由 $Hx=-\alpha_1e_1$ 以及 (6.8), (6.9) 得

$$Hx=-\eta\sigma_1e_1,$$

$$w=\frac{\upsilon}{\|\upsilon\|_2},\quad H=I-\beta^{-1}\upsilon\upsilon^{\mathrm{T}},$$

其中

$$\beta=\frac{1}{2}\|\upsilon\|_2^2=\sigma_1(\sigma_1+y_1).$$

也可构造 Householder 矩阵 $H$, 使得 $Hx$ 的后 $n-m$ 个分量为 0. 事实上, 若记

$$\bar{x}=(x_m,x_{m+1},\cdots,x_n)^{\mathrm{T}},\quad \bar{\eta}=\max_{m\leqslant i\leqslant n}|x_i|,\quad \bar{y}=\frac{\bar{x}}{\bar{\eta}},$$
$$\sigma_m=\|\bar{y}\|_2\,\mathrm{sgn}(\bar{y}_m),\quad \beta_m=\sigma_m(\sigma_m+\bar{y}_m),$$

以及 $n-m+1$ 维单位向量 $\bar{e}_1=(1,0,\cdots,0)^{\mathrm{T}}$, 则

$$H_m=I_{n-m+1}-\beta_m^{-1}(\bar{y}+\sigma_m\bar{e}_1)(\bar{y}+\sigma_m\bar{e}_1)^{\mathrm{T}}$$

满足

$$H_m\bar{x}=(-\bar{\eta}\sigma_m,0,\cdots,0)^{\mathrm{T}},$$

从而

$$H=\begin{bmatrix} I_{m-1} & 0 \\ 0 & H_m \end{bmatrix}$$

满足 $Hx=(x_1,x_2,\cdots,x_{m-1},-\eta\sigma_m,0,\cdots,0)^{\mathrm{T}}$. 若记 $n$ 维向量

$$v=\begin{bmatrix} 0 \\ \bar{y}+\sigma_m\bar{e}_1 \end{bmatrix},$$

则 $H=I-\beta^{-1}vv^{\mathrm{T}}$, 从而也是 Householder 矩阵.

### 6.3.2 约化矩阵为上 Hessenberg 矩阵

**定义 6.4** 若方阵 $A=(a_{ij})_{n\times n}$ 满足条件:

$$a_{ij}=0,\quad i\geqslant j+2,$$

则称 $A$ 为上 Hessenberg 矩阵.

下面给出约化实方阵 $A=(a_{ij})_{n\times n}$ 为上 Hessenberg 矩阵的方法. 记 $e_k=(1,0,\cdots,0)^{\mathrm{T}}$ 为 $n-k$ 维单位向量.

**第 1 步约化** 改写 $A$ 为分块形式:

$$A=\begin{bmatrix} a_{11} & A_{12} \\ A_{21} & A_{22} \end{bmatrix}\triangleq A_0,$$

其中, $A_{21}=b_0=(a_{21},a_{31},\cdots,a_{n1})^{\mathrm{T}}\in\mathbb{R}^{n-1}$, 不妨设 $b_0\neq 0$, 否则这一步不需要约化. 于是由前面讨论知, 可选取 Householder 矩阵 $\bar{H}_1=I_{n-1}-\beta_1^{-1}v_1v_1^{\mathrm{T}}$, 使得

$$\bar{H}_1b_0=(-\eta_1\sigma_1,0,\cdots,0)^{\mathrm{T}},$$

其中

$$\begin{cases} \eta_1=\max\limits_{2\leqslant i\leqslant n}|a_{i1}|, \quad \sigma_1=\left\|\widetilde{b}_0\right\|_2\operatorname{sgn}(a_{21}), \quad \widetilde{b}_0=\dfrac{b_0}{\eta_1}, \\ v_1=\widetilde{b}_0+\sigma_1e_1, \quad \beta_1=\sigma_1\left(\sigma_1+\dfrac{a_{21}}{\eta_1}\right). \end{cases}$$

于是 Householder 矩阵

$$H_1=\begin{bmatrix} 1 & 0 \\ 0 & \bar{H}_1 \end{bmatrix},$$

约化 $A$ 为

$$A_1 = H_1 A_0 H_1 = \begin{bmatrix} a_{11} & A_{12}\bar{H}_1 \\ \bar{H}_1 b_1 & \bar{H}_1 A_{22} \bar{H}_1 \end{bmatrix} = \begin{bmatrix} a_{11} & a_{12}^{(1)} & \cdots & a_{1n}^{(1)} \\ -\eta_1\sigma_1 & a_{22}^{(1)} & \cdots & a_{2n}^{(1)} \\ 0 & a_{32}^{(1)} & \cdots & a_{3n}^{(1)} \\ \vdots & \vdots & & \vdots \\ 0 & a_{n2}^{(1)} & \cdots & a_{nn}^{(1)} \end{bmatrix} \triangleq \begin{bmatrix} A_{11}^{(1)} & A_{12}^{(1)} \\ A_{21}^{(1)} & A_{22}^{(1)} \end{bmatrix},$$

其中 $A_{11}^{(1)}$ 为二阶方阵, $A_{21}^{(1)} = [0, b_1]$, $b_1 = (a_{32}^{(1)}, a_{42}^{(1)}, \cdots, a_{n2}^{(1)})^{\mathrm{T}}$.

**第 $k$ 步约化**　设对 $A$ 已完成了第 1 步, $\cdots$, 第 $k-1$ 步约化, 即有

$$A_{k-1} = H_{k-1} A_{k-2} H_{k-1} = H_{k-1} H_{k-2} \cdots H_1 A_0 H_1 \cdots H_{k-2} H_{k-1},$$

且

$$A_{k-1} = \begin{bmatrix} a_{11} & a_{12}^{(1)} & \cdots & a_{1,k-1}^{(k-2)} & a_{1k}^{(k-1)} & a_{1,k+1}^{(k-1)} & \cdots & a_{1n}^{(k-1)} \\ -\eta_1\sigma_1 & a_{22}^{(1)} & \cdots & a_{2,k-1}^{(k-2)} & a_{2k}^{(k-1)} & a_{2,k+1}^{(k-1)} & \cdots & a_{2n}^{(k-1)} \\ & \ddots & \ddots & \vdots & \vdots & \vdots & & \vdots \\ & & \ddots & a_{k-1,k-1}^{(k-2)} & a_{k-1,k}^{(k-1)} & a_{k-1,k+1}^{(k-1)} & \cdots & a_{k-1,n}^{(k-1)} \\ & & & -\eta_{k-1}\sigma_{k-1} & a_{kk}^{(k-1)} & a_{k,k+1}^{(k-1)} & \cdots & a_{kn}^{(k-1)} \\ & & & & a_{k+1,k}^{(k-1)} & a_{k+1,k+1}^{(k-1)} & \cdots & a_{k+1,n}^{(k-1)} \\ & & & & \vdots & \vdots & & \vdots \\ & & & & a_{nk}^{(k-1)} & a_{n,k+1}^{(k-1)} & \cdots & a_{nn}^{(k-1)} \end{bmatrix}$$

$$\triangleq \begin{bmatrix} A_{11}^{(k-1)} & A_{12}^{(k-1)} \\ A_{21}^{(k-1)} & A_{22}^{(k-1)} \end{bmatrix},$$

其中 $A_{11}^{(k-1)}$ 为 $k$ 阶上 Hessenberg 矩阵, $A_{22}^{(k-1)}$ 为 $n-k$ 阶方阵, $(n-k)\times k$ 阶矩阵 $A_{21}^{(k-1)} = [0, b_{k-1}]$, $b_{k-1} = (a_{k+1,k}^{(k-1)}, a_{k+2,k}^{(k-1)}, \cdots, a_{n,k}^{(k-1)})^{\mathrm{T}} \in \mathbb{R}^{n-k}$.

不妨设 $b_{k-1} \neq 0$, 于是又可选取 Householder 矩阵 $\bar{H}_k = I_{n-k} - \beta_k^{-1} \upsilon_k \upsilon_k^{\mathrm{T}}$, 使得

$$\bar{H}_k b_{k-1} = (-\eta_k\sigma_k, 0, \cdots, 0)^{\mathrm{T}},$$

其中

$$\begin{cases} \eta_k = \max\limits_{k+1\leqslant i\leqslant n} \left|a_{ik}^{(k-1)}\right|, \ \sigma_k = \left\|\widetilde{b}_{k-1}\right\|_2 \operatorname{sgn}(a_{k+1,k}^{(k-1)}), \ \widetilde{b}_{k-1} = \dfrac{b_{k-1}}{\eta_k}, \\ \upsilon_k = \widetilde{b}_{k-1} + \sigma_k e_k, \ \beta_k = \sigma_k \left(\sigma_k + \dfrac{a_{k+1,k}^{(k-1)}}{\eta_k}\right). \end{cases}$$

于是 Householder 矩阵

$$H_k = \begin{bmatrix} I_k & 0 \\ 0 & \bar{H}_k \end{bmatrix},$$

约化 $A_{k-1}$ 为

$$A_k = H_k A_{k-1} H_k = \left[\begin{array}{c:c} A_{11}^{(k-1)} & A_{12}^{(k-1)}\bar{H}_k \\ 0 \ \bar{H}_k b_{k-1} & \bar{H}_k A_{22}^{(k-1)}\bar{H}_k \end{array}\right] \triangleq \left[\begin{array}{c:c} A_{11}^{(k)} & A_{12}^{(k)} \\ \hdashline 0 \ b_k & A_{22}^{(k)} \end{array}\right], \tag{6.10}$$

其中 $A_{11}^{(k)}$ 为 $k+1$ 阶上 Hessenberg 矩阵, $A_{22}^{(k)}$ 为 $n-k-1$ 阶方阵, 而

$$b_k = (a_{k+2,k+1}^{(k)}, a_{k+3,k+1}^{(k)}, \cdots, a_{n,k+1}^{(k)})^{\mathrm{T}} \in \mathbb{R}^{n-k-1}.$$

第 $k$ 步约化只需计算 $A_{12}^{(k-1)}\bar{H}_k$ 与 $\bar{H}_k A_{22}^{(k-1)}\bar{H}_k$, 当 $A$ 为对称矩阵时, $A_{k-1}$ 也为对称矩阵, 从而只需计算 $\bar{H}_k A_{22}^{(k-1)}\bar{H}_k$.

如此继续约化下去, 最后可得到 $Q = H_1 H_2 \cdots H_{n-2}$, 使得 $Q^{\mathrm{T}}AQ$ 为上 Hessenberg 矩阵. 于是得到如下结论.

**定理 6.7** 对任何 $n$ 阶实方阵 $A$, 可构造正交矩阵 $Q = H_1 H_2 \cdots H_{n-2}$, 使得 $Q^{\mathrm{T}}AQ$ 为上 Hessenberg 矩阵, 其中 $H_1, H_2, \cdots, H_{n-2}$ 均为 Householder 矩阵.

**算法 6.1** (约化矩阵为上 Hessenberg 矩阵)

**步骤 1** $k := 0,\ Q := I_n$.

**步骤 2** $k := k+1,\ \eta := \max\limits_{k+1\leqslant i\leqslant n} |a_{ik}|$.

**步骤 3** 若 $\eta = 0$, 则转步骤 5.

**步骤 4** $c_i := a_{k+i,k}/\eta,\ i = 1, 2, \cdots, n-k$,

$$\sigma := \operatorname{sgn}(c_1) \cdot \sqrt{\sum_{i=1}^{n-k} c_i^2}, \quad \beta := \sigma(\sigma + c_1),$$

$$H := I_{n-k} - \beta^{-1} \begin{bmatrix} c_1 + \sigma \\ c_2 \\ \vdots \\ c_{n-k} \end{bmatrix} [c_1 + \sigma, c_2, \cdots, c_{n-k}],$$

$$A := \begin{bmatrix} I_k & 0 \\ 0 & H \end{bmatrix} A \begin{bmatrix} I_k & 0 \\ 0 & H \end{bmatrix}, \quad Q := Q \begin{bmatrix} I_k & 0 \\ 0 & H \end{bmatrix}.$$

**步骤 5** 若 $k < n-2$, 则转步骤 2; 否则, 输出正交矩阵 $Q$ 及上 Hessenberg 矩阵 $A$.

**推论 6.2** 设 $A$ 为 $n$ 阶对称实方阵, 则可构造正交矩阵 $Q = H_1H_2\cdots H_{n-2}$, 使得 $Q^{\mathrm{T}}AQ$ 为对称三对角矩阵, 其中 $H_1, H_2, \cdots, H_{n-2}$ 均为 Householder 矩阵.

**证明** 根据定理 6.7, 可构造正交矩阵 $Q = H_1H_2\cdots H_{n-2}$, 使得 $G = Q^{\mathrm{T}}AQ$ 为上 Hessenberg 矩阵. 由 $A$ 的对称性得 $G^{\mathrm{T}} = Q^{\mathrm{T}}A^{\mathrm{T}}Q = G$, 即 $G$ 为对称的上 Hessenberg 矩阵, 从而是对称三对角矩阵. □

在约化对称矩阵 $A$ 为对称三对角矩阵的过程中, 由 (6.10), 第 $k$ 步约化只需计算 $\bar{H}_kA_{22}^{(k-1)}\bar{H}_k$ 的对角线及以下元素. 注意到

$$\bar{H}_kA_{22}^{(k-1)}\bar{H}_k = (I_{n-k} - \beta_k^{-1}v_kv_k^{\mathrm{T}})(A_{22}^{(k-1)} - \beta_k^{-1}A_{22}^{(k-1)}v_kv_k^{\mathrm{T}}),$$

并引入记号

$$r_k = \beta_k^{-1}A_{22}^{(k-1)}v_k \in \mathbb{R}^{n-k}, \quad t_k = r_k - \frac{1}{2}\beta_k^{-1}(v_k^{\mathrm{T}}r_k)v_k \in \mathbb{R}^{n-k},$$

则

$$\bar{H}_kA_{22}^{(k-1)}\bar{H}_k = A_{22}^{(k-1)} - v_kt_k^{\mathrm{T}} - t_kv_k^{\mathrm{T}}.$$

下面给出用 Householder 方法约化 $n$ 阶对称方阵 $A$ 为对称三对角矩阵 $G = H_{n-2}\cdots H_1AH_1\cdots H_{n-2}$ 的算法, 其中 $G$ 的主对角元 $g_i$ $(i = 1, 2, \cdots, n)$ 存放在数组 $g(n)$ 内, 次对角元 $f_i$ $(i = 1, 2, \cdots, n-1)$ 存放在数组 $f(n)$ 内, 确定 $\bar{H}_k$ 的向量 $v_k$ 存放在 $A$ 的第 $k$ 列对角线元素以下的位置, $\beta_k$ 存放在第 $k$ 列主对角线元素位置, $A$ 的主对角线的上部分元素值不改变. 如果第 $k$ 步不需要约化, 则置 $\beta_k = 0$.

**算法 6.2** (用 Householder 方法约化对称阵为对称三对角矩阵)

**步骤 1** $k := 0$.

**步骤 2** $k := k+1$, $g_k := a_{kk}, \eta := \max\limits_{k+1\leqslant i\leqslant n} |a_{ik}|$.

**步骤 3** 若 $\eta = 0$, 则 $a_{kk} := 0$, $\beta_k := 0$, $f_k := 0$, 转步骤 7.

**步骤 4** $a_{ik} := v_{ik} = a_{ik}/\eta$ $(i = k+1, \cdots, n)$,

$$\sigma := \operatorname{sgn}(v_{k+1,k})\sqrt{\sum_{i=k+1}^{n} v_{ik}^2}, \quad v_{k+1,k} := v_{k+1,k} + \sigma,$$

$$a_{k+1,k} := v_{k+1,k}, \quad a_{kk} := \beta_k = \sigma \times v_{k+1,k}, \quad f_k := -\eta \times \sigma.$$

**步骤 5** (计算 $r_k$ 与 $t_k$)

$$f_i := \sum_{j=k+1}^{i} a_{ij} \times v_{jk} + \sum_{j=i+1}^{n} a_{ji} \times v_{jk}\ (i = k+1, \cdots, n),$$

$$s := \sum_{i=k+1}^{n} f_i \times v_{ik},$$

$$f_i := (f_i - 0.5 \times s \times v_{ik}/\beta_k)/\beta_k\ (i = k+1, \cdots, n).$$

**步骤 6** (计算 $\bar{H}_k A_{22}^{(k-1)} \bar{H}_k$ 的对角线以下部分元素)

$$a_{ij} := a_{ij} - v_{ik} \times f_j - f_i \times v_{jk} \quad (i = k+1, \cdots, n;\ j = k+1, \cdots, i).$$

**步骤 7** 若 $k < n-2$, 则转步骤 2.

**步骤 8** $g_{n-1} := a_{n-1,n-1}, \quad g_n := a_{n,n}, \quad f_{n-1} := a_{n,n-1}.$

### 6.3.3 矩阵的 QR 分解

设 $A = (a_{ij})_{n\times n}$ 为实方阵, 类似于约化矩阵为上 Hessenberg 矩阵的算法, 可以逐步利用 Householder 矩阵左乘 $A$ 来将 $A$ 约化为上三角阵 $R$. 具体方法如下:

记 $e_k = (1, 0, \cdots, 0)^{\mathrm{T}}$ 为 $n-k+1$ 维单位向量,

$$A^{(0)} \equiv A = \left[a_1^{(0)}, a_2^{(0)}, \cdots, a_n^{(0)}\right], \text{ 其中 } a_j^{(0)} = (a_{1j}, a_{2j}, \cdots, a_{nj})^{\mathrm{T}}, \quad 1 \leqslant j \leqslant n.$$

记 $b_1 = a_1^{(0)}$, 不妨设 $b_1 \neq 0$, 否则这一步不需约化. 于是可取 Householder 矩阵 $H_1 = I_n - \beta_1^{-1}(\widetilde{b}_1 + \alpha_1 e_1)(\widetilde{b}_1 + \alpha_1 e_1)^{\mathrm{T}}$, 使得

$$H_1 b_1 = (-\eta_1 \alpha_1, 0, \cdots, 0)^{\mathrm{T}},$$

其中

$$\eta_1 = \max_{1\leqslant i\leqslant n} |a_{i1}|, \quad \widetilde{b}_1 = \frac{b_1}{\eta_1}, \quad \alpha_1 = \left\|\widetilde{b}_1\right\|_2 \operatorname{sgn}(a_{11}), \quad \beta_1 = \alpha_1\left(\alpha_1 + \frac{a_{11}}{\eta_1}\right),$$

从而

$$H_1 A^{(0)} = \begin{bmatrix} -\eta_1\alpha_1 & a_{12}^{(1)} & \cdots & a_{1n}^{(1)} \\ 0 & a_{22}^{(1)} & \cdots & a_{2n}^{(1)} \\ \vdots & \vdots & & \vdots \\ 0 & a_{n2}^{(1)} & \cdots & a_{nn}^{(1)} \end{bmatrix} \equiv \left[a_1^{(1)}, a_2^{(1)}, \cdots, a_n^{(1)}\right] \equiv A^{(1)}.$$

记 $b_2 = (a_{22}^{(1)}, a_{32}^{(1)}, \cdots, a_{n2}^{(1)})^{\mathrm{T}}$, 不妨设 $b_2 \neq 0$, 于是又可取 Householder 矩阵 $\bar{H}_2 = I_{n-1} - \beta_2^{-1}(\widetilde{b}_2 + \alpha_2 e_2)(\widetilde{b}_2 + \alpha_2 e_2)^{\mathrm{T}}$, 使得

$$\bar{H}_2 b_2 = (-\eta_2 \alpha_2, 0, \cdots, 0)^{\mathrm{T}},$$

其中

$$\eta_2 = \max_{2\leqslant i\leqslant n}\left|a_{i2}^{(1)}\right|,\quad \widetilde{b}_2 = \frac{b_2}{\eta_2},\quad \alpha_2 = \left\|\widetilde{b}_2\right\|_2 \operatorname{sgn}(a_{22}^{(1)}),\quad \beta_2 = \alpha_2\left(\alpha_2 + \frac{a_{22}^{(1)}}{\eta_2}\right).$$

从而 Householder 矩阵

$$H_2 = \begin{bmatrix} 1 & 0 \\ 0 & \bar{H}_2 \end{bmatrix}$$

满足

$$H_2A^{(1)} = \begin{bmatrix} -\eta_1\alpha_1 & a_{12}^{(1)} & a_{13}^{(1)} & \cdots & a_{1n}^{(1)} \\ 0 & -\eta_2\alpha_2 & a_{23}^{(2)} & \cdots & a_{2n}^{(2)} \\ 0 & 0 & a_{33}^{(2)} & \cdots & a_{3n}^{(2)} \\ \vdots & \vdots & \vdots & & \vdots \\ 0 & 0 & a_{n3}^{(2)} & \cdots & a_{nn}^{(2)} \end{bmatrix} \equiv \left[a_1^{(2)}, a_2^{(2)}, \cdots, a_n^{(2)}\right] \equiv A^{(2)}.$$

如此继续下去, 最后得到正交矩阵 $Q = H_1H_2\cdots H_{n-1}$, 使得 $Q^{\mathrm{T}}A \equiv R$ 为上三角阵, 从而 $A = QR$, 即 $A$ 可分解成一个正交矩阵与一个上三角阵的乘积.

**定理 6.8** (QR 分解定理)　设 $n$ 阶实方阵 $A$ 非奇异, 则存在正交矩阵 $Q$ 与上三角阵 $R$, 使得

$$A = QR.$$

当 $R$ 的对角线元素为正时, 分解是唯一的.

**证明**　前面已给出了对 $A$ 作 QR 分解的构造性证明, 下面只证分解的唯一性. 设 $A$ 有两种 QR 分解:

$$A = Q_1R_1 = Q_2R_2,$$

其中 $R_1$ 和 $R_2$ 的对角线元素均为正数. 于是

$$Q_2^{\mathrm{T}}Q_1 = R_2R_1^{-1}.$$

上式左边为正交矩阵, $R_2$, $R_1^{-1}$ 均为上三角阵, 它们的乘积也是上三角阵, 于是 $R_2R_1^{-1}$ 就是一个上三角的正交矩阵, 从而是对角矩阵, 不妨记为

$$R_2R_1^{-1} = D \triangleq \operatorname{diag}(d_1, d_2, \cdots, d_n).$$

由于 $D$ 为正交矩阵, 从而 $D^2 = I$, $d_i^2 = 1\ (1 \leqslant i \leqslant n)$. 注意到 $R_1$, $R_2$ 的对角线元素为正, $R_1^{-1}$ 的对角线元素也为正, 所以 $d_i > 0$, 从而 $d_i = 1$, 即 $R_2R_1^{-1} = I$, 推得 $R_2 = R_1$, 由此 $Q_2 = Q_1$, 唯一性得证. □

下面介绍另一种对矩阵作 QR 分解的方法——平面旋转变换法或 Givens(吉文斯) 变换法.

**定义 6.5** 对 $\mathbb{R}^n$ 中向量 $x=(x_1,x_2,\cdots,x_n)^{\mathrm{T}}$ 及 $n$ 阶方阵

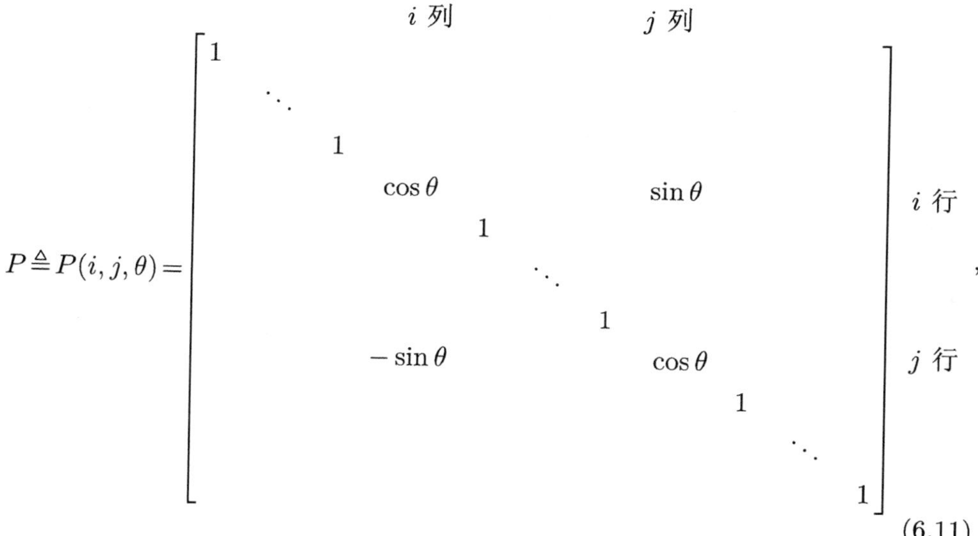

$$P \triangleq P(i,j,\theta)=\begin{array}{c}\begin{array}{ccccccccccc} \phantom{1}&\phantom{\ddots}&\phantom{1}& i\ \text{列} &\phantom{1}&\phantom{\ddots}&\phantom{1}& j\ \text{列} &\phantom{1}&\phantom{\ddots}&\phantom{1}\end{array}\\ \left[\begin{array}{ccccccccccc} 1 &&&&&&&&&& \\ & \ddots &&&&&&&&& \\ && 1 &&&&&&&& \\ &&& \cos\theta &&&& \sin\theta &&& \\ &&&& 1 &&&&&& \\ &&&&& \ddots &&&&& \\ &&&&&& 1 &&&& \\ &&& -\sin\theta &&&& \cos\theta &&& \\ &&&&&&&& 1 && \\ &&&&&&&&& \ddots & \\ &&&&&&&&&& 1 \end{array}\right]\end{array}\begin{array}{l} \\ \\ \\ \\ i\ \text{行} \\ \\ \\ \\ j\ \text{行} \\ \\ \\ \\ \end{array}, \tag{6.11}$$

称向量变换 $y=Px$ 为 $\mathbb{R}^n$ 中平面 $\{x_i,x_j\}$ 的旋转变换 (或 Givens 变换), $P(i,j,\theta)$ 为平面旋转矩阵, $\theta$ 为旋转角. 常简记 $P(i,j,\theta)$ 为 $P(i,j)$.

显然, $P(i,j)$ 与单位矩阵 $I_n$ 相比较, 只在 $(i,i),(i,j),(j,i),(j,j)$ 4 个位置上的元素不相同. 容易验证:

(1) $P$ 为正交矩阵, 即 $P^{-1}=P^{\mathrm{T}}$;

(2) 对方阵 $A=(a_{ij})_{n\times n}$, $P(i,j)A$ 只改变 $A$ 中第 $i$ 行与第 $j$ 行元素的值, 且

$$\begin{bmatrix} \tilde{a}_{ik} \\ \tilde{a}_{jk} \end{bmatrix}=\begin{bmatrix} \cos\theta & \sin\theta \\ -\sin\theta & \cos\theta \end{bmatrix}\begin{bmatrix} a_{ik} \\ a_{jk} \end{bmatrix},\quad k=1,2,\cdots,n, \tag{6.12}$$

而 $AP(i,j)$ 只改变 $A$ 中第 $i$ 列与第 $j$ 列元素的值, 且

$$(\tilde{a}_{ki},\tilde{a}_{kj})=(a_{ki},a_{kj})\begin{bmatrix} \cos\theta & \sin\theta \\ -\sin\theta & \cos\theta \end{bmatrix},\quad k=1,2,\cdots,n. \tag{6.13}$$

若 $a_{ii},a_{ji}$ 不全为 0, 则当取

$$\sin\theta=\frac{a_{ji}}{\sqrt{a_{ii}^2+a_{ji}^2}},\quad \cos\theta=\frac{a_{ii}}{\sqrt{a_{ii}^2+a_{ji}^2}} \tag{6.14}$$

时, 由 (6.12) 知 $P(i,j,\theta)A$ 中位置 $(j,i)$ 上的元素 $\tilde{a}_{ji}=0$.

**定理 6.9** (基于平面旋转变换的矩阵 QR 分解)　设 $A$ 为 $n$ 阶非奇异实方阵, 则存在正交矩阵 $P_1,P_2,\cdots,P_{n-1}$, 使得

$$P_{n-1}\cdots P_2P_1A=R\quad(\text{上三角阵}),\tag{6.15}$$

从而 $A$ 有 QR 分解:

$$A=QR,$$

其中 $P_k$ 为若干个平面旋转矩阵的乘积矩阵, $Q$ 为正交矩阵 $(P_{n-1}\cdots P_2P_1)^{\mathrm{T}}$. 当 $R$ 的主对角元素都为正时, 分解是唯一的.

**证明**　首先对第 1 列约化. 由假设, 有 $j_0\ (1\leqslant j_0\leqslant n)$ 使 $a_{j_01}\neq 0$. 现记 $\{2,3,\cdots,n\}$ 中使 $a_{j1}\neq 0$ 的下标 $j$ 分别为 $j_1,j_2,\cdots,j_{n_1}$, 则由 (6.14) 知可选取平面旋转矩阵 $P(1,j_s)\ (s=1,2,\cdots,n_1)$, 使得

$$P(1,j_{n_1})\cdots P(1,j_1)A=\begin{bmatrix} r_{11} & r_{12} & \cdots & r_{1n}\\ & a_{22}^{(1)} & \cdots & a_{2n}^{(1)}\\ & \vdots & & \vdots\\ & a_{n2}^{(1)} & \cdots & a_{nn}^{(1)}\end{bmatrix}\triangleq A^{(1)},$$

记 $P_1=P(1,j_{n_1})\cdots P(1,j_1)$, 即得 $P_1A=A^{(1)}$.

假设已逐步完成了对前 $k-1$ 列的约化, 于是

$$P_{k-1}\cdots P_2P_1A=\begin{bmatrix} r_{11} & r_{12} & \cdots & r_{1k} & \cdots & r_{1n}\\ & r_{22} & \cdots & r_{2k} & \cdots & r_{2n}\\ & & \ddots & \vdots & & \vdots\\ & & & a_{kk}^{(k-1)} & \cdots & a_{kn}^{(k-1)}\\ & & & \vdots & & \vdots\\ & & & a_{nk}^{(k-1)} & \cdots & a_{nn}^{(k-1)}\end{bmatrix}\triangleq A^{(k-1)}.$$

由假设有 $j\ (k\leqslant j\leqslant n)$ 使 $a_{jk}^{(k-1)}\neq 0$. 现记 $\{k+1,\cdots,n\}$ 中使 $a_{jk}^{(k-1)}\neq 0$ 的下标 $j$ 分别为 $m_1,m_2,\cdots,m_{n_k}$, 则可选取平面旋转矩阵 $P(k,m_s)\ (1\leqslant s\leqslant n_k)$, 使得

$$P(k,m_{n_k})\cdots P(k,m_1)A^{(k-1)}=P_kP_{k-1}\cdots P_2P_1A=A^{(k)},$$

其中 $P_k\equiv P(k,m_{n_k})\cdots P(k,m_1)$. 继续以上约化过程, 最后必有

$$P_{n-1}\cdots P_2P_1A=R\quad(\text{上三角阵}),$$

其中 $P_k$ 为若干个平面旋转矩阵的乘积矩阵, 从而是正交矩阵, (6.15) 得证. 由定理 6.8, 当 $R$ 的主对角线元素都为正时, QR 分解是唯一的. □

对 $n$ 阶实方阵 $A$, 用 Householder 变换实现 $A$ 的 QR 分解要作 $\frac{2}{3}n^3$ 次乘法和 $n$ 次开方运算, 而用平面旋转变换作 QR 分解则要作 $\frac{4}{3}n^3$ 次乘法和 $\frac{1}{2}n^2$ 次开方运算, 计算量是前一种方法的 2 倍. 但如果 $A$ 是上 Hessenberg 矩阵或三对角矩阵, 则采用平面旋转变换作 QR 分解要简单得多, 计算量也少些.

将在 6.4 节中介绍的求矩阵特征值的 QR 方法就是一种基于矩阵 QR 分解的求特征值的方法. 此外, 矩阵的 QR 分解还可应用于求解线性代数方程组 $Ax = b$, 此时, 若 $A = QR$, 则原方程组可改写为 $Rx = Q^{\mathrm{T}}b$, 这是一个上三角方程组, 因而容易求解.

## 6.4 QR 方 法

由 Francis(弗朗西斯) 在 1961 年提出的 QR 方法是一种基于矩阵 QR 分解的求解实矩阵全部特征值的最有效方法之一, 目前主要用于计算上 Hessenberg 矩阵和对称三对角矩阵的特征值问题, 且具有收敛快与算法稳定等特点.

### 6.4.1 QR 算法

设 $A$ 为 $n$ 阶实方阵, 对其作 QR 分解

$$A_1 \equiv A = Q_1 R_1,$$

其中 $Q_1$ 为正交矩阵, $R_1$ 为上三角阵. 交换 $Q_1, R_1$ 的相乘顺序, 构造矩阵

$$A_2 = R_1 Q_1 = Q_1^{\mathrm{T}} A_1 Q_1,$$

并对其作 QR 分解, 得 $A_2 = Q_2 R_2$. 再构造矩阵

$$A_3 = R_2 Q_2 = Q_2^{\mathrm{T}} A_2 Q_2.$$

一般地, 按递推公式

$$\begin{cases} A_k = Q_k R_k, \\ A_{k+1} = R_k Q_k = Q_k^{\mathrm{T}} A_k Q_k, \end{cases} \quad k = 1, 2, \cdots, \tag{6.16}$$

形成矩阵序列 $\{A_k\}$. QR 算法就是指以上构造矩阵序列 $\{A_k\}$ 的方法. 只要 $A$ 非奇异, $\{A_k\}$ 就可完全确定.

**定理 6.10** 记 $\tilde{Q}_k = Q_1 Q_2 \cdots Q_k$, $\tilde{R}_k = R_1 R_2 \cdots R_k$, 则

(1) 序列 $\{A_k\}$ 中的矩阵是正交相似的, 且

$$A_{k+1} = \tilde{Q}_k^{\mathrm{T}} A \tilde{Q}_k, \quad k = 1,2,\cdots. \tag{6.17}$$

(2) $A^k$ 的 QR 分解为

$$A^k = \tilde{Q}_k \tilde{R}_k. \tag{6.18}$$

**证明**　显然, $\tilde{Q}_k$ 仍为正交矩阵, $\tilde{R}_k$ 仍为上三角阵. 由递推公式 (6.16) 知,

$$A_{k+1} = Q_k^{\mathrm{T}} A_k Q_k = Q_k^{\mathrm{T}}(Q_{k-1}^{\mathrm{T}} A_{k-1} Q_{k-1}) Q_k = \cdots = \tilde{Q}_k^{\mathrm{T}} A \tilde{Q}_k,$$

(6.17) 得证. 从而 $\{A_k\}$ 中的每个矩阵均与 $A$ 正交相似, 因而彼此正交相似. 此外, 由 (6.17) 得

$$\tilde{Q}_{k-1} A_k = A \tilde{Q}_{k-1},$$

将 $A_k = Q_k R_k$ 代入得

$$\tilde{Q}_k R_k = A \tilde{Q}_{k-1},$$

再右乘 $\tilde{R}_{k-1}$ 得递推式

$$\tilde{Q}_k \tilde{R}_k = A \tilde{Q}_{k-1} \tilde{R}_{k-1} = A^2 \tilde{Q}_{k-2} \tilde{R}_{k-2} = \cdots = A^k,$$

从而 (6.18) 得证. □

**定理 6.11** (QR 方法的收敛性)　设 $n$ 阶实方阵 $A$ 有如下性质:

(1) 特征值满足条件

$$|\lambda_1| > |\lambda_2| > \cdots > |\lambda_n| > 0; \tag{6.19}$$

(2) $A$ 可表示成 $A = XDX^{-1}$, 其中 $D = \mathrm{diag}(\lambda_1, \lambda_2, \cdots, \lambda_n)$, 且 $X^{-1}$ 有 LU 分解 $X^{-1} = LU$($L$ 为单位下三角阵, $U$ 为上三角阵), 则当 $k \to \infty$ 时, $A_k$ 的主对角线上的元素 $a_{ii}^{(k)}$ 收敛于 $\lambda_i (i = 1, 2, \cdots, n)$, 主对角线左下方的元素都收敛于 0. 特别地, 若 $A$ 还是对称矩阵, 则 $A_k$ 收敛于对角矩阵 $D$.

**证明**　参见文献 (魏毅强等, 2004). □

应当指出的是, 在定理 6.11 的条件下, $A_k$ 主对角线右上方的元素一般是不收敛的, 此时我们称 $A_k$“本质上” 收敛, 这种收敛对于求解特征值来说已足够了.

如果实矩阵 $A$ 不满足条件 (6.19), 但具有完全的特征向量系且等模特征值中只有重特征值或多重复的共轭特征值, 则由 QR 算法构造的 $\{A_k\}$ 本质收敛于分块上三角阵, 其对角块为一阶或二阶子块, 每个一阶子块给出 $A$ 的实特征值, 每个二阶子块给出 $A$ 的一对共轭复特征值, 即

$$A_k \to \begin{bmatrix} \lambda_1 & \cdots & * & ** & \cdots & ** \\ & \ddots & \vdots & \vdots\vdots & & \vdots\vdots \\ & & \lambda_m & ** & \cdots & ** \\ & & & B_1 & \cdots & ** \\ & & & & \ddots & \vdots\vdots \\ & & & & & B_\ell \end{bmatrix},$$

其中 $B_j$ 为二阶子块, $m+2\ell=n$.

如果 $A$ 为一般实矩阵, 则情况更为复杂, 但仍可用 QR 方法求特征值, 兹不详述.

对一般的 $n$ 阶矩阵 $A$ 而言, QR 方法的每一次迭代都要对 $A_k$ 作 QR 分解并进行一次矩阵乘法, 共需 $n^3$ 倍次乘法运算, 计算工作量很大. 但如果 $A$ 为上 Hessenberg 矩阵, 则相应的运算次数大大减少. 所以, 在实际计算特征值问题时, 总是先将一般矩阵 $A$ 经相似变换约化为上 Hessenberg 矩阵, 再对这个上 Hessenberg 矩阵运用 QR 方法求解特征值问题. 为加速迭代过程的收敛, 通常还应用将在下面介绍的带原点位移的 QR 方法.

### 6.4.2 带原点位移的 QR 方法

已有结论指出, 定理 6.11 中 $A_k$ 的次对角元 $a_{i,i-1}^{(k)}(i=2,3,\cdots,n)$ 是与 $|\lambda_i/\lambda_{i-1}|^k$ 同阶的小量, 所以, 当 $|\lambda_n/\lambda_{n-1}|$ 很小时, $a_{nn}^{(k)}$ 收敛到 $\lambda_n$ 的速度会很快. 现设 $\mu$ 是 $\lambda_n$ 的近似, 并对 $B\equiv A-\mu I$ 应用 QR 方法求特征值, 则由于 $|\lambda_n-\mu|/|\lambda_{n-1}-\mu|$ 很小而使得 $B_k$ 在 $(n,n-1)$ 位置上的元素很快收敛到 0, 从而加速 $(n,n)$ 位置上元素的收敛.

为此, 对 $n$ 阶实方阵 $A$, 选择位移数列 $\{\mu_k\}$, 构造矩阵序列 $\{A_k\}$:

$$A_1\equiv A,$$

$$\begin{cases} A_k-\mu_k I=Q_kR_k & (\text{QR 分解}), \\ A_{k+1}=R_kQ_k+\mu_k I, & k=1,2,\cdots. \end{cases} \tag{6.20}$$

因为

$$A_{k+1}=Q_k^{\mathrm{T}}(Q_kR_k+\mu_kI)Q_k=Q_k^{\mathrm{T}}A_kQ_k,$$

所以 $A_k=(a_{ij}^{(k)})$ 与 $A$ 相似, 从而有相同的特征值. 按 (6.20) 构造矩阵序列 $\{A_k\}$ 的算法称为带原点位移的 QR 算法.

关于 $\mu_k$ 的选取问题, 仅就 $A$ 的特征值全为实数的情形给予说明, 至于 $A$ 有复特征值的情形, 可参见文献 (李庆扬等, 2008), 在此不详述.

当 $A$ 的特征值全为实数时, 常选取 $\mu_k = a_{nn}^{(k)}$ 或 $\mu_k$ 为 $A_k$ 中二阶子块

$$\begin{bmatrix} a_{n-1,n-1}^{(k)} & a_{n-1,n}^{(k)} \\ a_{n,n-1}^{(k)} & a_{n,n}^{(k)} \end{bmatrix}$$

的最接近 $a_{n,n}^{(k)}$ 的特征值. 之所以如此选取 $\mu_k$, 是因为 $a_{nn}^{(k)} \to \lambda_n$, 从而 $|\lambda_n - \mu_k|/|\lambda_{n-1} - \mu_k|$ 将很小, $A_k$ 的最后一行非对角线上的元素将快速趋于 0. 当 $A$ 为上 Hessenberg 矩阵时, 可以验证 $A_k$ 均为上 Hessenberg 矩阵 (6.4.3 小节), 因此, 一旦 $a_{n,n-1}^{(k)}$ 充分接近 0 时, 就可视 $a_{nn}^{(k)}$ 为 $\lambda_n$ 的近似值, 并去掉 $A_k$ 的最后一行和最后一列, 然后在剩下的 $n-1$ 阶矩阵中求解 $A$ 的其余特征值. 如此继续, 直至求出 $A$ 的全部特征值. 已经证明, 在 $\mu_k$ 的上述两种选法中, 第一种选法 (即 $\mu_k = a_{nn}^{(k)}$) 使 $a_{nn}^{(k)} \to \lambda_n$ 的速度达到 2 次, 即 $a_{n,n-1}^{(k+1)}$ 是与 $(a_{n,n-1}^{(k)})^2$ 同阶的小量, 且当 $A$ 是实对称矩阵时, 收敛速度还是 3 次的. 但第二种选法常在实际计算中采用, 且当 $A$ 为对称三对角矩阵时, $a_{nn}^{(k)} \to \lambda_n$ 的速度至少是 2 次的.

此外, 在算法 (6.20) 中, 我们并不需要在每步形成 $Q$ 和 $R$, 而是可按下面的方法进行计算:

先用正交变换 (Householder 变换或平面旋转变换) 将 $A_k - \mu_k I$ 约化为上三角阵:

$$P_{n-1} \cdots P_2 P_1 (A_k - \mu_k I) = R_k, \tag{6.21}$$

然后计算

$$A_{k+1} = R_k P_1^{\mathrm{T}} P_2^{\mathrm{T}} \cdots P_{n-1}^{\mathrm{T}} + \mu_k I. \tag{6.22}$$

当 $A$ 为上 Hessenberg 矩阵或对称三对角矩阵时, 常取 $P_i$ 为平面旋转矩阵.

### 6.4.3　用单步 QR 方法计算上 Hessenberg 矩阵特征值

在本小节, 假定 $A$ 为上 Hessenberg 矩阵, 且 $A$ 只有实特征值. 设上 Hessenberg 矩阵

$$A = \begin{bmatrix} a_{11} & a_{12} & \cdots & a_{1,n-1} & a_{1n} \\ a_{21} & a_{22} & \cdots & a_{2,n-1} & a_{2n} \\ & \ddots & \ddots & & \vdots \\ & & \ddots & \ddots & \vdots \\ & & & a_{n,n-1} & a_{nn} \end{bmatrix}$$

是不可约的 (即 $a_{i,i-1} \neq 0,\ i = 2, \cdots, n$), 并选取 $\mu_k$, 则单步 QR 算法为

$$A_1 = A,$$

$$\begin{cases} A_k - \mu_k I = Q_k R_k, & \text{(QR 分解)} \\ A_{k+1} = R_k Q_k + \mu_k I, & k = 1, 2, \cdots. \end{cases}$$

实际计算时常改写为 (6.21), (6.22) 的形式, 即

$$A_1 = A,$$

$$\begin{cases} P_{n-1,n}^{(k)} \cdots P_{23}^{(k)} P_{12}^{(k)} (A_k - \mu_k I) = R_k, & \text{(上三角阵)} \\ A_{k+1} = R_k (P_{12}^{(k)})^{\mathrm{T}} (P_{23}^{(k)})^{\mathrm{T}} \cdots (P_{n-1,n}^{(k)})^{\mathrm{T}} + \mu_k I, & k = 1, 2, \cdots, \end{cases}$$

其中 $P_{j,j+1}^{(k)} = P^{(k)}(j, j+1)$ 为平面旋转矩阵, 它使被其左乘的矩阵的 $(j+1, j)$ 位置上的元素变为 0, 按 (6.14), $c_j^{(k)} \equiv \cos\theta_j^{(k)}$, $s_j \equiv \sin\theta_j^{(k)}$ 分别取值为

$$c_j^{(k)} = \frac{a_{jj}}{\sqrt{a_{jj}^2 + a_{j+1,j}^2}}, \quad s_j^{(k)} = \frac{a_{j+1,j}}{\sqrt{a_{jj}^2 + a_{j+1,j}^2}}, \quad j = 1, 2, \cdots, n-1.$$

注意到用 $(P_{j,j+1}^{(k)})^{\mathrm{T}}$ 右乘一个矩阵时只改变该矩阵第 $j$ 列和第 $j+1$ 列的值 (式 (6.13)), 因此容易验证, $A_{k+1}$ 仍是上 Hessenberg 矩阵. 事实上, 对上 Hessenberg 矩阵, 采用基于 Householder 变换或平面旋转变换的 QR 算法得到的矩阵 $A_2, A_3, \cdots, A_k, \cdots$, 都是上 Hessenberg 矩阵.

下面给出用单步 QR 方法计算上 Hessenberg 矩阵 $A$ 的算法, 其迭代收敛的判别准则通常是

$$\left| a_{n,n-1}^{(k)} \right| \leqslant \varepsilon \|A\|,$$

或较安全的准则

$$\left| a_{n,n-1}^{(k)} \right| \leqslant \varepsilon \cdot \min\left\{ \left| a_{n,n}^{(k)} \right|, \left| a_{n-1,n-1}^{(k)} \right| \right\},$$

其中 $\varepsilon$ 为预给的一个小量. 当以上准则达到时, 即将 $a_{nn}^{(k)}$ 作为特征值 $\lambda_n$ 的近似, 并视 $A_k$ 的 $n-1$ 阶主子矩阵为新的矩阵重新进行 QR 迭代, 直至算出 $\lambda_{n-1}, \lambda_{n-2}, \cdots, \lambda_1$ 的近似值.

**算法 6.3** (上 Hessenberg 矩阵的 QR 方法)

**步骤 1** $k := 0$.

**步骤 2** $k := k+1$, $a_{11} := a_{11} - \mu_k$.

**步骤 3** 对于 $j = 1, 2, \cdots, n-1$.

**步骤 3.1** $a_{j+1,j+1} := a_{j+1,j+1} - \mu_k$,

$c_j := a_{jj} / \sqrt{a_{jj}^2 + a_{j+1,j}^2}$,

$s_j := a_{j+1,j} / \sqrt{a_{jj}^2 + a_{j+1,j}^2}$;

**步骤 3.2**　对于 $i=j,j+1,\cdots,n$,

$$\begin{bmatrix} a_{ji} \\ a_{j+1,i} \end{bmatrix} := \begin{bmatrix} c_j & s_j \\ -s_j & c_j \end{bmatrix} \begin{bmatrix} a_{ji} \\ a_{j+1,i} \end{bmatrix}.$$

**步骤 4**　对于 $j=1,2,\cdots,n-1$.

**步骤 4.1**　对于 $i=1,2,\cdots,j+1$,

$$[a_{ij},a_{i,j+1}] := [a_{ij},a_{i,j+1}] \begin{bmatrix} c_j & -s_j \\ s_j & c_j \end{bmatrix};$$

**步骤 4.2**　$a_{jj}:=a_{jj}+\mu_k$.

**步骤 5**　$a_{nn}:=a_{nn}+\mu_k$.

**步骤 6**　若 $|a_{n-1,n}|\leqslant\varepsilon\cdot\min\{|a_{n-1,n-1}|,|a_{n,n}|\}$, 则转步骤 7; 否则, 转步骤 2.

**步骤 7**　输出 $a_{nn}$($A$ 的第 $n$ 个特征值的近似), 若 $n\geqslant 3$, 则 $n:=n-1$ 并转步骤 1; 否则, 输出 $a_{n-1,n-1}$, 结束运算.

通常 $\mu_k$ 取 $a_{nn}^{(k)}$ 或 $A_k$ 的二阶子矩阵 $\begin{bmatrix} a_{n-1,n-1}^{(k)} & a_{n-1,n}^{(k)} \\ a_{n,n-1}^{(k)} & a_{nn}^{(k)} \end{bmatrix}$ 的最接近 $a_{nn}^{(k)}$ 的特征值. 显然, 如果取 $\mu_k=0\ (k=1,2,\cdots)$, 则以上算法就是普通的 QR 算法. 由于 $\mu_k$ 在实数中选取, 所以算法 2 不能计算复特征值. 双步 QR 方法 (隐式 QR 方法) 可计算上 Hessenberg 矩阵的复特征值, 具体可参见文献 (李庆扬等, 2008). 此外, 如果 $A$ 或某迭代矩阵 $A_k$ 为可约的上 Hessenberg 矩阵, 则该矩阵必有形式

$$\begin{bmatrix} A_{11} & A_{12} \\ 0 & A_{22} \end{bmatrix},$$

于是求 $A$ 的特征值可简化为分别求两个低阶方阵 $A_{11}$, $A_{22}$ 的特征值.

最后讨论特征向量的计算问题. 设 $A$ 正交相似于上 Hessenberg 矩阵 $H$:

$$H=Q^{\mathrm{T}}AQ,$$

并经由 QR 方法已算出 $H$ 的特征值 $\lambda_i\ (i=1,2,\cdots,n)$, 则可先用反乘幂法算出 $H$ 的相应特征向量 $y_i$, 再根据

$$\lambda_i y_i = H y_i = Q^{\mathrm{T}}AQy_i$$

或

$$AQy_i=\lambda_i Qy_i$$

而得到 $A$ 关于 $\lambda_i$ 的特征向量 $x_i=Qy_i\ (i=1,2,\cdots,n)$. 然而, 直接用反乘幂法求复特征值的特征向量时要使用复运算, 但可以构造只作实运算的反乘幂法的变形来计算特征向量, 这里不作详述.

## 6.5 实对称矩阵特征值问题的解法

本节介绍两种求解实对称矩阵特征值问题的方法：Jacobi 方法和二分法. Jacobi 方法通过一系列基于 Givens 平面旋转矩阵的正交相似变换，将原矩阵化为对角矩阵，从而求得全部特征值和特征向量. 二分法是求解对称三对角矩阵特征值问题的有效方法，由于任何实对称矩阵都可通过正交相似变换 (如 Householder 变换) 化为对称三对角矩阵，因此，二分法也是求解实对称矩阵特征值问题的有效办法.

### 6.5.1 Jacobi 方法

设 $A=(a_{ij})_{n\times n}$ 是实对称矩阵，则存在正交矩阵 $Q$，使得

$$Q^{\mathrm{T}}AQ=D\triangleq \mathrm{diag}(\lambda_1,\lambda_2,\cdots,\lambda_n),$$

其中 $\lambda_j\ (1\leqslant j\leqslant n)$ 就是 $A$ 的特征值，$Q$ 的第 $j$ 列就是 $A$ 的对应于 $\lambda_j$ 的特征向量. Jacobi 方法就是通过一系列的 Givens 平面旋转矩阵 $P_k$，逐步将 $A$ 正交相似变换为一个对角矩阵：

$$P_k\cdots P_2P_1AP_1^{\mathrm{T}}P_2^{\mathrm{T}}\cdots P_k^{\mathrm{T}}\to D,\quad k\to\infty,$$

此时，$P_1^{\mathrm{T}}P_2^{\mathrm{T}}\cdots P_k^{\mathrm{T}}\to Q\ (k\to\infty)$.

设 $P_{ij}\equiv P(i,j,\theta)$ 是定义在 (6.11) 中的 Givens 平面旋转矩阵，则

$$B\equiv(b_{s\ell})\equiv P_{ij}AP_{ij}^{\mathrm{T}}$$

是 $A$ 的正交相似矩阵. 此时，我们称 $A$ 的 $(i,j)$ 位置上的元素 $a_{ij}$ 为旋转主元. 容易验证，矩阵 $B$ 和 $A$ 中，只有 $i,j$ 两行和 $i,j$ 两列元素不相同，并有如下关系：

$$\begin{cases}\left.\begin{array}{l} b_{si}=a_{si}\cos\theta+a_{sj}\sin\theta=b_{is}\\ b_{sj}=-a_{si}\sin\theta+a_{sj}\cos\theta=b_{js}\end{array}\right\}\ s\neq i,j,\\ b_{ii}=a_{ii}\cos^2\theta+2a_{ij}\cos\theta\sin\theta+a_{jj}\sin^2\theta,\\ b_{jj}=a_{ii}\sin^2\theta-2a_{ij}\cos\theta\sin\theta+a_{jj}\cos^2\theta,\\ b_{ij}=(a_{jj}-a_{ii})\cos\theta\sin\theta+a_{ij}(\cos^2\theta-\sin^2\theta)=b_{ji}.\end{cases}\tag{6.23}$$

为使 $b_{ij}=0$，必使

$$(a_{jj}-a_{ii})\sin 2\theta+2a_{ij}\cos 2\theta=0,\tag{6.24}$$

即旋转角 $\theta$ 应满足条件

$$\tan\,2\theta=\frac{2a_{ij}}{a_{ii}-a_{jj}}.$$

于是, 可取

$$\theta=\begin{cases}\dfrac{1}{2}\arctan\dfrac{2a_{ij}}{a_{ii}-a_{jj}}, & a_{ii}\neq a_{jj},\\ \operatorname{sgn}(a_{ij})\dfrac{\pi}{4}, & a_{ii}=a_{jj}.\end{cases}\tag{6.25}$$

Jacobi 方法的基本思想是：首先选取矩阵 $A_0=(a_{sl}^{(0)})=A$ 的主对角线上方的绝对值最大的元素 $a_{ij}^{(0)}$ 为旋转主元, 按 (6.25) 取旋转角, 使矩阵 $A_1=(a_{sl}^{(1)})=P_{ij}A_0P_{ij}^{\mathrm{T}}$ 的 $(i,j)$ 位置上的元素 $a_{ij}^{(1)}=0$. 再按此方法对 $A_1$ 作同样处理, 得到 $A_2$. 如此继续下去, 便得到与 $A$ 正交相似的矩阵序列 $\{A_k\}$. 可以证明, 该矩阵序列收敛于一个对角矩阵.

一般来说, 经过上述有限次变换不可能将 $A$ 化为对角矩阵, 因为 $A_{k+1}$ 中对应零元素位置上的元素可能变为非零元素.

**定理 6.12** (Jacobi 方法的收敛性) 设 $A$ 为 $n$ 阶实对称矩阵, 则按 Jacobi 方法构造的正交相似矩阵序列 $\{A_k\}$ 收敛于一个对角矩阵.

**证明** 记

$$A_k=(a_{s\ell}^{(k)})=\operatorname{diag}(a_{11}^{(k)},a_{22}^{(k)},\cdots,a_{nn}^{(k)})+E_k,$$

其中 $E_k$ 的主对角线元素全为 0, 其他元素与 $A_k$ 相同. 由于

$$A_k=P_{ij}A_{k-1}P_{ij}^{\mathrm{T}}$$

及 (6.23), 所以有

$$\begin{aligned}\left(a_{si}^{(k)}\right)^2+\left(a_{sj}^{(k)}\right)^2&=(a_{si}^{(k-1)}\cos\theta+a_{sj}^{(k-1)}\sin\theta)^2+(-a_{si}^{(k-1)}\sin\theta+a_{sj}^{(k-1)}\cos\theta)^2\\&=\left(a_{si}^{(k-1)}\right)^2+\left(a_{sj}^{(k-1)}\right)^2,\quad s\neq i,j,\end{aligned}$$

从而

$$\|E_k\|_F^2=\|E_{k-1}\|_F^2-2\left(a_{ij}^{(k-1)}\right)^2,\tag{6.26}$$

其中 $\|\cdot\|_F$ 是矩阵的 Frobenius 范数, 定义如下：

$$\|A\|_F=\left(\sum_{s=1}^{n}\sum_{\ell=1}^{n}a_{s\ell}^2\right)^{1/2}.$$

注意到 $a_{ij}^{(k-1)}$ 是 $E_{k-1}$ 中绝对值最大的元素, 所以有

$$\|E_{k-1}\|_F^2=2\sum_{\substack{s,\ell=1\\ \ell>s}}^{n}\left|a_{s\ell}^{(k-1)}\right|^2\leqslant n(n-1)\left(a_{ij}^{(k-1)}\right)^2,$$

即

$$\left(a_{ij}^{(k-1)}\right)^2 \geqslant \frac{1}{n(n-1)}\|E_{k-1}\|_F^2.$$

于是, 由 (6.26) 得

$$\|E_k\|_F^2 \leqslant \left(1-\frac{2}{n(n-1)}\right)\|E_{k-1}\|_F^2 \leqslant \left(1-\frac{2}{n(n-1)}\right)^k \|E_0\|_F^2,$$

从而当 $k\to\infty$ 时, $\|E_k\|_F\to 0$, 这表明 $A_k$ 收敛于一个对角矩阵. □

在实际应用 Jacobi 方法时, 常将寻找旋转主元的办法修改为: 逐步选取 (1, 2), (1, 3), $\cdots$, (1, $n$), (2, 3), (2, 4), $\cdots$ , (2, $n$), $\cdots$ ,$(n-1,n)$ 位置上的元素为旋转主元, 做完这一轮后, 再又按 (1, 2), (1, 3), $\cdots$ ,$(n-1,n)$ 的次序做第二轮, 第三轮等. 这样处理的好处是可节省寻找旋转主元的时间. 在每一轮消元时, 都预先给定一个控制量 $\sigma$ (称为消元容量), 只有 $(i,j)$ 位置上元素的绝对值大于 $\sigma$ 时才做这一步的消元. $\sigma$ 常取为

$$\sigma_1=\frac{1}{n}\|E_0\|_F, \quad \text{第一轮时},$$

$$\sigma_m=\frac{1}{n}\sigma_{m-1}, \quad \text{第 } m \text{ 轮时}.$$

此外, 算式 (6.23) 中 $\cos\theta,\sin\theta$ 按下式取值:

$$\cos\theta=\frac{1}{\sqrt{1+t^2}}, \quad \sin\theta=\frac{t}{\sqrt{1+t^2}}, \tag{6.27}$$

其中

$$t=\begin{cases}\dfrac{1}{|b|+\sqrt{1+b^2}}, & b\geqslant 0,\\ -\dfrac{1}{|b|+\sqrt{1+b^2}}, & b<0,\end{cases} \tag{6.28}$$

$$b=\frac{a_{ii}-a_{jj}}{2a_{ij}}. \tag{6.29}$$

事实上, 当 $|a_{ij}|$ 很小时, Jacobi 方法将跳过这一步消元, 因此实际计算时, 在 (6.29) 中不会出现分母过小的情况. 于是, 由 (6.24) 得

$$\cot 2\theta = b.$$

令 $t=\tan\theta$, 注意到 $\cot 2\theta=(1-\tan^2\theta)/(2\tan\theta)$, 有

$$t^2+2bt-1=0,$$

解得

$$t = -b \pm \sqrt{b^2+1},$$

取绝对值较小者便得 (6.28), 从而得到 (6.27).

最后考虑特征向量的计算问题. 设逐步所用的平面旋转矩阵为 $P_1, P_2, \cdots, P_k$, 则

$$A_k = P_k \cdots P_2 P_1 A P_1^{\mathrm{T}} P_2^{\mathrm{T}} \cdots P_k^{\mathrm{T}}.$$

令 $Q_k = P_1^{\mathrm{T}} P_2^{\mathrm{T}} \cdots P_k^{\mathrm{T}}$, 则

$$Q_k^{\mathrm{T}} A Q_k = A_k.$$

当视 $A_k$ 为对角矩阵时, $A_k$ 主对角线上元素即为 $A$ 的特征值的近似, 从而 $Q_k$ 的第 $\ell$ 列 $(1 \leqslant \ell \leqslant n)$ 向量就是 $A$ 的近似特征值 $a_{\ell\ell}^{(k)}$ 的相应特征向量, 且这 $n$ 个特征向量构成 $\mathbb{R}^n$ 中的标准正交向量系.

记 $Q_k = (q_{sl}^{(k)})$, 由于 $Q_k = Q_{k-1} P_k^{\mathrm{T}}$, 于是有

$$\left.\begin{aligned} q_{si}^{(k)} &= q_{si}^{(k-1)} \cos\theta + q_{sj}^{(k-1)} \sin\theta \\ q_{sj}^{(k)} &= -q_{si}^{(k-1)} \sin\theta + q_{sj}^{(k-1)} \cos\theta \\ q_{s\ell}^{(k)} &= q_{s\ell}^{(k-1)}, \ \ell \neq i, j \end{aligned}\right\} \quad s = 1, 2, \cdots, n,$$

其中 $\cos\theta$, $\sin\theta$ 按 (6.27) 取值. 这样, 计算特征向量时, 只需保存 $Q_k$ 而无需保存每步的平面旋转矩阵 $P_k$.

### 6.5.2 二分法

任何实对称矩阵都可通过 Householder 或 Givens 变换约化为对称三对角矩阵. **二分法**是求解对称三对角矩阵全部特征值和特征向量的方法.

1. Sturm *序列*

考虑 $n$ 阶对称三对角矩阵

$$G = \begin{bmatrix} \alpha_1 & \beta_2 & & 0 \\ \beta_2 & \alpha_2 & \ddots & \\ & \ddots & \ddots & \beta_n \\ 0 & & \beta_n & \alpha_n \end{bmatrix},$$

不失一般性, 可假定 $\beta_i \neq 0 \ (i = 2, 3, \cdots, n)$, 否则 $G$ 可分解成几个对角块, 每个对角块仍然是对称三对角矩阵, 且次对角元全不为零, 此时, 各对角块的特征值合在一起就是 $G$ 的全部特征值.

用 $P_k(\lambda)$ 表示矩阵 $G-\lambda I$ 的 $k$ 阶顺序主子式, 即

$$P_k(\lambda)=\begin{vmatrix} \alpha_1-\lambda & \beta_2 & & 0 \\ \beta_2 & \alpha_2-\lambda & \ddots & \\ & \ddots & \ddots & \beta_k \\ 0 & & \beta_k & \alpha_k-\lambda \end{vmatrix},$$

并令 $P_0(\lambda)\equiv 1$, 于是, $\{P_k(\lambda)\}$ 有递推关系:

$$\begin{cases} P_1(\lambda)=\alpha_1-\lambda, \\ P_k(\lambda)=(\alpha_k-\lambda)P_{k-1}(\lambda)-\beta_k^2P_{k-2}(\lambda), \quad k=2,3,\cdots,n. \end{cases} \tag{6.30}$$

显然, $P_n(\lambda)$ 就是 $G$ 的特征多项式.

称 $\{P_k(\lambda)\}$ 为矩阵 $G$ 的 Sturm(施图姆) 序列. 该序列具有以下性质.

**性质 6.1** $P_k(\lambda)$ $(k=1,2,\cdots,n)$ 只有实根.

这是因为 $G$ 的任何 $k$ 阶顺序主子阵都是实对称矩阵, 从而其特征值都是实数.

**性质 6.2** 当 $k\geqslant 1$ 时, $P_k(-\infty)>0$, $P_k(+\infty)$ 的符号为 $(-1)^k$. 此处 $P_k(+\infty)$ 表示当 $\lambda$ 充分大时 $P_k(\lambda)$ 的值, $P_k(-\infty)$ 表示 $-\lambda$ 充分大时 $P_k(\lambda)$ 的值.

**证明** 由定义, $P_k(\lambda)$ 是行列式 $|G-\lambda I|$ 的 $k$ 阶顺序主子式, $\lambda$ 的首项系数为 $(-1)^k$, 因此

$$P_k(-\infty)>0, \quad P_k(+\infty) \text{ 的符号为 } (-1)^k.$$

□

**性质 6.3** 当 $k\geqslant 1$ 时, 相邻两多项式 $P_k(\lambda)$, $P_{k+1}(\lambda)$ 无公共根.

**证明** 若有公共根, 不妨记为 $\tilde{\lambda}$, 则由递推式 (6.30) 知, $\tilde{\lambda}$ 也是 $P_{k-1}(\lambda)$ 的根, 从而又是 $P_{k-2}(\lambda)$ 的根, $\cdots$, 也是 $P_0(\lambda)\equiv 1$ 的根, 矛盾. □

**性质 6.4** 若 $\tilde{\lambda}$ 是 $P_k(\lambda)$ $(k\geqslant 1)$ 的根, 则

$$P_{k-1}(\tilde{\lambda})P_{k+1}(\tilde{\lambda})<0.$$

**证明** 由性质 6.3 知, $P_{k-1}(\tilde{\lambda})\neq 0$, 于是由递推式 (6.30) 有

$$P_{k-1}(\tilde{\lambda})P_{k+1}(\tilde{\lambda})=-\beta_{k+1}^2(P_{k-1}(\tilde{\lambda}))^2<0.$$

□

**性质 6.5** $P_k(\lambda)$ $(k=1,2,\cdots,n)$ 的根都是单重的, 且 $P_k(\lambda)$ 的根把 $P_{k+1}(\lambda)$ 的根严格隔开, 即若 $\lambda_j^{(k)}$ $(j=1,2,\cdots,k)$ 是 $P_k(\lambda)$ 的根 (不妨设 $\lambda_1^{(k)}<\lambda_2^{(k)}<\cdots<\lambda_k^{(k)}$), 则有

$$\lambda_1^{(k+1)}<\lambda_1^{(k)}<\lambda_2^{(k+1)}<\lambda_2^{(k)}<\cdots<\lambda_k^{(k)}<\lambda_{k+1}^{(k+1)}.$$

此外, $P_k(\lambda)$ 在区间 $(-\infty,\lambda_1^{(k)})$, $(\lambda_1^{(k)},\lambda_2^{(k)})$, $\cdots$, $(\lambda_k^{(k)},+\infty)$ 内交错符号:

$$\operatorname{sgn}(P_k(\lambda))=\begin{cases}1, & \lambda\in(-\infty,\lambda_1^{(k)}),\\(-1)^j, & \lambda\in(\lambda_j^{(k)},\lambda_{j+1}^{(k)}),\ j=1,2,\cdots,k-1,\\(-1)^k, & \lambda\in(\lambda_k^{(k)},+\infty).\end{cases}\tag{6.31}$$

**证明**　当 $k=1$ 时, $\lambda_1^{(1)}=\alpha_1$ 是 $P_1(\lambda)=\alpha_1-\lambda$ 的单重根. 由 (6.30) 知, $P_2(\lambda_1^{(1)})=-\beta_1^2<0$. 由于 $P_2(\lambda)$ 是 $\lambda$ 的连续函数, 且 $P_2(-\infty)>0$, $P_2(+\infty)>0$, 所以在 $(-\infty,\lambda_1^{(1)})$ 和 $(\lambda_1^{(1)},+\infty)$ 内各有一个根, 且 2 次多项式 $P_2(\lambda)$ 也只能有这两个根, 不妨记为 $\lambda_1^{(2)},\lambda_2^{(2)}$. 显然, $\lambda_1^{(2)}<\lambda_1^{(1)}<\lambda_2^{(2)}$, 且 $P_1(\lambda)$ 与 $P_2(\lambda)$ 都满足 (6.31). 结论成立.

假设当 $k=m-1$ 时结论成立, 即 $P_{m-1}(\lambda)$ 与 $P_m(\lambda)$ 的根都是单重根, 其分布满足

$$-\infty<\lambda_1^{(m)}<\lambda_1^{(m-1)}<\lambda_2^{(m)}<\lambda_2^{(m-1)}<\cdots<\lambda_{m-1}^{(m-1)}<\lambda_m^{(m)}<+\infty,\tag{6.32}$$

$P_{m-1}(\lambda)$ 与 $P_m(\lambda)$ 的符号满足 (6.31).

下证当 $k=m$ 时结论仍成立. 由 (6.31), (6.32) 知,

$$\operatorname{sgn}(P_{m-1}(\lambda_j^{(m)}))=(-1)^{j+1},\quad j=1,2,\cdots,m,$$

于是, 由 (6.30) 得

$$P_{m+1}(\lambda_j^{(m)})=-\beta_{m+1}^2P_{m-1}(\lambda_j^{(m)}),$$

从而

$$\operatorname{sgn}\left(P_{m+1}(\lambda_j^{(m)})\right)=(-1)^j,\quad j=1,2,\cdots,m.$$

于是, 由性质 6.2 知, $P_{m+1}(\lambda)$ 在 $m+1$ 个区间 $(-\infty,\lambda_1^{(m)})$, $(\lambda_1^{(m)},\lambda_2^{(m)})$, $\cdots$, $(\lambda_m^{(m)},+\infty)$ 的每一个区间内都有一个根, 且 $m+1$ 次多项式 $P_{m+1}(\lambda)$ 也只能有这 $m+1$ 个根. 显然, $\lambda_j^{(m)}$ $(j=1,2,\cdots,m)$ 将 $P_{m+1}(\lambda)$ 的 $m+1$ 个根严格隔开, 且 $P_{m+1}(\lambda)$ 的符号满足 (6.31). 结论成立. □

对实数 $\alpha$, 用 $s(\alpha)$ 表示数列

$$P_0(\alpha),\quad P_1(\alpha),\quad\cdots,\quad P_n(\alpha)\tag{6.33}$$

中每相邻两数符号相同的次数, 称之为数列 (6.33) 的同号数. 若 $P_k(\alpha)=0$ $(1\leqslant k\leqslant n)$, 则约定 $P_k(\alpha)$ 与 $P_{k-1}(\alpha)$ 符号相同, 根据性质 6.3、性质 6.4, $P_{k-1}(\alpha)\neq0$, 且当 $k\leqslant n-1$ 时, $P_{k+1}(\alpha)$ 与 $P_{k-1}(\alpha)$ 反号.

例如, 若数列 (6.33) 有符号顺序

$$+ \ - \ + \ + \ - \ - \ - \ +$$

或

$$+ \ 0 \ - \ + \ + \ 0 \ - \ -,$$

则 $s(\alpha)$ 分别为 3 或 4.

**定理 6.13** 若 $n$ 阶实对称三对角矩阵 $G$ 的所有次对角元素不为零, 则 $s(\alpha)$ 是 $P_n(\lambda)$ 在区间 $[\alpha,+\infty)$ 中根的个数, 即 $G$ 的大于或等于 $\alpha$ 的特征值的个数.

**证明** 由性质 6.2 知, 当 $\lambda \to -\infty$ 时, $s(\lambda)=n$. 现令 $\lambda$ 从左向右移动. 当 $\lambda$ 不经过任何 $P_k(\lambda)$ $(1 \leqslant k \leqslant n)$ 的任何根时, $s(\lambda)$ 显然不会改变. 当 $\lambda$ 经过 $P_1(\lambda)$ 的根 $\lambda_1^{(1)}=\alpha_1$ 时, 容易验证, 存在充分小 $\delta>0$, 使得在 $(\alpha_1-\delta,\alpha_1)$ 内, $P_1(\lambda)>0$, $P_2(\lambda)<0$, 在 $(\alpha_1,\alpha_1+\delta)$ 内, $P_1(\lambda)<0$, $P_2(\lambda)<0$. 注意到 $P_0(\lambda)\equiv 1>0$, 所以, 当 $\lambda$ 经过 $\alpha_1$ 时, $s(\lambda)$ 不改变. 当 $\lambda$ 经过 $P_k(\lambda)$ $(k=2,\cdots,n-1)$ 的根 $\lambda_m^{(k)}(m=1,2,\cdots,k)$ 时, 由于 $P_{k-1}(\lambda)$ 与 $P_k(\lambda)$ 的根严格隔开:

$$\lambda_1^{(k)}<\lambda_1^{(k-1)}<\cdots<\lambda_{m-1}^{(k)}<\lambda_{m-1}^{(k-1)}<\lambda_m^{(k)}<\lambda_m^{(k-1)}<\cdots<\lambda_{k-1}^{(k)}<\lambda_{k-1}^{(k-1)}<\lambda_k^{(k)},$$

所以, 由性质 6.3、性质 6.4, 存在充分小的 $\delta>0$, 使得在 $(\lambda_m^{(k)}-\delta,\lambda_m^{(k)}+\delta)\subset(\lambda_{m-1}^{(k-1)},\lambda_m^{(k-1)})$ 内, $P_j(\lambda)$ $(j\neq k, 1\leqslant j\leqslant n)$ 无根, $P_{k-1}(\lambda)$ 与 $P_k(\lambda)$ 保号且两者符号相反. 注意到

$$\begin{aligned}P_{k-1}(\lambda)&=(\lambda_1^{(k-1)}-\lambda)\cdots(\lambda_{m-1}^{(k-1)}-\lambda)(\lambda_m^{(k-1)}-\lambda)\cdots(\lambda_{k-1}^{(k-1)}-\lambda),\\ P_k(\lambda)&=(\lambda_1^{(k)}-\lambda)\cdots(\lambda_{m-1}^{(k)}-\lambda)(\lambda_m^{(k)}-\lambda)(\lambda_{m+1}^{(k)}-\lambda)\cdots(\lambda_k^{(k)}-\lambda).\end{aligned}$$

所以, 当 $\lambda\in(\lambda_m^{(k)}-\delta,\lambda_m^{(k)})$ 时, $P_k(\lambda)$ 与 $P_{k-1}(\lambda)$ 同号, 从而与 $P_{k+1}(\lambda)$ 反号; 当 $\lambda\in(\lambda_m^{(k)},\lambda_m^{(k)}+\delta)$ 时, $P_k(\lambda)$ 与 $P_{k-1}(\lambda)$ 反号, 从而与 $P_{k+1}(\lambda)$ 同号. 可见, 当 $\lambda$ 经过 $\lambda_m^{(k)}$ 时, $s(\lambda)$ 仍然不改变. 当 $\lambda$ 经过 $P_n(\lambda)$ 的根时, 经同样论证可知, $P_n(\lambda)$ 由与 $P_{n-1}(\lambda)$ 同号转为与 $P_{n-1}(\lambda)$ 反号, 因而失去一个同号数. 于是, 对 $\forall\alpha$, 若 $P_n(\lambda)$ 在 $[\alpha,+\infty)$ 内有 $m$ 个根, 则 $\lambda$ 从 $-\infty$ 右行至 $\alpha$ 时, 必将跨过 $P_n(\lambda)$ 的 $n-m$ 个根, 从而 $s(\alpha)=n-(n-m)=m$. 定理证毕. □

2. 计算实对称三对角矩阵特征值的二分法

根据定理 6.13, $G$ 在区间 $[\alpha,\beta)$ 中的特征值的个数为 $s(\alpha)-s(\beta)$. 因此, 若 $G$ 的特征值排序为

$$\lambda_n<\lambda_{n-1}<\cdots<\lambda_2<\lambda_1,$$

$m$ 满足 $s(\beta)<m\leqslant s(\alpha)$, 则 $\lambda_m\in[\alpha,\beta)$.

求特征值 $\lambda_m$ 的二分法如下：

**算法 6.4** (二分法)

**步骤 1**　$i := 0$,

$b_0 := \|G\|$, $a_0 := -\|G\|$.

**步骤 2**　$c_i := 0.5 * (a_i + b_i)$.

**步骤 3**　按递推式 (6.30) 计算 $\{P_k(c_i)\}_{k=0}^n$ 及同号数 $s(c_i)$.

**步骤 4**　若 $s(c_i) \geqslant m$, 则 $a_{i+1} := c_i$, $b_{i+1} := b_i$; 否则 $a_{i+1} := a_i$, $b_{i+1} := c_i$.

**步骤 5**　若 $|b_{i+1} - a_{i+1}| \leqslant \varepsilon$, 则 $\lambda_m := 0.5 * (a_{i+1} + b_{i+1})$, 输出 $\lambda_m$, 终止运算; 否则 $i := i + 1$, 转步骤 2.

在上述算法中, $\lambda_m$ 总在 $[a_i, b_i]$ 中, 当 $i$ 充分大时, $[a_{i+1}, b_{i+1}]$ 的长度 $(b_0 - a_0)/2^{i+1}$ 总能小于任意指定的小数 $\varepsilon$, 这时就取区间 $[a_{i+1}, b_{i+1}]$ 的中点 $c_{i+1}$ 作为 $\lambda_m$ 的近似值, 误差不超过 $\varepsilon/2$.

当求得 $G$ 的特征值 $\lambda$ 后, 可用反乘幂法求出 $G$ 的相应特征向量 $x$. 如果 $G$ 是 $n$ 阶实对称矩阵 $A$ 经过一系列正交相似变换约化而成的：

$$G = H_{n-2} \cdots H_2 H_1 A H_1 H_2 \cdots H_{n-2},$$

其中 $H_i$ 是 Householder 矩阵, 则由 $Gx = \lambda x$ 得

$$A(H_1 H_2 \cdots H_{n-2} x) = \lambda (H_1 H_2 \cdots H_{n-2} x),$$

从而

$$y = H_1 H_2 \cdots H_{n-2} x$$

就是矩阵 $A$ 相应于特征值 $\lambda$ 的特征向量.

## 习　题　6

6.1　利用圆盘定理估计下列矩阵特征值的界：

(1) $\begin{bmatrix} -1 & 0 & 0 \\ -1 & 1 & 1 \\ -1 & -1 & 2 \end{bmatrix}$;　(2) $\begin{bmatrix} 3 & 2 & 1 \\ 2 & 3 & 0 \\ 1 & 0 & 3 \end{bmatrix}$;　(3) $\begin{bmatrix} 4 & 1 & & \\ 1 & 4 & \ddots & \\ & \ddots & \ddots & 1 \\ & & 1 & 4 \end{bmatrix}$.

6.2　对于下列矩阵 $A(\varepsilon)$, 当 $\varepsilon = 0$ 及 $\varepsilon > 0$ 时, 确定其特征值和特征向量, 并观察它们当 $\varepsilon \to 0$ 时的性态：

(1) $\begin{bmatrix} 1 & 1 \\ \varepsilon & 1 \end{bmatrix}$;　(2) $\begin{bmatrix} 1 & 1 \\ 0 & 1+\varepsilon \end{bmatrix}$;　(3) $\begin{bmatrix} 1 & \varepsilon \\ 0 & 1 \end{bmatrix}$.

6.3 设 $A=[a_{ij}]$ 为 $n$ 阶实对称矩阵, $\lambda_1 \geqslant \lambda_2 \geqslant \cdots \geqslant \lambda_n$ 为其特征值, 证明:

$$\lambda_n \leqslant a_{ii} \leqslant \lambda_1, \quad i=1,2,\cdots,n.$$

6.4 利用乘幂法求下列矩阵按模最大的特征值和相应的特征向量:

(1) $\begin{bmatrix} 1 & 1 \\ 0 & 2 \end{bmatrix}$, 取 $x^{(0)}=(1,1)^{\mathrm{T}}$; (2) $\begin{bmatrix} 2 & 3 & 2 \\ 10 & 3 & 4 \\ 3 & 6 & 1 \end{bmatrix}$, 取 $x^{(0)}=(1,1,1)^{\mathrm{T}}$.

6.5 用反乘幂法求矩阵

$$\begin{bmatrix} 2 & 1 & 0 \\ 1 & 3 & 1 \\ 0 & 1 & 4 \end{bmatrix}$$

的与 $\tilde{\lambda}=1.2679$ 最接近的那个特征值与相应的特征向量.

6.6 设矩阵 $A$ 的特征值为实数, 且满足条件 $\lambda_1 \geqslant \lambda_2 \geqslant \cdots \geqslant \lambda_n$, 试确定位移, 使得关于 $A-pI$ 反乘幂法收敛到 $\lambda_n$ 的速度最快.

6.7 在乘幂法的实际计算格式 (6.3) 中, 若取 $m_k=\|y^{(k)}\|_2$, 其收敛性如何?

6.8 设 $u,v\in\mathbb{R}^n$, 且 $\sigma\neq 0$, 则当 $v^{\mathrm{T}}u-\sigma^{-1}\neq 0$ 时, 初等矩阵

$$E(u,v;\sigma)=I-\sigma uv^{\mathrm{T}}$$

非奇异, 且其逆可表为

$$I-(\sigma+2\tau-\sigma\tau v^{\mathrm{T}}u)uv^{\mathrm{T}},$$

其中 $\sigma^{-1}+\tau^{-1}=v^{\mathrm{T}}u$.

6.9 设非零向量 $x,y\in\mathbb{R}^n$, 试给出一个 Householder 矩阵 $H$, 使 $Hx$ 为 $y$ 的倍数.

6.10 使用 Householder 矩阵作矩阵

$$\begin{bmatrix} 1 & 1 & 1 \\ 2 & -1 & -1 \\ 2 & -4 & 5 \end{bmatrix}$$

的 QR 分解.

6.11 将矩阵

$$\begin{bmatrix} 1 & 3 & 4 \\ 3 & 1 & 2 \\ 4 & 2 & 1 \end{bmatrix}$$

约化为三对角对称矩阵.

6.12 设 $(\mu,x)$ 是 $A$ 的近似特征对, 证明当 $\mu$ 取为 $x$ 的 Rayleigh 商, 即

$$\mu=x^{\mathrm{T}}Ax/x^{\mathrm{T}}x$$

时, 残量 $r=Ax-\mu x$ 的范数 $\|r\|_2$ 达到极小.

6.13 已知矩阵

$$A=\begin{bmatrix} 2 & 10 & 2 \\ 10 & 5 & -8 \\ 2 & -8 & 11 \end{bmatrix}$$

的一个特征值 $\lambda=9$, 相应的特征向量 $x=(2/3,1/3,2/3)^{\mathrm{T}}$, 试利用矩阵收缩求 $A$ 的其余特征值与特征向量.

6.14 证明 Jacobi 矩阵

$$C=\begin{bmatrix} \alpha_1 & r_2 & & 0 \\ \beta_2 & \ddots & \ddots & \\ & \ddots & \ddots & r_n \\ 0 & & \beta_n & \alpha_n \end{bmatrix}, \quad \beta_i r_i>0, i=2,\cdots,n$$

的特征值全为实数且互异.

6.15 设 $x=(x_1,\cdots,x_n)^{\mathrm{T}}$ 是不可约对称三对角矩阵

$$T=\begin{bmatrix} \alpha_1 & \beta_2 & & \\ \beta_2 & \ddots & \ddots & \\ & \ddots & \ddots & \beta_n \\ & & \beta_n & \alpha_n \end{bmatrix} \in \mathbb{R}^{n\times n}$$

对应于特征值 $\lambda$ 的特征向量. 证明:

(1) $x_1x_n\neq 0$;

(2) 若取 $x_1=1$, 则

$$\beta_2\cdots\beta_i x_i=(-1)^{i-1}P_{i-1}(\lambda), \quad i=2,3,\cdots,n,$$

其中 $P_i(\lambda)$ 由 (6.30) 定义.

6.16 设

$$T=\begin{bmatrix} -2 & 1 & 0 & 0 \\ 1 & -2 & 1 & 0 \\ 0 & 1 & -2 & 1 \\ 0 & 0 & 1 & -2 \end{bmatrix}.$$

问: (1) 矩阵 $T$ 是否负定? (2) 矩阵 $T$ 在区间 $[-2, 0]$ 内有多少特征值?

6.17 试分别利用不带位移的 QR 方法与带位移的 QR 方法计算

$$A=\begin{bmatrix} 3 & 1 & 0 \\ 1 & 2 & 1 \\ 0 & 1 & 1 \end{bmatrix}$$

的特征值.

6.18　设 $A=\begin{bmatrix} a & b \\ \varepsilon & c \end{bmatrix}$. 对 $A$ 作一次带位移 $c$ 的 QR 方法, 从而说明当 $a$ 与 $c$ 不很接近时, $a_{21}^{(2)}=O(\varepsilon^2)$, 又当 $A$ 为对称矩阵时 $(b=\varepsilon)$, $a_{21}^{(2)}=O(\varepsilon^3)$.

6.19　验证对矩阵

$$A=\begin{bmatrix} 0 & 0 & 0 & 1 \\ 1 & 0 & 0 & 0 \\ 0 & 1 & 0 & 0 \\ 0 & 0 & 1 & 0 \end{bmatrix}$$

使用基本 QR 方法不收敛.

6.20　设 $A$ 是实对称矩阵, 若 Rayleigh 商

$$R(x)=x^{\mathrm{T}}Ax/x^{\mathrm{T}}x$$

的梯度 $\nabla R(x)$ 对某个向量 $z$ 为零, 则 $z$ 必是 $A$ 的特征向量.

思维导图6

# 第 7 章　常微分方程数值解法

## 7.1　引　论

许多科学和技术问题的数学模型, 常常归结为一个含有自变量、未知函数及其一阶或者高阶导数的方程 (不含有偏导数), 称为**常微分方程**. 为了确定这类问题的解, 通常需要附加某种定解条件, 微分方程和定解条件一起组成定解问题. 对于高阶常微分方程, 定解条件通常有两种给法: 一种是给出积分曲线在初始时刻的性态, 即给出未知函数及其导数在初始点的值, 这类定解条件称为初始条件, 相应的定解问题称为初值问题; 另一种是给出积分曲线在始末两端的性态, 即给出未知函数与其某些导函数构成的线性组合在区间两个端点的值, 这类定解条件称为边值条件, 相应的定解问题称为边值问题.

下面介绍一些典型的例子.

**例 7.1**　线性标量方程

$$y'(x) = \lambda y, \quad a \leqslant x \leqslant b,$$

其中 $\lambda \in \mathbb{C}$. 如果赋予该问题初值 $y(a) = y_a$, 则该问题称为初值问题, 此时该方程也称为实验方程, 它在数值方法的稳定性研究中起着重要作用.

**例 7.2**　线性标量方程

$$\begin{cases} y'(t) = \lambda(y(t) - F(t)) + F'(t), \quad t \geqslant 0, \\ y(0) = y_0, \end{cases}$$

该方程的真解为

$$y(t) = F(t) + \mathrm{e}^{\lambda t}(y_0 - F(0)).$$

如果假设 $\lambda < 0$ 且函数 $F(t)$ 在整个区间 $[0, +\infty)$ 上连续且变化缓慢, 即函数 $F(t)$ 的导数不取大的值. 从真解的表达式中可以看出, 如果 $y_0 = F(0)$, 那么该问题的解 $y(t) = F(t)$ 在区间 $[0, +\infty)$ 上都是变化缓慢的. 如果 $y_0 \neq F(0)$, 该问题的真解包含 $\mathrm{e}^{\lambda t}(y_0 - F(0))$, 该项在很短时间内衰减到接近零, 而之后又变化非常缓慢. 方程解的这种剧烈的变化会给数值求解带来重要挑战. 这类问题称为**刚性问题**, 我们将会在后面做简要介绍.

**例 7.3** 考虑一维的热传导问题

$$\begin{cases} \dfrac{\partial u}{\partial t} = \dfrac{\partial^2 u}{\partial x^2}, \quad x \in [0,1], t \in [0,+\infty), \\ u(0,t) = \beta_0(t), u(1,t) = \beta_1(t), \quad t \in [0,+\infty), \\ u(x,0) = \phi(x), \quad x \in [0,1]. \end{cases}$$

我们来导出该问题的空间半离散格式. 将区间 $[0,1]$ 分成 $N$ 个长度为 $\Delta x = 1/N$ 的子区间. 记 $u_i(t) = u(i\Delta x, t)$, $t \geqslant 0, i = 0,1,..,N$. 在空间方向采用二阶中心差分来逼近二阶导数

$$\left.\frac{\partial^2 u}{\partial x^2}\right|_{i\Delta x,t} = \frac{1}{(\Delta x)^2}[u_{i+1}(t) - 2u_i(t) + u_{i-1}(t)] + O((\Delta x)^2).$$

把上式代入方程可得

$$\frac{\mathrm{d}u_i(t)}{\mathrm{d}t} = \frac{1}{(\Delta x)^2}[u_{i+1}(t) - 2u_i(t) + u_{i-1}(t)] + O((\Delta x)^2),$$

其中 $i = 1,2,\cdots,N-1$. 记 $w_i(t)$ 是 $u_i(t)$ 在空间半离散后的逼近, 即忽略空间误差 $O((\Delta x)^2)$ 的逼近, 可得原问题的半离散格式

$$\begin{cases} \dfrac{\mathrm{d}W(t)}{\mathrm{d}t} = AW(t) + \phi(t), \quad t \in [0,+\infty), \\ W(0) = [\phi(\Delta x), \cdots, \phi((N-1)\Delta x)]^{\mathrm{T}}, \end{cases}$$

其中

$$\begin{cases} A = N^2 \begin{bmatrix} -2 & 1 & & & \\ 1 & -2 & 1 & & \\ & \ddots & \ddots & \ddots & \\ & & 1 & -2 & 1 \\ & & & 1 & -2 \end{bmatrix}_{(N-1)\times(N-1)}, \\ W(t) = [w_1(t), w_2(t), \cdots, w_{N-1}(t)]^{\mathrm{T}}, \\ \phi(t) = N^2[\beta_0(t), 0, \cdots, 0, \beta_1(t)]^{\mathrm{T}}. \end{cases}$$

从抛物型方程空间半离散得到的常微分方程初值问题, 代表着一大类重要的模型. 该方程的时间离散格式的构造, 具有和空间离散同等的重要性. 采用其他方法进行空间离散, 例如有限元方法、谱方法等, 也将获得类似的初值问题. 该问题是典型的刚性问题, 在时间方向的数值格式的构造时, 需要重点研究数值格式的稳定性. 见本章刚性问题简介.

常微分方程初值问题的另外一个重要来源在于物理系统的时间演化，即基于牛顿力学第二定律导出的物理模型. 经过适当的变换，牛顿力学方程可以等价地写为更加具有对称特征的 Hamilton 形式. 设 $q=(q_1,q_2,\cdots,q_N)^{\mathrm{T}}$ 表示广义坐标，而 $p=(p_1,p_2,\cdots,p_N)^{\mathrm{T}}$ 表示广义动量. 定义系统的 Hamilton 能量为标量函数 $H=H(p,q)$，则系统的演化满足如下的 Hamilton 方程

$$\frac{\mathrm{d}p}{\mathrm{d}t}=-\frac{\partial H(p,q)}{\partial q},\quad \frac{\mathrm{d}q}{\mathrm{d}t}=\frac{\partial H(p,q)}{\partial p}.$$

赋予初值 $p=p_0, q=q_0$ 后，这就是一个常微分方程初值问题. Hamilton 能量通常可以表示为系统的动能和势能之和 $H(p,q)=T(p)+V(q)$，其中 $T$ 称为系统动能，$V$ 称为系统势能. 此时 Hamilton 系统也称为**可分的**. Hamilton 系统也可以写为更加紧凑的形式. 设 $y=\begin{pmatrix} p \\ q \end{pmatrix}$，则有

$$\frac{\mathrm{d}y}{\mathrm{d}t}=-J\nabla H(y),$$

其中 $J=\begin{pmatrix} 0 & I_N \\ -I_N & 0 \end{pmatrix}$ 称为辛矩阵.

Hamilton 系统具有两个非常重要的特征，即系统的能量守恒和辛结构.

记 Hamilton 方程初值问题的解的相流为 $\varphi_t=(p(t,p_0,q_0),q(t,p_0,q_0))$. 著名数学家 H. Poincaré (庞加莱) 于 1889 年证明如下基本定理.

**定理 7.1** 设 $H(p,q)$ 在 $U\subset\mathbb{R}^{2N}$ 上是二次连续可微函数，则对任意固定的 $t$，相流 $\varphi_t$ 是一个辛变换，即满足

$$\left(\frac{\partial\varphi_t}{\partial(p_0,q_0)}\right)^T J\left(\frac{\partial\varphi_t}{\partial(p_0,q_0)}\right)=J.$$

另一方面，通过简单计算可知 $\frac{\mathrm{d}}{\mathrm{d}t}H(p,q)=0$，从而得到 Hamilton 系统能量守恒，即满足 $H(p(t),q(t))=H(p_0,q_0), t>0$.

辛结构的几何解释是系统的相流保持有向面积之和不变. 我国计算数学的开创者和奠基人冯康先生 (1920—1993) 在 20 世纪 80 年代提出**保结构算法**的基本思想，即数值算法应该尽可能地保持原系统的重要结构. 最著名的保结构算法就是这里介绍的 Hamilton 系统的保辛算法.

由于系统能量在物理上具有重要意义，所以数值算法精确保持系统能量也非常重要，这种方法称为**保能量算法**. 更多介绍见本章 Hamilton 系统保结构算法简介.

许多重要的数学模型都可以写成 Hamilton 方程的形式. 我们看两个例子.

**例 7.4** 两体问题. 由牛顿第二定律, 经过适当的正则化可得两体问题的运动方程

$$\ddot{q}_1 = -\frac{q_1}{(q_1^2+q_2^2)^{3/2}}, \quad \ddot{q}_2 = -\frac{q_2}{(q_1^2+q_2^2)^{3/2}}.$$

该方程在历史上引起过非常大的关注, 也称为**开普勒问题**. 这个问题可以通过椭圆函数的方法求出精确解. 定义该问题的 Hamilton 能量为

$$H(p,q) = \frac{1}{2}(p_1^2+p_2^2) - \frac{1}{\sqrt{q_1^2+q_2^2}},$$

其中 $p = \dot{q}$. 所以我们也很容易写出该方程的 Hamilton 形式.

**例 7.5** 外行星系统. 对于太阳系的行星的运动和预测长期以来一直是一个关键的科学问题, 行星的运动方程就是 Hamilton 方程. 如果仅考虑地球之外的行星, 我们可以得到外行星的运动方程

$$H(p,q) = \frac{1}{2}\sum_{i=0}^{5}\frac{1}{m_i}p_i^T p_i - G\sum_{i=1}^{5}\sum_{j=0}^{i-1}\frac{m_i m_j}{||q_i - q_j||},$$

其中 $p_i$, $q_i \in \mathbb{R}^3$. 根据 Hamilton 能量, 可得该系统的 Hamilton 运动方程

$$\begin{cases} \dot{p}_i = -G\displaystyle\sum_{j=0,j\neq i}^{5}\frac{m_i m_j}{||q_i - q_j||^3}(q_i - q_j), \\ \dot{q}_i = \dfrac{1}{m_i}p_i. \end{cases}$$

式中 $m_i$ 表示行星的质量, $G$ 表示重力常数.

注意该问题和上面的两体问题不同, 一般三体问题或者大于三个质点的运动方程, 已经无法用解析的办法求出系统的真解. 这种问题称为 $N$-体问题. $N$-体问题的运动轨道可以极其复杂, 在相空间展示出混沌、分叉等复杂的动力学形态. 如何设计构造好的数值格式, 从而能够正确地模拟 $N$-体问题一直是一个难题. 直到冯康先生等开创了辛算法, 才取得较大的进展.

由于高阶微分方程通常可化为一阶微分方程组来研究. 而一阶微分方程组又可视为一个一阶向量微分方程, 对其讨论除了记号上稍做修改外与一阶标量微分方程完全类似, 所以本章主要讨论一阶标量微分方程初值问题及一类二阶微分方程边值问题的数值解法, 仅在 7.6 节介绍刚性问题和 7.8 节介绍 Hamilton 辛算法

中考虑一阶微分方程组. 为了后面讨论的需要, 下面回顾常微分方程初值问题的一些简单的理论结果, 但略去其证明.

考虑常微分方程初值问题

$$\begin{cases} y' = f(x, y), & a \leqslant x \leqslant b, |y| < \infty, \\ y(a) = y_0, & y_0 \in \mathbb{R}, \end{cases} \tag{7.1}$$

其中 $f$ 为 $x, y$ 的已知函数, $y_0$ 为给定的初值.

为简便起见, 将区域: $[a, b] \times \mathbb{R}$ 记为 $G$, 即 $G = [a, b] \times \mathbb{R}$.

设 $f : G \to R$ 为连续映射, 若存在常数 $L > 0$ 使得不等式

$$|f(x, y_1) - f(x, y_2)| \leqslant L|y_1 - y_2|$$

对一切 $(x, y_1), (x, y_2) \in G$ 都成立, 则称 $f(x, y)$ 在 $G$ 上关于 $y$ 满足 Lipschitz 条件, 而式中的常数 $L$ 称为 Lipschitz 常数. 一切在 $G$ 上关于 $y$ 满足 Lipschitz 条件的连续映射 $f$ 所构成的集合记为 $\varPhi$, 而相应的初值问题 (7.1) 构成的问题类记为 $\varLambda$.

**定理 7.2**　$\varLambda$ 中的任何初值问题在 $[a, b]$ 上存在唯一解, 并且解连续可微.

在实际问题中, 初始值 $y_0$ 以及右端函数 $f(x, y)$ 常常是通过测量或计算得到的, 难免产生误差, 所以必须考虑初始值 $y_0$ 及右端 $f(x, y)$ 有微小变化时, 引起微分方程解的变化问题. 只考虑解连续地依赖于初始值及右端函数的情形.

**定义 7.1**　初值问题 (7.1) 称为在 $[a, b]$ 上是适定的, 如果存在常数 $k, \varepsilon_0 > 0$, 使得对于任何的正数 $\varepsilon \leqslant \varepsilon_0$, 及任给的函数 $\tilde{f}(x, y)$ 和常数 $\tilde{y}_0$, 当

$$|y_0 - \tilde{y}_0| \leqslant \varepsilon, |f(x, y) - \tilde{f}(x, y)| \leqslant \varepsilon, \quad (x, y) \in G$$

时初值问题

$$\begin{cases} z' = \tilde{f}(x, z), & x \in [a, b], \\ z(a) = \tilde{y}_0 \end{cases}$$

有解 $z(x)$ 存在, 且不等式 $|y(x) - z(x)| \leqslant k\varepsilon$ 对任给 $x \in [a, b]$ 都成立.

**定理 7.3**　$\varLambda$ 中的任何初值问题在 $[a, b]$ 上是适定的.

以上各定理的证明在常微分方程的教材上都已经给出. 为了今后证明的需要, 再给出一个著名的不等式.

**定理 7.4** (Bellman (贝尔曼) 不等式)　设 $\alpha \geqslant 0, \beta \geqslant 0, \varphi(x)$ 是 $[a, b]$ 上的非负连续函数, 则当

$$\varphi(x) \leqslant \beta + \alpha \int_a^x \varphi(t) \mathrm{d}t, \quad x \in [a, b]$$

时必有

$$\varphi(x) \leqslant \beta \mathrm{e}^{\alpha(x-a)}, \quad x \in [a,b]. \tag{7.2}$$

**证明** 先设 $\beta > 0$, 并记

$$\psi(x) = \beta + \alpha \int_a^x \varphi(t)\mathrm{d}t, \quad x \in [a,b].$$

由于 $\varphi(x)$ 在 $[a,b]$ 上连续, 所以

$$\psi'(x) = \alpha\varphi(x) \leqslant \alpha\psi(x).$$

上式两边同乘以 $\mathrm{e}^{-\alpha x}$, 得

$$[\psi(x)\mathrm{e}^{-\alpha x}]' \leqslant 0.$$

在 $[a,x]$ 上积分, 得

$$\psi(x)\mathrm{e}^{-\alpha x} \leqslant \psi(a)\mathrm{e}^{-\alpha a}.$$

从而得到

$$\varphi(x) \leqslant \psi(x) \leqslant \beta \mathrm{e}^{\alpha(x-a)}, \quad x \in [a,b].$$

其次, 对于 $\beta = 0$ 的特殊情形, 证明 $\varphi(x) = 0$.

事实上, 对于任何正数 $\sigma$, 有

$$\varphi(x) \leqslant \alpha \int_a^x \varphi(t)\mathrm{d}t < \sigma + \alpha \int_a^x \varphi(t)\mathrm{d}t.$$

引用上面已证明的结果, 得到

$$0 \leqslant \varphi(x) \leqslant \sigma \mathrm{e}^{\alpha(x-a)}, \quad x \in [a,b].$$

由 $\sigma$ 的任意性推出 $\varphi(x) = 0$, 故不等式 (7.2) 仍成立. 因此, 命题得证. □

有时还会用到 Bellman 不等式的如下离散形式.

**定理 7.5** (离散的 Bellman 不等式) 设 $\alpha \geqslant 0, \beta \geqslant 0, h > 0, \eta_0, \eta_1, \cdots, \eta_N$ 是一列非负实数, 满足

$$\eta_m \leqslant \beta + \alpha h \sum_{j=0}^{m-1} \eta_j, \quad m = 0, 1, \cdots, N,$$

则必有

$$\eta_m \leqslant \beta \mathrm{e}^{\alpha m h}, \quad m = 0, 1, \cdots, N,$$

这里约定, 当 $q < p$ 时, $\sum\limits_{i=p}^{q}$ 的值为零.

**证明** 令 $\xi_m = \beta + \alpha h \sum\limits_{j=0}^{m-1} \eta_j$, $m = 0, 1, \cdots, N$. 由假设知, $\eta_m \leqslant \xi_m$, 因而有

$$\xi_{m+1} - \xi_m = \alpha h \eta_m \leqslant \alpha h \xi_m,$$

即

$$\xi_{m+1} \leqslant (1 + \alpha h)\xi_m, \quad m = 0, 1, \cdots, N-1.$$

由此即得

$$\eta_m \leqslant \xi_m \leqslant (1 + \alpha h)\xi_{m-1} \leqslant \cdots \leqslant (1 + \alpha h)^m \xi_0 \leqslant \beta \mathrm{e}^{\alpha m h}.$$ □

虽然在常微分方程的教材中, 已经对一些典型的微分方程介绍了求解析解的基本方法. 有了解析解, 就可以根据初值问题或边值问题的条件把其中的任意常数完全确定. 然而, 在很多情况下都不可能给出解的解析表达式, 有时候即使能求出封闭形式的解, 也往往因计算量太大而不实用. 实际上, 对于解微分方程问题, 一般只要求得到解在某几个点上的近似值或解的便于计算的近似表达式 (只要满足规定的精度就行了). 所以, 本章介绍求解微分方程数值解的基本思想和方法.

## 7.2 Euler 方法

### 7.2.1 Euler 方法和改进的 Euler 方法

首先以求解常微分方程初值问题最简单的数值方法——Euler (欧拉) 方法为例, 来介绍数值求解微分方程的主要问题及处理方法.

在 $[a, b]$ 中插入分点

$$a = x_0 < x_1 < x_2 < \cdots < x_N = b,$$

记 $h_m = x_{m+1} - x_m, h_m > 0$ 称为步长, 如无特别说明, 总假定 $h_m = h$ 为定步长.

我们的目的是寻求 $\Lambda$ 类问题 (7.1) 在这一系列离散节点 $x_1, x_2, \cdots, x_N$ 上的近似解 $y_1, y_2, \cdots, y_N$. 为此, 将 (7.1) 中的微分方程写成等价的积分方程形式:

$$y(x + h) = y(x) + \int_x^{x+h} f(\tau, y(\tau)) \mathrm{d}\tau. \tag{7.3}$$

在式 (7.3) 中令 $x = x_m$, 并且用左矩形公式计算右端积分, 得到

$$y(x_m + h) = y(x_m) + hf(x_m, y(x_m)) + R_m, \tag{7.4}$$

$$R_m = \int_{x_m}^{x_{m+1}} f(x, y(x))\mathrm{d}x - hf(x_m, y(x_m)). \tag{7.5}$$

这里 $R_m$ 称为余项. 在 (7.4) 中忽略余项 $R_m$, 便得近似计算公式

$$y(x_{m+1}) \approx y(x_m) + hf(x_m, y(x_m)). \tag{7.6}$$

由于除 $m = 0$ 外, $y(x_m)$ 是未知的, 设 $y_m$ 为 $y(x_m)$ 的近似值, 以 $y_m + hf(x_m, y_m)$ 作为 $y(x_{m+1})$ 的近似值, 记为 $y_{m+1}$, 则得出求各节点处解的近似值的递推公式.

$$y_{m+1} = y_m + hf(x_m, y_m), \quad m = 0, 1, \cdots, N-1. \tag{7.7}$$

这便是 Euler 方法. 该方法也称为显式 Euler 方法, 因为在该公式中求解未知函数 $y_{m+1}$ 时, 仅仅用到已知节点 $y_m$ 的信息.

$R_m$ 称为 Euler 方法的局部截断误差, 它表示当计算一步时, 起始值 $y_m = y(x_m)$ 为精确值时, 利用式 (7.6) 计算 $y(x_m + h)$ 时的误差.

同样, 在 (7.3) 中令 $x = x_m$, 并分别用右矩形公式和梯形公式计算右端积分, 且作同样的处理后, 得到递推公式:

$$y_{m+1} = y_m + hf(x_{m+1}, y_{m+1}), \tag{7.8}$$

$$R_m = \int_{x_m}^{x_{m+1}} f(x, y(x))\mathrm{d}x - hf(x_{m+1}, y(x_{m+1})), \tag{7.9}$$

以及

$$y_{m+1} = y_m + h\frac{f(x_m, y_m) + f(x_{m+1}, y_{m+1})}{2}, \tag{7.10}$$

$$R_m = \int_{x_m}^{x_{m+1}} f(x, y(x))\mathrm{d}x - \frac{h}{2}[f(x_m, y(x_m)) + f(x_{m+1}, y(x_{m+1}))]. \tag{7.11}$$

(7.8) 称为**隐式 Euler 方法**, 而 (7.10) 常称为**改进的 Euler 方法**或者**梯形方法**, (7.9) 和 (7.11) 也分别称为这两种方法的**局部截断误差**.

用数值方法求出 (7.1) 的数值解与其真解之间存在误差, 这种误差是两个方面的原因造成的. 首先是计算过程中由于计算机的有限精度带来的, 称为舍入误差; 其次是在构造近似计算公式时截去了余项 $R_m$ 带来的局部截断误差. 在考虑

截断误差时, 还研究在没有舍入误差的情况下, 由数值计算公式计算所得数值解 $y_m$ 与真解 $y(x_m)$ 间的误差. 记

$$\varepsilon_m = y(x_m) - y_m.$$

称 $\varepsilon_m$ 为**整体截断误差**.

为了验证一个数值方法是否可实际应用, 还必须考虑当步长 $h$ 取得充分小时, 所求得的数值解 $y_m$ 是否能足够精确地逼近微分方程真解, 即当 $h \to 0$ 时, 是否有 $\varepsilon_m = y(x_m) - y_m \to 0$, 这个问题称为**收敛性问题**. 另外, 在收敛的情况下, 还需了解其收敛的快慢, 即所谓的**收敛阶问题**.

### 7.2.2 Euler 方法的误差分析

下面来估计 Euler 方法的局部截断误差和整体截断误差.

进一步假设 $f(x,y)$ 关于 $x$ 满足 Lipschitz 条件, $K$ 为 Lipschitz 常数, 则由 (7.5) 得

$$\begin{aligned}
|R_m| =& \left|\int_{x_m}^{x_{m+1}} [f(x,y(x)) - f(x_m,y(x_m))]\mathrm{d}x\right| \\
\leqslant& \int_{x_m}^{x_{m+1}} |f(x,y(x)) - f(x_m,y(x))|\mathrm{d}x \\
&+ \int_{x_m}^{x_{m+1}} |f(x_m,y(x)) - f(x_m,y(x_m))|\mathrm{d}x \\
\leqslant& K\int_{x_m}^{x_{m+1}} |x - x_m|\mathrm{d}x + L\int_{x_m}^{x_{m+1}} |y(x) - y(x_m)|\mathrm{d}x \\
\leqslant& \frac{Kh^2}{2} + L\int_{x_m}^{x_{m+1}} |y'(x_m + \theta(x - x_m))|(x - x_m)\mathrm{d}x \\
\leqslant& \frac{(K + LM)h^2}{2},
\end{aligned}$$

其中 $0 < \theta < 1, M = \max\limits_{x\in[a,b]} |y'(x)| = \max\limits_{x\in[a,b]} |f(x,y(x))|$. 记 $R = (K + LM)h^2/2$, 则有

$$|R_m| \leqslant R. \tag{7.12}$$

由 (7.12) 可知, Euler 方法的局部截断误差是二阶的.

为了讨论 Euler 方法的整体截断误差, 从 (7.4) 减去 (7.7) 得

$$\varepsilon_{m+1} = \varepsilon_m + h[f(x_m,y(x_m)) - f(x_m,y_m)] + R_m.$$

从而有

$$|\varepsilon_{m+1}| \leqslant |\varepsilon_m| + hL|\varepsilon_m| + R.$$

对于 $m = 1, 2, \cdots, N-1$, 有

$$\begin{aligned}|\varepsilon_m| &\leqslant (1+hL)|\varepsilon_{m-1}| + R \\ &\leqslant (1+hL)^2|\varepsilon_{m-2}| + (1+hL)R + R \\ &\leqslant \cdots \\ &\leqslant (1+hL)^m|\varepsilon_0| + R\sum_{j=0}^{m-1}(1+hL)^j \\ &\leqslant (1+hL)^m|\varepsilon_0| + \frac{R}{hL}[(1+hL)^m - 1] \\ &\leqslant \mathrm{e}^{L(b-a)}|\varepsilon_0| + \frac{R}{hL}(\mathrm{e}^{L(b-a)} - 1).\end{aligned}$$

于是便得 Euler 方法的整体截断误差界

$$|\varepsilon_m| \leqslant \mathrm{e}^{L(b-a)}|\varepsilon_0| + \frac{h}{2}\left(M + \frac{K}{L}\right)[\mathrm{e}^{L(b-a)} - 1]. \tag{7.13}$$

归结为下面的定理.

**定理 7.6** 设 $f(x,y)$ 属于 $\varPhi$ 且关于 $x$ 满足 Lipschitz 条件, 其 Lipschitz 常数为 $K$, 且当 $h \to 0$ 时 $y_0 \to y(a)$, 则 Euler 方法 (7.7) 的解 $y_m$ 一致收敛于 (7.1) 的真解 $y(x_m)$, 并且有估计式 (7.13) 成立.

从定理 7.6 可以看出, 在不考虑初始误差的情况下, 整体截断误差的阶由局部截断误差的阶决定, 因而可以从提高局部截断误差的阶入手来构造精确度较高的计算方法, 这是构造微分方程数值方法的主要依据之一.

下面再来分析一下改进的 Euler 方法的局部截断误差. 利用数值积分中带余项的梯形公式

$$\int_{x_m}^{x_{m+1}} y'(x)\mathrm{d}x = \frac{h}{2}[y'(x_{m+1}) + y'(x_m)] - \frac{h^3}{12}y'''(x_m + \xi h), \quad 0 \leqslant \xi \leqslant 1.$$

将其代入 (7.11) 得到

$$R_m = -\frac{h^3 y'''(x_m + \xi h)}{12}.$$

若记 $M = \max\limits_{x\in[a,b]} |y'''(x)|$, 则有

$$|R_m| \leqslant \frac{h^3 M}{12}.$$

可见, 改进的 Euler 方法的局部截断误差较 Euler 方法高一阶.

在研究数值方法时, 还必须研究下面的问题, 即在应用数值方法 (如 (7.7) ) 进行计算时, 必须有一个起始值. 在实际问题中, 起始值往往是通过测量或计算得到的, 这就难免产生误差. 那么, 当起始值 $y_0$ 有一个微小的变化后, 由数值方法求得的数值解 $y_m$ 会不会只有微小的变化呢？这样的问题称为数值方法的稳定性问题. 下面研究 Euler 方法的稳定性.

**定义 7.2**　称 Euler 方法 (7.7) 是稳定的, 如果存在正常数 $c$ 及 $h_0$, 使对任意初始值 $y_0$ 及 $z_0$, (7.7) 的相应解 $y_m$ 和 $z_m$ 满足估计式

$$|y_m - z_m| \leqslant c|y_0 - z_0|, \quad 0 < h < h_0, \quad mh \leqslant b - a. \tag{7.14}$$

**定理 7.7**　在定理 7.6 的条件下, Euler 方法是稳定的.

**证明**　考虑

$$\begin{aligned} y_{m+1} &= y_m + hf(x_m, y_m), \\ z_{m+1} &= z_m + hf(x_m, z_m). \end{aligned}$$

令 $e_m = y_m - z_m$, 有

$$\begin{aligned} |e_{m+1}| &\leqslant |e_m| + h|f(x_m, y_m) - f(x_m, z_m)| \\ &\leqslant (1 + hL)|e_m| \leqslant (1 + hL)^2 |e_{m-1}| \\ &\leqslant \cdots \leqslant (1 + hL)^{m+1} |e_0|. \end{aligned}$$

从而, 当 $mh \leqslant b - a$ 时

$$|e_m| \leqslant \mathrm{e}^{L(b-a)} |e_0|,$$

令 $c = \mathrm{e}^{L(b-a)}$, 即得 (7.14).　□

可以证明, 在上述定理的条件下, 改进的 Euler 方法也是稳定的. 通过前面的讨论可以看到, 微分方程数值解法应当研究下列问题: 数值计算公式的构造方法; 方法的稳定性、收敛性; 计算方法的误差估计等.

**例 7.6**　用 Euler 方法求解初值问题

$$\begin{cases} y' = y - \dfrac{2x}{y}, \quad 0 \leqslant x \leqslant 1, \\ y(0) = 1. \end{cases} \tag{7.15}$$

**解** 对于问题 (7.15), Euler 方法的具体形式为

$$y_{m+1} = y_m + h\left(y_m - \frac{2x_m}{y_m}\right).$$

取步长 $h = 0.1$, 计算结果见表 7-1.

**表 7-1 Euler 方法计算结果**

| $x_m$ | $y_m$ | $y(x_m)$ | $x_m$ | $y_m$ | $y(x_m)$ |
|---|---|---|---|---|---|
| 0.1 | 1.1000 | 1.0954 | 0.6 | 1.5090 | 1.4832 |
| 0.2 | 1.1918 | 1.1832 | 0.7 | 1.5803 | 1.5492 |
| 0.3 | 1.2774 | 1.2649 | 0.8 | 1.6498 | 1.6125 |
| 0.4 | 1.3582 | 1.3416 | 0.9 | 1.7178 | 1.6733 |
| 0.5 | 1.4351 | 1.4142 | 1.0 | 1.7848 | 1.7321 |

初值问题 (7.15) 有解 $y = \sqrt{1+2x}$, 按这个解析式算出的精确值 $y(x_m)$ 同近似值 $y_m$ 一起列在表 7-1 中, 因为 Euler 方法只有一阶收敛率, 所以可以看出计算结果逼近精度不高.

## 7.3 线性多步法

### 7.3.1 常系数线性差分方程

用数值方法求解标量线性模型微分方程 (见下面的线性多步法) 时, 通常导出形如

$$\sum_{j=0}^{k} a_j y_{m+j} = b_m, \quad m = 0, 1, 2, \cdots \tag{7.16}$$

的线性方程组, 其中诸 $a_j, b_m$ 为复常数, 且 $a_k \neq 0$, 称 (7.16) 为 ***k* 阶常系数线性差分方程**. 满足 (7.16) 的复数列 $\{y_m\}, m = 0, 1, \cdots$, 称为差分方程 (7.16) 的解. 若至少有一个 $b_m \neq 0$, 则方程称为非齐次的, 若所有 $b_m = 0$, 此时方程 (7.16) 退化为

$$\sum_{j=0}^{k} a_j y_{m+j} = 0, \quad m = 0, 1, 2, \cdots. \tag{7.17}$$

称 (7.17) 为 $k$ 阶齐次常系数线性差分方程. 代数方程

$$\sum_{j=0}^{k} a_j \xi^j = 0 \tag{7.18}$$

称为差分方程 (7.16) (或 (7.17)) 的特征方程, 该方程的根称为差分方程 (7.16) (或 (7.17)) 的特征根.

关于 (7.16), (7.17) 的解与其特征根之间的关系, 有如下命题, 这里略去其证明.

**命题 7.1** 设特征方程 (7.18) 有 $k_0(k_0 \leqslant k)$ 个互异的根 $\xi_1, \xi_2, \cdots, \xi_{k_0}$, 其中 $\xi_j$ 的重数为 $r_j$. 那么当 $a_0 \neq 0$ 时, 非齐次线性差分方程 (7.16) 的通解为

$$y_m = \sum_{j=1}^{k_0} \sum_{q=0}^{r_j-1} c_{jq} m^q \xi_j^m + \sum_{s=0}^{m-k} b_s y_{m-s-1}^*, \tag{7.19}$$

而当 $a_0 = 0$, 则 (7.18) 有零根, 不妨设 $\xi_1 = 0$ 是 $r_1$ 重根, 此时 (7.16) 的通解可表为

$$y_m = \sum_{j=2}^{k_0} \sum_{q=0}^{r_j-1} c_{jq} m^q \xi_j^m + \sum_{q=0}^{r_1-1} c_{1q} \delta_{mq} + \sum_{s=0}^{m-k} b_s y_{m-s-1}^*, \tag{7.20}$$

其中 $y_m^*$ 是差分方程初值问题

$$\begin{cases} \displaystyle\sum_{j=0}^{k} a_j y_{m+j} = 0, & m = 0, 1, 2, \cdots, \\ y_0 = y_1 = \cdots = y_{k-2} = 0, & y_{k-1} = 1/a_k \end{cases}$$

的解, $\delta_{ij} = 0(i \neq j$ 时) 或 $1(i = j$ 时), $c_{jq}$ 为任意常数.

**注 7.1** (7.19) 的右端第一项, (7.20) 的右端第一、二项为相应条件下齐次方程 (7.17) 的通解.

**注 7.2** 对于实系数齐次线性差分方程, 若有 $r$ 重复特征根 $\xi = \rho \mathrm{e}^{\mathrm{i}\theta}$ 及 $\bar{\xi} = \rho \mathrm{e}^{-\mathrm{i}\theta}$, 这里 $\mathrm{i} = \sqrt{-1}$, 则 (7.17) 将出现形如

$$m^s \rho^m (\cos m\theta \pm \mathrm{i} \sin m\theta), \quad s = 0, 1, \cdots, r-1$$

的复数解. 由于其实部和虚部

$$m^s \rho^m \cos m\theta, \quad m^s \rho^m \sin m\theta, \quad s = 0, 1, \cdots, r-1$$

仍为 $2r$ 个线性无关的解, 为了避免复值解, 此情形下 (7.17) 的相应的解可表示为

$$\rho^m \sum_{s=0}^{r-1} (c_{s0} m^s \cos(m\theta) + c_{s1} m^s \sin(m\theta)).$$

**例 7.7** 求解下列差分方程:

(1) $y_{m+2} - 5y_{m+1} + 6y_m = 0$; (2) $y_{m+1} - 2y_m + 2y_{m-1} = 0$.

**解** (1) 差分方程的特征方程为

$$\xi^2 - 5\xi + 6 = 0,$$

其解为 $\xi_1 = 2$, $\xi_2 = 3$, 故差分方程的通解为

$$y_m = c_1 2^m + c_2 3^m.$$

(2) 差分方程的特征根为 $\xi_{1,2} = 1 \pm \mathrm{i}$, 所以差分方程的通解为

$$y_m = (\sqrt{2})^m \left(c_1 \cos\frac{m\pi}{4} + c_2 \sin\frac{m\pi}{4}\right).$$

### 7.3.2 线性多步法的构造

前面所讨论的 Euler 方法或改进的 Euler 方法中, 为了求得 $y_{m+1}$, 只用到了前一步已经计算得到的值 $y_m$, 这样的方法称为单步方法. 然而, 在求 $y_{m+k}$ 时, 前面 $k$ 个值 $y_{m+k-1}, y_{m+k-2}, \cdots, y_m (k > 1)$ 已经计算出来, 那么可构造这样的方法, 它能利用前面 $k$ 个点 $x_{m+k-1}, x_{m+k-2}, \cdots, x_m$ 的信息, 即它们的函数值 $y_{m+k-1}, y_{m+k-2}, \cdots, y_m$ 及导数 $f(x_{m+k-1}, y_{m+k-1}), \cdots, f(x_m, y_m)$. 这样的方法称为多步方法, 确切地称为 $k$ 步方法. 为了计算公式简单高效, 只考虑 $y_{m+k}$ 线性依赖于 $y_{m+k-1}, y_{m+k-2}, \cdots, y_m$ 及 $f(x_{m+k}, y_{m+k}), f(x_{m+k-1}, y_{m+k-1}), \cdots, f(x_m, y_m)$ 的情形, 这样的方法称为线性多步方法, 简称线性 $k$ 步法.

为了说明线性多步法的构造, 先看一个例子.

**例 7.8** 试构造如下形式的线性两步三阶格式:

$$y_{m+1} = \alpha_0 y_m + \alpha_1 y_{m-1} + h(\beta_0 f(x_m, y_m) + \beta_1 f(x_{m-1}, y_{m-1})).$$

**分析** 确定参数以使所讨论的格式具有一定的阶数, 通常是通过 Taylor 公式展开有关函数, 经整理后比较同类项系数以列出求参数的等式.

**解** 由 Taylor 公式展开有

$$\begin{aligned}
y(x_{m+1}) =& y(x_m) + y'(x_m)h + \frac{y''(x_m)}{2!}h^2 + \frac{y'''(x_m)}{3!}h^3 + \frac{y^{(4)}(\xi_m)}{4!}h^4, \\
y(x_{m-1}) =& y(x_m) - y'(x_m)h + \frac{y''(x_m)}{2!}h^2 - \frac{y'''(x_m)}{3!}h^3 + \frac{y^{(4)}(\eta_m)}{4!}h^4, \\
y'(x_{m-1}) =& y'(x_m) - y''(x_m)h + \frac{y'''(x_m)}{2!}h^2 - \frac{y^{(4)}(\zeta_m)}{3!}h^3.
\end{aligned}$$

代入线性组合表达式

$$R_m = y(x_{m+1}) - \alpha_0 y(x_m) - \alpha_1 y(x_{m-1}) - h(\beta_0 y'(x_m) + \beta_1 y'(x_{m-1}))$$

并整理得

$$
\begin{aligned}
R_m =&(1-\alpha_0-\alpha_1)y(x_m)+(1+\alpha_1-\beta_0-\beta_1)hy'(x_m)\\
&+\left(\frac{1}{2!}-\frac{1}{2!}\alpha_1+\beta_1\right)y''(x_m)h^2+\left(\frac{1}{3!}+\frac{1}{3!}\alpha_1-\frac{1}{2!}\beta_1\right)y'''(x_m)h^3\\
&+\left(\frac{y^{(4)}(\xi_m)}{4!}-\frac{y^{(4)}(\eta_m)}{4!}\alpha_1+\frac{y^{(4)}(\zeta_m)}{3!}\beta_1\right)h^4.
\end{aligned}
$$

令

$$
\begin{cases}
1-\alpha_0-\alpha_1=0,\\
1+\alpha_1-\beta_0-\beta_1=0,\\
\dfrac{1}{2!}-\dfrac{1}{2!}\alpha_1+\beta_1=0,\\
\dfrac{1}{3!}+\dfrac{1}{3!}\alpha_1-\dfrac{1}{2!}\beta_1=0.
\end{cases}
$$

解方程组得

$$
\alpha_0=-4,\quad \alpha_1=5,\quad \beta_0=4,\quad \beta_1=2.
$$

这时局部截断误差

$$
R_m=\left(\frac{y^{(4)}(\xi_m)}{4!}-\frac{y^{(4)}(\eta_m)}{4!}\alpha_1+\frac{y^{(4)}(\zeta_m)}{3!}\beta_1\right)h^4=O(h^4),
$$

即所得格式一定是三阶格式, 具体为

$$
y_{m+1}=-4y_m+5y_{m-1}+h(4f(x_m,y_m)+2f(x_{m-1},y_{m-1})).
$$

为了构造线性 $k$ 步法的计算公式, 作关于

$$
y(x_m),\quad y(x_m+h),\quad \cdots,\quad y(x_m+kh)
$$

及

$$
hy'(x_m),\quad hy'(x_m+h),\quad \cdots,\quad hy'(x_m+kh)
$$

的线性组合, 记为 $\Lambda[y(x_m);h]$, 即

$$
\Lambda[y(x_m);h]=\sum_{j=0}^{k}[\alpha_j y(x_m+jh)-\beta_j hy'(x_m+jh)].
$$

将上式右端的 $y(x_m+jh)$ 及 $y'(x_m+jh)$ 在 $x_m$ 点展开成 Taylor 级数, 得到

$$\Lambda[y(x_m);h]=c_0y(x_m)+c_1hy'(x_m)+\cdots+c_qh^qy^{(q)}(x_m)+\cdots.$$

通过简单的计算可知常数 $c_0,c_1,\cdots,c_q,\cdots$ 与 $\alpha_j,\beta_j$ 之间的关系为

$$\begin{cases} c_0=\sum\limits_{j=0}^{k}\alpha_j, \\ c_1=\sum\limits_{j=1}^{k}j\alpha_j-\sum\limits_{j=0}^{k}\beta_j, \\ c_q=\dfrac{1}{q!}\sum\limits_{j=1}^{k}j^q\alpha_j-\dfrac{1}{(q-1)!}\sum\limits_{j=1}^{k}j^{q-1}\beta_j, \quad q=2,3,\cdots. \end{cases} \tag{7.21}$$

由此看出, 如果 $y(x)$ 有 $q+1$ 次连续导数, 则只要 $k$ 充分大, 就可选出 $\alpha_j,\beta_j$, 使得

$$c_0=c_1=\cdots=c_q=0, \quad c_{q+1}\neq 0. \tag{7.22}$$

这时便有

$$\Lambda[y(x_m);h]=c_{q+1}h^{q+1}y^{(q+1)}(x_m)+O(h^{q+2}).$$

从而当 $y'(x)=f(x,y(x))$ 时, 得到

$$\sum_{j=0}^{k}[\alpha_jy(x_m+jh)-h\beta_jf(x_m+jh,y(x_m+jh))]$$
$$=c_{q+1}h^{q+1}y^{(q+1)}(x_m)+O(h^{q+2}).$$

上式截去右端项, 并以 $y_j$ 表示 $y(x_j)$ 的近似值, $f_j=f(x_j,y_j)$, 便得如下公式:

$$\sum_{j=0}^{k}\alpha_jy_{m+j}=h\sum_{j=0}^{k}\beta_jf_{m+j}. \tag{7.23}$$

式 (7.23) 便是线性 $k$ 步法的计算公式, 而 $\Lambda[y(x_m);h]$ 为方法 (7.23) 的局部截断误差, 其阶为 $O(h^{q+1})$. 这时称 (7.23) 为线性 $q$ 阶 $k$ 步法. 条件 (7.22) 称为线性 $k$ 步法的阶条件.

利用 (7.21) 和 (7.22), 可以构造出具有指定结构的最大阶数的线性多步法.

例如, 满足条件 $\beta_j=0,j=0,1,\cdots,k-1$ 的 $k$ 步 $k$ 阶方法称为 Gear (吉尔) 方法, 它是求解常微分方程最基本的数值方法, 几乎每个常微分方程数值解的软件包中都包含了此类方法.

Gear 方法的一般形式为

$$\sum_{j=0}^{k} \alpha_j y_{m+j} = h\beta_k f_{m+k}, \tag{7.24}$$

其中 $\alpha_k = 1$. 当 $k = 1$ 时, (7.24) 成为

$$\alpha_0 y_m + \alpha_1 y_{m+1} = h\beta_1 f_{m+1},$$

由阶条件, 有

$$\begin{cases} c_0 = \alpha_0 + 1 = 0, \\ c_1 = 1 - \beta_1 = 0. \end{cases}$$

解得 $\alpha_0 = -1$, $\beta_1 = 1$, 这时 $c_2 = -1/2 \neq 0$, 于是得 1 步 1 阶 Gear 方法:

$$y_{m+1} = y_m + hf_{m+1},$$

此方法即前面提到的隐式 Euler 方法 (7.8).

对于 $k = 1, 2, \cdots, 6$, 式 (7.24) 的系数 $\alpha_j, \beta_k$ 由表 7-2 给出. 如果式 (7.23) 中 $\beta_k = 0$, 则 $y_{m+k}$ 可以用 $y_{m+k-1}, \cdots, y_m$ 直接表示出来, 此时称为显式方法. 如果 $\beta_k \neq 0$, (7.23) 只给出了关于 $y_{m+k}$ 的一个隐式方程, 此时称为隐式方法. 前面讨论的 Gear 方法及改进的 Euler 方法都是隐式方法.

**表 7-2 Gear 方法的系数**

| $k$ | 1 | 2 | 3 | 4 | 5 | 6 |
|---|---|---|---|---|---|---|
| $\beta_k$ | 1 | 2/3 | 6/11 | 12/25 | 60/137 | 60/147 |
| $\alpha_0$ | –1 | 1/3 | –2/11 | 3/25 | –12/137 | 10/147 |
| $\alpha_1$ | | –4/3 | 9/11 | –16/25 | 75/137 | –72/147 |
| $\alpha_2$ | | | –18/11 | 36/25 | –200/137 | 225/147 |
| $\alpha_3$ | | | | –48/25 | 300/137 | –400/147 |
| $\alpha_4$ | | | | | –300/137 | 450/147 |
| $\alpha_5$ | | | | | | –360/147 |

### 7.3.3 线性多步法的误差分析

应用线性多步法 (7.23) 求解 $\Lambda$ 类问题 (7.1) 时, 由于差分方程 (7.23) 是 (7.1) 中微分方程的近似表达式, 这个近似过程会产生误差, 只有当这种误差在步长 $h \to 0$ 时趋于零, 才能期望差分方程 (7.23) 的解逼近微分方程 (7.1) 的解, 即要求

$$\frac{1}{h}\left[\sum_{j=0}^{k} \alpha_j y(x_{m+j}) - h\sum_{j=0}^{k} \beta_j f(x_{m+j}, y(x_{m+j}))\right]$$

逼近于

$$\frac{\mathrm{d}y}{\mathrm{d}x} - f(x,y)|_{x=x_m}.$$

这个条件等价于

$$\varLambda[y(x_m);h] = o(h),$$

而且只要 $f(x,y(x))$ 连续可微, 就应当有

$$\varLambda[y(x_m);h] = O(h^2),$$

于是引入如下定义.

**定义 7.3** 方法 (7.23) 称为是相容的, 如果对于任何 $\varLambda$ 类问题 (7.1), 有

$$\frac{1}{h}\max_{0\leqslant m\leqslant N-k}|\varLambda[y(x_m);h]| \to 0, \quad h\to 0,$$

其中 $N=(b-a)/h$.

**定义 7.4** 方法 (7.23) 称为是 $p$ 阶相容的, 如果 $p$ 是满足下面条件的最大正数：对于任何 $\varLambda$ 类初值问题 (7.1), 当映射 $f$ 充分光滑时有

$$\max_{0\leqslant m\leqslant N-k}|\varLambda[y(x_m);h]| = O(h^{p+1}), \quad h\to 0.$$

由定义 7.3 容易推得以下定理.

**定理 7.8** 线性多步法 (7.23) 是相容的充分必要条件是

$$\sum_{j=0}^{k}\alpha_j = 0, \quad \sum_{j=1}^{k} j\alpha_j = \sum_{j=0}^{k}\beta_j,$$

即它至少是 1 阶的.

由定义 7.4 可知, 前面给出的线性多步法的阶的概念实质上就是方法的相容阶, 即线性多步法是 $q$ 阶相容的充要条件是条件 (7.22) 成立.

**定义 7.5** 线性多步法 (7.23) 称为是零稳定的, 如果对任何 $\varLambda$ 类问题 (7.1), 存在常数 $c$ 及 $h_0>0$, 使当 $0<h\leqslant h_0$ 时, 差分方程 (7.23) 的任何解序列 $\{y_m\}$ 与相应扰动问题

$$\begin{cases} \displaystyle\sum_{j=0}^{k}\alpha_j z_{m+j} = h\sum_{j=0}^{k}\beta_j f(x_{m+j}, z_{m+j}), \\ z_j \text{ 给定}, \quad j=0,1,\cdots,k-1 \end{cases} \tag{7.25}$$

的解序列 $\{z_m\}$ 之差满足

$$\max_{mh\leqslant b-a}|z_m-y_m|\leqslant c\max_{0\leqslant j\leqslant k-1}|z_j-y_j|. \tag{7.26}$$

上述稳定性的意义十分清楚，它确切地刻画了当 $h$ 充分小时，多步法的解将连续地依赖于初始值，即当用多步法进行计算时，初始值的微小变化不会引起解的大的变化.

由 (7.23) 的系数构成的多项式

$$\rho(\xi)=\sum_{j=0}^{k}\alpha_j\xi^j \quad 及 \quad \sigma(\xi)=\sum_{j=0}^{k}\beta_j\xi^j$$

分别称为 (7.23) 的第一和第二生成多项式. 如果第一生成多项式 $\rho(\xi)$ 的每个根的模不超过 1，且模等于 1 的根是单根，则称多项式 $\rho(\xi)$ 满足根条件，这时也称 (7.23) 满足根条件.

**定理 7.9** 方法 (7.23) 零稳定的充要条件是该方法满足根条件.

**证明** 必要性. 设方法 (7.23) 零稳定，则式 (7.26) 对于任何 $\Lambda$ 类初值问题成立. 特别地，对于初值问题

$$\begin{cases} y'(x)=0, \quad 0\leqslant x\leqslant 1, \\ y(0)=0, \end{cases}$$

因 $f\equiv 0$, (7.23) 成为齐次线性差分方程

$$\sum_{j=0}^{k}\alpha_j y_{m+j}=0, \tag{7.27}$$

它有零解 $y_m=0, m=0,1,2,\cdots$. 若其特征多项式 $\rho(\xi)$ 有一模大于 1 的根，设为 $\xi$，则 $z_m=\xi^m$ 也是 (7.27) 的解. 于是，对两差分方程初值问题

$$\sum_{j=0}^{k}\alpha_j y_{m+j}=0, \quad y_0=y_1=\cdots=y_{k-1}=0 \tag{7.28}$$

及

$$\sum_{j=0}^{k}\alpha_j z_{m+j}=0, \quad z_j=\xi^j, \quad j=0,1,\cdots,k-1.$$

由 (7.26) 得到

$$|\xi|^{\left[\frac{b-a}{h}\right]} \leqslant c|\xi|^{k-1}, \quad 0 < h \leqslant h_0.$$

在上式中令 $h \to 0$, 可得 $+\infty \leqslant c|\xi|^{k-1}$, 这一矛盾表明 $\rho(\xi)$ 的根的模不可能大于 1. 其次设 $\rho(\xi)$ 存在一模等于 1 的重根 $\xi$, 则 $z_m = m\xi^m$ 是 (7.27) 的解, 于是, 对两差分方程初值问题 (7.28) 及

$$\sum_{j=0}^{k} \alpha_j z_{m+j} = 0, \quad z_j = j\xi^j, \quad j = 0, 1, \cdots, k-1.$$

由 (7.26) 得到

$$\left[\frac{b-a}{h}\right] \leqslant c(k-1), \quad 0 < h \leqslant h_0.$$

在上式中令 $h \to 0$, 可得 $+\infty \leqslant c(k-1)$, 这一矛盾表明 $\rho(\xi)$ 的模为 1 的根只能是单根.

充分性. 设方法 (7.23) 满足根条件, 设 $\{y_m\}$, $\{z_m\}$ 分别为差分方程 (7.23) 及扰动问题 (7.25) 的任意解. 记 $\varepsilon_m = z_m - y_m$, 则有

$$\begin{cases} \displaystyle\sum_{j=0}^{k} \alpha_j \varepsilon_{m+j} = b_m, \quad m = 0, 1, \cdots, \\ \varepsilon_j = z_j - y_j, \quad j = 0, 1, \cdots, k-1, \end{cases}$$

其中,

$$b_m = h \sum_{j=0}^{k} \beta_j [f(x_{m+j}, z_{m+j}) - f(x_{m+j}, y_{m+j})].$$

由关于差分方程的命题 7.1 知, $\varepsilon_m$ 可表示为

$$\varepsilon_m = \sum_{j=1}^{k} c_j w_m^{(j)} + \sum_{s=0}^{m-k} b_s y_{m-s-1}^*, \tag{7.29}$$

这里诸 $c_j$ 为实常数, $w_m^{(j)}, j = 1, 2, \cdots, k$ 是齐次方程 (7.27) 的线性无关的解. $y_m^*(m = 0, 1, 2, \cdots)$ 是齐次方程 (7.27) 的以 $y_0 = y_1 = \cdots = y_{k-2} = 0, y_{k-1} = 1/\alpha_k$ 为初值的解. 因此, $w_m^{(j)}$ 及 $y_m^*$ 均可通过 $\rho(\xi)$ 的根 $\xi_j$ 的形如 $m^l \xi_j^m$ 的线性组合表示. 从而, 当 $\rho(\xi)$ 满足根条件时, $w_m^{(j)}$, $y_m^*$ 有界, 设其上界为 $M$, 由 (7.29) 得到

$$|\varepsilon_m| \leqslant M \left( \sum_{j=1}^{k} |c_j| + \sum_{s=0}^{m-k} |b_s| \right). \tag{7.30}$$

又由差分方程理论可知, $c_j$ 可表示为 $\varepsilon_0, \varepsilon_1, \cdots, \varepsilon_{k-1}$ 的线性组合, 这样, 若令 $M_0 = \max\limits_{0 \leqslant j \leqslant k-1} |\varepsilon_j|$, 则由 (7.30) 导出

$$|\varepsilon_m| \leqslant DM_0 + M \sum_{s=0}^{m-k} |b_s|, \tag{7.31}$$

其中 $D$ 为常数. 由于 $f(x,y)$ 满足 Lipschitz 条件, 从而

$$\begin{aligned}|\varepsilon_m| &\leqslant DM_0 + hMLB \sum_{s=0}^{m-k} \sum_{j=0}^{k} |\varepsilon_{s+j}| = DM_0 + hMLB \sum_{j=0}^{k} \sum_{s=j}^{m-k+j} |\varepsilon_s| \\ &\leqslant DM_0 + hMLB(k+1) \sum_{s=0}^{m} |\varepsilon_s|, \quad m \geqslant k,\end{aligned}$$

其中 $L$ 为 Lipschitz 常数, $B = \max\limits_{0 \leqslant j \leqslant k} |\beta_j|$. 上式可改写成

$$|\varepsilon_m| \leqslant D_1 M_0 + hM_1 \sum_{s=0}^{m-1} |\varepsilon_s|, \quad m \geqslant k,$$

其中

$$D_1 = \frac{D}{1 - hMLB(k+1)}, \quad M_1 = \frac{MLB(k+1)}{1 - hMLB(k+1)},$$

这里假定 $h < 1/(LMB(k+1))$, 从而 $D_1 > 0, M_1 > 0$.

利用离散型的 Bellman 不等式可得

$$|\varepsilon_m| \leqslant \mathrm{e}^{M_1(b-a)} D_1 M_0,$$

即 (7.23) 稳定. □

以多步法 (7.23) 求解任给 $\varLambda$ 类初值问题 (7.1), 当步长 $h > 0$ 足够小时, 从任给初始值 $y_j (j = 0, 1, \cdots, k-1)$ 出发, 可得到唯一的逼近序列 $\{y_m\}$, 差值

$$e_m = y(x_m) - y_m, \quad m = 0, 1, \cdots$$

称为方法 (7.23) 的整体截断误差.

**定义 7.6** 方法 (7.23) 称为是收敛的, 如果以它求解任给 $\varLambda$ 类初值问题 (7.1) 时, 整体截断误差满足: 当 $h \to 0, y_0, y_1, \cdots, y_{k-1} \to y(a)$ 时,

$$\max_{mh \leqslant b-a} |y(x_m) - y_m| \to 0.$$

容易证明, 定义 7.6 可用下面等价定义来描述.

**定义 7.6′** 方法 (7.23) 称为是收敛的, 如果以它求解任给 $\Lambda$ 类初值问题时, 对于任意给定的 $x \in [a,b]$, 有当 $h \to 0, a+mh \to x, y_0, y_1, \cdots, y_{k-1} \to y(a)$ 时,

$$y_m \to y(x). \tag{7.32}$$

进一步, 可以定义 $p$ 阶收敛的.

**定义 7.7** 方法 (7.23) 称为是 $p$ 阶收敛的 $(p>0)$, 如果以它求解任给 $\Lambda$ 类初值问题 (7.1) 时, 只要 $f$ 充分光滑, 且

$$\max_{0\leqslant j\leqslant k-1} |y(x_j)-y_j| = O(h^p), \quad h \to 0,$$

则有

$$\max_{mh\leqslant b-a} |y(x_m)-y_m| = O(h^p), \quad h \to 0.$$

关于收敛性、相容性和零稳定性之间有如下关系.

**定理 7.10** 若方法 (7.23) 是相容的且零稳定, 则该方法是收敛的; 若方法 (7.23) 是 $p$ 阶相容且零稳定, 则该方法是 $p$ 阶收敛的.

**证明** 设 $y(x)$ 为 (7.1) 的精确解, $y_m$ 为相应多步方法 (7.23) 的精确解, 记 $e_m = y(x_m)-y_m$, 由

$$\sum_{j=0}^{k} \alpha_j y(x_{m+j}) = h\sum_{j=0}^{k} \beta_j f(x_{m+j}, y(x_{m+j})) + \Lambda[y(x_m);h]$$

减去 (7.23) 得

$$\sum_{j=0}^{k} \alpha_j e_{m+j} = b_m^* + \Lambda[y(x_m);h],$$

其中

$$b_m^* = h\sum_{j=0}^{k} \beta_j [f(x_{m+j}, y(x_{m+j})) - f(x_{m+j}, y_{m+j})].$$

设 $\rho(\xi)$ 满足根条件, 重复 (7.31) 的推导得到

$$|e_m| \leqslant DM_0^* + M\sum_{s=0}^{m-k} |b_s^*| + \frac{b-a}{h} M \max_m |\Lambda[y(x_m);h]|,$$

其中

$$M_0^* = \max_{0\leqslant j\leqslant k-1} |y(x_j)-y_j|.$$

从而当 $h_0 < 1/(LMB(k+1))$ 时有

$$|e_m| \leqslant \mathrm{e}^{M_1(b-a)} \left[ D_1 M_0^* + \frac{M_2}{h} \max_m |\Lambda[y(x_m);h]| \right],$$

其中 $M, M_1, D_1, L, B$ 的定义均与定理 7.10 中相同, 又

$$M_2 = \frac{(b-a)M}{1-(k+1)hLMB}.$$

由此, 当 $\lim\limits_{h\to 0} \max\limits_{0\leqslant j\leqslant k-1} |e_j| = 0$ 而且方法是相容的, 即

$$\max_{mh\leqslant b-a} |\Lambda[y(x_m);h]| = o(h)$$

时 $e_m \to 0(h\to 0)$, 即方法是收敛的. 特别地, 如果方法是 $p$ 阶相容的, 即

$$\max_{mh\leqslant b-a} |\Lambda[y(x_m);h]| = O(h^{p+1}),$$

而且

$$\max_{0\leqslant j\leqslant k-1} |e_j| = O(h^p),$$

则由 (7.32) 导出

$$|e_m| = O(h^p),$$

即方法是 $p$ 阶收敛的. □

### 7.3.4 线性多步法的数值稳定性

前面讨论的线性多步法的收敛性仅描述当步长 $h\to 0$ 时数值解的极限状态, 而用以刻画误差传播状况的零稳定性概念, 也只确切地描述当步长 $h\to 0$ 时初始误差对以后计算的影响. 然而, 在实际计算中步长 $h$ 总是固定的. 所以这里引进线性多步法的另一种稳定性概念——绝对稳定性, 它是研究当步长 $h$ 取固定值时, 步数 $m\to\infty$ 时数值误差传播的极限性态的一种理论. 这种理论对实际计算更具有指导意义.

在分析数值方法的绝对稳定性时, 通常以线性模型为基础, 即把数值方法按步长 $h>0$ 应用于标量线性模型方程

$$y' = \lambda y, \quad \lambda \in \mathbb{C}. \tag{7.33}$$

考虑选取方程 (7.33) 的动机是: 它非常简单, 而且是线性的. 基于这些将可以导出相当有意义的稳定性准则, 即使是对于形如 (7.1) 的非线性方程也具有指导意义.

这是因为：如果 $f(x,y)$ 关于 $y$ 可微, 则问题 (7.1) 的局部特性就可由其线性化方程

$$y' = Ay$$

的解来确定, 其中 $A = \dfrac{\partial f}{\partial y}$ 是 Jacobi 矩阵. 如果假设 $A$ 是一个 $m \times m$ 阶常数矩阵, 并有 $m$ 个互不相同的实 (或复) 特征值 $\lambda_i (i = 1, 2, \cdots, m)$, 则存在非奇异矩阵 $Q$, 使得

$$Q^{-1}AQ = \varLambda \equiv \mathrm{diag}(\lambda_1, \lambda_2, \cdots, \lambda_m).$$

作变换 $z = Q^{-1}y$, 则上述线性方程组就可化为

$$z' = \varLambda z,$$

即得到一组非耦合的线性系统 $z' = \lambda_i z \ (i = 1, 2, \cdots, m)$. 这也说明选取 (7.33) 作为试验方程是可接受的. 反之, 如果某种数值方法用于试验方程 (7.33) 的计算时仍无法给出合理解, 则我们可以断定这种数值方法是没有任何实用价值的.

以方法 (7.23) 按步长 $h > 0$ 求解 (7.33) 时, 导出常系数线性差分方程

$$\sum_{j=0}^{k} \alpha_j y_{m+j} = \bar{h} \sum_{j=0}^{k} \beta_j y_{m+j}, \tag{7.34}$$

其中 $\bar{h} = \lambda h$. 差分方程 (7.34) 的特征多项式记为

$$\varPi(\xi, \bar{h}) = \sum_{j=0}^{k} \alpha_j \xi^j - \bar{h} \sum_{j=0}^{k} \beta_j \xi^j = \rho(\xi) - \bar{h}\sigma(\xi). \tag{7.35}$$

由差分方程理论可知, 当且仅当多项式 $\varPi(\xi, \bar{h})$ 满足根条件 (即 $\varPi(\xi, \bar{h})$ 的根模都小于等于 1, 而模等于 1 的根为单根) 时, 差分方程 (7.34) 的任一解序列 $\{y_m\}$ 保持有界; 当且仅当 $\varPi(\xi, \bar{h})$ 的每个根的模严格地小于 1 时有 $y_m \to 0 (m \to \infty)$.

下面分析当用固定步长 $h$ 进行计算时的误差传播情况. 设 $y(x)$ 为微分方程 (7.33) 的解, 则有

$$\sum_{j=0}^{k} \alpha_j y(x_m + jh) = \bar{h} \sum_{j=0}^{k} \beta_j y(x_m + jh) + \varLambda[y(x_m); h].$$

记 $\varepsilon_m = y(x_m) - y_m$, 由上式减去 (7.34) 得到

$$\sum_{j=0}^{k} \alpha_j \varepsilon_{m+j} = \bar{h} \sum_{j=0}^{k} \beta_j \varepsilon_{m+j} + \varLambda[y(x_m); h], \tag{7.36}$$

即截断误差 $\varepsilon_m$ 满足对应于 (7.34) 的非齐次线性差分方程, 而右端的 $\Lambda[y(x_m);h]$ 为局部截断误差.

由于计算过程中舍入误差的存在, 实际计算只能得到 (7.34) 的近似解 $\tilde{y}_m$, 它满足

$$\sum_{j=0}^{k}\alpha_j\tilde{y}_{m+j}=\bar{h}\sum_{j=0}^{k}\beta_j\tilde{y}_{m+j}+\eta_m,$$

其中 $\eta_m$ 是舍入误差. 若令 $\tilde{\varepsilon}_m=\tilde{y}_m-y_m$, 同样可以得到

$$\sum_{j=0}^{k}\alpha_j\tilde{\varepsilon}_{m+j}=\bar{h}\sum_{j=0}^{k}\beta_j\tilde{\varepsilon}_{m+j}+\eta_m, \tag{7.37}$$

它与 (7.36) 形式相同, 只是 $\Lambda[y(x_m);h]$ 换成为 $\eta_m$. 由相容性条件有 $\Lambda[y(x_m);h]=o(h)$, 而 $\eta_m$ 则无此性质, 它由计算本身 (机器字长) 决定.

注意到总误差

$$y(x_m)-\tilde{y}_m=y(x_m)-y_m+y_m-\tilde{y}_m=\varepsilon_m-\tilde{\varepsilon}_m,$$

因而, 估计误差的问题化成了估计形如 (7.36), (7.37) 的解. 由差分方程理论可知, 它们的解都可由特征多项式 (7.35) 的根的代数式表示, 且当各根的模严格小于 1 时, (7.36), (7.37) 的解随 $m\to\infty$ 而趋于零, 即某一时刻的误差对以后计算的影响将逐渐减少.

**定义 7.8**　若对某点 $\bar{h}\in\bar{\mathbb{C}}$(这里及本章各处, 符号 $\bar{\mathbb{C}}$ 表示扩张的复平面). $\Pi(\xi,\bar{h})$ 的每个根的模都严格地小于 1, 则称方法 (7.23) 关于点 $\bar{h}$ 是绝对稳定的. 在 $\bar{\mathbb{C}}$ 上, 使方法 (7.23) 绝对稳定的一切点 $\bar{h}$ 的集合, 称为该方法的绝对稳定区域, 或简称稳定域.

以 $\xi_1(\bar{h})$, $\xi_2(\bar{h})$, $\cdots$, $\xi_k(\bar{h})$ 表示多项式 $\Pi(\xi,\bar{h})$ 的 $k$ 个根, 则方法的绝对稳定区域可表示为

$$S=\{\bar{h}\in\bar{\mathbb{C}}:|\xi_j(\bar{h})|<1,j=1,2,\cdots,k\}.$$

显然, 从误差的观点来看, 绝对稳定的方法是理想的. 另外, 绝对稳定区域越大, 方法的适用范围就越广, 因而此方法也就越优越.

绝对稳定性虽然是针对模型问题 (7.33) 来讨论的, 对于非线性方程应视 $\lambda=\dfrac{\partial f}{\partial y}$, 此时 $\lambda$ 将是变化的. 如果步长 $h$ 固定, $\lambda=\dfrac{\partial f}{\partial y}$ 的变化将引起 $\bar{h}$ 的变化, 此时若 $\bar{h}=\lambda h=h\dfrac{\partial f}{\partial y}$ 属于绝对稳定区域, 则认为此方法对此方程而言是绝对稳定的.

这样, 绝对稳定概念就可以应用于一般的非线性方程了.

**例 7.9** 试确定 Euler 方法的稳定域.

**解** Euler 方法的特征多项式为

$$\Pi(\xi,\bar{h})=\xi-1-\bar{h},$$

其特征根为

$$\xi=1+\bar{h}.$$

设 $\bar{h}=a+b\mathrm{i}$, 要使 $|\xi|<1$, 则有

$$(1+a)^2+b^2<1.$$

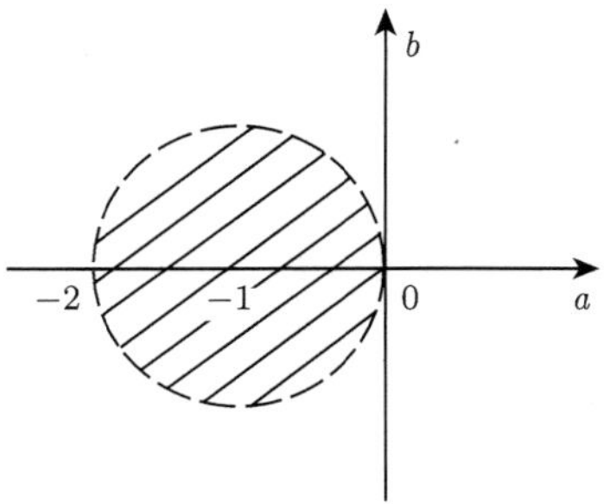

图 7-1 Euler 方法的稳定域

所以, Euler 方法的绝对稳定域为复平面上以 $(-1,0)$ 为中心, 半径为 1 的圆盘 (图 7-1).

**例 7.10** 确定改进的 Euler 方法

$$y_{m+1}=y_m+\frac{h[f(x_m,y_m)+f(x_{m+1},y_{m+1})]}{2}$$

的稳定域.

**解** 方法的特征多项式为

$$\Pi(\xi,\bar{h})=(\xi-1)-\frac{\bar{h}(\xi+1)}{2},$$

其特征根为 $\xi=\dfrac{2+\bar{h}}{2-\bar{h}}$, 令 $\bar{h}=a+b\mathrm{i}$, 要 $|\xi|<1$, 即

$$\sqrt{(2+a)^2+b^2}<\sqrt{(2-a)^2+b^2},$$

解得 $a<0$. 所以, 改进的 Euler 方法的绝对稳定域为复平面上左半复平面 (图 7-2).

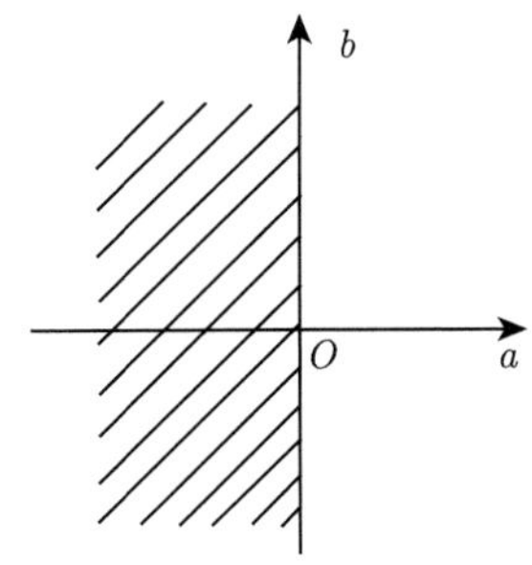

图 7-2 改进的 Euler 方法的稳定域

对于稳定区域的各种形状, 还给出下面的一些定义.

**定义 7.9** 方法 (7.23) 称为是 ***A* 稳定**的, 如果

$$S\supset\mathbb{C}_-:=\{\bar{h}\in\mathbb{C}|\mathrm{Re}\bar{h}<0\};$$

称为是 **$A(\alpha)$ 稳定**的 (这里 $\alpha \in (0, \pi/2)$), 如果

$$S \supset \Omega_\alpha := \{\bar{h} \in \mathbb{C} | |\arg \bar{h} - \pi| < \alpha\};$$

称为是 **$A(0)$ 稳定**的, 如果存在 (充分小的) 常数 $\alpha > 0$, 使该方法 $A(\alpha)$ 稳定; 称为是 **$A_0$ 稳定**的, 如果绝对稳定区域 $S$ 包含负半实轴.

关于线性多步法的稳定性, 有如下限制性结果.

**定理 7.11**　显式的线性多步法不可能是 $A$ 稳定的; $A$ 稳定的隐式线性多步法的阶不超过 2, 而在所有 $A$ 稳定的二阶方法中, 梯形公式 (7.10) 具有最小的局部截断误差系数.

该定理的证明可参见文献 (袁兆鼎等, 1987). 为了确定一个多步方法的稳定区域, 介绍下面的方法.

**定义 7.10**　称 $k$ 次复系数多项式

$$\phi(r) := c_k r^k + c_{k-1} r^{k-1} + \cdots + c_1 r + c_0 \tag{7.38}$$

(这里 $c_k \neq 0$, $c_0 \neq 0$) 为 Schur (舒尔) 多项式, 如果它的根 $r_s$ 满足

$$|r_s| < 1, \quad s = 1, 2, \cdots, k.$$

为判断一个多项式是否为 Schur 多项式, 由 (7.38) 构造多项式

$$\hat{\phi}(r) = c_0^* r^k + c_1^* r^{k-1} + \cdots + c_{k-1}^* r + c_k^*,$$

其中 $c_j^*$ 表示 $c_j$ 的共轭复数 $(j = 1, 2, \cdots, k)$ 和多项式

$$\phi_1(r) = \frac{1}{r}[\hat{\phi}(0)\phi(r) - \phi(0)\hat{\phi}(r)].$$

显然, $\phi_1(r)$ 是一个不超过 $k-1$ 次的多项式.

**Schur 准则**　$\phi(r)$ 是 Schur 多项式当且仅当 $|\hat{\phi}(0)| > |\phi(0)|$, 且 $\phi_1(r)$ 是 Schur 多项式.

本准则的证明可参见文献 (Lambert, 1972).

由 Schur 准则容易判断某点 $\bar{h} \in \mathbb{C}$ 是否在一个方法的稳定域内. 由定义 7.8 及定义 7.10 易得如下定理.

**定理 7.12**　方法 (7.23) 在 $\bar{h} \in \mathbb{C}$ 是绝对稳定的充分必要条件是多项式 $\Pi(\xi, \bar{h}) = \rho(\xi) - \bar{h}\sigma(\xi)$ 是 Schur 多项式.

多步方法 (7.23) 的绝对稳定域就是使得 $\Pi(\xi, \bar{h}) = 0$ 的根位于单位圆内的 $\bar{h}$ 的集合 $S$, 它的边界记为 $\partial S$. 由于 $\Pi(\xi, \bar{h}) = 0$ 的根是关于 $\bar{h}$ 的连续函数, 于是,

当有 $\bar{h}\in\mathbb{C}$ 使 $\varPi(\xi,\bar{h})=0$ 的一个根位于单位圆周上时, 此 $\bar{h}$ 必位于 $\partial S$ 上, 即是说当

$$\varPi(\exp(\mathrm{i}\theta),\bar{h})\equiv\rho(\exp(\mathrm{i}\theta))-\bar{h}\sigma(\exp(\mathrm{i}\theta))=0$$

时, $\bar{h}\in\partial S$. 这样便得到满足

$$\bar{h}(\theta)=\frac{\rho(\exp(\mathrm{i}\theta))}{\sigma(\exp(\mathrm{i}\theta))}$$

的 $\bar{h}$ 的轨迹, 它便是 $\partial S$. 这个确定稳定域边界的方法称为根轨迹方法. 利用 Schur 准则和根轨迹方法便可以确定线性多步法的绝对稳定域.

## 7.4 线性多步法的进一步讨论

### 7.4.1 起始值的确定

在应用公式 (7.23) 进行实际计算时, 首先必须给出 $y_0,y_1,\cdots,y_{k-1}$, 称这些值为线性多步法 (7.23) 的起始值. 由方法的收敛性的要求可知, 要方法 (7.23) 是 $p$ 阶收敛的, 则其起始值也被要求至少是 $p$ 阶的, 即

$$\max_{0\leqslant j\leqslant k-1}|y(x_j)-y_j|=O(h^p),\quad h\to 0.$$

所以, 在给出起始值时必须要满足这个要求.

首先, 不需要附加起始值的算法, 即单步方法, 均可用来计算多步方法的起始值, 如 Euler 方法和修改的 Euler 方法. 但为了保证起始值的精度, 简单地使用 Euler 方法计算 $k(k>1)$ 步方法的起始值是不适宜的. 然而, 可以利用缩短步长及外推技巧提高 Euler 方法精度来计算附加初始值. 还可以利用 Runge-Kutta (龙格–库塔) 方法和 Taylor 级数法来计算满足精度要求的初始值.

设初值问题 (7.1) 的解有 $p+1$ 阶连续导数, 如果选用 $k$ 步 $p$ 阶方法求它的解, 则此时起始值应满足条件

$$y(x_0+jh)-y_j=O(h^p).$$

将 $y(x_0+h)$ 在 $x_0$ 处展开成 Taylor 公式:

$$y(x_0+h)=y(x_0)+hy'(x_0)+\cdots+\frac{h^{p-1}}{(p-1)!}y^{(p-1)}(x_0)+O(h^p),$$

从而, 若令

$$y_1 = y(x_0) + hy'(x_0) + \cdots + \frac{h^{p-1}}{(p-1)!}y^{(p-1)}(x_0), \tag{7.39}$$

则有

$$y_1 - y(x_0 + h) = O(h^p).$$

(7.39) 中的各阶微商 $y^{(j)}(x_0)$ 可以直接利用 $f(x, y(x))$ 算出:

$$\begin{cases} y' = f, \\ y'' = f_x + f \cdot f_y, \\ y''' = f_{xx} + 2f \cdot f_{xy} + f^2 \cdot f_{yy} + f_x \cdot f_y + f \cdot f_y^2, \\ \quad \cdots\cdots \end{cases} \tag{7.40}$$

其中 $f_x, f_y, f_{xy}$ 等表示 $f(x, y)$ 对相应变量的偏导数.

代入 $x = x_0, y = y(x_0)$ 即得 $y^{(j)}(x_0)$, 从而利用 (7.39) 即可算出 $y_1$. 类似地, 利用表达式

$$y_{j+1} = y(x_j) + hy'(x_j) + \cdots + \frac{h^{p-1}}{(p-1)!}y^{(p-1)}(x_j), \quad j = 1, 2, \cdots, k-2$$

以及式 (7.40) 可算出 $y_2, y_3, \cdots, y_{k-1}$.

当用上述展开方法确定起始值时, 还可以得到关于选择 $h$ 的信息. 假设要求计算误差不超过 $\varepsilon$, 那么, 当 $h$ 满足条件

$$\frac{1}{p!}h^p|y^{(p)}(x_0)| \leqslant \varepsilon, \quad \frac{1}{(p-1)!}h^{p-1}|y^{(p-1)}(x_0)| > \varepsilon$$

时, 应该认为是最好的. 因为当第一个条件不满足时, 达不到指定精度, 而第二个条件不满足时则表明 $h$ 过小.

应当注意到, 当微商阶数越高时, 上述方法的计算量也愈大, 这可从 (7.40) 看出. 因此, 利用低阶微商构造出具有高精度的方法, 对计算来说是有意义的. 下面介绍这类方法.

考虑一般表达式

$$\alpha_1 y_{m+1} + \alpha_0 y_m = \sum_{s=1}^{l} h^s(\beta_{s1}y_{m+1}^{(s)} + \beta_{s0}y_m^{(s)}).$$

将上式各项均在 $x_m$ 处展开成 Taylor 公式, 然后选择 $\alpha_1, \alpha_0, \beta_{s1}, \beta_{s0}(s = 1, 2, \cdots, l)$, 使左右两端不超过 $2l$ 次方的项的系数对应相等, 即导出下述计算公式 (以 $l =$

2, 3 为例):

$$y_{m+1}=y_m+\frac{1}{2}h(y_{m+1}^{(1)}+y_m^{(1)})-\frac{1}{2}h^2(y_{m+1}^{(2)}-y_m^{(2)}),$$

$$y_{m+1}=y_m+\frac{1}{2}h(y_{m+1}^{(1)}+y_m^{(1)})-\frac{1}{10}h^2(y_{m+1}^{(2)}-y_m^{(2)})+\frac{1}{120}h^3(y_{m+1}^{(3)}+y_m^{(3)}).$$

上述两式的余项分别为

$$R_{m+1}^{(2)}=\frac{1}{720}h^5y^{(5)}(x_m)+O(h^6)$$

和

$$R_{m+1}^{(3)}=\frac{-1}{100800}h^7y^{(7)}(x_m)+O(h^8).$$

还可以构造出误差精度更高的计算公式, 但已无实际应用价值了.

### 7.4.2 Richardson 外推法

Richardson 外推技巧是提高数值方法计算精度以及实际估计计算结果误差常用的有效方法.

用 $y(x;h)$ 表示用步长为 $h$ 的数值方法所计算得到的解 $y(x)$ 的近似值, 将 $y(x;h)$ 关于 $h$ 展开成幂级数, 有

$$y(x;h)=y(x)+A_1h+\cdots+A_ph^p+\cdots. \tag{7.41}$$

若在此方法中将步长缩小一半, 即以 $h/2$ 进行计算, 得到 $y(x)$ 的近似解为 $y(x;h/2)$, 则同样有

$$y\left(x;\frac{h}{2}\right)=y(x)+\frac{1}{2}A_1h+\cdots+\frac{1}{2^p}A_ph^p+\cdots. \tag{7.42}$$

构造 (7.41), (7.42) 的线性组合, 使右端的一次项系数为零, 得到

$$2y\left(x;\frac{h}{2}\right)-y(x;h)=y(x)-\frac{1}{2}A_2h^2-\left(1-\frac{1}{2^2}\right)A_3h^3+\cdots.$$

由此看出, 当取 $2y(x;h/2)-y(x;h)$ 作为 $y(x)$ 的近似值时, 误差精度将提高一阶, 即数值计算公式

$$\bar{y}(x)=2y\left(x;\frac{h}{2}\right)-y(x;h)$$

的截断误差阶为 $O(h^2)$.

如果 $y(x;h)$ 的截断误差是 $p$ 阶的, 此时在 (7.41), (7.42) 中, $A_1=A_2=\cdots=A_{p-1}=0$, 于是它们分别变为

$$y(x;h)=y(x)+A_ph^p+A_{p+1}h^{p+1}+\cdots,\tag{7.43}$$

$$y\left(x;\frac{h}{2}\right)=y(x)+\frac{1}{2^p}A_ph^p+\frac{1}{2^{p+1}}A_{p+1}h^{p+1}+\cdots.\tag{7.44}$$

作组合 $2^py(x;h/2)-y(x;h)$ 得到

$$2^py\left(x;\frac{h}{2}\right)-y(x;h)=(2^p-1)y(x)+\frac{1}{2}A_{p+1}h^{p+1}+\cdots.$$

从而数值计算公式

$$\bar{y}(x)=\frac{1}{2^p-1}\left[2^py\left(x;\frac{h}{2}\right)-y(x;h)\right]$$

的截断误差阶为 $O(h^{p+1})$. 这就是 Richardson 外推法.

外推法也常用来估计误差. 仍考虑 $p$ 阶方法, 此时 $y(x;h)$ 及 $y(x;h/2)$ 分别有展开式 (7.43) 和 (7.44), 由此得到

$$y(x;h)-y\left(x;\frac{h}{2}\right)=\left(1-\frac{1}{2^p}\right)A_ph^p+(1-\frac{1}{2^{p+1}})A_{p+1}h^{p+1}+\cdots.$$

由此, 误差主项 $A_ph^p$ 有近似表达式

$$A_ph^p\approx\frac{2^p}{2^p-1}\left[y(x;h)-y\left(x;\frac{h}{2}\right)\right].\tag{7.45}$$

所以, 当 $y(x;h)$ 及 $y(x;h/2)$ 已经算出时, 可利用 (7.45) 的右端作为误差的近似估计式. 用 (7.45) 右端判断计算结果的误差, 是在实际计算中经常使用的方法.

在通用的微分方程数值解法程序中, 通常包括按外推法估计误差及自动选择步长的过程. 其具体做法如下：设已经按选定步长 $h$ 算出满足精度要求的近似解 $y_m$, 然后, 以步长 $h$ 及 $h/2$ 分别计算 $y_{m+1}$, 并按外推方法估计它的误差. 如果这个误差满足所要求的精度, 而且相差不大时, 就认为这个步长是适用的, 接着按同样步长算下一点值 $y_{m+2}$; 如果用外推方法估计出的误差大于指定的误差要求, 这表明步长过大, 应取 $h/2$ 为新步长重新计算, 直到外推误差小于指定误差为止, 并在下一步计算中把这样选定的步长作为新步长; 如果估计得到的误差较所指定的

误差小得多, 这表明步长过小, 应将步长加大一倍作为新的步长计算下点的值. 如此继续下去. 注意, 在多步方法中, 按上述方法自动选取步长时, 如果缩小步长则需用插值法补出 $y_{m-1/2}, y_{m-1/4}$ 等值. 另外, 在步长的选取中, 由数值稳定性对 $h$ 的约束是必须要加以考虑的, 在计算过程中, $h$ 始终应满足这个约束条件.

### 7.4.3　隐式公式的迭代解法

对于显式线性多步法, 可将它写成如下形式:

$$y_{m+k} = -\sum_{j=0}^{k-1} \alpha_j y_{m+j} + h\sum_{j=0}^{k-1} \beta_j f(x_{m+j}, y_{m+j}). \tag{7.46}$$

已经求得了 $y_{m+k-1}, y_{m+k-2}, \cdots, y_m$ 的值, 将它们代入 (7.46) 的右边, 则可直接计算出 $y_{m+k}$. 而对于隐式 $k$ 步法却没有这样简单了. 将隐式 $k$ 步法写成下列形式:

$$y_{m+k} + \sum_{j=0}^{k-1} \alpha_j y_{m+j} = h\beta_k f(x_{m+k}, y_{m+k}) + h\sum_{j=0}^{k-1} \beta_j f(x_{m+j}, y_{m+j}). \tag{7.47}$$

由于 (7.47) 中左端的第二项和右端的第二项已知, 将 (7.47) 进一步改写为

$$y_{m+k} - h\beta_k f(x_{m+k}, y_{m+k}) + w_m = 0, \tag{7.48}$$

其中

$$w_m = \sum_{j=0}^{k-1} \alpha_j y_{m+j} - h\sum_{j=0}^{k-1} \beta_j f(x_{m+j}, y_{m+j}).$$

(7.48) 是一个关于 $y_{m+k}$ 的隐式方程, 为求得 $y_{m+k}$, 可采用简单迭代法, 其迭代公式为

$$y_{m+k}^{[n+1]} - h\beta_k f(x_{m+k}, y_{m+k}^{[n]}) + w_m = 0, \quad n = 0, 1, 2, \cdots. \tag{7.49}$$

设 (7.48) 的理论精确解为 $y_{m+k}^*$, 则

$$y_{m+k}^* - h\beta_k f(x_{m+k}, y_{m+k}^*) + w_m = 0. \tag{7.50}$$

由 (7.49) 减去 (7.50) 得到

$$y_{m+k}^{[n+1]} - y_{m+k}^* = h\beta_k [f(x_{m+k}, y_{m+k}^{[n]}) - f(x_{m+k}, y_{m+k}^*)].$$

由于 $f \in \Phi$, 于是

$$|y_{m+k}^{[n+1]} - y_{m+k}^*| \leqslant h|\beta_k|L|y_{m+k}^{[n]} - y_{m+k}^*|.$$

用归纳法就得到

$$|y_{m+k}^{[n+1]} - y_{m+k}^{*}| \leqslant (h|\beta_k|L)^{n+1}|y_{m+k}^{[0]} - y_{m+k}^{*}|.$$

从而可知迭代收敛的条件为

$$|h\beta_k L| < 1,$$

即

$$h < \frac{1}{|\beta_k|L}. \tag{7.51}$$

从条件 (7.51) 可以看出, 当 $L$ 很大时, $h$ 就必须选择得很小, 这样就要大量增加计算工作量, 这对于后面要讨论的刚性问题而言是不适宜的. 所以这里改用 Newton 迭代法. Newton 迭代法的基本公式为

$$y_{m+k}^{[n+1]} = y_{m+k}^{[n]} - [1 - h\beta_k f_y(x_{m+k}, y_{m+k}^{[n]})]^{-1} \cdot [y_{m+k}^{[n]} - h\beta_k f(x_{m+k}, y_{m+k}^{[n]}) + w_m]. \tag{7.52}$$

关于 Newton 迭代法的收敛性问题见第 5 章.

### 7.4.4 预估–校正法

前面讨论用迭代法求解隐式方程时, 需要提供一个迭代初值. 显然, 隐式方法 (7.47) 每一步的计算量由 (7.49) 或 (7.52) 的迭代次数决定, 因此, 较好地选取初始近似值 $y_{m+k}^{[0]}$ 是十分重要的. 一种自然的选法是取 $y_{m+k}^{[0]}$ 为显式计算法计算所得的值:

$$y_{m+k}^{[0]} + \sum_{j=0}^{k-1} \alpha_j^* y_{m+j} = h\sum_{j=0}^{k-1} \beta_j^* f(x_{m+j}, y_{m+j}). \tag{7.53}$$

(7.53) 和 (7.49) 构成的算法通常称为预估校正算法, (7.53) 称为预估算式, (7.49) 称为校正算式, 预估校正算法也称为 PC 算法.

由于已经用了预估算式, 一般说来, 校正次数并不多. 例如, 若事先指定了精度 $\varepsilon$, 一般只要两三次校正 (即迭代) 就可使 $|y_{m+k}^{[n+1]} - y_{m+k}^{[n]}| < \varepsilon$. 校正次数过多的方法是不宜使用的. 当出现校正次数过多时, 应减小步长. 用预估校正算法进行计算时, 首先利用预估算式得到 $y_{m+k}^{[0]}$, 然后计算 $f(x_{m+k}, y_{m+k}^{[0]})$, 接着再使用校正算式计算, 这样便完成了一步校正. 然后对 $y_{m+k}^{[1]}$ 重复上述过程, 如此循环下去. 这样, 如果校正 $N$ 次, 计算过程可简记为 $\mathrm{P(EC)}^N$, E 表示计算 $f$ 值. 进行 $N$ 次校

正的 PC 算法的计算公式为

$$\left\{\begin{aligned}&\mathrm{P}:\quad y_{m+k}^{[0]}+\sum_{j=0}^{k-1}\alpha_j^* y_{m+j}^{[N]}=h\sum_{j=0}^{k-1}\beta_j^* f_{m+j}^{[N-1]},\\&\mathrm{E}:\quad f_{m+k}^{[n]}=f(x_{m+k},y_{m+k}^{[n]}),\\&\mathrm{C}:\quad y_{m+k}^{[n+1]}+\sum_{j=0}^{k-1}\alpha_j y_{m+j}^{[N]}=h\beta_k f_{m+k}^{[n]}+h\sum_{j=0}^{k-1}\beta_j f_{m+j}^{[N-1]},\\&\qquad\qquad n=0,1,2,\cdots,N-1,\end{aligned}\right.\tag{7.54}$$

其中

$$f_{m+j}^{[N-1]}=f(x_{m+j},y_{m+j}^{[N-1]}),\quad j=0,1,\cdots,k-1.$$

上述预校格式是以最后进行校正结束的. 此时已得到了 $y_{m+k}^{[N]}$, 由于未再计算 $f(x_{m+k},y_{m+k}^{[N]})$, 因此下一步预估算式中仍利用 $f_{m+k}^{[N-1]}$. 显然, $y_{m+k}^{[N]}$ 应比 $y_{m+k}^{[N-1]}$ 更精确, 因此有一种算法是每一步以计算 $f$ 值结束, 这时, 在预估时就可以使用 $f_{m+k}^{[N]}$ 了, 这种算法记为 $\mathrm{P(EC)}^N\mathrm{E}$, 具体计算公式为

$$\left\{\begin{aligned}&\mathrm{P}:\quad y_{m+k}^{[0]}+\sum_{j=0}^{k-1}\alpha_j^* y_{m+j}^{[N]}=h\sum_{j=0}^{k-1}\beta_j^* f_{m+j}^{[N]},\\&\mathrm{E}:\quad f_{m+k}^{[n]}=f(x_{m+k},y_{m+k}^{[n]}),\\&\mathrm{C}:\quad y_{m+k}^{[n+1]}+\sum_{j=0}^{k-1}\alpha_j y_{m+j}^{[N]}=h\beta_k f_{m+k}^{[n]}+h\sum_{j=0}^{k-1}\beta_j f_{m+j}^{[N]},\\&\qquad\qquad n=0,1,2,\cdots,N-1,\\&\mathrm{E}:\quad f_{m+k}^{[N]}=f(x_{m+k},y_{m+k}^{[N]}).\end{aligned}\right.\tag{7.55}$$

一般说来, $\mathrm{P(EC)}^N\mathrm{E}$ 方案较 $\mathrm{P(EC)}^N$ 方案更优越些.

设预估式 (7.53) 和校正式 (7.49) 的相容阶分别为 $p^*$ 与 $p$, 并用 $\varLambda^*[y(x_m);h]$ 及 $\varLambda[y(x_m);h]$ 分别表示它们的局部截断误差, 则有

$$\varLambda^*[y(x_m);h]=c_{p^*+1}^*h^{p^*+1}y^{(p^*+1)}(x_m)+O(h^{p^*+2}),$$

$$\varLambda[y(x_m);h]=c_{p+1}h^{p+1}y^{(p+1)}(x_m)+O(h^{p+2}).$$

下面研究预估校正方法 (7.54) 和 (7.55) 的局部截断误差, 即当 $y_{m+j}=y(x_{m+j})$, $j=0,1,\cdots,k-1$ 时, 用方法计算一步得到 $y(x_m+kh)$ 的近似值 $y_{m+k}^{[N]}$ 与其真值

$y(x_m+kh)$ 的误差 $y(x_m+kh)-y_{m+k}^{[N]}$. 为此, 将 (7.54) 和 (7.55) 的校正公式统一记为

$$y_{m+k}^{[n+1]}+\sum_{j=0}^{k-1}\alpha_j y_{m+j}^{[N]}=h\beta_k f(x_{m+k},y_{m+k}^{[n]})+h\sum_{j=0}^{k-1}\beta_j f(x_{m+j},y_{m+j}^{[N-s]}),$$

$$n=0,1,\cdots,N-1.$$

当 $s=1$ 时为 (7.54), $s=0$ 时为 (7.55).

利用 $y_{m+j}^{[N]}=y(x_{m+j})(j=0,1,\cdots,k-1)$ 的假设立即可以得到, 对预估式有

$$y(x_{m+k})-y_{m+k}^{[0]}=c_{p^*+1}^{*}h^{p^*+1}y^{(p^*+1)}(x_m)+O(h^{p^*+2}),\tag{7.56}$$

而对校正式, 由于

$$\sum_{j=0}^{k}\alpha_j y(x_{m+j})=h\sum_{j=0}^{k}\beta_j f(x_{m+j},y(x_{m+j}))+\varLambda[y(x_m);h]$$

和

$$y_{m+k}^{[n+1]}+\sum_{j=0}^{k-1}\alpha_j y(x_{m+j})=h\sum_{j=0}^{k-1}\beta_j f(x_{m+j},y(x_{m+j}))+h\beta_k f(x_{m+k},y_{m+k}^{[n]}),$$

两式相减得

$$\begin{aligned}y(x_{m+k})-y_{m+k}^{[n+1]}&=h\beta_k[f(x_{m+k},y(x_{m+k}))-f(x_{m+k},y_{m+k}^{[n]})]+\varLambda[y(x_m);h]\\&=h\beta_k\frac{\partial f(x_{m+k},\eta_{m+k,n})}{\partial y}[y(x_{m+k})-y_{m+k}^{[n]}]+\varLambda[y(x_m);h],\\&\qquad n=0,1,\cdots,N-1.\end{aligned}\tag{7.57}$$

其中 $\eta_{m+k,n}$ 是端点为 $y_{m+k}^{[n]}$ 及 $y(x_{m+k})$ 的区间内某点, 记

$$(f_y)_n=\frac{\partial f(x_{m+k},\eta_{m+k,n})}{\partial y},\quad n=0,1,\cdots,N-1,$$

并将 (7.56) 代入式 (7.57), 当 $n=0$ 的情形得到

$$y(x_{m+k})-y_{m+k}^{[1]}=h\beta_k\,(f_y)_0\,c_{p^*+1}^{*}h^{p^*+1}y^{(p^*+1)}(x_m)+O(h^{p^*+3})+\varLambda[y(x_m);h].$$

将上式代入 (7.57) 中 $n=1$ 的情形可得到 $y(x_{m+k})-y_{m+k}^{[2]}$ 的估计, 如此反复代入最终导出

$$y(x_{m+k})-y_{m+k}^{[N]}=\beta_k^N\prod_{j=0}^{N-1}(f_y)_j c_{p^*+1}^* h^{p^*+N+1}y^{(p^*+1)}(x_m)$$
$$+O(h^{p^*+N+2})+\Lambda[y(x_m);h](1+O(h)).$$

于是, 可以得到

$$y(x_{m+k})-y_{m+k}^{[N]}=c_{p+1}h^{p+1}y^{(p+1)}(x_m)+O(h^{p^*+N+1})+O(h^{p+2}).$$

因此, 当 $p^*+N\geqslant p+1$ 时, 有

$$y(x_{m+k})-y_{m+k}^{[N]}=c_{p+1}h^{p+1}y^{(p+1)}(x_m)+O(h^{p+2}). \tag{7.58}$$

一般情况有

$$y(x_{m+k})-y_{m+k}^{[N]}=O(h^{q+1}),$$

其中 $q=\min(p,p^*+N)$.

由 (7.58) 可知, 在利用预校算法时, 可取预估算法误差阶较校正算法误差阶略低一些, 一般取成低一阶或者相等, 此时最终误差将与校正算法相同.

利用预校算法还可以同时得到关于解的误差主项的估计：设 $p^*=p$, 则从 (7.58) 得

$$c_{p+1}h^{p+1}y^{(p+1)}(x_m)=y(x_{m+k})-y_{m+k}^{[N]}+O(h^{p+2}).$$

此时由 (7.56) 得

$$c_{p+1}^*h^{p+1}y^{(p+1)}(x_m)=y(x_{m+k})-y_{m+k}^{[0]}+O(h^{p+2}).$$

由上述两式得到

$$c_{p+1}h^{p+1}y^{(p+1)}(x_m)=\frac{c_{p+1}}{c_{p+1}^*-c_{p+1}}(y_{m+k}^{[N]}-y_{m+k}^{[0]})+O(h^{p+2}).$$

它给出了关于误差主项的估计式.

类似地, 有

$$c_{p+1}^*h^{p+1}y^{(p+1)}(x_m)=\frac{c_{p+1}^*}{c_{p+1}^*-c_{p+1}}(y_{m+k}^{[N]}-y_{m+k}^{[0]})+O(h^{p+2}).$$

但此式中含有 $y_{m+k}^{[N]}$ 项, 所以它只能在校正以后才能被应用, 然而

$$c_{p+1}^*h^{p+1}y^{(p+1)}(x_m)=c_{p+1}^*h^{p+1}y^{(p+1)}(x_{m-1})+O(h^{p+2}).$$

从而得到

$$c_{p+1}^* h^{p+1} y^{(p+1)}(x_m) = \frac{c_{p+1}^*}{c_{p+1}^* - c_{p+1}}(y_{m+k-1}^{[N]} - y_{m+k-1}^{[0]}) + O(h^{p+2}).$$

这样, 在预估之后即可应用上式估计预估式的误差主项了.

上述讨论说明预估校正算法的一个重要优点是它在计算过程中可以估计误差, 从而提供了选取步长 $h$ 的条件. 利用值

$$\frac{c_{p+1}}{c_{p+1}^* - c_{p+1}}(y_{m+k}^{[N]} - y_{m+k}^{[0]})$$

作为误差控制量, 来确定适合的步长 $h$.

最简单的预估校正算法要算 Euler 方法与改进的 Euler 方法. 它以 Euler 方法作为预估, 而以改进的 Euler 方法作为校正格式, 于是, 它的一个完整的计算步骤为

$$\begin{cases} y_{m+1}^{[0]} = y_m + hf(x_m, y_m), \\ y_{m+1}^{[n+1]} = y_m + h[f(x_m, y_m) + f(x_{m+1}, y_{m+1}^{[n]})]/2, \quad n = 0, 1, \cdots, N-1, \end{cases}$$

通常称它为改进的 Euler 格式.

常用且有效的预校算法是 Adams (亚当斯) 三步四阶预校算法的 PECE 模式, 它们的预估和校正算式分别为:

$$\text{P}: \quad y_{m+4} - y_{m+3} = \frac{h(55f_{m+3} - 59f_{m+2} + 37f_{m+1} - 9f_m)}{24},$$

$$\text{C}: \quad y_{m+4} - y_{m+3} = \frac{h(9f_{m+4} + 19f_{m+3} - 5f_{m+2} + f_{m+1})}{24},$$

其误差主项为

$$c_5 h^5 y^{(5)}(x_m) = -\frac{19(y_{m+4}^{[1]} - y_{m+4}^{[0]})}{270}.$$

**例 7.11**　用改进的 Euler 格式求解初值问题 (7.15).

**解**　改进的 Euler 格式的 PECE 公式为

$$\begin{cases} y_p = y_m + h\left(y_m - \dfrac{2x_m}{y_m}\right), \\ y_c = y_m + h\left(y_p - \dfrac{2x_{m+1}}{y_p}\right), \\ y_{m+1} = \dfrac{1}{2}(y_p + y_c). \end{cases}$$

仍取 $h=0.1$, 计算结果见表 7-3. 同 Euler 方法的计算结果比较, 改进的 Euler 格式明显地改善了精度.

**表 7-3 改进的 Euler 格式的计算结果**

| $x_m$ | $y_m$ | $y(x_m)$ | $x_m$ | $y_m$ | $y(x_m)$ |
|---|---|---|---|---|---|
| 0.1 | 1.0959 | 1.0954 | 0.6 | 1.4860 | 1.4832 |
| 0.2 | 1.1841 | 1.1832 | 0.7 | 1.5525 | 1.5492 |
| 0.3 | 1.2662 | 1.2649 | 0.8 | 1.6153 | 1.6125 |
| 0.4 | 1.3434 | 1.3416 | 0.9 | 1.6782 | 1.6733 |
| 0.5 | 1.4164 | 1.4142 | 1.0 | 1.7379 | 1.7321 |

## 7.5 Runge-Kutta 方法

### 7.5.1 Runge-Kutta 方法的基本思想与构造

1. 显式方法

考察差商 $\dfrac{y(x_{m+1})-y(x_m)}{h}$, 根据微分中值定理, 存在点 $\xi$, $x_m<\xi<x_{m+1}$, 使得

$$y(x_{m+1})-y(x_m)=hy'(\xi).$$

从而利用所给方程 $y'=f(x,y)$, 得

$$y(x_{m+1})=y(x_m)+hf(\xi,y(\xi)). \tag{7.59}$$

记 $k=f(\xi,y(\xi))$, 称 $k$ 为区间 $[x_m,x_{m+1}]$ 上曲线 $y=y(x)$ 的平均斜率. 只要对平均斜率提供一种算法, 由式 (7.59) 便相应地导出微分方程的一种数值计算格式. 例如, 取点 $x_m$ 的斜率值 $k_1=f(x_m,y_m)$ 作为平均斜率 $k$, 则得到前面讨论的 Euler 方法, 其精度当然很低.

又如改进的 Euler 方法 (7.10), 它可改写成下面的平均化形式:

$$\begin{cases} y_{m+1}=y_m+h(k_1+k_2)/2, \\ k_1=f(x_m,y_m), \\ k_2=f(x_{m+1},y_m+hk_1). \end{cases}$$

因此可以理解为: 它用 $x_m$ 与 $x_{m+1}$ 两个点的斜率值 $k_1$ 和 $k_2$, 取算术平均作为平均斜率 $k$, 而 $x_{m+1}$ 处的斜率值 $k_2$ 则利用已知信息通过 Euler 公式来预报. 这个处理过程启发我们, 如果设法在 $[x_m,x_{m+1}]$ 内多预报几个点的斜率值, 然后将

它们加权平均作为平均斜率 $k$, 则有可能构造出具有更高精度的计算格式, 这就是 Runge-Kutta (龙格–库塔) 方法的基本思想. 根据这种思想, 令

$$y_{m+1}=y_m+h\sum_{i=1}^{s}b_ik_i, \tag{7.60}$$

其中 $b_i$ 为待定的权因子, $s$ 为所使用的斜率值的个数, $k_i$ 满足下列方程:

$$k_i=f\left(x_m+c_ih,y_m+h\sum_{j=1}^{i-1}a_{ij}k_j\right),\quad i=1,2,\cdots,s, \tag{7.61}$$

且

$$c_1=0,c_i=\sum_{j=1}^{i-1}a_{ij},\quad i=2,3,\cdots,s.$$

当 $s=1$ 时, (7.60) 和 (7.61) 即前面讨论的 Euler 方法. (7.60) 和 (7.61) 中出现的参数 $b_1,b_2,\cdots,b_s,c_1,c_2,\cdots,c_s$ 及 $a_{ij}$ 为提高方法的精度创造了条件. Runge-Kutta 方法中的系数可以这样来决定: 设 $y(x)$ 满足微分方程, 将式 (7.61) 的右端在 $x_m$ 点展开成关于 $h$ 的 Taylor 级数, 然后代入 (7.60) 中, 同时将 $y(x_m+h)$ 在 $x_m$ 点展开成 Taylor 级数, 使左右两端 $h$ 的次数不超过 $q$ 的项的系数对应相等, 就得到确定系数 $b_i,c_i,a_{ij}$ 的方程组, 求得它的解也就得到 $q$ 阶的 Runge-Kutta 方法的算式.

现我们以 $s=2$ 的情形为例, 来具体构造 Runge-Kutta 方法.

设微分方程的真解 $y(x)$ 具有充分高阶导数, 将 $y(x_m+h)$ 及 $k_1,k_2$ 在 $x_m$ 点展开成 Taylor 公式:

$$\begin{aligned}
y(x_m+h)=&y(x_m)+hy'(x_m)+\frac{h^2}{2!}y''(x_m)+\frac{h^3}{3!}y'''(x_m)+O(h^4)\\
=&y(x_m)+hf+\frac{h^2}{2!}(f_x+f_y\cdot f)\\
&+\frac{h^3}{3!}(f_{xx}+2f\cdot f_{xy}+f^2\cdot f_{yy}+f_xf_y+f_y^2\cdot f)+O(h^4),\\
k_1=&f(x_m,y_m),\\
k_2=&f(x_m+c_2h,y_m+ha_{21}k_1)\\
=&f(x_m,y_m)+h(c_2f_x+a_{21}f\cdot f_y)+O(h^2),
\end{aligned}$$

其中 $f, f_x, f_y, f_{xx}$ 等分别表示 $f(x,y)$ 及其偏导数在点 $(x_m, y_m)$ 的值. 将 $k_1, k_2$ 的展开式代入 (7.60) 的左边, 并与 $y(x_m+h)$ 的展开式比较, 令 $h, h^2$ 项系数相等, 便得到

$$\begin{cases} b_1+b_2=1, \\ b_2c_2=1/2, \\ b_2a_{21}=1/2. \end{cases}$$

取 $c_2$ 作为自由参数便可定出 $b_1, b_2, a_{21}$. 特别地, 若分别取 $c_2$ 为 1/2, 2/3 和 1, 就得到相应的 $(b_1, b_2, a_{21})$ 分别为 (0,1,1/2), (1/4,3/4,2/3), (1/2,1/2,1), 相应的 Runge-Kutta 方法为

$$\begin{aligned} &y_{m+1}=y_m+hf\left(x_m+\frac{1}{2}h, y_m+\frac{1}{2}hf_m\right), \\ &y_{m+1}=y_m+\frac{1}{4}h\left[f(x_m,y_m)+3f\left(x_m+\frac{2}{3}h, y_m+\frac{2}{3}hf_m\right)\right], \\ &y_{m+1}=y_m+\frac{1}{2}h[f(x_m,y_m)+f(x_m+h, y_m+hf_m)], \end{aligned}$$

其中 $f_m=f(x_m,y_m)$. 这是三个典型的二阶 Runge-Kutta 方法, 它们分别称为中点公式、Heun (霍伊恩) 公式和改进的 Euler 公式.

由上面的推导还可知, 二阶 Runge-Kutta 方法的局部截断误差主项为

$$T[x_m,h]=h^3\left(\frac{1}{6}-\frac{c_2}{4}\right)(f_{xx}+2f\cdot f_{xy}+f_{yy}\cdot f^2)+\frac{1}{6}h^3[f_xf_y+(f_y)^2\cdot f].$$

对于 $s=3$, $s=4$ 的情形, 我们可以完全仿上述方法推导出三阶和四阶的 Runge-Kutta 公式. 这里仅将几个最著名的公式列举如下.

三阶方法:

$$\begin{cases} y_{m+1}-y_m=h(k_1+3k_3)/4, \\ \qquad k_1=f(x_m,y_m), \\ \qquad k_2=f(x_m+h/3, y_m+hk_1/3), \\ \qquad k_3=f(x_m+2h/3, y_m+2hk_2/3) \end{cases}$$

称为 Heun 三阶方法.

方法

$$\begin{cases} y_{m+1}-y_m=h(k_1+4k_2+k_3)/6, \\ \qquad k_1=f(x_m,y_m), \\ \qquad k_2=f(x_m+h/2, y_m+hk_1/2), \\ \qquad k_3=f(x_m+h, y_m-hk_1+2hk_2) \end{cases}$$

称为 Kutta 三阶算法, 这种算法曾是较流行的三阶 Runge-Kutta 方法.

四阶方法:

$$\begin{cases} y_{m+1} - y_m = h(k_1 + 2k_2 + 2k_3 + k_4)/6, \\ \qquad k_1 = f(x_m, y_m), \\ \qquad k_2 = f(x_m + h/2, y_m + hk_1/2), \\ \qquad k_3 = f(x_m + h/2, y_m + hk_2/2), \\ \qquad k_4 = f(x_m + h, y_m + hk_3) \end{cases}$$

称为古典 Runge-Kutta 方法, 它是所有 Runge-Kutta 方法中最常用者.

$$\begin{cases} y_{m+1} - y_m = h(k_1 + 3k_2 + 3k_3 + k_4)/8, \\ \qquad k_1 = f(x_m, y_m), \\ \qquad k_2 = f(x_m + h/3, y_m + hk_1/3), \\ \qquad k_3 = f(x_m + 2h/3, y_m - hk_1/3 + hk_2), \\ \qquad k_4 = f(x_m + h, y_m + hk_1 - hk_2 + hk_3) \end{cases}$$

称为四阶 Kutta 公式.

还可以构造出很多具体的计算公式. 特别地, 可以适当选取参数, 使得到的格式满足某些特定要求, 如使截断误差最小等.

**例 7.12** 取步长 $h = 0.2$, 从 $x = 0$ 直到 $x = 1$ 用古典四阶 Runge-Kutta 方法求解初值问题 (7.15).

**解** 这里古典四阶 Runge-Kutta 公式的具体形式为

$$\begin{cases} y_{m+1} - y_m = h(k_1 + 2k_2 + 2k_3 + k_4)/6, \\ \qquad k_1 = y_m - 2x_m/y_m, \\ \qquad k_2 = y_m + hk_1/2 - (2x_m + h)/(y_m + hk_1/2), \\ \qquad k_3 = y_m + hk_2/2 - (2x_m + h)/(y_m + hk_2/2), \\ \qquad k_4 = y_m + hk_3 - 2(x_m + h)/(y_m + hk_3). \end{cases}$$

计算结果列于表 7-4, 表中 $y(x_m)$ 仍表示真解的值. 与前面 Euler 方法及改进的 Euler 格式的计算结果比较, 显然 Runge-Kutta 方法的计算结果精度最高.

**表 7-4 古典四阶 Runge-Kutta 公式的计算结果**

| $x_m$ | $y_m$ | $y(x_m)$ | $x_m$ | $y_m$ | $y(x_m)$ |
|---|---|---|---|---|---|
| 0.2 | 1.1832 | 1.1832 | 0.8 | 1.6125 | 1.6125 |
| 0.4 | 1.3417 | 1.3416 | 1.0 | 1.7321 | 1.7321 |
| 0.6 | 1.4833 | 1.4832 | | | |

2. 隐式方法

上面的公式有一个共同的特点, 就是在计算 $k_{i+1}$ 时, 只用到 $k_1, k_2, \cdots, k_i$. 所以, 上述公式都称为显式 Runge-Kutta 方法. 如果把 (7.61) 改写为

$$k_i = f\left(x_m + c_i h, y_m + h\sum_{j=1}^{s} a_{ij}k_j\right), \quad i = 1, 2, \cdots, s, \tag{7.62}$$

且

$$\sum_{j=1}^{s} a_{ij} = c_i, \quad i = 1, 2, \cdots, s,$$

则每个 $k_i$ 中含有 $k_1, k_2, \cdots, k_s$, 这时称 Runge-Kutta 方法 (7.60) ~(7.62) 为隐式的. 它的待定系数可表示如下:

$$\begin{array}{c|cccc} c_1 & a_{11} & a_{12} & \cdots & a_{1s} \\ c_2 & a_{21} & a_{22} & \cdots & a_{2s} \\ \vdots & \vdots & \vdots & & \vdots \\ c_s & a_{s1} & a_{s2} & \cdots & a_{ss} \\ \hline & b_1 & b_2 & \cdots & b_s \end{array}$$

记 $A = (a_{ij})_{s\times s}$, $c = (c_1, c_2, \cdots, c_s)^{\mathrm{T}}$, $b = (b_1, b_2, \cdots, b_s)^{\mathrm{T}}$, 则 Runge-Kutte 方法 (7.60) ~ (7.62) 可简记为

$$\begin{array}{c|c} c & A \\ \hline & b^{\mathrm{T}} \end{array} \tag{7.63}$$

以后均用 (7.63) 表示 Runge-Kutta 方法, 而且前面讨论显式的 Runge-Kutta 方法对应 $A$ 为主对角线上元素为零的下三角阵, 因而它们也可表示为 (7.63) 的形式. 如果 $A$ 是一个主对角元素为非零的下三角形阵, 相应的 Runge-Kutta 方法称为半隐式的; 如果 $A$ 为一般的 $s$ 级方阵, 相应的公式是全隐式的. 隐式方法也可以像显式方法的推导方法一样, 用 Taylor 展开的方法来构造. 下面是几个常用的隐式方法.

中点法:

$$\begin{array}{c|c} 1/2 & 1/2 \\ \hline & 1 \end{array}$$

它是二阶方法.

二级二阶方法:

$$\begin{array}{c|cc} 0 & 0 & 0 \\ 1 & 1/2 & 1/2 \\ \hline & 1/2 & 1/2 \end{array}$$

二级四阶方法:

$$\begin{array}{c|cc} 1/2-\sqrt{3}/6 & 1/4 & 1/4-\sqrt{3}/6 \\ 1/2+\sqrt{3}/6 & 1/4+\sqrt{3}/6 & 1/4 \\ \hline & 1/2 & 1/2 \end{array}$$

### 7.5.2 Runge-Kutta 方法的稳定性和收敛性

一般单步法的形式可写成

$$y_{m+1} = y_m + h\phi(x_m, y_m, h), \tag{7.64}$$

其中 $\phi(x_m, y_m, h)$ 表示为 $x_m, y_m, h$ 的函数, 如 Runge-Kutta 方法中, $\phi(x_m, y_m, h) = \sum_{j=1}^{s} b_j k_j$.

由于一般单步法不仅形式上与 Euler 方法相同, 而且论证稳定性、收敛性及估计误差的方法也完全相同. 于是有如下结论.

**定理 7.13** 若对于 $a \leqslant x \leqslant b, 0 < h \leqslant h_0$ 及 $|y| < +\infty$, $\phi(x, y, h)$ 关于 $y$ 满足 Lipschitz 条件, 则单步方法 (7.64) 是稳定的.

**定义 7.11** 方法 (7.64) 称为相容的, 如果 $\phi(x, y, 0) = f(x, y)$.

当方法相容时, 对满足微分方程的 $y(x)$, 有

$$y(x+h) - y(x) - h\phi(x, y, h) = hy'(x) - h\phi(x, y(x), 0) + O(h^2) = O(h).$$

所以, 相容的单步法至少是一阶的.

**定理 7.14** 若对于 $a \leqslant x \leqslant b, 0 < h \leqslant h_0$ 及 $|y| < +\infty$, $\phi(x, y, h)$ 关于 $x, y$ 满足 Lipschitz 条件, 则收敛的充要条件是 (7.64) 是相容的.

**定理 7.15** 在定理 7.14 的条件下, 如果 (7.64) 的局部截断误差 $R_m$ 满足

$$|R_m| \leqslant R = ch^{q+1},$$

则 (7.64) 的解 $y_m$ 的整体截断误差 $\varepsilon_m = y(x_m) - y_m$ 满足

$$|\varepsilon_m| \leqslant \mathrm{e}^{L(b-a)}|\varepsilon_0| + h^q c(\mathrm{e}^{L(b-a)} - 1)/L.$$

以上各定理的证明完全类似于定理 7.6、定理 7.7, 请读者自行完成.

对于 Runge-Kutta 方法, 当 $f$ 满足 Lipschitz 条件时, $\phi$ 也满足 Lipschitz 条件, 因而可以应用定理 7.13~定理 7.15.

为了讨论 Runge-Kutta 方法的数值稳定性, 像对线性多步法的讨论一样, 将 Runge-Kutta 方法 (7.63) 应用于标量模型方程 $y' = \lambda y(\lambda \in \mathbb{C})$, 得差分方程:

$$y_{m+1} = R(\bar{h})y_m,$$

其中

$$R(\bar{h}) = 1 + \bar{h}b^{\mathrm{T}}(I - \bar{h}A)^{-1}e.$$

$I$ 为与 $A$ 同阶的单位矩阵, $e = (1, 1, \cdots, 1)^{\mathrm{T}}$ 为一个 $s$ 维向量. 称 $R(\bar{h})$ 为方法 (7.64) 的稳定函数. 方法的绝对稳定域为

$$S = \{\bar{h} \in \mathbb{C} | \ \ |R(\bar{h})| < 1\}.$$

由数值稳定性定义, 由于 $h > 0$, 若 $\mathrm{Re}(\bar{h}) < 0$ 时有 $|R(\bar{h})| < 1$, 则方法是 $A$ 稳定的.

### 7.5.3 Runge-Kutta 方法的应用

Runge-Kutta 方法是高精度单步方法, 它不需要附加初值, 因而计算过程中可以随意改变步长, 这是它的重要优点之一. Runge-Kutta 方法常用来计算线性多步法的起始值.

在应用数值方法求解微分方程时, 单从每一步看, 步长越小, 截断误差就越小, 但随着步长的缩小, 在一定求解范围内所要完成的步数就增加了, 步数的增加不但引起计算量的增大, 而且可能导致舍入误差的严重积累. 因此, 适当选择步长是必要的, 而 Runge-Kutta 方法又特别适合于变步长计算, 下面利用 Richardson 外插技巧来讨论变步长策略.

设 Runge-Kutta 方法是 $q$ 阶的, 用步长 $h$ 和 $h/2$ 所得的截断误差分别为

$$\varepsilon_{m,h} = y(x_m) - y_{m,h} = c(x_m)h^q + O(h^{q+1}), \tag{7.65}$$

$$\varepsilon_{m,h/2} = y(x_m) - y_{m,h/2} = c(x_m)\left(\frac{h}{2}\right)^q + O(h^{q+1}), \tag{7.66}$$

其中 $y_{m,h}$ 及 $y_{m,h/2}$ 分别表示用步长 $h$ 及 $h/2$ 算出的 $x_m$ 点的值, 比较上述两式, 有

$$\varepsilon_{m,h/2} = 2^{-q}\varepsilon_{m,h} + O(h^{q+1}),$$

从而, 由 (7.65), (7.66) 得

$$\varepsilon_{m,h} = \frac{2^q}{2^q - 1}(y_{m,h} - y_{m,h/2}) + O(h^{q+1}).$$

由此看出

$$\varepsilon_h = \frac{2^q}{2^q - 1}(y_{m,h} - y_{m,h/2}) \tag{7.67}$$

可作为误差的近似值.

用 (7.67) 还可以用来决定步长, 具体地说, 将区别以下两种情形来处理:

(1) 对于给定的精度 $\varepsilon$, 如果 $\varepsilon_h > \varepsilon$, 则反复将步长折半进行计算, 直到 $\varepsilon_h < \varepsilon$ 为止. 这时取步长折半后的 "新值" 作为结果.

(2) 若 $\varepsilon_h < \varepsilon$, 则将步长加倍, 直到 $\varepsilon_h > \varepsilon$ 为止, 这时取步长加倍前的 "老值" 作为结果.

在 Runge-Kutta 方法通用的计算程序中大多都包含有上述自动选择步长的技巧.

## 7.6 刚性问题简介

### 7.6.1 一阶微分方程组

前面讨论的关于标量微分方程的数值解法, 完全适用于一阶向量微分方程 (或一阶微分方程组).

对于一阶微分方程组

$$\begin{cases} \dfrac{\mathrm{d}y^1}{\mathrm{d}x} = f^1(x, y^1, y^2, \cdots, y^n), \\ \dfrac{\mathrm{d}y^2}{\mathrm{d}x} = f^2(x, y^1, y^2, \cdots, y^n), \\ \quad \cdots\cdots \\ \dfrac{\mathrm{d}y^n}{\mathrm{d}x} = f^n(x, y^1, y^2, \cdots, y^n), \end{cases} \tag{7.68}$$

$$y^1(a) = y_0^1, \quad y^2(a) = y_0^2, \quad \cdots, \quad y^n(a) = y_0^n. \tag{7.69}$$

用向量表示为

$$Y(x) = (y^1(x), y^2(x), \cdots, y^n(x))^{\mathrm{T}},$$

$$f(x, Y) = (f^1(x, y^1, \cdots, y^n), f^2(x, y^1, \cdots, y^n), \cdots, f^n(x, y^1, \cdots, y^n))^{\mathrm{T}},$$

$$Y_0 = (y_0^1, y_0^2, \cdots, y_0^n)^{\mathrm{T}},$$

则 (7.68), (7.69) 就可表示为

$$\begin{cases} Y'(x) = f(x, Y), \\ Y(a) = Y_0. \end{cases} \tag{7.70}$$

求解(7.69), (7.70) 的 Euler 方法为

$$\begin{cases} y_{m+1}^1 = y_m^1 + hf^1(x_m, y_m^1, \cdots, y_m^n), \\ y_{m+1}^2 = y_m^2 + hf^2(x_m, y_m^1, \cdots, y_m^n), \\ \quad \cdots\cdots \\ y_{m+1}^n = y_m^n + hf^n(x_m, y_m^1, \cdots, y_m^n), \end{cases} \tag{7.71}$$

记

$$Y_m = (y_m^1, y_m^2, \cdots, y_m^n)^{\mathrm{T}},$$

$$f_m = (f^1(x_m, y_m^1, \cdots, y_m^n), \cdots, f^n(x_m, y_m^1, \cdots, y_m^n))^{\mathrm{T}},$$

则 (7.71) 可写为

$$Y_{m+1} = Y_m + hf_m.$$

它与前面讨论的 Euler 方法形式完全相同, 只是那里的 $y, f$ 为函数, 而这里则换成了函数向量. 其他方法如线性多步法、Runge-Kutta 方法等也完全如此. 对于一个方程情形所建立的理论结果, 也适用于方程组, 此时需将函数绝对值换成函数向量的范数, 如 Lipschitz 条件的形式应为

$$\|f(x, Y) - f(x, Z)\| \leqslant L\|Y - Z\|,$$

而相应的偏量导数 $\dfrac{\partial f}{\partial y}$ 则应改为 Jacobi 矩阵:

$$\frac{\partial f}{\partial y} = \begin{bmatrix} \dfrac{\partial f^1}{\partial y^1} & \dfrac{\partial f^1}{\partial y^2} & \cdots & \dfrac{\partial f^1}{\partial y^n} \\ \vdots & \vdots & & \vdots \\ \dfrac{\partial f^n}{\partial y^1} & \dfrac{\partial f^n}{\partial y^2} & \cdots & \dfrac{\partial f^n}{\partial y^n} \end{bmatrix}.$$

这样代替后, 所有理论都可以平行地应用于方程组或向量微分方程的情形.

例如, 讨论线性多步法的数值稳定性问题, 考虑线性模型问题

$$\frac{\mathrm{d}Y}{\mathrm{d}x} = JY, \tag{7.72}$$

$J$ 为 $n \times n$ 的矩阵.

当线性多步法应用于 (7.72), 得差分方程

$$\sum_{j=0}^{k} \alpha_j Y_{m+j} = h \sum_{j=0}^{k} \beta_j J Y_{m+j},$$

即

$$\sum_{j=0}^{k} (\alpha_j I - h\beta_j J) Y_{m+j} = 0. \tag{7.73}$$

设存在非奇异矩阵 $H$, 使得

$$H^{-1}JH = \varLambda = \begin{bmatrix} \lambda_1 & & & \\ & \lambda_2 & & \\ & & \ddots & \\ & & & \lambda_n \end{bmatrix},$$

即 $\lambda_1, \lambda_2, \cdots, \lambda_n$ 为 $J$ 的特征值, 则 (7.73) 为

$$\sum_{j=0}^{k} H(\alpha_j I - h\beta_j \varLambda) H^{-1} Y_{m+j} = 0.$$

于是得到以下定义.

**定义 7.12**　解方程组 (7.68) 的线性多步法称为在复平面上区域 $\varOmega$ 内绝对稳定的, 如果对所有 $\bar{h} = \lambda h \in \varOmega$, 多项式

$$\varPi(\xi, \bar{h}) = \rho(\xi) - \bar{h}\sigma(\xi)$$

的根 $\xi_i$ 满足条件

$$|\xi_i| < 1, \quad i = 1, 2, \cdots, k,$$

这里 $\lambda$ 取遍 $J$ 的特征值.

同样可讨论解方程组的 Runge-Kutta 方法的绝对稳定区域.

### 7.6.2 刚性问题

为了保证算法的绝对稳定性, 应当取步长 $h$, 使 $\bar{h}=\lambda h$ 属于绝对稳定区域, 其中 $\lambda$ 取遍 Jacobi 矩阵 $\dfrac{\partial f}{\partial Y}=J$ 的所有特征值, 当 $J$ 的特征值相差十分悬殊时, $h$ 的选取就遇到了困难.

考虑常系数线性微分方程组:

$$\frac{\mathrm{d}Y}{\mathrm{d}x}=JY, \tag{7.74}$$

其中

$$J=\begin{bmatrix} -21 & 19 & -20 \\ 19 & -21 & 20 \\ 40 & -40 & -40 \end{bmatrix},$$

初始值为 $Y(0)=(1,0,-1)^{\mathrm{T}}$. $J$ 的特征值为

$$\lambda_1=-40+40\mathrm{i},\quad \lambda_2=-40-40\mathrm{i},\quad \lambda_3=-2,$$

其满足初始条件的真解为

$$\begin{cases} y^1(x)=\mathrm{e}^{-2x}/2+\mathrm{e}^{-40x}(\cos 40x+\sin 40x)/2, \\ y^2(x)=\mathrm{e}^{-2x}/2-\mathrm{e}^{-40x}(\cos 40x+\sin 40x)/2, \\ y^3(x)=-\mathrm{e}^{-40x}(\cos 40x-\sin 40x). \end{cases} \tag{7.75}$$

如果用通常的方法解 (7.74), 如显式线性多步法或显式 Runge-Kutta 方法, 应选 $h$ 使 $|h\lambda_i|<c$, 如对于 Euler 方法, $c=2$, 对四阶 Runge-Kutta 方法, $c=2.78$. 由于 $|\lambda_1|=40\sqrt{2}$ 很大, 故 $h$ 应取得很小, 这样, 为求得 $x$ 充分大时的 $Y(x)$ 的值, 就需要计算很多步. 然而从 (7.75) 看出, 包含 $\lambda_1,\lambda_2$ 的项随 $x$ 增大迅速消失, 当 $x$ 适当大时只有包含 $\lambda_3$ 的项起作用, 因此, 用 $\lambda_1$ 来限制步长是很不自然的. 但如果按 $\lambda_3$ 来选择步长, 由于计算误差的积累, 会使计算结果失真. 基于这种原因, 必须对这类特殊方程考虑特殊的解法.

**定义 7.13** 方程组 $\dfrac{\mathrm{d}Y}{\mathrm{d}x}=JY+f(x)$ 称为刚性方程组, 如果 $\mathrm{Re}\lambda_i<0,\ \ i=1,2,\cdots,n$, 并且

$$\max_j|\mathrm{Re}\lambda_j|\gg\min_j|\mathrm{Re}\lambda_j|,$$

$\lambda_j$ 为 $J$ 的特征值. 比值

$$\max_j|\mathrm{Re}\lambda_j|/\min_j|\mathrm{Re}\lambda_j|$$

称为刚性比.

对于非线性微分方程组, 如果 $\dfrac{\partial f}{\partial Y}$ 的特征值在 $x$ 的变化区域内满足上述条件, 也称它为刚性方程组.

刚性问题广泛存在于化学反应过程、电力系统、航空、航天, 热核反应等许多重要科学技术领域及实际问题中.

下面列举一个刚性问题的例子. 考虑一维热传导问题

$$\begin{cases} \dfrac{\partial u}{\partial t}=\dfrac{\partial^2 u}{\partial x^2}, & x\in[0,1], t\in[0,+\infty), \\ u(0,t)=\beta_0(t), u(1,t)=\beta_1(t), & t\in[0,+\infty), \\ u(x,0)=\psi(x), & x\in[0,1]. \end{cases}$$

将区间 $[0,1]$ 分成 $N$ 个长度为 $\Delta x=\dfrac{1}{N}$ 的子区间. 记

$$u_i(t)=u(i\Delta x,t),\quad t\geqslant 0,\ i=0,1,\cdots,N.$$

由于

$$\frac{\partial^2 u(i\Delta x,t)}{\partial x^2}=\frac{1}{(\Delta x)^2}[u((i+1)\Delta x,t)-2u(i\Delta x,t)+u((i-1)\Delta x,t)]+O((\Delta x)^2),$$

可以得到

$$\frac{\mathrm{d}u_i(t)}{\mathrm{d}t}=\frac{1}{(\Delta x)^2}[u_{i+1}(t)-2u_i(t)+u_{i-1}(t)]+O((\Delta x)^2),\quad i=1,2,\cdots,N-1$$

及逼近原问题的半离散格式

$$\begin{cases} \dfrac{\mathrm{d}U(t)}{\mathrm{d}t}=AU(t)+\varphi(t), \quad t\geqslant 0, \\ U(0)=[\psi(\Delta x),\psi(2\Delta x),\cdots,\psi((N-1)\Delta x)]^{\mathrm{T}}, \end{cases}$$

其中

$$A=N^2\begin{bmatrix} -2 & 1 & & & \\ 1 & -2 & 1 & & \\ & \ddots & \ddots & \ddots & \\ & & 1 & -2 & 1 \\ & & & 1 & -2 \end{bmatrix},\quad \begin{cases} \varphi(t)=N^2(\beta_0(t),0,\cdots,0,\beta_1(t))^{\mathrm{T}}, \\ U(t)=(\hat{u}_1(t),\hat{u}_2(t),\cdots,\hat{u}_{N-1}(t))^{\mathrm{T}}, \end{cases}$$

$\hat{u}_i(t)$ 是 $u_i(t)$ 的近似. 如所熟知, 矩阵 $A$ 的特征值为

$$\lambda_i = -4N^2 \sin^2 \frac{i\pi}{2N}, \quad i = 1, 2, \cdots, N-1.$$

当 $N$ 很大时, 最小及最大特征值分别为

$$\lambda_{\min} = -4N^2 \sin^2 \frac{(N-1)\pi}{2N} \approx -4N^2, \quad \lambda_{\max} = -4N^2 \sin^2 \frac{\pi}{2N} \approx -\pi^2.$$

由定义 7.13 可见该问题在解的慢变区间上呈现刚性, $N$ 越大则刚性越强.

用于刚性方程组的数值方法应当对 $h$ 不加限制, 为此, 必须采用高稳定的隐式方法 (如隐式 Runge-Kutta 方法) 进行计算, 同时在求解隐式方程时采用的迭代法一般是 Newton 法.

## 7.7 边值问题的数值方法

本节主要介绍求解二阶微分方程两点边值问题的差分方法和打靶法. 二阶微分方程

$$y''(x) = f(x, y, y'), \quad a \leqslant x \leqslant b, \quad |y| < +\infty \tag{7.76}$$

的两点边值问题, 简称边值问题, 其边值条件有下面三类:

第一边值条件

$$y(a) = \alpha, \quad y(b) = \beta; \tag{7.77}$$

第二边值条件

$$y'(a) = \alpha, \quad y'(b) = \beta; \tag{7.78}$$

第三边值条件

$$y'(a) - \alpha_0 y(a) = \alpha_1, \quad y'(b) + \beta_0 y(b) = \beta_1, \tag{7.79}$$

其中 $\alpha_0, \beta_0 \geqslant 0$, $\alpha_0 + \beta_0 > 0$. 微分方程 (7.76) 附加上第一、第二、第三边值条件, 它们分别称为第一、第二、第三边值问题.

### 7.7.1 差分方法

差分方法是解微分方程边值问题的一种基本数值方法, 它是以差商代替导数, 从而把微分方程离散化为一个差分方程组, 然后解此方程组, 以它的解作为微分方程边值问题的近似解. 具体做法如下:

用分点

$$x_0 = a, \quad x_1 = a + h, \quad \cdots, \quad x_N = a + Nh$$

将区间 $[a,b]$ 划分为 $N$ 等份, 这里 $Nh=b-a$, $x_i$ 称为结点 (或节点), 把 $y(x_{m+1})$ 和 $y(x_{m-1})$ 在 $x_m$ 按 Taylor 公式展开:

$$\begin{aligned}y(x_{m+1})=y(x_m+h)=&y(x_m)+hy'(x_m)+\frac{1}{2!}h^2y''(x_m)+\frac{h^3}{3!}y'''(x_m)\\&+\frac{1}{4!}h^4y^{(4)}(\xi_m'),\quad x_m<\xi_m'<x_{m+1},\\y(x_{m-1})=y(x_m-h)=&y(x_m)-hy'(x_m)+\frac{1}{2!}h^2y''(x_m)-\frac{h^3}{3!}y'''(x_m)\\&+\frac{1}{4!}h^4y^{(4)}(\xi_m''),\quad x_{m-1}<\xi_m''<x_m.\end{aligned}$$

于是得到

$$y''(x_m)=\frac{y(x_{m+1})-2y(x_m)+y(x_{m-1})}{h^2}+\frac{h^2}{12}y^{(4)}(\xi_m),$$
$$x_{m-1}<\xi_m<x_{m+1}.$$

从而可取

$$h^2y''(x_m)\approx y(x_{m+1})-2y(x_m)+y(x_{m-1}),$$

再取

$$2hy'(x_m)\approx y(x_{m+1})-y(x_{m-1}),$$

并以 $y_m$ 表示 $y(x_m)$ 的近似值, $m=0,1,\cdots,N$, 则得到方程 (7.76) 的近似式

$$y_{m+1}-2y_m+y_{m-1}-h^2f\left(x_m,y_m,\frac{y_{m+1}-y_{m-1}}{2h}\right)=0,\quad m=1,2,\cdots,N-1.\tag{7.80}$$

对于第一边值问题, 我们已知 $y_0=\alpha,\ \ y_N=\beta$, 这时我们得到关于第一边值问题 (7.76), (7.77) 的差分方程

$$\begin{cases}y_{m+1}-2y_m+y_{m-1}-h^2f\left(x_m,y_m,\dfrac{y_{m+1}-y_{m-1}}{2h}\right)=0,\\\qquad\qquad m=1,2,\cdots,N-1, & (7.81\text{a})\\y_0=\alpha,\quad y_N=\beta. & (7.81\text{b})\end{cases}$$

这是一个非线性方程组, 把它的解 $y_0,y_1,\cdots,y_N$ 作为第一边值问题 (7.76), (7.77) 的解 $y(x)$ 在 $x_0,x_1,\cdots,x_N$ 的近似值. 对于第二、第三边值问题, 边值条件 (7.78) 和 (7.79) 中出现了导数, 也要用差商代替导数, 当然可取近似公式

$$hy_0'=y_1-y_0,\quad hy_N'=y_N-y_{N-1},$$

但是, 为了提高精度, 采用插值型数值微分公式:

$$2hy_0' = -y_2 + 4y_1 - 3y_0, \quad 2hy_N' = 3y_N - 4y_{N-1} + y_{N-2}.$$

这样, 可以得到第二边值问题的差分方程

$$\begin{cases} y_{m+1} - 2y_m + y_{m-1} - h^2 f\left(x_m, y_m, \dfrac{y_{m+1} - y_{m-1}}{2h}\right) = 0, \\ \qquad\qquad m = 1, 2, \cdots, N-1, & (7.82a) \\ -y_2 + 4y_1 - 3y_0 = 2h\alpha, & (7.82b) \\ 3y_N - 4y_{N-1} + y_{N-2} = 2h\beta & (7.82c) \end{cases}$$

和第三边值问题的差分方程

$$\begin{cases} y_{m+1} - 2y_m + y_{m-1} - h^2 f\left(x_m, y_m, \dfrac{y_{m+1} - y_{m-1}}{2h}\right) = 0, \\ \qquad\qquad m = 1, 2, \cdots, N-1, & (7.83a) \\ -y_2 + 4y_1 - 3y_0 - 2h\alpha_0 y_0 = 2h\alpha_1, & (7.83b) \\ 3y_N - 4y_{N-1} + y_{N-2} + 2h\beta_0 y_N = 2h\beta_1, & (7.83c) \end{cases}$$

其中 $\alpha_0 \geqslant 0, \ \beta_0 \geqslant 0, \ \alpha_0 + \beta_0 > 0.$

### 7.7.2 线性问题差分方法

在有些情形下, 方程组 (7.81a), (7.82a), (7.83a) 是线性的. 当方程 (7.76) 中的 $f$ 形如

$$f(x, y, y') = r(x) + q(x)y + p(x)y' \tag{7.84}$$

时, 就会出现上述情形. 这时, 方程组 (7.80) 成为

$$y_{m+1} - 2y_m + y_{m-1} - h^2 \left[r(x_m) + q(x_m)y_m + p(x_m)\frac{y_{m+1} - y_{m-1}}{2h}\right] = 0,$$

或等价地写为

$$-\left(1 + \frac{h}{2}p_m\right) y_{m-1} + (2 + h^2 q_m)y_m - \left(1 - \frac{h}{2}p_m\right) y_{m+1} = -h^2 r_m, \tag{7.85}$$

$$m = 1, 2, \cdots, N-1.$$

其中,

$$p_m = p(x_m), \quad q_m = q(x_m), \quad r_m = r(x_m).$$

现在设

$$\begin{cases} a_m = -(1 + hp_m/2), \\ d_m = 2 + h^2 q_m, \\ c_m = -(1 - hp_m/2), \\ b_m = -h^2 r_m, \end{cases} \quad m = 1, 2, \cdots, N-1. \tag{7.86}$$

于是, (7.85) 就成为

$$a_m y_{m-1} + d_m y_m + c_m y_{m+1} = b_m.$$

这时, 第一边值问题的差分方程可写为

$$\begin{cases} d_1 y_1 + c_1 y_2 = b_1 - a_1 \alpha, \\ a_m y_{m-1} + d_m y_m + c_m y_{m+1} = b_m, \quad 2 \leqslant m \leqslant N-2, \\ a_{N-1} y_{N-2} + d_{N-1} y_{N-1} = b_{N-1} - c_{N-1} \beta, \end{cases} \tag{7.87}$$

写成矩阵形式为

$$\begin{bmatrix} d_1 & c_1 & & & \\ a_2 & d_2 & c_2 & & \\ & \ddots & \ddots & \ddots & \\ & & a_{N-2} & d_{N-2} & c_{N-2} \\ & & & a_{N-1} & d_{N-1} \end{bmatrix} \begin{bmatrix} y_1 \\ y_2 \\ \vdots \\ y_{N-2} \\ y_{N-1} \end{bmatrix} = \begin{bmatrix} b_1 - a_1 \alpha \\ b_2 \\ \vdots \\ b_{N-2} \\ b_{N-1} - c_{N-1} \beta \end{bmatrix}, \tag{7.88}$$

这是一个三对角线性方程组, 第 4 章中介绍了它的解法. 关于它的解的存在唯一性及误差分析, 稍后将要介绍.

对于第二、第三边值问题, 将 (7.85) 中取 $m = 1$ 的方程分别和 (7.82b), (7.83b) 联立, 消去 $y_2$; 将 (7.85) 中取 $m = N-1$ 的方程和 (7.82c), (7.83c) 联立, 消去 $y_{N-2}$, 再把所得的方程分别与 (7.85) 联立, 便得到与 (7.87) 类似的方程组, 这里就不再详述了.

### 7.7.3 极值原理及误差估计

设 (7.84) 的右端里的 $p(x), q(x)$ 和 $r(x)$ 是给定的连续函数, 且 $q(x) \geqslant 0, x \in [a, b]$, 并且假设 $h < 2/M$, 这里 $M = \max\limits_{a \leqslant x \leqslant b} |p(x)|$. 注意, 当 $p(x) \equiv 0$ 时, 对 $h$ 无限制. 这时由 (7.86) 得

$$a_m < 0, \ \ c_m < 0, \ \ -(a_m + c_m) \leqslant d_m, \quad m = 1, 2, \cdots, N-1. \tag{7.89}$$

**定理 7.16** (极值原理) 假设 (7.89) 成立, 且如果

$$\Gamma_m \equiv a_m y_{m-1} + d_m y_m + c_m y_{m+1} = 0, \quad m = 1, 2, \cdots, N-1, \tag{7.90}$$

则

$$|y_m| \leqslant \max(|y_0|, |y_N|), \quad m = 1, 2, \cdots, N-1.$$

**证明** 假设 $\max\limits_{0\leqslant m\leqslant N} |y_m|$ 在 $|y_k|$ 达到, $1 \leqslant k \leqslant N-1$. 令 $\mu = -a_k/d_k$, $\eta = -c_k/d_k$, 则 $\mu + \eta \leqslant 1$, 且由 (7.90) 得

$$|y_k| \leqslant \mu |y_{k-1}| + \eta |y_{k+1}| \leqslant \max(|y_{k-1}|, |y_{k+1}|).$$

由假设 $\max(|y_{k-1}|, |y_{k+1}|) \leqslant |y_k|$, 从而

$$|y_k| = \max(|y_{k-1}|, |y_{k+1}|).$$

若设 $|y_k| = |y_{k+1}| > |y_{k-1}|$, 那么因为 $\mu > 0$,

$$|y_k| \leqslant \mu |y_{k-1}| + \eta |y_k| < |y_k|.$$

所以必定有 $|y_{k+1}| = |y_k| = |y_{k-1}|$. 在每一点继续这一过程, 则得 $|y_0| = \cdots = |y_N|$. 也就是如果 $\{|y_m|\}$ 在一个内点取到极大, 那么 $|y_m|$ 是常数. □

作为这一结果的一个直接推论可得以下定理

**定理 7.17** 设 $p(x), q(x), r(x)$ 在 $[a,b]$ 上连续, $q(x) \geqslant 0$, $x \in [a,b]$, 若 $h < 2/M, M = \max\limits_{x\in[a,b]} |p(x)|$, 则方程组 (7.87) 有唯一解.

**证明** 记 (7.88) 的系数矩阵为 $A$, 常数项向量为 $b$, $Y = (y_1, y_2, \cdots, y_{N-1})^{\mathrm{T}}$. 则 (7.88) 可简记为 $AY = b$. 考虑齐次方程组 $AY = 0$. 若令 $\alpha = \beta = 0$, 且假设由 (7.90) 定义的 $|\Gamma_m| = 0, m = 1, 2, \cdots, N-1$, 可以看出, 极值原理意味着 $|y_m| = 0, m = 1, 2, \cdots, N-1$. 即方程组 $AY = 0$ 只有零解, 因此 $A$ 是非奇异的.□

下面给出基本的离散化误差的结果. 为简单起见, 进一步假设 $q(x) \geqslant r > 0, x \in [a,b]$ (这只是一个方便的条件, 而绝不是关于 $q(x)$ 的必要的限制). 设 $y(x)$ 为边值问题 (7.76), (7.77), (7.84) 的解, 定义局部离散化误差为

$$\begin{aligned}\tau(x,h) =& [y(x-h) - 2y(x) + y(x+h)]/h^2 \\ &- p(x)[y(x+h) - y(x-h)]/2h - q(x)y(x) - r(x).\end{aligned} \tag{7.91}$$

**定理 7.18**　设 $p(x)$, $q(x)$, $r(x)$ 在 $[a,b]$ 上连续, $q(x) \geqslant r > 0$, $x \in [a,b], h < 2/M, M = \max\limits_{x\in[a,b]} |p(x)|$, $y(x)$ 为边值问题 (7.76), (7.77), (7.84) 的唯一真解, 而 $y_m$ 为 (7.87) 的解, 则存在与 $h$ 无关的常数 $c$, 使

$$|y(x_m) - y_m| \leqslant c\tau(h), \quad m = 1, 2, \cdots, N-1, \tag{7.92}$$

而

$$\tau(h) = \max_{a+h\leqslant x\leqslant b-h} |\tau(x,h)|.$$

此定理证明较简单, 请读者自行完成.

估计式 (7.92) 指出, 倘若 $\lim\limits_{h\to 0} \tau(h) = 0$, 则整体离散化误差

$$\max_{1\leqslant m\leqslant N-1} |y(x_m) - y_m|$$

当 $h \to 0$ 时是趋于零的. 下面详细地研究 $\tau$.

首先, 从微分方程中求出 $r(x)$ 代入 (7.91), 把 $\tau(x,h)$ 写成

$$\begin{aligned}\tau(x,h) = &\left\{[y(x-h) - 2y(x) + y(x+h)]/h^2 - y''(x)\right\} \\ &- p(x)\left\{[y(x+h) - y(x-h)]/2h - y'(x)\right\}.\end{aligned}$$

注意, $\tau(x,h)$ 不依赖于 $q$ 和 $r$, 实质上只是依赖于 $y'$ 和 $y''$ 的有限差分近似. 若 $y$ 是二次连续可微, 那么

$$\lim_{h\to 0} \frac{y(x+h) - 2y(x) + y(x-h)}{h^2} = y''(x),$$

$$\lim_{h\to 0} \frac{y(x+h) - y(x-h)}{2h} = y'(x),$$

关于 $x$ 一致成立. 因此当 $h \to 0$ 时, $\tau(h) \to 0$. 于是有以下定理.

**定理 7.19**　如果初值问题 (7.76), (7.77), (7.84) 的解 $y(x)$ 是二次连续可微, 且定理 7.18 中条件成立, 则

$$\lim_{h\to 0} |y(x_m) - y_m| = 0.$$

对于非线性微分方程, 以第一边值问题为例来讨论它的差分解法. 设 $f_m = f\left(x_m, y_m, \dfrac{y_{m+1} - y_m}{2h}\right)$, 则第一边值问题 (7.76), (7.77) 的差分方程组 (7.81) 可改写为

$$\begin{cases} y_{m+1} - 2y_m + y_{m-1} = h^2 f_m, \quad m = 1, 2, \cdots, N-1, \\ y_0 = \alpha, y_N = \beta, \end{cases}$$

或写成矩阵形式：

$$AY = h^2 f - r, \tag{7.93}$$

其中，

$$A = \begin{bmatrix} -2 & 1 & & & \\ 1 & -2 & 1 & & \\ & \ddots & \ddots & \ddots & \\ & & 1 & -2 & 1 \\ & & & 1 & -2 \end{bmatrix}, \quad r = \begin{bmatrix} \alpha \\ 0 \\ \vdots \\ 0 \\ \beta \end{bmatrix},$$

$$Y = (y_1, y_2, \cdots, y_{N-1})^{\mathrm{T}}, \quad f = (f_1, f_2, \cdots, f_{N-1})^{\mathrm{T}}.$$

(7.93) 是一个关于 $y_1, y_2, \cdots, y_{N-1}$ 的非线性方程组，所以不能直接求解. 但可通过迭代法例如简单迭代法或 Newton 迭代法求解. 可以证明，在一定的条件下，这样的迭代过程是收敛的，而且还可以证明方程组 (7.93) 的解当 $h \to 0$ 时也收敛到边值问题 (7.76), (7.77) 的解.

### 7.7.4 打靶法

打靶法可用来求解二阶或高阶线性或非线性微分方程. 这个方法的实质在于把边值问题化为初值问题来解. 此时可采用已讨论过的各种初值问题的单步法或多步法进行求解. 下面将以第一边值问题为例来讨论打靶法.

考虑边值问题 (7.76), (7.77)，若用前面讨论的初值问题的计算方法进行计算，需要有两个初始条件. 但现在只有一个初值条件 $y(a) = \alpha$，为了求解此问题，采用下面的做法：先猜测 $y'(a)$，然后求出所得的初值问题在 $b$ 处的解，并且希望求得的解就是 $\beta$，即 $y(b) = \beta$. 如果达不到预期结果，那么就回过来修改 $y'(a)$ 的猜测值. 如果能够从多种不同的尝试中掌握一些信息的话，那么重复这个过程直到击中目标 $\beta$ 就不失为一种好方法，见图 7-3. 人们已经有一套系统地利用这类信息的手段，下面就介绍这些手段.

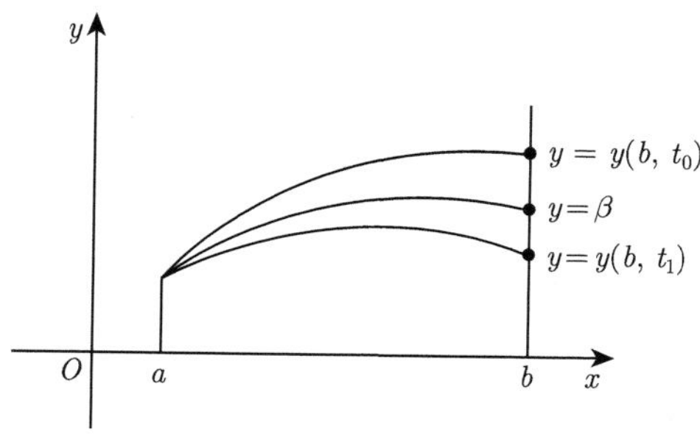


图 7-3 打靶法

因为上述初始问题的解最终值 $y(b)$ 依赖于对 $y'(a)$ 所作的猜测, 而微分方程 $y''=f(x,y,y')$ 和初值 $y(a)=\alpha$ 是不变的. 如果把所缺的另一个初值取作实值 $t$, 即

$$y'(a)=t,$$

那么就可求出该初值问题的数值解 $y(x,t)$. 现在, $y(x,t)$ 在点 $x=b$ 处的值是 $t$ 的函数. 换句话说, 每取一个 $t$ 值, 就得到一个新的 $y(b)$ 的值. 如果对于某个 $t$, 如果 $y(b,t)=\beta$, 则计算结束. 但通常情况下, 只能得到

$$|y(b,t)-\beta|<\varepsilon,$$

其中, $\varepsilon$ 为允许的误差界. 这样, 把 $y(x,t)$ 作为边值问题 (7.76), (7.77) 的近似值. 为此, 采用逐次逼近法来实现.

假设 $y(x)$ 为边值问题的解, 估计 $y'(a)$ 的值为 $t_0$ 后, 解初值问题

$$\begin{cases} y''=f(x,y,y'), \quad x\in[a,b], \quad |y|<+\infty, \\ y(a)=\alpha, y'(a)=t_0. \end{cases}$$

这样得到的解为 $y(x,t_0)$, 并计算得 $y(b,t_0)=\beta_0$. 一般地, $\beta_0\neq\beta$. 但若 $\beta_0=\beta$ 或 $|\beta_0-\beta|<\varepsilon$, 则把 $y(x,t_0)$ 作为边值问题 (7.76), (7.77) 的解; 否则, 再修改调整 $t_0$. 例如取 $t_1=\beta t_0/\beta_0$, 再解初值问题, 得解为 $y(x,t_1)$, 设 $y(b,t_1)=\beta_1$, 若 $\beta_1=\beta$ 或 $|\beta_1-\beta|<\varepsilon$, 则 $y(x,t_1)$ 作为边值问题 (7.76), (7.77) 的解; 否则, 再修改 $t_1$. 如此重复计算, 直到

$$\beta_k=\beta \text{ 或 } |\beta_k-\beta|<\varepsilon,$$

便以 $y(x,t_k)$ 作为边值问题的解.

现在的问题是如何确定参数 $t_k$. 当 $t=t_k$ 时, 从初值问题计算得到 $y(x,t_k)$. 自然, 我们希望

$$\lim_{k\to\infty} y(b,t_k)=y(b)=\beta.$$

因此, 确定 $t_k$ 的问题可归结为求方程

$$y(b,t)-\beta=0 \tag{7.94}$$

的近似值. (7.94) 是一个非线性方程, 可用本书第 5 章中介绍的方法求解.

假如用割线法来解 (7.94), 需要选取初始近似值 $t_0$, $t_1$, 由公式

$$t_k=t_{k-1}-\frac{y(b,t_{k-1})-\beta}{y(b,t_{k-1})-y(b,t_{k-2})}(t_{k-1}-t_{k-2}), \quad k=2,3,\cdots \tag{7.95}$$

生成序列 $\{t_k\}$, 按式 (7.95) 求 $t_k$, 直到 $|y(b,t_k)-\beta|<\varepsilon$ 为止, 其中 $\varepsilon$ 为允许的误差界.

对于第三边值问题, 同样可以用打靶法求解. 设第三边值问题为

$$y''=f(x,y,y'),\quad x\in[a,b], \tag{7.96}$$

$$p_1y(a)+q_1y'(a)=\alpha,\quad |p_1|+|q_1|\neq 0, \tag{7.97}$$

$$p_2y(b)+q_2y'(b)=\beta,\quad |p_2|+|q_2|\neq 0, \tag{7.98}$$

打靶法的基本过程如下:

(1) 选取参数 $t_0$, 令 $y'(a)=t_0$, 设 $p_1\neq 0$, 则由 (7.97) 可以确定 $y(a)$, 从而得到初值问题

$$\begin{cases} y''=f(x,y,y'), \quad a\leqslant x\leqslant b,\\ y(a)=(\alpha-q_1t_0)/p_1,\\ y'(a)=t_0. \end{cases} \tag{7.99}$$

求初值问题 (7.99) 的解 $y(x,t_0)$.

(2) 把 $y(x,t_0)$ 代入式 (7.98) 左端得

$$\beta_0=p_2y(b,t_0)+q_2y'(b,t_0).$$

若 $\beta_0=\beta$, 则 $y(x,t_0)$ 为所求的边值问题的近似解; 若 $\beta_0\neq\beta$, 则令

$$t_1=\frac{\beta t_0}{\beta_0}.$$

设 $y'(a)=t_1$, 以 $t_1$ 取代 $t_0$ 解初值问题 (7.99), 求得解 $y(x,t_1)$ 后再代入 (7.98) 式左端得

$$\beta_1=p_2y(b,t_1)+q_2y'(b,t_1).$$

若 $\beta_1=\beta$, 则以 $y(x,t_1)$ 为所求边值问题的近似解.

(3) 若 $\beta_1\neq\beta$, 则从 $t_0$, $t_1$, $\beta_0$, $\beta_1$ 出发, 由割线法

$$t_k=t_{k-1}-\frac{(\beta_{k-1}-\beta)}{\beta_{k-1}-\beta_{k-2}}(t_{k-1}-t_{k-2}),\quad k=2,3,\cdots$$

产生序列 $\{t_k\}$, 直到

$$|p_2y(b,t_k)+q_2y'(b,t_k)-\beta|<\varepsilon$$

为止, $\varepsilon$ 为允许的误差限.

若 $p_1 = p_2 = 0$, 则 (7.96) ∼ (7.98) 为第二边值问题, 处理方法完全类似.

从上述打靶法的过程可知, 如果在相应初值问题的每步求解过程中都采用很小的步长 $h$ 计算, 则打靶法可能是很费时间的. 因而, 我们采用一个相对来说较大的 $h$ 值, 等到 $|y(b,t_k)-\beta|$ 较小后, 再缩小 $h$ 以得到所需的精确度.

最后, 以讨论线性情况下的打靶法.

考虑线性边值问题

$$\begin{cases} y'' = p(x)y' + q(x)y + r(x), \\ y(a) = \alpha, \quad y(b) = \beta. \end{cases} \tag{7.100}$$

假设已用特定的值 $t = t_1, t_2$ 两次解出初值问题

$$\begin{cases} y'' = p(x)y' + q(x)y + r(x), \\ y(a) = \alpha, \quad y'(a) = t. \end{cases}$$

所得的解分别为 $y(x,t_1), y(x,t_2)$. 可以证明, 函数

$$z(x) = \lambda y(x,t_1) + (1-\lambda)y(x,t_2)$$

具有性质

$$\begin{cases} z'' = p(x)z' + q(x)z + r(x), \\ z(a) = \alpha. \end{cases}$$

用函数 $z(x)$ 就差不多可以解出边值问题 (7.100), 它包含一个可以确定下来的参数 $\lambda$. 利用条件 $z(b) = \beta$, 即得

$$\lambda y(b,t_1) + (1-\lambda)y(b,t_2) = \beta.$$

由此可得

$$\lambda = \frac{\beta - y(b,t_2)}{y(b,t_1) - y(b,t_2)}.$$

实现前述思想的做法, 实质上等价于求解两个初值问题:

$$\begin{cases} y'' = p(x)y' + q(x)y + r(x), \\ y(a) = \alpha, \quad y'(a) = 0 \end{cases} \tag{7.101}$$

和

$$\begin{cases} y'' = p(x)y' + q(x)y + r(x), \\ y(a) = \alpha, \quad y'(a) = 1. \end{cases} \tag{7.102}$$

于是, 原来两点边值问题的解就是

$$y(x) = \lambda y_1(x) + (1-\lambda)y_2(x),$$

其中 $\lambda = \dfrac{\beta - y_2(b)}{y_1(b) - y_2(b)}$, 这里 $y_1(x), y_2(x)$ 分别为 (7.101) 和 (7.102) 的解.

## 7.8 Hamilton 系统保结构算法简介

经典力学有三种等价的基本形式, 即 Newton 力学、Lagrange 力学和 Hamilton (哈密顿) 力学. 这三种不同形式都可以用某种具有特定结构的常微分方程来表示. 虽然三种形式在数学上等价, 但是不同的表述形式对于相应方程的数值模拟可以带来很大差异, 对它们各自的数值格式的构造和分析都具有重要影响. 所以在设计计算格式之前, 我们应该选择一种适合的数学形式.

冯康先生首先认识到 Hamilton 形式具有重要的优势, 而且这种数学表达形式的优势可以使得与之匹配的数值方法获得更优的数值结果. 这个思想被称为"**冯氏大定理**" (Feng, 1992):

"Different representations for the same physical law can lead to different computational techniques in solving the same problem, which can produce different numerical results $\cdots$."

绝大多数真实的、耗散效应可以忽略不计的系统都可以表示成 Hamilton 系统的形式, 所以对 Hamilton 系统进行数值研究具有重要意义. 经典 Hamilton 系统以其广泛的实际应用和优美的对称结构获得了长期深入的研究. 自 20 世纪 80 年代以来, Hamilton 系统数值方法的研究成为计算数学的一个重要课题, 取得了非常丰硕的成果, 特别是冯康先生及其课题组在该领域做出了开创性的贡献. 由该领域研究发展起来的保结构算法的基本思想已经广泛应用到计算数学的各个方面, 并且广为接受, 成为构造数值格式的重要指导思想. 因此, 本节对 Hamilton 系统保结构算法做一简单介绍. 进一步的介绍可以参考本节的参考文献 (Arnold, 1978; Feng, et al., 2010; Hairer, et al., 2002).

### 7.8.1 Hamilton 方程及其基本性质

经典 Hamilton 系统表示为

$$\dot{p}(t) = -\frac{\partial H(p,q)}{\partial q}, \quad \dot{q}(t) = \frac{\partial H(p,q)}{\partial p},$$

其中 $p = (p_1, p_2, \cdots, p_N)^{\mathrm{T}}$ 称为广义动量, $q = (q_1, q_2, \cdots, q_N)^{\mathrm{T}}$ 称为广义位置, $H(p,q)$ 为 Hamilton 函数, 表示系统能量. 加上适当的初值 $p(0) = p_0, q(0) = q_0$ 就

构成一个常微分初值问题. 该方程表示系统位置和动量随着时间的演化. Hamilton 系统具有两个非常重要的特征, 即系统的**能量守恒**和**辛结构**. 见 7.1 节的简单介绍和例子.

辛结构的几何解释是系统的相流在各个坐标组合 $(p_i, q_i)$ 中的投影面积之和不变. 这个重要结构使得系统具有非常多的重要性质, 如没有渐进稳定的平衡点, 系统的相空间体积守恒等.

冯康先生在 20 世纪 80 年代提出**保结构算法**的基本思想, 即数值算法应该尽可能地保持原系统的重要结构 (Feng, 1992):

"A basic idea behind the design of numerical schemes is that they can preserve the properties of the original problems as much as possible $\cdots$."

基于这个思想, 对 Hamilton 系统而言, 我们构造的数值方法应该保持系统的辛结构或者能量不变. 设 $y_n = (p_n^{\mathrm{T}}, q_n^{\mathrm{T}})^{\mathrm{T}}, n \geqslant 0$. 则单步方法, 如 Runge-Kutta 方法, 可以定义一个离散映射:

$$y_{n+1} = \Phi_h(y_n), \quad n \geqslant 0.$$

称一个算法是保辛的, 如果

$$\left(\frac{\partial \Phi_h(y_n)}{\partial (y_n)}\right)^{\mathrm{T}} J \left(\frac{\partial \Phi_h(y_n)}{\partial (y_n)}\right) = J.$$

根据这个定义, 可以证明中点格式是一个辛格式. 此外, 基于 Gauss 点的配置高阶 Runge-Kutta 方法都是辛格式.

称一个算法是保能量的, 如果 $H(p_n, q_n) = H(p_0, q_0), \quad n \geqslant 1$.

对 Hamilton 系统而言, 自 20 世纪 80 年代以来, 保结构算法的研究取得了丰硕的成果, 这些研究大致分为两大类, 即保辛算法和保能量算法. 辛算法的构造有好几种不同的途径, 冯康先生基于 Hamilton 系统的生成函数构造了辛差分格式, 并且用大量的数值试验说明了辛算法在长时间计算方面具有极为明显的优势. 1988 年, Sanz-Serna (桑兹–塞尔纳) 在中科院访问冯先生期间, 受到冯先生工作的启发, 提出了 Runge-Kutta 方法保辛的条件. 孙耿进一步提出了可分 Runge-Kutta 方法的保辛条件, 并且给出了很多辛可分 Runge-Kutta 方法的实例. 对于带有完整约束的 Hamilton 系统, Marsden (马斯登) 及其合作者利用离散变分原理, 构造了保辛的变分积分子. 秦孟兆研究了保辛的组合方法. 唐贻发研究了辛多步方法, 并且证明一般的多步方法不能保持辛结构. 关于辛方法的两个重要成果是尚在久证明的离散 KAM 定理, 和由 Benettin (贝内廷), Giorgilli (乔治利), Reich (赖希), Hairer (海尔) 等人发展起来的向后误差分析理论. 这两个理论都是用来解释辛算法为什么具有很好的长时间计算能力, 进而从理论上证明了辛算法的优势.

保持能量守恒的主要算法有: Hairer 等人提出的投影算法和对称投影算法, 近年发展起来的 Hamilton 系统平均向量场方法, Brugnano (布鲁格纳诺) 等人提出的 Hamilton 系统边值方法等.

由于辛和能量都是 Hamilton 系统的重要特征, 人们自然希望寻找同时保辛和保能量的方法, 但是葛忠和 Marsden 证明, 通常情况下对于非可积 Hamilton 系统, 辛算法是不能保持能量的. 这个结果也从一个侧面反映了离散动力系统和连续系统的内在差异.

## 习 题 7

7.1 用 Euler 方法解初值问题

$$y' = ax + b, \quad y(0) = 0,$$

并证明其截断误差

$$y(x_m) - y_m = \frac{amh^2}{2}.$$

7.2 证明: 改进的 Euler 方法是稳定的.

7.3 设 $\xi_j$ 为常系数线性差分方程

$$a_k y_{m+k} + \cdots + a_0 y_m = 0$$

的特征方程的 $r_j$ 重特征根, 试证明

$$\xi_j^m, \quad m\xi_j^m, \quad \cdots, \quad m^{r_j-1}\xi_j^m$$

为上述差分方程的 $r_j$ 个线性无关的解.

7.4 构造形如下面形式的三阶格式:

$$y_{m+1} = a_0 y_m + a_1 y_{m-1} + a_2 y_{m-2} + h(b_0 y'_m + b_1 y'_{m-1} + b_2 y'_{m-2}).$$

7.5 求具有最高阶的三步方法的系数.

7.6 考察形如

$$\begin{cases} y_{m+1} = y_m + h(\lambda k_1 + \mu k_2), \\ k_1 = f(x_m, y_m), \\ k_2 = f(x_m + ph, y_m + qhk_1) \end{cases}$$

的差分格式, 证明:

(1) 这类格式不可能具有三阶精度;

(2) 具有二阶精度的必为二阶 Runge-Kutta 格式.

7.7 选取参数 $p, q$, 使求积公式

$$\begin{cases} y_{m+1} = y_m + hk_1, \\ k_1 = f(x_m + ph, y_m + qhk_1) \end{cases}$$

具有二阶精度.

7.8 证明二级二阶方法

$$\begin{cases} y_{m+1} = y_m + h(k_1 + k_2)/2, \\ k_1 = f(x_m, y_m), \\ k_2 = f(x_m + h, y_m + hk_1/2 + hk_2/2) \end{cases}$$

$A$ 稳定.

7.9 试列出解初值问题

$$\begin{cases} y_1' = a_{11}y_1 + a_{12}y_2, & y_1(0) = y_1^0, \\ y_2' = a_{21}y_1 + a_{22}y_2, & y_2(0) = y_2^0 \end{cases}$$

的改进 Euler 格式.

7.10 用习题 7.9 的计算格式解初值问题

$$\begin{cases} y_1' = 3y_1 + 2y_2, & y_1(0) = 0, \\ y_2' = 4y_1 + y_2, & y_2(0) = 1. \end{cases}$$

试取 $h = 0.1$ 算到 $x = 1$, 并与精确解

$$y_1 = \frac{\mathrm{e}^{5x} - \mathrm{e}^{-x}}{3}, \quad y_2 = \frac{\mathrm{e}^{5x} + 2\mathrm{e}^{-x}}{3}$$

相比较.

7.11 找出线性差分方程

$$u_{n+1} = u_n + \frac{u_{n-1} - u_{n-2}}{4}, \quad n \geqslant 2$$

的一般解. 当 $u_0 = 4,\ u_1 = 3/2,\ u_2 = 7/4$ 时, 解是什么? 以及 $u_{1000}$ 是什么?

7.12 求常数 $a, b, c, d$, 使得线性多步方法

$$y_{m+1} = ay_{m-1} + h(by_{m+1}' + cy_m' + dy_{m-1}')$$

的局部截断误差的阶较高.

7.13 试推导求解初值问题 $y'=f(xy), y(x_0)=y_0$ 的如下数值计算格式:

$$y_{n+1}=y_n+hf(x_ny_n)+h^2f'(x_ny_n)[y_n+x_nf(x_ny_n)]/2,$$

并说明它是多少阶的格式.

7.14 讨论求解初值问题 $y'=-\lambda\, y, y(0)=a$ 的二阶中点公式

$$y_{n+1}=y_n+hf\left(x_n+\frac{h}{2}, y_n+\frac{h}{2}f(x_n,y_n)\right)$$

的数值稳定性 ($\lambda>0$, 为实数).

7.15 试用差分法, 对于 $h=0.1$ 解边值问题

$$y''-xy'+y=1,\quad y(0)=y(2)=0.$$

思维导图7

# 第 8 章　Monte Carlo 方法简介

## 8.1　基 本 原 理

Monte Carlo (蒙特卡罗) 方法, 也称统计仿真方法, 开创于 20 世纪 40 年代, 目前已成为数值计算的主流方法之一. Monte Carlo 方法通过统计模拟方式求解数学物理和工程技术领域中的复杂数值问题, 已成功应用于诸如超高维积分、非线性方程组、偏微分方程等复杂数学问题的数值求解, 以及计算物理、大型系统可靠性、地震波模拟、多元统计和运筹规划等众多科学与工程领域.

现用 “投针问题” 来扼要说明 Monte Carlo 方法的基本特征.

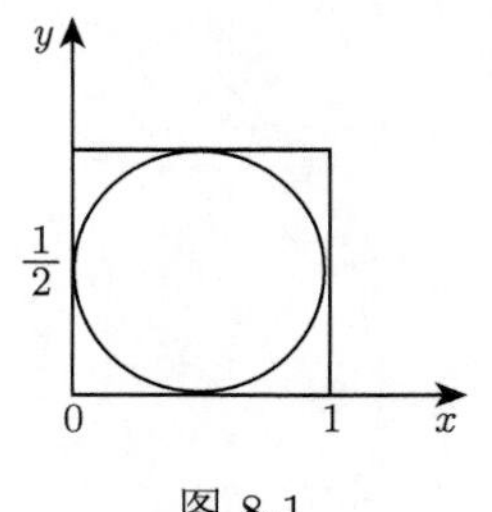


图 8-1

如图 8-1 所示, 单位正方形内有一内切圆. 将一枚细针均匀投入正方形内, 则命中圆内的概率为

$$p = \frac{\text{圆面积}}{\text{正方形面积}} = \frac{\pi}{4}.$$

若重复投针 $N$ 次且有 $M$ 次命中圆内, 则当 $N$ 充分大时,

$$p \approx \frac{M}{N}.$$

由此可得圆周率 $\pi$ 的近似值

$$\pi = 4p \approx 4\frac{M}{N}, \tag{8.1}$$

且 $N$ 越大, 式 (8.1) 越精确.

这种通过大规模重复（统计）试验获取某一理论参数近似值的方法是 Monte Carlo 求解数值问题的基本特征. 当然, 我们并不需要做实际的物理实验, 而是利用计算机进行高效率地模拟试验. 本质上, 均匀投针于正方形内, 等价于在正方形内均匀抽取样本点 $(x, y)$, 即在 $x$ 轴和 $y$ 轴的区间 (0,1) 内分别独立地均匀抽取一个样本点 $x$ 和一个样本点 $y$. 若取得的点对 $(x, y)$ 满足

$$\left(x-\frac{1}{2}\right)^2+\left(y-\frac{1}{2}\right)^2 \leqslant \frac{1}{4},$$

则 $(x, y)$ 落入圆内. 否则, $(x, y)$ 位于圆外. 独立地重复该模拟试验 $N$ 次, 并统计样本点 $(x, y)$ 落入圆内的频次 $M$, 则可获得圆周率 $\pi$ 的近似值 $4M/N$. 根据基本的统计学常识, 该近似值属于圆周率 $\pi$ 的无偏估计, 且相应的估计误差随试验次数 $N$ 增加而逐渐逼近 0. 因此, 通过设置一个合理的模拟试验次数 $N$, 该方法能够给出圆周率 $\pi$ 的一个高精度数值近似.

不难发现, 随机数字生成 (random number generation)——在区间 (0,1) 内均匀抽取样本点——是实现上述方法的一个重要技术基础. 本章将在简要介绍概率统计基本理论的基础上, 着重探讨几种常见的随机数字生成技术, 并进一步引入一些常见概率分布的抽样方法实现. 为了便于应用, 本章同时引入一些具体的应用案例以供学习参考.

## 8.2 相关概率知识

概率论是 Monte Carlo 方法的理论基础. 为便于读者更好地理解 Monte Carlo 方法原理, 本节将简要介绍有关概率知识.

### 8.2.1 样本空间与事件

与确定性实验不同, 随机试验的结果具有不可预测性和多重性, 即独立地重复同一随机试验可能会出现迥异的结果. 描述同一随机试验所有可能结果的集合称为 "**样本空间**", 而随机试验的某一次结果则称为一个 "**样本点**". 显然, 样本空间是所有样本点的集合.

以连续抛掷同一枚均匀硬币 2 次的随机试验为例. 可能的结果可以被集合

$$\{(\text{正}, \text{正}), (\text{正}, \text{反}), (\text{反}, \text{正}), (\text{反}, \text{反})\}$$

所描述. 其中, "正" 表示硬币落地后正面朝上, "反" 则表示反面朝上. 该集合中的任一元素表示随机试验的一种可能结果, 即一个样本点.

样本空间的一个子集称为一个 "随机事件". 例如, 子集 $\{(\text{正}, \text{反}), (\text{正}, \text{正})\}$ 即为上述随机试验的一个随机事件. 若随机事件中的某个样本点在随机试验中出现了, 则说该随机事件发生了. 例如, 若上述随机试验的结果为 (正, 反), 则随机事件 $\{(\text{正}, \text{反}), (\text{正}, \text{正})\}$ 发生.

### 8.2.2 概率测度

为了描述随机事件发生的概率规律, 需要对每一可能的随机事件引入一个合理的可能性度量, 即概率测度 (probability measure). 数学上, 概率测度是将样本空间 $\Omega$ 的某个子集类 ($\sigma$-代数) $\mathcal{A} \subseteq 2^{\Omega}$ (这里, $2^{\Omega}$ 表示 $\Omega$ 的所有子集构成的类,

即 $\Omega$ 的幂集) 映射到区间 $[0,1]$ 的一个可数可加且 $P(\Omega)=1$ 的集函数 $P(\cdot)$. 若 $A\in\mathcal{A}$, 则称随机事件 $A$ 可测 (measurable), 否则称其不可测. 一般来说, 给定一个概率测度空间 $(\Omega,\mathcal{A},P)$, 可能存在不可测的随机事件. 虽然如此, 任一随机事件 $A\subseteq\Omega$ 的概率 $P(A)$ 都存在, 可通过其外测度来计算. 由于概率测度满足可数可加性且 $P(\Omega)=1$, 有 $0\leqslant P(A)\leqslant 1$. 此外, 若 $A,B\in\mathcal{A}$ 且 $A\cap B=\varnothing$, 则有 $P(A\cup B)=P(A)+P(B)$.

显然, 同一样本空间可以有多种不同的概率测度, 这取决于子集类 $\mathcal{A}$ 和概率测度 $P(\cdot)$ 的具体定义.

仍然以上述抛硬币的随机试验为例.

由上所述, 其样本空间为 $\Omega=\{$(正, 正), (正, 反), (反, 正), (反, 反)$\}$. 若取 $\mathcal{A}=\{\varnothing,\Omega\}\subseteq 2^{\Omega}$ 且定义 $P(\varnothing)=0$ 和 $P(\Omega)=1$, 则 $(\Omega,\mathcal{A},P)$ 构成一个简单概率测度空间. 在该概率测度空间中, 仅有 $\varnothing$ 和 $\Omega$ 两个随机事件可测. 除此以外, 其他随机事件均不可测. 通过计算外测度, 一个随机事件 $A\subseteq\Omega$ 的概率 $P(A)=1$ 当且仅当 $A\neq\varnothing$. 显然, 这过于粗糙, 不能用于描述上述随机试验的概率规律.

当然, 也可以定义一个相对精细的概率测度: 以 $\Omega$ 的所有子集构成的类 $2^{\Omega}$ 作为 $\mathcal{A}$, 且定义任一随机事件 $A\in\mathcal{A}=2^{\Omega}$ 的概率为 $P(A)=\dfrac{|A|}{|\Omega|}$. 这样的概率度量建立在样本点等概率的基本假设下. 在相应的概率空间 $(\Omega,\mathcal{A},P)$ 中, 任一随机事件 $A\subseteq\Omega$ 都是可测的. 显然, 若硬币的质量分布确实均匀, 那么该概率度量无疑是十分合理的.

需要指出的是, 有些情况下, 不得不接受不可测随机事件的存在. 为了说明这一点, 以本章开篇的投针试验为例. 假定 $\Omega$ 为一次投针的样本空间, 即 $\Omega=\{(x,y):\ x\in[0,1],\ y\in[0,1]\}$. 由于针落在每一点 $(x,y)\in\Omega$ 附近的 “可能性” 相等, 以 Lebesgue (勒贝格) 测度 $\mu$ 为基础定义概率测度: 令 $\mathcal{A}$ 为 $\Omega$ 的 Lebesgue 可测子集类 (包含所有半开半闭子矩形且对 Lebesgue 外测度满足可数可加性的一个 $\sigma$-代数), 并且对于 $\Omega$ 的一个半开半闭子矩形 $A=(a,b]\times(c,d]\subseteq\Omega$, 定义概率 $P(A)=\dfrac{\mu(A)}{\mu(\Omega)}=\mu(A)=(b-a)\cdot(d-c)$. 该概率测度的扩张 (等同于相应 Lebesgue 测度的扩张) 可以得到一个概率测度空间 $(\Omega,\mathcal{A},P)$. 根据测度扩张的唯一性定理, 这是唯一能描述上述等概率投针试验的概率测度, 即针落在等面积子矩形中的概率相等. 然而, 该概率测度空间中存在不可测的随机事件, 即存在子集 $A\subseteq\Omega$ 且 $A\notin\mathcal{A}$.

### 8.2.3 随机变量和概率分布

为了便于定量研究随机试验的结果, 通常将样本空间 $\Omega$ 映射到欧氏空间 $\mathbb{R}^n$ 中, 相应映射即为 $n$ 维 "随机变量". 以投掷一次硬币的随机试验为例. 该试验的样本空间为 $\Omega=\{$ 正, 反 $\}$. 定义映射 $\xi:\Omega\to\mathbb{R}$ 使得 $\xi$ (正) $=1$ 且 $\xi($ 反 $)=0$, 则 $\xi$ 为一个一维随机变量.

根据随机变量取值情况, 大致分为 "离散型随机变量" 和 "连续型随机变量". 若随机变量值域可数, 则为离散型; 若随机变量的取值连续, 则为连续型随机变量. 例如, 本章开篇的投针试验结果可表示为一个二维连续型随机变量 $(\xi,\eta)$, 其中, $\xi$ 表示针落位置的横坐标值, $\eta$ 表示纵坐标值; 如上, 投掷一次硬币的试验结果则可表示为一个一维离散型随机变量 $\xi$.

给定一个概率测度空间 $(\Omega,\mathcal{A},P)$, 我们一般仅考虑那些 "可测" 的随机变量 $\xi:\Omega\to\mathbb{R}^n$, 即 $\xi$ 是一个可测函数 (对于任一 Lebesgue 可测集合 $B\subseteq\mathbb{R}^n$, 满足 $\xi^{-1}(B)\in\mathcal{A}$). 随之, 可定义随机变量 $\xi$ 的概率测度 $P_\xi(\cdot)$, 即 $P_\xi(B)=P(\xi^{-1}(B))$.

对于概率测度空间 $(\Omega,\mathcal{A},P)$ 和其上的一个随机变量 $\xi:\Omega\to\mathbb{R}^n$, 称映射 $F:\mathbb{R}^n\to[0,1]$ 为 $\xi$ 的 "概率分布函数", 若对于任一 $(x_1,x_2,\cdots,x_n)\in\mathbb{R}^n$ 有 $F(x_1,x_2,\cdots,x_n)=P(\xi^{-1}(\prod_{i=1}^n(-\infty,x_n)))$. 显然, 概率分布函数 $F(\cdot)$ 完全刻画了随机变量 $\xi$ 的概率分布规律. 由于 $\xi$ 可测, $F(\cdot)$ 可扩张为 $\mathbb{R}^n$ 上的一个 Lebesgue-Stieltjes (勒贝格–斯蒂尔切斯) 测度.

离散型随机变量的概率分布函数一般是右连续的阶梯函数, 而连续型随机变量的概率分布函数则是完全连续的. 例如, 描述投掷一枚均匀硬币一次结果的一维离散型随机变量 $\xi$ 的概率分布函数为

$$F(x)=\begin{cases}0, & x<0,\\ \dfrac{1}{2}, & x\in[0,1),\\ 1, & x\geqslant 1,\end{cases}$$

而描述投针试验中针落位置的二维连续型随机变量 $(\xi,\eta)$ 的概率分布函数为

$$F(x,y)=\begin{cases}0, & x<0\ \text{或}\ y<0,\\ \min\{x,1\}\cdot\min\{y,1\}, & x,y\geqslant 0.\end{cases}$$

概率分布函数能很好地描述概率的宏观分布. 然而, 实际应用可能需要随机变量取某值的具体概率情况. 离散型随机变量可通过 "概率分布律" 显式描述. 设一个 $n$ 维离散型随机变量 $\xi$ 的取值为 $x^{(1)}=(x_{11},\cdots,x_{1n}),\cdots,x^{(m)}=$

$(x_{m1},\cdots,x_{mn}),\cdots$, 且对应概率为 $p(x^{(1)})=P(\xi=x^{(1)}),\cdots,p(x^{(m)})=P(\xi=x^{(m)}),\cdots$, 则 $\xi$ 的概率分布律为

$$\begin{array}{c|ccccc} \xi & x^{(1)} & x^{(2)} & \cdots & x^{(m)} & \cdots \\ \hline P & p\left(x^{(1)}\right) & p\left(x^{(2)}\right) & \cdots & p\left(x^{(m)}\right) & \cdots \end{array} \tag{8.2}$$

例如, 投币试验的一维离散型随机变量 $\xi$ 的概率分布律为

$$\begin{array}{c|cc} \xi & 0 & 1 \\ \hline P & 0.5 & 0.5 \end{array}$$

不难发现, 具有分布律 (8.2) 的离散型随机变量的概率分布函数值可通过

$$F(x)=F(x_1,\cdots,x_n)=\sum_{i:\ x_{ij}<x_j\ \ \forall j=1,\cdots,n} p(x^{(i)}) \tag{8.3}$$

计算. 因此, 离散型随机变量的分布函数与分布律是一一对应、相互决定的.

概率分布律不适用于连续型随机变量. 首先, 连续型随机变量取某一具体值的概率为 0. 其次, 连续型随机变量值域不可数, 无法一一列举其可能值. 因此, 对于连续型随机变量, 通常考虑其在某具体值附近的概率分布强度, 即概率密度 (probability density).

**定义 8.1** 假定 $\xi$ 为某一维连续型随机变量, 且分布函数为 $F(x)$. 对于任一点 $y\in\mathbb{R}$, 称函数 $F(x)$ 在 $y$ 处的右导数 $\lim\limits_{\Delta\to 0^+}\dfrac{F(y+\Delta)-F(y)}{\Delta}$ 为该随机变量在 $y$ 处的概率密度, 记作 $f(y)$.

类似地，可以将 $n$-维连续型随机变量 $\xi=(\xi_1,\xi_2,\ldots,\xi_n)$ 在某一点 $y=(y_1,y_2,\ldots,\ y_n)\in\mathbb{R}^n$ 处的概率密度 $f(y)$ 定义为分布函数 $F(x_1,x_2,\ldots,x_n)$ 在 $y$ 处的右偏导数

$$\lim_{(\Delta_1,\Delta_2,\ldots,\Delta_n)\to(0^+,0^+,\ldots,0^+)}\frac{F(y_1+\Delta_1,y_2+\Delta_2,\ldots,y_n+\Delta_n)-F(y_1,y_2,\ldots,y_n)}{\Delta_1\Delta_2\cdots\Delta_n}.$$

著名的 Radon-Nykodym (拉东–尼科蒂姆) 定理表明, 任一连续型随机变量都有概率密度函数, 且概率密度函数几乎处处唯一 (相对 Lebesgue 测度而言). 需要说明一点, 连续型随机变量的严谨数学定义为, 对 Lebesgue 测度绝对连续的随机变量 $\xi$, 即对 $\mathbb{R}^n$ 中的任一 Lebesgue 可测集合 $B$, 若其 Lebesgue 测度为 0, 则有 $P(\xi\in B)=P(\xi^{-1}(B))=0$. 在此定义下, Lebesgue 分解定理更是指出, 任一随机变量可分解为连续型随机变量和离散型随机变量的和, 且分解方式几乎处处唯一. 因此, 理论研究中, 一般仅考虑连续型和离散型随机变量.

由于连续型随机变量概率密度的普遍存在性，一般教材也通过概率密度函数定义连续型随机变量及其概率分布函数 $F(\cdot)$. 特别地，对于具有概率密度函数 $f$ 的 $n$ 维连续型随机变量而言，其分布函数值可以通过 Lebesgue 积分 (8.4) 计算得到

$$\begin{aligned} F(x_1, x_2, \cdots, x_n) &= \int_{y \in \prod_{i=1}^{n}(-\infty, x_i)} f(y_1, y_2, \cdots, y_n)\mathrm{d}y \\ &= \int_{-\infty}^{x_1} \cdots \int_{-\infty}^{x_n} f(y_1, y_2, \cdots, y_n)\mathrm{d}y_1 \mathrm{d}y_2 \cdots \mathrm{d}y_n. \end{aligned} \tag{8.4}$$

### 8.2.4 边缘分布与概率独立性

给定分布 $F(\cdot)$ 的一个 $n$ 维随机变量 $\xi$, 以及任一维度 $j = 1, 2, \cdots, n$. 随机变量 $\xi$ 在第 $j$ 维度 (亦称边缘 $j$) 上的投影形成一个一维随机变量，记作 $\xi_j$. 随机变量 $\xi_j$ 的概率分布，记作 $F_j(\cdot)$, 称为分布 $F(\cdot)$ 的一个**边缘分布 (marginal distribution)**.

若随机变量 $\xi$ 为离散型，则 $\xi_j$ 也为离散型且边缘分布律 $p_j(\cdot)$ 可通过 (8.5) 计算，其中 $X$ 表示 $\xi$ 的值域且 $p(\cdot)$ 为 $\xi$ 的分布律; 若随机变量 $\xi$ 为连续型，则 $\xi_j$ 也为连续型且其边缘概率密度函数 $f_j$ 可由 (8.6) 计算，其中 $f$ 为 $\xi$ 的概率密度函数.

$$p_j(x_j) = \sum_{y=(y_1,\cdots,y_n)\in X:\ y_j=x_j} P(\xi = y) = \sum_{y=(y_1,\cdots,y_n)\in X:\ y_j=x_j} p(y), \tag{8.5}$$

$$f_j(x_j) = \int_{y=(y_1,\cdots,y_n)\in \mathbb{R}^n:\ y_j=x_j} f(y)\mathrm{d}y. \tag{8.6}$$

称一个 $n$ 维连续型 (离散型) 随机变量 $\xi = (\xi_1, \xi_2, \cdots, \xi_n)$ 是**边缘独立的**, 若其概率密度函数 $f(\cdot)$ (分布律 $p(\cdot)$) 恰好是边缘密度函数 $f_j(\cdot)$(边缘分布律 $p_j(\cdot)$) 的乘积，即对于任一 $x = (x_1, x_2, \cdots, x_n) \in \mathbb{R}^n$ 有 $f(x_1, x_2, \cdots, x_n) = \prod_{i=1}^{n} f_i(x_i)$ $(p(x) = \prod_{i=1}^{n} p_i(x_i))$.

边缘独立随机变量的概率分布完全由其边缘分布刻画. 因此，这类随机变量在实际中比较容易处理. 当然，实际中也存在边缘不独立的高维随机变量. 这些随机变量的边缘间存在一定的概率关联. 计算机仿真中通常用 Copula 来模拟边缘间的相互关联，这里不作过多介绍.

概率独立性的一个显著优点是联合随机事件概率的易计算性. 以独立地重复两次投币为例. 用 $\xi_1$ 表示第一次投币结果，$\xi_2$ 表示第二次投币结果，则随机变量 $\xi = (\xi_1, \xi_2)$ 为投币 2 次的试验结果. 由于 2 次投币间无任何相互依赖性，边缘

$\xi_1$ 与 $\xi_2$ 独立同分布 (这里假设硬币质量分布均匀且两次投币正面朝上的概率均为 0.5). 因此, 两次试验中至少出现一次正面的概率可简单计算为

$$\begin{aligned} P(\xi_1+\xi_2 \geqslant 1) &= P(\xi_1=1,\xi_2=0)+P(\xi=1,\xi_2=1)+P(\xi_1=0,\xi_2=1) \\ &= p_1(1)\cdot p_2(0)+p_1(1)\cdot p_2(1)+p_1(0)\cdot p_2(1) \\ &= 0.5\cdot 0.5+0.5\cdot 0.5+0.5\cdot 0.5=0.75. \end{aligned}$$

### 8.2.5　数学期望与方差

数学期望与方差是随机变量最为重要的两个数值指标. **数学期望**反映了随机变量的平均取值水平, 而**方差**则体现了随机变量的离散程度.

**定义 8.2**　对于一维离散型随机变量 $\xi$, 若其分布律为

$$P(\xi=x_i)=p(x_i),\quad i=1,2,\cdots,n,\cdots,$$

且

$$E\xi=\sum_{i=1}^{\infty} x_i\cdot p(x_i),\quad D\xi=\sum_{i=1}^{\infty} p(x_i)\cdot(x_i-E\xi)^2$$

存在并有限, 则称 $E\xi$ 为 $\xi$ 的**数学期望**, $D\xi$ 为 $\xi$ 的**方差**; 对于任一连续型随机变量 $\xi$, 若其概率密度函数为 $f(x)$, 且

$$E\xi=\int_{-\infty}^{+\infty} x\cdot f(x)\mathrm{d}x,\quad D\xi=\int_{-\infty}^{+\infty}(x-E\xi)^2\cdot f(x)\mathrm{d}x$$

存在并有限, 则称 $E\xi$ 和 $D\xi$ 分别为 $\xi$ 的数学期望和方差.

类似地, 可以定义 $n$ 维随机变量的数学期望和方差.

**定义 8.3**　给定一个 $n$ 维随机变量 $\xi=(\xi_1,\xi_2,\cdots,\xi_n)$. 若每一边缘 $\xi_i$ 的数学期望 $E\xi_i$ 存在且有限, 则 $\xi$ 的数学期望存在且为向量 $E\xi=(E\xi_1,E\xi_2,\cdots,E\xi_n)$. 若每一对边缘 $(i,j)$ 的协方差 $\mathrm{Cov}(\xi_i,\xi_j)=E[(\xi_i-E\xi_i)\cdot(\xi_j-E\xi_j)]$ 存在且有限, 则 $\xi$ 的方差存在且为对称矩阵 $(\mathrm{Cov}(\xi_i,\xi_j))_{n\times n}$, 其中协方差 $\mathrm{Cov}(\xi_i,\xi_j)$ 的计算等同于计算一维随机变量 $(\xi_i-E\xi_i)\cdot(\xi_j-E\xi_j)$ 的数学期望.

需要说明一点, 边缘独立的高维随机变量的方差为对角矩阵, 反之不然, 即方差为对角矩阵不蕴含随机变量边缘独立, 仅表明边缘间无线性依赖关系.

### 8.2.6　大数定律和中心极限定理

我们已介绍了概率的基本知识. 接下来, 引入 Monte Carlo 方法的两大理论基石——大数定律和中心极限定理.

**定理 8.1** (强大数定律) 设 $\xi_1, \xi_2, \cdots, \xi_n, \cdots$ 为独立同分布的随机变量序列, 若数学期望 $E\xi_i = a < \infty \ (i = 1, 2, \cdots)$, 则有

$$P\left(\lim_{n\to\infty} \frac{1}{n} \cdot \sum_{i=1}^{n} \xi_i = a\right) = 1, \tag{8.7}$$

即当 $n \to \infty$ 时, 算术平均数几乎处处收敛到数学期望.

同样以投币试验为例. 假定掷一次硬币中, 正面朝上的概率为 $p$. 现连续独立地投掷 $n$ 次, 以随机变量 $\xi_i$ 表示第 $i$ 次的结果, 即

$$\xi_i = \begin{cases} 1, & \text{第 } i \text{ 次试验中硬币正面朝上}, \\ 0, & \text{第 } i \text{ 次试验中硬币反面朝上}. \end{cases}$$

这 $n$ 次投掷产生随机变量序列 $\xi_1, \xi_2, \cdots, \xi_n$. 显然, 它们独立同分布, 且满足 $E\xi_i = 1 \cdot p + 0 \cdot (1-p) = p < \infty$. 根据大数定律, 当 $n$ 充分大时, 这 $n$ 次投掷试验中出现正面的频率接近数学期望 $p$, 即

$$\frac{1}{n}\sum_{i=1}^{n} \xi_i \underset{n\to\infty}{\longrightarrow} p = E\xi_i.$$

大数定律可用于估计总体均值, 但缺乏对估计误差的界定. 要界定估计误差, 需要用到中心极限定理.

**定理 8.2** (中心极限定理) 设 $\xi_1, \xi_2, \cdots, \xi_n, \cdots$ 为一独立同分布的随机变量序列. 若数学期望 $E\xi_i = a < \infty$, 且方差 $D\xi_i = \sigma^2 < \infty$, 则当 $n \to \infty$ 时, 有

$$P\left(\frac{\dfrac{1}{n}\displaystyle\sum_{i=1}^{n} \xi_i - a}{\dfrac{\sigma}{\sqrt{n}}} < z\right) \to \frac{1}{\sqrt{2\pi}} \int_{-\infty}^{z} \mathrm{e}^{-\frac{x^2}{2}} \mathrm{d}x, \tag{8.8}$$

其中, $z \in \mathbb{R}$ 为任一常数.

根据定理 8.2, 当 $n \to \infty$ 时, 可推得

$$P\left(\left|\frac{1}{n}\sum_{i=1}^{n} \xi_i - a\right| \geqslant \frac{E_\alpha \cdot \sigma}{\sqrt{n}}\right) \to \frac{2}{\sqrt{2\pi}} \int_{E_\alpha}^{+\infty} \mathrm{e}^{-\frac{x^2}{2}} \mathrm{d}x, \tag{8.9}$$

其中 $E_\alpha$ 表示标准正态分布的右 $\alpha$-分位数 (亦称上 $\alpha$-分位数). 这表明, 当 $n$ 充分大时, 不等式

$$\left|\frac{1}{n}\sum_{i=1}^{n} \xi_i - a\right| < \frac{E_a \cdot \sigma}{\sqrt{n}} \tag{8.10}$$

成立的概率为 $1-2\cdot\alpha$. 其中, 右分位数 $\alpha=\frac{1}{\sqrt{2\pi}}\int_{E_\alpha}^{+\infty}\mathrm{e}^{-\frac{x^2}{2}}\mathrm{d}x$, 与 $E_\alpha$ 的关系可在正态分布的积分表中查得. 下表列举了常用的几组数:

**表 8-1　正态分布积分表常用的几组数**

| $\alpha$ | 0.10 | 0.05 | 0.02 | 0.01 | 0.0013 |
|---|---|---|---|---|---|
| $E_\alpha$ | 1.285 | 1.645 | 2.055 | 2.325 | 3.000 |

从 (8.10) 可以看出, Monte Carlo 方法的收敛阶仅为 $O(n^{-1/2})$, 收敛速度慢. 当 $\alpha=0.05$ 时, 误差 $\varepsilon=1.645\cdot\sigma/\sqrt{n}$, 由方差 $\sigma$ 和试验次数 $n$ 决定. 因此, 固定 $\sigma$ 的情况下, 提高 1 位精度, 需要增加 100 倍试验次数. 相反地, 若 $\sigma$ 减小 10 倍, 可减少 100 倍工作量. 因此, 控制方差也是 Monte Carlo 方法应用中的重要一环.

## 8.3　随机数生成和随机抽样

随机抽样是 Monte Carlo 方法解决实际问题的关键技术环节. 目前, 已经能够用计算机对多数的概率分布进行模拟抽样. 本节将简要介绍相关方法.

在介绍随机抽样之前, 作为基础, 先简单谈谈随机数字生成方法. 这里, 随机数字指的是**伪随机数字** (pseudo random number). 由于内存限制, 暂无法生成真实的随机数字.

给定一个足够大的正整数 $M$ (为了避免溢出, 暂且假定为所用计算语言的最大整数), 如何利用计算机程序输出一列不大于 $M$ 的非负整数, 让它们看起来杂乱无章无规律可言? 这便是随机数字生成的主要研究内容, 而相应的计算机程序便是一个**随机数字生成器**.

随机数字生成器本质上是一个确定性算法. 通过确定性算法输出仿随机性的结果, 貌似天方夜谭, 实则不然. 这一点类似于物理学中的混沌理论, 即服从某一确定性动力系统的演化过程可能产生无法预测、毫无统计规律的输出结果序列. 受此启发, 常用的随机数字生成器大多采用动力系统的基本范式, 即

$$x_{n+1}=g(x_n), \tag{8.11}$$

其中, $x_0,x_1,\cdots,x_m$ 等若干个初始状态需要人为预先设定, 而后续状态 $x_{m+1}$, $x_{m+2},\cdots,x_{M-1}$ 即为生成的随机数字序列. 此外, 函数 $g(\cdot)$ 是迭代关系式, 需要精心设计, 否则无法实现输出序列的伪随机性或混沌性.

由于一次 Monte Carlo 模拟可能需要频繁调用随机数字生成器, 生成器必须具有十分高效的运算效率, 否则会极大降低 Monte Carlo 方法的整体效率. 因此, 常用的随机数字生成器一般具有较为简单的迭代关系式 $g(\cdot)$. 然而, 迭代关系式

过于简单又提高了输出结果的可预测性, 从而丧失随机性. 因此, 合理选择迭代关系式是一个均衡决策过程. 本节第一小节将给出几种实际性能良好的迭代关系式.

姑且假定已能生成 $\mathcal{M} = \{0, 1, \cdots, M-1\}$ 中的随机数字, 即能够在集合 $\mathcal{M}$ 中以均匀概率取样, 那么取得的样本点 $x$ 与 $M$ 的商 $x/M$ 即可近似地视为区间 $[0,1]$ 中均匀分布的随机变量. 因此, 一个性能良好的随机数字生成器自然地对应一个区间 $[0,1]$ 中的均匀分布抽样方法. 以此为基础, 结合一些常用的统计抽样方法, 便能从多数的概率分布中高效取样, 从而进一步高效实现 Monte Carlo 模拟. 本节第二小节将详细介绍几种常见的统计抽样方法.

### 8.3.1 随机数字生成技术

1. *线性同余法* (linear congruential method, LCM)

线性同余法是最为常用的随机数字生成器之一, 被 C++ 11、Java、Visual Basic 6.0、Mapple 10, 以及 BCPL 等程序语言广泛使用. 线性同余法以四个非负整数为参数: 模 $M > 0$, 随机种子 $x_0 < M$, 乘子 $a \geqslant 0$, 以及增量 $b \geqslant 0$. 给定这四个参数, 线性同余法利用同余迭代式 (8.12) 产生集合 $\mathcal{M} = \{0, 1, 2, \cdots, M-1\}$ 中的一组伪随机数字 $x_1, x_2, \cdots, x_n, x_{n+1}, \cdots$,

$$x_{n+1} \equiv a \cdot x_n + b \text{ MOD } M, \tag{8.12}$$

这里, MOD 表示取模运算, 例如 $2 \equiv 5 \text{ MOD } 3$. 我们用

$$\mathrm{LCM}(M, x_0, a, b)$$

记以 $(M, x_0, a, b)$ 为参数的线性同余生成器.

不难发现, $\mathrm{LCM}(M, x_0, a, b)$ 产生的伪随机数字是有周期性的. 为了更好地模拟真实的随机数字, 需要合理设置参数让生成器周期尽可能大. 为此, 一般将模 $M$ 设置得比较大, 同时选择与 $M$ 互素的增量整数 $b$. 此外, 乘子 $a$ 满足如下两个条件:

(1) $a-1$ 可以被 $M$ 的所有素因子整除;

(2) 若 $M$ 可以被 4 整除, 则 $a-1$ 也可以被 4 整除.

通过如上设置, 生成器 $\mathrm{LCM}(M, x_0, a, b)$ 的周期能够到达最大值 $M$, 即能确保连续输出少于 $M$ 个随机数的情况下, 不出现重复. 这里, 随机种子 $x_0$ 是任意选取的. 在实际操作中, 为避免两次独立 Monte Carlo 模拟结果重复, 可将随机种子 $x_0$ 设置成系统时间. 例如, 在 C++ 语言中, 可以将 $x_0$ 设置成函数值 time(0).

表 8-2 列举了部分常用编程软件中的 $\mathrm{LCM}(M, x_0, a, b)$ 参数设置.

表 8-2 部分常用线性同余生成器的参数列表

| LCG | Softwore | $M$ | $a$ | $b$ |
|---|---|---|---|---|
| MINSTD | C++ 11, apple | $2^{31}-1$ | 16807 | 0 |
| RANDU | IBM | $2^{31}$ | 65539 | 0 |
| DRAND48 | Java | $2^{48}$ | 25214903917 | 11 |
| MVB24 | Visual Basic 6 | $2^{24}$ | 1140671485 | 12820163 |
| LCG10 | Mapple 10 | $10^{11}-12$ | 427419669081 | 0 |
| BCPL32 | BCPL | $2^{32}$ | 2147001325 | 715136305 |

2. Lagged-Fibonacci 生成器

虽然线性同余法能够满足大多数实际应用需求, 但仍存在明显的短板. 一方面, 线性同余法的周期受模值大小制约, 无法满足超大规模的仿真需求. 另一方面, 线性同余法输出的伪随机数字在三维空间中的分布有明显的 "格结构", 即, 线性同余法生成的三维伪随机向量在 (三维欧式空间的) 二维斜截面中的投影规律地分布于若干等距离的平行直线. 因此, 线性同余法生成的随机数字无法通过严谨的统计假设检验, 统计性能不佳. 围绕线性同余法的格结构问题和小周期问题产生了许多改进的随机数字生成器, Lagged-Fibonacci (滞后斐波那契) 生成器便是其中表现较为卓越的一类.

Lagged-Fibonacci 生成器具有四个参数: 大滞后期 $s$, 小滞后期 $k < s$, 二元操作符 $\Delta$, 和模 $M$. 其中, 滞后期 $s, k$ 是正整数, 二元操作符 $\Delta$ 是 $+$、$-$、$\times$、或者任意一个 bitwise 操作符 (例如 bitwise AND, bitwise OR), 模 $M$ 是一个尽量大的正整数. 给定参数后, Lagged-Fibonacci 生成器利用迭代式

$$x_{n+1} \equiv x_{n-s} \Delta x_{n-k} \text{ MOD } M \tag{8.13}$$

来产生一列伪随机数字 $x_{s+1}, x_{s+2}, \cdots, x_n, x_{n+1}, \cdots$, 其中, $x_0, x_1, \cdots, x_s$ 是 $s$ 个随机种子, 可以人为设定, 也可以由其他生成器给出. 我们用 $LF(s, k, \Delta, M)$ 记大小滞后期为 $s, k$、二元操作为 $\Delta$ 且模为 $M$ 的 Lagged-Fibonacci 生成器.

实际中常用的 Lagged-Fibonacci 生成器主要有 $\mathrm{LF}(17, 5, +, 2^{32})$, $\mathrm{LF}(17, 5, -, 2^{32})$ 以及 $\mathrm{LF}(17, 5, -, 2^{53})$ 等. 实践表明, 这些 Lagged-Fibonacci 生成器具有更大的周期, 较低的格结构, 能顺利通过多数严格的统计假设检验, 适应于多种 Monte Carlo 模拟场景.

3. 逆同余和多重递归生成器

除了 Lagged-Fibonacci 生成器外, 逆同余 (inverse congruential) 生成器和多重递归 (multiple recursive) 生成器也能很好地避免伪随机数字的格结构.

给定一个素数 $M$, 和一个非零整数 $x \in \mathcal{M} = \{0, 1, 2, \cdots, M-1\}$. 用 $\bar{x}$ 记整数 $x$ 在域 $\mathcal{M}$ 中的逆, 即 $1 \equiv x \cdot \bar{x}$ MOD $M$. 逆同余生成器以逆 $\bar{x}_n$ 代替 $x_n$ 执行

迭代式 (8.12), 即

$$x_{n+1} \equiv a \cdot \bar{x}_n + b \text{ MOD } M,$$

其中, $a$ 是一个整数乘子, $M$ 是一个整数模, $b$ 是一个素数增量, $x_0$ 是一个非零的整数随机种子. 我们用 $\text{ICG}(M, x_0, a, b)$ 表示一个逆同余生成器.

由于用逆做同余迭代, $\text{ICG}(M, x_0, a, b)$ 相较于 $\text{LCG}(M, x_0, a, b)$ 来说, 仅有十分微弱的格结构, 因此能顺利通过多数严谨的统计假设检验. 然而, 逆的计算十分复杂, 这直接导致了 $\text{ICG}(M, x_0, a, b)$ 的低效率. 虽然如此, 对于一些特殊的参数来说, 逆同余生成器也有不错的效率, 例如 $\text{ICG}(2^{32}-1, x_0, 1, 1)$ (其中, $x_0$ 可以任意设置).

多重递归生成器是对线性同余生成器的另一改进. 区别于一般线性同余生成器, 多重递归生成器用前 $r$ 个历史值 $x_n, \cdots, x_{n-r+1}$ 的线性组合作同余迭代, 即

$$x_{n+1} = \sum_{k=1}^{r} a_k \cdot x_{n-k+1} + b \text{ MOD } M,$$

其中, $a_1, \cdots, a_r$ 是给定的整数乘子 (可以取负值). 相较于线性同余生成器, 多重递归生成器具有更大的周期. 然而, 由于内在的线性结构, 多重递归生成器也带有一定的格结构. 为了进一步降低格结构, 一般用 $r$ 个独立线性同余生成器的伪随机数代替 $x_n, \cdots, x_{n-r+1}$ 作同余迭代, 这便形成了**组合多重递归生成器**, 例如, 实际应用性能卓越的 MRG32k3a 和 MRG32k5a 等.

4. *其他生成器*

除上述随机数字生成器外, 还存在着许多其他类型的生成器: 有理数生成器 (rational number generator)、浮点数生成器 (float-point random number generator, 例如 IEEE64Dbl), 以及 Mersenne Twister 生成器等. 这里不作过多介绍, 感兴趣的读者可查阅相关文献.

### 8.3.2 随机抽样方法

假定一个随机数字生成器, 不妨设为 $\text{LCM}(M, x_0, a, b)$. 通过 $N$ 次重复操作同余迭代式 (8.12), 得到 $\mathcal{M} = \{0, 1, 2, \cdots, M-1\}$ 中的 $N$ 个样本点: $x_1, x_2, \cdots, x_N$. 通过除法变换 $x_n/M$, 进一步得到区间 $[0,1]$ 上 (近似) 均匀分布的 $N$ 个样本点: $u_1 = x_1/M, u_2 = x_2/M, \cdots, u_N = x_N/M$. 本小节中, 我们将探讨如何通过这 $N$ 个均匀分布的样本点, 生成某一特定分布的 $N$ 个样本点, 即随机抽样方法.

1. *逆方法*

逆方法 (inverse method) 是最基本, 也是最常用的随机抽样方法之一. 我们分离散型概率分布和连续型概率分布来分别介绍该方法.

假定一个一维连续型随机变量 $\xi$ 及其概率分布函数 $F(\cdot)$. 对于任一 $\eta \in [0,1]$, 令 $x = \inf\{z \in (-\infty,+\infty):\ F(z)=\eta\}$. 若 $F(\cdot)$ 严格单增, 则 $x = F^{-1}(\eta)$. 可以证明, 若 $\eta$ 服从 $[0,1]$ 上的均匀分布, 则 $x$ 服从分布 $F(\cdot)$, 即 $x$ 是 $\xi$ 的一个样本点. 因此, 基于上述区间 $[0,1]$ 上的 $N$ 个均匀分布样本点 $u_1,u_2,\cdots,u_N$, 结合逆方法, 可以进一步得到 $\xi$ 的 $N$ 个样本点: $x_1,x_2,\cdots,x_N$, 其中 $x_n = \inf\{z \in (-\infty,+\infty):\ F(z)=u_n\}$.

为了直观理解, 以参数为 $\lambda$ 的指数分布为例. 相应分布函数为 $F(x) = 1 - \mathrm{e}^{-\lambda x}$, $x \in [0,+\infty)$. 该分布函数可逆, 且 $F^{-1}(x) = -\dfrac{1}{\lambda}\cdot\ln(1-x)$. 因此, 通过逆方法生成的 $N$ 个指数分布样本点为

$$x_1 = -\frac{1}{\lambda}\cdot\ln(u_1-1),\cdots,x_N = -\frac{1}{\lambda}\cdot\ln(u_N-1).$$

接下来考虑离散型随机变量. 假定一个一维离散型随机变量 $\eta$, 其分布律为: $P(\eta = y_1) = p(y_1),\cdots,P(\eta = y_m) = p(y_m),\cdots$. 不妨假设 $p(y_1) \geqslant p(y_2) \geqslant \cdots \geqslant p(y_m) \geqslant \cdots$. 可以证明, 若随机变量 $\zeta$ 服从 $[0,1]$ 上的均匀分布, 则随机变量 $x = y_{\inf\{\ell:\ \sum_{k=1}^{\ell} p(y_k)\geqslant\zeta\}}$ 与 $\eta$ 同分布, 即 $y_{\inf\{\ell:\ \sum_{k=1}^{\ell} p(y_k)\geqslant\zeta\}}$ 是 $\eta$ 的一个样本点.

为了便于理解, 考虑取有限个值的离散型分布律: $P(\eta = y_1) = p(y_1) = 0.5, P(\eta = y_2) = p(y_2) = 0.3, P(\eta = y_3) = p(y_3) = 0.2$. 假定 $[0,1]$ 上均匀分布的两个样本点 $u_1 = 0.7$ 和 $u_2 = 0.3$. 根据以上逆抽样方法, $u_1 = 0.7$ 产生了离散型分布律的第一个样本点 $y_2$ (因为 $p(y_1) = 0.5 < u_1, p(y_1)+p(y_2) = 0.8 \geqslant u_1$), 而 $u_2 = 0.3$ 产生了第二个样本点 $y_1$ (因为 $p(y_1) = 0.5 \geqslant u_2$).

2. 接受-拒绝法

逆方法基本能解决多数离散型随机变量的抽样问题. 然而, 多数连续型随机变量的抽样无法直接使用逆方法. 事实上, 求连续型随机变量的逆函数是十分困难的, 例如, 正态分布. 因此, 需要进一步融合其他机制.

理论上, 逆方法结合接受-拒绝 (acceptance-rejection, AR) 机制能解决所有连续型随机变量的抽样问题. 假定一个一维连续型随机变量 $\xi$ 及其概率密度函数 $f(\cdot)$. 我们需要抽取该随机变量的一个样本. 现假设能从概率密度函数为 $g(\cdot)$ 的连续型随机变量 $\eta$ 中随机取样, 则下述接受-拒绝机制 (算法 8.1) 能产生随机变量 $\xi$ 的一个样本点.

**算法 8.1**

**步骤 1**　生成一个 [0, 1] 上的均匀分布样本点 $u$, 同时独立地生成一个 $\eta$ 的样本点 $y$ (要求 $y$ 与 $u$ 无概率依赖性), 进入步骤 2.

**步骤 2**　若 $u \leqslant \dfrac{f(y)}{c\cdot g(y)}$, 则进入步骤 3. 否则, 扔掉 $u$ 和 $y$, 并回到步骤 1.

**步骤 3**　结束并返回当前的 $y$ 值.

上述接受-拒绝机制中, $f(y)/(c\cdot g(y))$ 是样本点 $y$ 的接受概率, 而 $c$ 是一个人为设定的调节因子, 要求 $c \geqslant \sup_{x\in\mathbb{R}} f(x)/g(x)$. 调节因子 $c$ 的选择关乎到接受-拒绝机制的效率. $c$ 越大, 则需要的期望循环次数越多. 一般地, 将 $c$ 取为 $\sup_{x\in\mathbb{R}} f(x)/g(x)$.

不难发现, 上述接受-拒绝机制的辅助随机变量 $\eta$ 的概率密度函数 $g(\cdot)$ 需满足条件: 对于任一 $x\in\mathbb{R}$, 若 $f(x)>0$, 则 $g(x)>0$. 下一小节将利用变换法介绍正态分布的 Box–Muller (博克斯–穆勒) 抽样方法. 由于, 正态分布在整个 $\mathbb{R}$ 中严格正, 显然能满足接受-拒绝机制的这一要求. 因此, 在不考虑抽样效率的前提下, 我们能用接受-拒绝机制抽取任意一维随机变量的样本点.

3. 变换法

虽然接受-拒绝机制能实现任意一维随机变量的随机采样, 但仍无法完全满足实际应用需要, 尤其是对采样效率要求极高的应用场景. 对于一些具有特殊性质的随机变量, 需要采用更为精细的抽样方法.

函数对应或许是数学对象间最普遍的关联关系. 若待采样随机变量能解析地表达为某一易于采样的随机变量的函数, 那么相应采样任务自然得到解决, 这便是变换法 (transformation) 的基本思想.

假定随机变量 $\eta$ 是另一随机变量 $\xi$ 的函数 $\eta=g(\xi)$, 且 $x$ 是 $\xi$ 的一个样本, 那么 $g(x)$ 便是 $\eta$ 的一个样本. 虽然变换法的基本思想十分简单, 但实际操作并不容易, 特别地, 将一个随机变量 $\eta$ 表达成另一个随机变量 $\xi$ 的函数 $g(\xi)$, 需要深入挖掘相关随机变量的统计性质. 纵然如此, 对于具有明显现实意义的随机变量而言, 这或许并不困难. 下面以泊松分布和正态分布为例.

**例 8.1** (泊松分布抽样)　假设一突发事件 $A$ 在时间轴 $[0,+\infty)$ 上的每一点均有可能发生, 且发生的概率强度为 $\lambda>0$. 若该事件在某一时刻点 $t$ 发生的可能性与其在区间 $[0,t)$ 中的发生情况不相关, 且在一个很小的区间 $(t,t+\Delta)$ 内发生一次的概率约为 $\lambda\cdot\Delta$, 发生二次以上的概率为 $o(\Delta)$, 则该事件在单位时间区间 $[0,1]$ 内的发生次数 $\eta$ 满足以 $\lambda$ 为参数的泊松分布. 可以证明, 事件 $A$ 连续两次发生的事件间隔 $\xi$ 服从参数为 $\lambda$ 的指数分布. 设事件 $A$ 第 $k$ 次发生的时刻点为 $t_k$, $k=1,\cdots,n,\cdots$. 那么, $\xi_1=t_1$, $\xi_2=t_2-t_1, \xi_3=t_3-t_2,\cdots,\xi_{n+1}=t_{n+1}-t_n,\cdots$ 形成一个互相独立的、指数分布的随机变量序列. 由此, 可以建立 $\eta$ 与该指数分布随机变量序列和 $\displaystyle\sum_{k=1}^{n}\xi_n$ 间的数学关联

$$\eta=\min\left\{n\in\mathbb{N}:\ \sum_{k=1}^{n+1}\xi_k>1\right\}. \tag{8.14}$$

因此, 通过算法 8.2 能实现对泊松分布的采样.

**算法 8.2**

**步骤 1** 记 $n=0$, $s=0$.

**步骤 2** 生成一个指数分布的随机样本 $x$, 并进入步骤 3.

**步骤 3** 若 $s+x>1$, 则输出 $n$, 并停止循环; 否则, $s=s+x$, $n=n+1$, 并回到步骤 2.

不难发现, 该方法比直接用逆方法从泊松分布的分布律

$$P(\eta=n)=p(n)=\frac{\lambda^n\cdot \mathrm{e}^{-\lambda}}{n!},\ n=0,1,2,\cdots,$$

中取样要高效许多, 特别是当 $\lambda$ 较大时.

**例 8.2** (正态分布抽样) 正态分布是许多常见分布的基础, 比如 $\chi^2$ 分布、$t$ 分布, 以及 $F$ 分布等. 因此, 正态分布的抽样方法在实际应用中格外重要. 这里, 介绍一种基于变换法的**第一 Box-Muller 方法** (对该方法的进一步改进, 称为**第二 Box-Muller 方法**). 给定两个独立的、区间 $[0,1]$ 上均匀分布的随机变量 $u$ 和 $v$. 利用随机变量函数的概率分布计算方法, 能轻松验证, 随机变量 $Z_1=\sqrt{-2\ln u}\cdot\cos(2\cdot\pi\cdot v)$ 和 $Z_2=\sqrt{-2\ln v}\cdot\sin(2\cdot\pi\cdot u)$ 相互独立, 且均满足期望为 0、方差为 1 的标准正态分布. 因此, 通过该变换, 能够轻易地从均匀分布生成标准正态分布的样本点. 有了标准正态分布的采样方法, 可以通过线性变换, 进一步得到任意正态分布的样本点. 这便是第一 Box-Muller 方法.

## 8.4 Monte Carlo 方法应用举例

本节以积分计算、非线性方程组求解, 以及 Laplace 边值问题等三个常见问题为例, 简单介绍 Monte Carlo 方法的实际应用.

### 8.4.1 计算积分

考虑一个 $n$ 重积分

$$I=\int_{\Omega} f(x_1,x_2,\cdots,x_n)\mathrm{d}x_1\mathrm{d}x_2\cdots\mathrm{d}x_n, \tag{8.15}$$

其中 $\Omega$ 为 $n$ 维有界闭区域, 被积函数 $f$ 在 $\Omega$ 上连续. 不妨假设 $\Omega=\prod_{i=1}^n[a_i,b_i]$.

为计算 $I$ 的值, 引入 $\Omega$ 上一个边缘独立的 $n$ 维均匀分布随机变量 $\xi=(\xi_1,\cdots,\xi_n)$. 由于 $\xi$ 是均匀分布的, 其概率密度函数 $g(x_1,\cdots,x_n)=1/\prod_{i=1}^n(b_i-a_i)$, $x\in\Omega$. 每一边缘 $\xi_i$ 也是均匀分布的, 且有概率密度函数 $g_i(x_i)=1/(b_i-a_i)$, $x_i\in[a_i,b_i]$.

将积分 $I$ 等价地改写为随机变量 $f(\xi)/g(\xi)$ 的数学期望

$$I=\int_{\Omega}\frac{f(x_1,\cdots,x_n)}{g(x_1,\cdots,x_n)}\cdot g(x_1,\cdots,x_n)\,\mathrm{d}x_1\cdots\mathrm{d}x_n=E\frac{f(\xi)}{g(\xi)}. \tag{8.16}$$

根据大数定律, 样本量足够大的情况下, 样本均值能很好地逼近随机变量的数学期望. 基于此, Monte Carlo 方法通过抽取随机变量 $f(\xi)/g(\xi)$ 的 $N$ 个独立样本点 $y_1,\cdots,y_N$, 利用样本均值 $\frac{1}{N}\cdot\sum_{j=1}^{N}y_j$ 来近似计算积分值 $I$. 其中, 每一样本点 $y_j$ 通过算法 8.3 生成.

**算法 8.3**

**步骤 1** 对于每一 $i=1,2,\cdots,n$, 独立地生成区间 $[0,1]$ 上的一个均匀分布样本点 $x_{ji}$, 令 $z_{ji}=a_i+(b_i-a_i)\cdot x_{ji}$.

**步骤 2** 令 $z_j=(z_{j1},z_{j2},\cdots,z_{jn})$.

**步骤 3** 输出 $y_j=\dfrac{f(z_j)}{g(z_j)}$.

这里, 因为 $x_{ji}$ 是 $[0,1]$ 上均匀分布的样本点, 所以 $z_{ji}$ 是 $[a_i,b_i]$ 上均匀分布的样本点. 由于 $\xi$ 是边缘独立的均匀分布, 因此 $z_j=(z_{j1},z_{j2},\cdots,z_{jn})$ 是 $\xi$ 的一个样本点, 进一步 $y_j=f(z_j)/g(z_j)$ 是 $f(\xi)/g(\xi)$ 的一个样本点.

以上假设了积分区域 $\Omega$ 为规则的高维方体 $\prod_{i=1}^{n}[a_i,b_i]$. 实际中, $\Omega$ 可能是由一些不规则的面所围成的区域. 当然, 这种情况下, 我们依然能假设辅助随机变量 $\xi$ 在 $\Omega$ 中均匀分布. 然而, 我们无法直接从 $\xi$ 中高效抽样, 因为此时 $\xi$ 的边缘不再相互独立. 一个自然的想法是: 寻找 $\Omega$ 的一个高维方体覆盖 $\prod_{i=1}^{n}[a_i,b_i]\supseteq\Omega$, 将被积函数 $f$ 延拓到 $\prod_{i=1}^{n}[a_i,b_i]$ 上, 再用上述方法求 $f$ 在 $\prod_{i=1}^{n}[a_i,b_i]$ 上的积分. 这里, 在 $f$ 的拓展中, 将不属于 $\Omega$ 的点的函数值设置为 0. 显然, 只要样本量足够大, 依然能通过该方法得到 $I$ 的高精度近似值. 当然, 该方法过于暴力, 存在着效率低下的风险. 事实上, 若 $\Omega$ 的边界有很好的逻辑表达式, 那么可以进一步利用重点抽样 (importance sampling) 和交叉熵方法 (cross-entropy method) 等手段对这一过程加速和对估计误差压缩. 这里对相关方法不作细述, 感兴趣的读者可以查阅相关文献.

### 8.4.2 解非线性方程组

非线性方程组的精度求解往往是不可能的, 目前还不存在高效的精确算法. 比较实际的做法是设计一个高效率的近似解法. 作为 Monte Carlo 方法的应用, 本小节以 Monte Carlo 模拟为基础, 介绍一种自适应迭代算法.

假定一个一般的非线性方程组

$$\begin{cases} f_1(x_1, x_2, \cdots, x_n) = 0, \\ f_2(x_1, x_2, \cdots, x_n) = 0, \\ \quad\quad \cdots\cdots \\ f_m(x_1, x_2, \cdots, x_n) = 0. \end{cases} \tag{8.17}$$

目标是找一个满足所有等式的 $n$ 维向量 $x^* = (x_1^*, x_2^*, \cdots, x_n^*) \in \mathbb{R}^n$, 即方程组 (8.17) 的一个解. 当然, 该方程组可能并不存在解. 为避免不必要的讨论, 不妨假设该方程组有解.

但由于通常情况下无法精确求解, 这里并不期望找到一个完美的精确解, 而是力争找到一个与精确解**足够接近**的近似解. 为此, 首先需要界定任一向量 $x \in \mathbb{R}^n$ 对精确解 $x^*$ 的近似程度. 一般地, 可以用 $x$ 与 $x^*$ 间的欧式距离作为度量标准. 然而, 欧式距离在这里并不适用. 道理很简单, $x^*$ 是未知的. 因此, 需要采用一种间接的方法.

对于任一 $x \in \mathbb{R}^n$, 定义 $\varphi(x) = \sum\limits_{i=1}^{m} f_i^2(x)$. 不难发现, 若 $\varphi(x) = 0$, 则 $x$ 是原方程组 (8.17) 的精确解. 同时, 若 $\varphi(x) < \epsilon$, 则对于每一 $i = 1, 2, \cdots, m$, 有 $f_i(x) < \sqrt{\epsilon}$. 因此, 若 $\varphi(x)$ 值足够小, 则 $x$ 可以近似地看作方程组 (8.17) 的解, 即 $\varphi(x)$ 衡量了 $x$ 对方程组精确解的近似程度.

综上, 方程组 (8.17) 可等价转化为无约束优化问题

$$\min \ \varphi(x). \tag{8.18}$$

显然, 若每一函数 $f_i$ 都可微, 则能用梯度方法求解 (8.18). 然而, 由于假设了方程组的一般性, 某些函数 $f_i$ 可能并不可微. 为此, 需要一种更为一般性的自适应方法. 算法 8.4 给出了一种基于 Monte Carlo 模拟的随机搜索算法.

**算法 8.4**

**步骤 1**　任意选取一个初始点 $x^{(0)} = (x_{01}, x_{02}, \cdots, x_{0n}) \in \mathbb{R}^n$, 一个初始步长 $\alpha > 0$, 一个较小的误差容忍因子 $\epsilon > 0$, 一个步长扩充因子 $k > 1$, 一个步长缩小因子 $k' \in (0, 1)$, 一个搜索失败控制数 $M$. 记 $\varphi_{\min} = +\infty$, $\ell = 0$, $t = 0$.

**步骤 2**　若 $\varphi(x^{(t)}) < \varphi_{\min}$, 则 $\varphi_{\min} = \varphi(x^{(t)})$, $\ell = 0$, 且进入步骤 4; 否则, $\ell = \ell + 1$ 且进入步骤 3.

**步骤 3**　若 $\ell = M$, 则令 $\alpha = k \cdot \alpha$, $\ell = 0$, 并进入步骤 4; 否则, $\alpha = \alpha \cdot k'$ 且进入步骤 4.

**步骤 4**　生成 $[-1, 1]^n$ 上边缘独立的均匀分布样本点 $u = (u_1, u_2, \cdots, u_n)$. 令 $x^{(t+1)} = x^{(t)} + u \cdot \alpha$, $t = t + 1$, 并进入步骤 5.

**步骤 5**　若 $\varphi(x^{(t)}) < \epsilon$, 则输出 $x^{(t)}$ 并退出程序; 否则, 进入步骤 2.

该随机搜索算法兼顾了局部搜索 (步骤 4) 和全局搜索 (步骤 3), 因此有望在可接受的时间范围内给出一个满足 $\varphi(x) < \epsilon$ 的近似解. 特别地, 步骤 4 通过合理利用随机样本点 $u$, 做到了自适应地搜索当前解 $x^{(t)}$ 的 $\alpha$-邻域. 此外, 步骤 3 根据搜索进度, 也做到了搜索领域半径 $\alpha$ 的自适应调整, 以及局部陷阱的自适应逃离.

### 8.4.3 求解 Laplace 方程边值问题

考虑 Laplace (拉普拉斯) 第一边值问题: 给定一个有界区域 $\Omega \subseteq \mathbb{R}^3$ 和一个边界 $\partial\Omega$ 上连续的函数 $\varphi$, 求一个在 $\Omega$ 中二阶连续可微、在 $\Omega + \partial\Omega$ 中连续的函数 $u : \partial\Omega + \Omega \to \mathbb{R}^3$ 满足方程组 (8.19),

$$\begin{cases} \nabla^2 u(x,y,z) = \dfrac{\partial^2 u(x,y,x)}{\partial x^2} + \dfrac{\partial^2 u(x,y,x)}{\partial y^2} + \dfrac{\partial^2 u(x,y,x)}{\partial z^2} \\ \qquad\qquad\qquad \equiv 0, \qquad \forall (x,y,z) \in \Omega, \\ u(x,y,z) = \varphi(x,y,z), \qquad \forall (x,y,z) \in \partial\Omega, \end{cases} \tag{8.19}$$

其中, 第一个方程即为 Laplace 方程, 而第二个方程描述了边界条件, 要求 Laplace 方程的解 $u$ 在 $\Omega$ 的边界 $\partial\Omega$ 上与 $\varphi$ 完美重合.

通常, 很难解析地得到方程组 (8.19) 的精确解, 常见的做法是对该方程组离散化.

首先, 对有界闭区域 $\Omega + \partial\Omega$ 作足够精细的剖分, 即将 $\Omega + \partial\Omega$ 划分为若干多边长足够小的等体积正方体. 假设这些正方体的边长为 $h > 0$, 并将每一小正方体的 8 个顶点均视作节点. 为了便于讨论, 用整数三元组 $(i, j, k)$ 标记节点, 并用 $u_{i,j,k}$ 表示解 $u(\cdot)$ 在节点 $(i, j, k)$ 的取值.

其次, 考虑 Laplace 方程的“离散化”, 即考虑节点上的线性方程 (8.20).

$$\begin{aligned} u_{i,j,k} = \frac{1}{6} \cdot [&u_{i+1,j,k} + u_{i-1,j,k} + u_{i,j+1,k} \\ &+ u_{i,j-1,k} + u_{i,j,k+1} + u_{i,j,k-1}]. \end{aligned} \tag{8.20}$$

不难发现, 线性方程 (8.20) 蕴含函数 $u$ 在节点 $(i, j, k)$ 的二阶差分满足:

$$\begin{aligned} \Delta^2 u_{i,j,k} = [u_{i+1,j,k} + u_{i-1,j,k} - 2 \cdot u_{i,j,k}] + [u_{i,j+1,k} + u_{i,j-1,k} - 2 \cdot u_{i,j,k}] \\ + [u_{i,j,k+1} + u_{i,j,k-1} - 2 \cdot u_{i,j,k}] = 0. \end{aligned}$$

因此, 当小正方体边长 $h$ 足够小时, 可以用节点上的线性方程 (8.20) 代替原 Laplace 方程.

最后, 求解所有节点联立的线性方程组, 并结合边界条件, 得到每一节点上的值 $u_{i,j,k}$, 再通过插值法获得原 Laplace 边值问题的一个近似解.

当然, 通过传统的线性方程组解法能获得节点值 $u_{i,j,k}$. 然而, 由于线性方程 (8.20) 的特殊结构, 这里给出另一种基于 Monte Carlo 模拟的求解思路.

令 $(i,j,k)$ 为任一节点. 假设有一质点从该点出发, 在区域节点上随机游走, 直到到达某一边界节点为止. 当质点处于某一内部节点 $Q=(i',j',k')$ 时, 质点以相等概率移动到毗邻的六个节点 $Q_1=(i'-1,j',k'), Q_2=(i'+1,j',k'), Q_3=(i',j'-1,k'), Q_4=(i',j'+1,k'), Q_5=(i',j',k'-1), Q_6=(i',j',k'+1)$ 中的一个, 即均匀地从六个毗邻节点中抽出一个并移动到被抽中的节点处. 记 $\xi_{ijk}$ 为从节点 $(i,j,k)$ 出发, 通过上述随机游走过程, 最终到达的边界节点. 显然, $\xi_{ijk}$ 是随机变量.

对于任一节点 $(i,j,k)$, 赋值 $u_{i,j,k}=E\varphi(\xi_{ijk})$. 不难发现, 若 $(i,j,k)$ 是边界节点, 则 $\xi_{ijk}$ 为该节点自身, 因此 $u_{i,j,k}=E\varphi(\xi_{ijk})=\varphi(\xi_{ijk})$. 这表明, 这样的赋值能够满足边界条件.

此外, 由于从某一内部节点 $Q$ 转移到毗邻节点 $Q_1,Q_2,\cdots,Q_6$ 的概率相等, 有

$$u_Q=E\xi_Q=\frac{1}{6}\cdot\sum_{i=1}^{6}E\xi_{Q_i}=\frac{1}{6}\cdot\sum_{i=1}^{6}u_{Q_i}.$$

因此, 上述赋值也能满足 (8.20). 这里, $u_Q$ 表示节点 $Q$ 的赋值, $\xi_Q$ 表示从节点 $Q$ 出发, 通过上述随机游走到达的边界节点.

综上, 随机游走所到达的边界节点的 $\varphi$ 值的数学期望恰好能完全满足离散化的 Laplace 边值问题. 因此只需要通过 Monte Carlo 方法求出相应数学期望即可.

**算法 8.5**

**步骤 1**　令 $\Omega_h$ 为内部节点集合.

**步骤 2**　对于任一 $(i,j,k)\in\Omega_h$ 执行步骤 3–5.

**步骤 3**　令 $n=0$ 和 $v=0$.

**步骤 4**　若 $n\geqslant N$, 则进入步骤 5; 否则, 执行步骤 4.1–4.3.

　　**步骤 4.1**　令 $Q=(i,j,k)$;

　　**步骤 4.2**　若 $Q$ 为边界节点, 进入步骤 4.3; 否则从六个毗邻节点中等概率地挑选出一个, 令 $Q$ 等于这个被挑中的节点, 重复步骤 4.2;

　　**步骤 4.3**　$v=v+\varphi(Q)/N, n=n+1$.

**步骤 5**　输出 $v$.

## 习 题 8

8.1 假定 $\xi$ 和 $\eta$ 为区间 $(0,1)$ 上相互独立的均匀分布随机变量, 试求下列函数的概率密度:

(1) $-\dfrac{1}{\lambda}\cdot\ln\xi$,

(2) $\sqrt{-2\ln\xi}\cdot\cos(2\pi\eta)$.

8.2 $\chi^2$-分布是 Abbe 于 1863 年提出的一类重要统计分布. 给定自由度 $n\in\mathbb{N}_+$, 相应 $\chi^2$-分布统计量 $\chi^2(n)$ 可以解析地表达为 $n$ 个独立标准正态分布随机变量的平方和.

(1) 请根据本章知识设计一款 $\chi^2(n)$-分布的随机数字生成器, 并编程实现. 其中, 自由度 $n$ 视作问题输入.

(2) 利用生成器计算 $\chi^2(n)$ 的方差和数学期望.

(3) 通过多次数值实验探索 $\chi^2(n)$ 的方差与自由度 $n$ 之间的数量关系.

8.3 利用 Monte Carlo 方法近似计算 $1+2+\cdots+10000$ 的值, 并通过重复数值试验研究 Monte Carlo 近似值与精确值间的误差随 Monte Carlo 采样规模的改变而变化的规律.

8.4 利用 Monte Carlo 方法近似计算下列积分:

(1) $\displaystyle\int_0^{\frac{\pi}{2}} \mathrm{e}^{x^2}\sin^3 x\mathrm{d}x$,

(2) $\displaystyle\int_1^3\int_0^{2x} x^3y+\mathrm{e}^y\cos x\mathrm{d}y\mathrm{d}x$,

(3) $\displaystyle\iint_{x^2+y^2\leqslant 1}\frac{\mathrm{e}^{xy}}{x+y+3}\mathrm{d}x\mathrm{d}y$.

8.5 利用 Monte Carlo 方法找出非线性方程 $x^2=10x$ 的一个近似解.

8.6 利用 Monte Carlo 方法求解以下非线性方程组:

$$\begin{cases} x^2-10y=0, \\ y^3-x^3=0. \end{cases}$$

8.7 假定一粒子以初始速度 300 m/s 飞行, 途中每隔 100 m 遭遇一次阻隔, 每次阻隔导致粒子速度下降 $\xi$ m/s, 且 $\xi$ 服从 $\chi^2(30)$-分布. 请利用 Monte Carlo 方法估算粒子能飞行超过 1000 m 的概率. 注意: 当粒子遭遇某一阻隔前的速度不大于 $\xi$ 时, 粒子将在该阻隔处被截获.

思维导图8

# 第 9 章　最优化方法

最优化问题是个古老的课题, 17 世纪就已提出并得到了很好的发展. 所谓最优化, 就是在可能的条件下, 以最好的方式完成某件事情. 例如, 设计一种产品, 使用什么等级的零件、采用何种规格、安排怎样的生产工序及工艺, 才能使产品的综合指标最易被用户接受; 建造一个建筑物, 在满足用户要求的前提下, 选择什么样的结构、材料, 能使投资尽可能少. 这些问题都是最优化问题. 最优化问题的数值方法在工业、农业、交通、管理和军事等方面有着广泛的应用.

时至今日, 最优化方法已经成为一门独立而重要的学科, 研究内容非常丰富, 可参见文献 (袁亚湘等, 1997; Nocedal et al., 2006). 限于篇幅, 本书只简单介绍最优化方法中求解线性规划的单纯形法和求解无约束非线性优化问题的最速下降法.

## 9.1　线性规划问题及单纯形法

### 9.1.1　线性规划问题

线性规划是一类最简单和最具代表性的约束最优化问题. 它是求一组非负变量, 满足一些线性限制条件, 并使一个线性函数取得极值. 其中的限制条件称为约束条件, 由满足约束条件的点组成的集合称为可行域, 求极值的函数称为目标函数. 线性规划在理论和算法上都比较成熟, 在实践中有着广泛的应用, 不仅很多实际课题属于线性规划问题, 而且线性规划的求解方法也为某些非线性最优化问题的求解算法设计提供了帮助, 因此线性规划在最优化学科中占有重要地位.

早在 20 世纪 30 年代, Kantolovch (康托罗维奇) 等在研究生产管理和运输等方面就开始应用线性规划的优化方法. 20 世纪 40 年代末, Dantzig (丹齐格) 等人提出单纯形法, 从而为线性规划奠定了理论基础. 本节主要从数值计算的角度来讨论如何用单纯形法求解线性规划问题的最优解, 不考虑使用表格形式的单纯形法.

首先, 我们借助于平面图形来直观地了解线性规划解的几何特征. 下面具体考察仅有两个决策变量 $x_1$ 和 $x_2$ 的线性规划问题:

$$
\begin{array}{ll}
\min & -2x_1 - x_2 \\
\text{s.t.} & -3x_1 - 4x_2 \geqslant -12, \\
& -x_1 + 2x_2 \geqslant -2, \\
& x_1, x_2 \geqslant 0.
\end{array} \tag{9.1}
$$

在 $x_1Ox_2$ 坐标平面上画出 (9.1) 的可行域:

$$K = \{(x_1, x_2)^{\mathrm{T}} | -3x_1 - 4x_2 \geqslant -12, -x_1 + 2x_2 \geqslant -2, x_1, x_2 \geqslant 0\}.$$

为此, 只需画出 $K$ 的边界:

$$
\begin{aligned}
&-3x_1 - 4x_2 = -12, \\
&-x_1 + 2x_2 = -2, \\
&x_1 = 0, \quad x_2 = 0,
\end{aligned}
$$

即得图 9-1 中的以四条直线为边的凸多边形 (易见任何一个含两个变量的线性规划的可行域均是以直线为边的凸多边形).

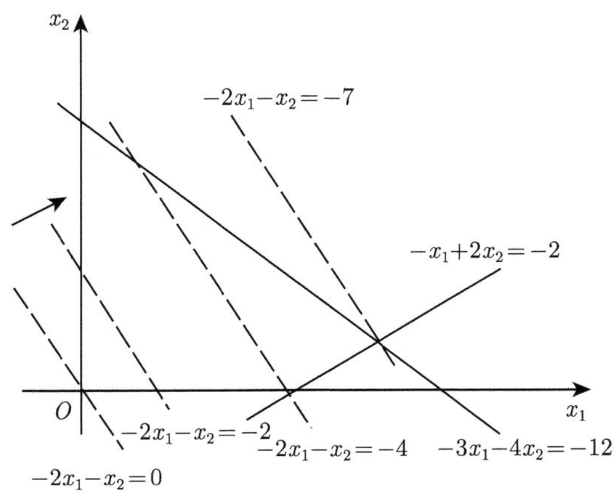


图 9-1

接下来, 观察目标函数 $f = -2x_1 - x_2$. 对于任一给定的实数 $\alpha$, 方程 $-2x_1 - x_2 = \alpha$ 表示一条直线 (称为 $f$ 的等值线), 变动 $\alpha$ 即得一族互相平行的直线. 把 $f$ 的等值线向函数值 $\alpha$ 减小的方向移动, 容易得到其和凸多边形的最后一个交点 $(16/5, 3/5)^{\mathrm{T}}$ 即为 (9.1) 的最优解. 点 $(16/5, 3/5)^{\mathrm{T}}$ 是凸多边形的一个顶点, 容易相信任何一条直线作平行移动时, 其和凸多边形的最后交点之一必为凸多边形的某个顶、点, 因此有结论: 若两个变量的线性规划有最优解, 则必能在可行域凸多边形的顶点中找到.

读者可以推广想象具有三个变量, 以及具有 $n$ 个变量条件下的一般情形. 此时, 线性规划的可行域 $K$ 是一个以超平面为边界的凸多面体构成, 目标函数 $f$ 等于常数的几何图形亦为超平面, 即 $f$ 的等值面. 让等值面往函数值减小方向作平行移动, 其和凸多面体的最后一个交点之一也必为凸多面体的顶点. 这个结论对于求解线性规划是很有价值的, 因原本要在可行域无穷多个点中去寻找最优点, 而根据这个结论则只需要在有限多个顶点中寻找即可. 但顶点这个概念依赖于几何图形, 不便在数值求解时应用, 因此为了要在数值求解时能利用这个结论, 还需找出凸多面体顶点的代数特征.

由上面关于两个变量线性规划的可行域和最优解的几何说明, 读者能够推知线性规划关于解的情形可以是：可行域是空集; 有唯一最优解; 有无穷多最优解; 目标函数值无界而无最优解.

为了研究方便, 将线性规划的下列形式称为标准形：

$$\begin{aligned}
\min \quad & \sum_{j=1}^{n} c_j x_j \\
\text{s.t.} \quad & \sum_{j=1}^{n} a_{ij} x_j = b_i, \quad i = 1, 2, \cdots, m, \\
& x_j \geqslant 0, \quad j = 1, 2, \cdots, n.
\end{aligned}$$

就是说, 对目标函数求最小值, 决策变量一律为非负变量, 约束条件除变量的非负条件外一律为等式约束.

各种形式的线性规划模型都可以化为标准形.

(1) 若问题的目标是求目标函数 $z = \sum_{j=1}^{n} c_j x_j$ 的最大值, 即 $\max z$, 那么可令 $f = -z$, 把原问题转化为在相同约束条件下求 $\min f$, 显然, 新问题和原问题在实际上是相同的, 只是目标函数值相差一个符号而已;

(2) 如果约束条件中具有不等式约束 $\sum_{j=1}^{n} a_{ij} x_j \leqslant b_i$, 则可引进新变量 $x_i'$, 并用下面两个约束条件取代这个不等式：$\sum_{j=1}^{n} a_{ij} x_j + x_i' = b_i, x_i' \geqslant 0$, 称变量 $x_i'$ 为松弛变量;

(3) 如果约束条件中具有不等式约束 $\sum_{j=1}^{n} a_{ij} x_j \geqslant b_i$, 则可引进新变量 $x_i''$, 并

用下面两个约束条件取代这个不等式: $\sum_{j=1}^{n} a_{ij}x_j - x_i'' = b_i, x_i'' \geqslant 0$, 称变量 $x_i''$ 为剩余变量;

(4) 如果约束条件中出现 $x_j \geqslant h_j\,(h_j \neq 0)$, 则可引进新变量 $y_j = x_j - h_j$ 替代原问题中的变量 $x_j$, 于是问题中原有的约束 $x_j \geqslant h_j$ 就化成 $y_j \geqslant 0$;

(5) 如果变量 $x_j$ 的符号不受限制, 则可引进两个新变量 $y_j'$ 和 $y_j''$, 并以 $x_j = y_j' - y_j''$ 代入问题的目标函数和约束条件消去 $x_j$, 同时在约束条件中增加 $y_j' \geqslant 0$, $y_j'' \geqslant 0$ 两个约束条件.

**例 9.1** 把线性规划

$$
\begin{aligned}
\max \quad & x_1 + x_2 \\
\text{s.t.} \quad & 2x_1 + x_2 \leqslant 6, \\
& x_1 + 7x_2 \geqslant 4, \\
& 2x_1 - x_2 = 3, \\
& x_1 \geqslant 0
\end{aligned}
$$

化为标准形.

**解** 它共有四处不符合标准形的要求, 对目标函数 $z = x_1 + x_2$ 是求最大值, $x_2$ 的符号没有要求, 第一、第二个约束条件为不等式. 为此,

(1) 令 $f = -z = -x_1 - x_2$, 把求 $\max z$ 改为求 $\min f$;

(2) 用 $x_3 - x_4$ 替换 $x_2$, 其中 $x_3 \geqslant 0, x_4 \geqslant 0$;

(3) 对不等式约束分别引进松弛变量 $x_5$ 和剩余变量 $x_6$, 可把原问题化为标准形:

$$
\begin{aligned}
\min \quad & -x_1 - x_3 + x_4 \\
\text{s.t.} \quad & 2x_1 + x_3 - x_4 + x_5 = 6, \\
& x_1 + 7x_3 - 7x_4 - x_6 = 4, \\
& 2x_1 - x_3 + x_4 = 3, \\
& x_j \geqslant 0, \quad j = 1, 3, 4, 5, 6.
\end{aligned}
$$

为讨论凸多面体顶点的代数特征, 仍观察线性规划 (9.1) 及其相应的标准形

$$
\begin{aligned}
\min \quad & -2x_1 - x_2 \\
\text{s.t.} \quad & 3x_1 + 4x_2 + x_3 = 12, \\
& x_1 - 2x_2 + x_4 = 2, \\
& x_1, x_2, x_3, x_4 \geqslant 0.
\end{aligned}
$$

(9.1) 的可行域 $K$ 共有四个顶点, 这四个顶点在标准形的形式下所对应的变量值分别为

$$(0,0,12,2)^{\mathrm{T}}, \quad (0,3,0,8)^{\mathrm{T}}, \quad \left(\frac{16}{5},\frac{3}{5},0,0\right)^{\mathrm{T}}, \quad (2,0,6,0)^{\mathrm{T}}.$$

可以发现这四个顶点的共同点为所对应的变量值中均有两个坐标为 0. 仔细分析一下, 作为平面上凸多边形的顶点必然为两条边界直线之交点, 若边界直线为坐标轴, 则相应的一个坐标为 0, 若非坐标轴, 则化标准形时所引进的松弛变量或剩余变量就应为 0, 因此在仅有两个决策变量的线性规划标准形中, 顶点所对应的变量 ( 包括决策变量、松弛变量、剩余变量) 值为 0 的个数不少于两个是一般规律. 可以严格证明对于一般的线性规划, 相应的这个规律也是成立的.

下面利用这个代数特征引进基本可行解的概念替代顶点这个名词, 并用以表述线性规划的基本定理.

关于一般线性规划的标准形用矩阵表示为

$$\begin{aligned} \min\quad & c^{\mathrm{T}}x \\ \text{s.t.}\quad & Ax=b, \\ & x\geqslant 0, \end{aligned} \tag{9.2}$$

其中

$$c=(c_1,c_2,\cdots,c_n)^{\mathrm{T}}, \quad x=(x_1,x_2,\cdots,x_n)^{\mathrm{T}},$$
$$A=(a_{ij})_{m\times n}, \quad b=(b_1,b_2,\cdots,b_m)^{\mathrm{T}}.$$

不妨设矩阵 $A$ 的秩 $r(A)=m$ (亦即线性方程组 $Ax=b$ 无多余方程).

这样, 线性规划 (9.2) 的可行解等价于线性方程组 $Ax=b$ 的非负解, 因线性方程组 $Ax=b$ 有 $n$ 个变量和 $r(A)=m$, 因此当 $Ax=b$ 的一个解中非零分量所对应 $A$ 中的列组为线性无关时, 则非零分量的个数就不会超过 $r(A)(=m)$, 也即零分量的个数不少于 $n-m$. 设 $x$ 是 $Ax=b$ 的某个解, 若 $A$ 中以 $x$ 的非零分量的序号为列号的列向量所构成的向量组线性无关, 则称 $x$ 是 (9.2) 的一个基本解. 称非负的基本解为基本可行解. 线性规划的基本定理表述如下.

**定理 9.1**　对于线性规划 (9.2),

(1) 若有可行解, 则一定有基本可行解;

(2) 若有最优解, 则一定有最优基本可行解.

### 9.1.2　基本可行解的转换

由定理 9.1 可知, 求解线性规划问题的最优解归结为找寻最优基本可行解. 单纯形法的基本思想, 就是从一个基本可行解出发, 求一个使目标函数值有所改善的

基本可行解; 通过不断改进基本可行解, 力图达到最优基本可行解. 下面分析怎样实现这种基本可行解的转换.

考虑问题 (9.2). 设 $A=(p_1,p_2,\cdots,p_n)$, 并将 $A$ 分解为 $(M,N)$(可能经列调换), 其中 $r(M)=m$, 此时称 $M$ 是基矩阵, $N$ 是非基矩阵, 基本解 $x$ 中与 $M$ 的列相应的分量称为**基变量**, 与 $N$ 的列相应的分量称为**非基变量**. 设 $x^{(0)}=\begin{bmatrix} M^{-1}b \\ 0 \end{bmatrix}$ 是基本可行解, 在 $x^{(0)}$ 处的目标函数值为

$$z_0=c^{\mathrm{T}}x^{(0)}=(c_M,c_N)\begin{bmatrix} M^{-1}b \\ 0 \end{bmatrix}=c_M M^{-1}b,$$

其中 $c_M$ 是 $c$ 中与基变量对应的分量组成的 $m$ 维列向量, $c_N$ 是 $c$ 中与非基变量对应的分量组成的 $n-m$ 维列向量.

**注 9.1** 下面从开始讨论进基变量到确立离基变量的同一过程中, $M$ 中来自 $A$ 的列向量的编号与 $x_M$, $c_M$ 中分量的编号是一致的, 如 $M=(p_3,p_1,p_5), x_M=(x_3,x_1,x_5)^{\mathrm{T}}$, $c_M=(c_3,c_1,c_5)^{\mathrm{T}}$. $N$ 与 $x_N,c_N$ 在编号上有类似关系. 这也可从后面的例 9.2 清楚看到.

现在分析怎样从基本可行解 $x^{(0)}$ 出发, 求一个改进的基本可行解. 设 $x=\begin{bmatrix} x_M \\ x_N \end{bmatrix}$ 是任一个基本可行解, 则由 $Ax=b$ 得到

$$x_M=M^{-1}b-M^{-1}Nx_N,$$

在点 $x$ 处的目标函数值为

$$\begin{aligned} z &= c^{\mathrm{T}}x=(c_M,c_N)\begin{bmatrix} x_M \\ x_N \end{bmatrix} \\ &= c_Mx_M+c_Nx_N \\ &= c_M(M^{-1}b-M^{-1}Nx_N)+c_Nx_N \\ &= c_MM^{-1}b-(c_MM^{-1}N-c_N)x_N \\ &= z_0-\sum_{j\in R}(c_M M^{-1}p_j-c_j)x_j \\ &= z_0-\sum_{j\in R}(f_j-c_j)x_j, \end{aligned} \tag{9.3}$$

其中 $R$ 是非基变量下标集,

$$f_j=c_MM^{-1}p_j.$$

由式 (9.3) 可知, 适当选取自由未知量 $x_j\,(j\in R)$ 的数值就可能使得 $\sum\limits_{j\in R}(f_j-c_j)x_j>0$, 从而得到使目标函数值减少的新的基本可行解. 为此, 在原来的 $n-m$ 个非基变量中, 使得 $n-m-1$ 个变量仍然取零值, 而令一个非基变量, 如 $x_k$, 增大, 即取正值, 以便实现我们的目的. 那么怎样确定下标 $k$ 呢? 根据 (9.3), 当 $x_j\,(j\in R)$ 取值相同时, 若 $f_j-c_j$ 为正数, 则它越大, 目标函数值下降越多, 因此选择 $x_k$, 使

$$f_k-c_k=\max_{j\in R^+}\{f_j-c_j\},$$

其中 $R^+=\{k|f_k-c_k>0,k\in\mathbb{R}\}$. $x_k$ 由零变为正数后, 得到方程组 $Ax=b$ 的解

$$x_M=M^{-1}b-M^{-1}p_kx_k=\bar{b}-y_kx_k,$$

其中 $\bar{b}$ 和 $y_k$ 是 $m$ 维列向量, $\bar{b}=M^{-1}b, y_k=M^{-1}p_k$, 把 $x_M$ 和 $x_N$ 按分量写出, 即

$$x_M=\begin{bmatrix}x_{M_1}\\x_{M_2}\\\vdots\\x_{M_m}\end{bmatrix}=\begin{bmatrix}\bar{b}_1\\\bar{b}_2\\\vdots\\\bar{b}_m\end{bmatrix}-\begin{bmatrix}y_{1k}\\y_{2k}\\\vdots\\y_{mk}\end{bmatrix}x_k\,, \tag{9.4}$$

$$x_N=(0,\cdots,0,x_k,0,\cdots,0)^{\mathrm{T}}.$$

在新得到的点处目标函数值是

$$z=z_0-(f_k-c_k)x_k. \tag{9.5}$$

再来分析怎样确定 $x_k$ 的取值. 一方面, 根据式 (9.5), $x_k$ 取值越大, 函数值下降越多; 另一方面, 根据式 (9.4), $x_k$ 的取值受到可行性的限制, 它不能无限制增大 (当 $y_k>0$ 时). 对某个 $i$, 当 $y_{ik}\leqslant 0$ 时, $x_k$ 取任何正值时, 总成立 $x_{M_i}\geqslant 0$, 而当 $y_{ik}>0$ 时, 为保证 $x_{M_i}=\bar{b}_i-y_{ik}x_k\geqslant 0$ 就必须取值 $x_k\leqslant\bar{b}_i/y_{ik}$. 因此, 为使 $x_M\geqslant 0$, 应令

$$x_k=\min\left\{\frac{\bar{b}_i}{y_{ik}}\middle|y_{ik}>0\right\}=\frac{\bar{b}_r}{y_{rk}}. \tag{9.6}$$

$x_k$ 取值 $\bar{b}_r/y_{rk}$ 后, 原来的基变量 $x_{M_r}=0$, 得到新的可行解

$$x=\left(x_{M_1},\cdots,x_{M_{r-1}},0,x_{M_{r+1}},\cdots,x_{M_m},0,\cdots,0,x_k,0,\cdots,0\right)^{\mathrm{T}}.$$

这个解一定是基本可行解.

这是因为原来的基 $M=(p_{M_1},\cdots,p_{M_r},\cdots,p_{M_m})^{\mathrm{T}}$ 中的 $m$ 个列是线性无关的，其中不包含 $p_k$. 由于 $y_k=M^{-1}p_k$, 故 $p_k=M\cdot y_k=\sum\limits_{i=1}^{m}y_{ik}p_{M_i}$, 即 $p_k$ 是向量组 $p_{M_1},\cdots,p_{M_r},\cdots,p_{M_m}$ 的线性组合，且系数 $y_{rk}\neq 0$. 因此用 $p_k$ 取代 $p_{M_r}$ 后，得到的向量组 $p_{M_1},\cdots,p_k,\cdots,p_{M_m}$ 也是线性无关的. 因此新的可行解 $x$ 的正分量对应的列线性无关，故 $x$ 为基本可行解.

经上述变换，$x_k$ 由原来的非基变量变成基变量，而原来的基变量 $x_{M_r}$ 变成了非基变量. 在新的基本可行解处，目标函数值比原来减少了 $(f_k-c_k)x_k$. 重复以上过程，可以进一步改进基本可行解，直到在 (9.3) 中所有 $f_j-c_j$ 均非正数，以致任何一个非基变量取正值都不能使目标函数值减少时为止.

**定理 9.2**　若在极小化问题中，对于某个基本可行解，所有 $f_j-c_j\leqslant 0$, 则这个基本可行解是最优解；若在极大化问题中，对于某个基本可行解，所有 $f_j-c_j\geqslant 0$, 则这个基本可行解是最优解，其中

$$f_j-c_j=c_MM^{-1}p_j-c_j,\quad j=1,\cdots,n.$$

在线性规划中，通常称 $f_j-c_j$ 为判别数或检验数.

### 9.1.3　单纯形法及算法

以极小化问题为例给出算法. 首先要给定一个初始基本可行解.

**算法 9.1**　设初始基为 $M$.

**步骤 1**　解 $Mx_M=b$, 求得 $x_M=M^{-1}b=\bar{b}$, 令 $x_N=0$, 计算目标函数值 $z=c_Mx_M$.

**步骤 2**　求单纯形乘子 $\omega$, 解 $\omega M=c_M$, 得到 $\omega=c_MM^{-1}$. 对于所有非基变量，计算判别数，$f_j-c_j=\omega p_j-c_j$. 令 $f_k-c_k=\max\limits_{j\in R^+}\{f_j-c_j\}$, 若 $f_k-c_k\leqslant 0$, 则对于所有非基变量 $f_j-c_j\leqslant 0$, 对应基变量的判别数总是零，因此停止计算，现行基本可行解是最优解. 否则，进行下一步.

**步骤 3**　解 $My_k=p_k$, 得到 $y_k=M^{-1}p_k$, 若 $y_k\leqslant 0$, 即 $y_k$ 的每个分量均非正数，则停止计算，问题不存在有限最优解. 否则，进行步骤 4.

**步骤 4**　确定下标 $r$, 使 $\dfrac{\bar{b}_r}{y_{rk}}=\min\left\{\dfrac{\bar{b}_i}{y_{ik}}\middle| y_{ik}>0\right\}$, $x_{M_r}$ 为离基变量，$x_k$ 为进基变量. 用 $p_k$ 替换 $p_{M_r}$, 得到新的基矩阵 $M$, 返回步骤 1.

对于极大化问题，可给出完全类似的步骤，只是确定进基变量的准则不同. 对于极大化问题，应令 $f_k-c_k=\min\limits_{j\in R^-}\{f_j-c_j\}$, 其中 $R^-=\{k:f_k-c_k<0,k\in R\}$.

**例 9.2** 用单纯形法解下列问题:

$$\begin{aligned}\min\quad & -3x_1 - x_2\\ \text{s.t.}\quad & x_1 + x_2 \leqslant 10,\\ & x_1 - x_2 \leqslant 4,\\ & 2x_1 - x_2 \leqslant 12,\\ & x_1, x_2 \geqslant 0.\end{aligned}$$

为用单纯形法求解上述问题, 先引入松弛变量 $x_3, x_4, x_5$, 把问题化成标准形式:

$$\begin{aligned}\min\quad & -3x_1 - x_2\\ \text{s.t.}\quad & x_1 + x_2 + x_3 = 10,\\ & x_1 - x_2 + x_4 = 4,\\ & 2x_1 - x_2 + x_5 = 12,\\ & x_j \geqslant 0,\quad j = 1, \cdots, 5.\end{aligned}$$

系数矩阵

$$A= (p_1,\ p_2,\ p_3,\ p_4,\ p_5) = \begin{bmatrix} 1 & 1 & 1 & 0 & 0\\ 1 & -1 & 0 & 1 & 0\\ 2 & -1 & 0 & 0 & 1\end{bmatrix}.$$

第 1 次迭代:

$$M = (p_3, p_4, p_5) = \begin{bmatrix} 1 & 0 & 0\\ 0 & 1 & 0\\ 0 & 0 & 1\end{bmatrix},$$

$$M^{-1} = \begin{bmatrix} 1 & 0 & 0\\ 0 & 1 & 0\\ 0 & 0 & 1\end{bmatrix},$$

$$x_M = \begin{bmatrix} x_3\\ x_4\\ x_5\end{bmatrix} = \begin{bmatrix} 10\\ 4\\ 12\end{bmatrix},\quad x_N = \begin{bmatrix} x_1\\ x_2\end{bmatrix} = \begin{bmatrix} 0\\ 0\end{bmatrix},$$

$$z_1 = c_M x_M = (0,0,0)(10,4,12)^{\mathrm{T}} = 0,$$

$$\omega = c_M M^{-1} = (0,0,0)\begin{bmatrix} 1 & 0 & 0\\ 0 & 1 & 0\\ 0 & 0 & 1\end{bmatrix} = (0,0,0),$$

$$f_1 - c_1 = \omega p_1 - c_1 = (0,0,0)(1,1,2)^{\mathrm{T}} + 3 = 3,$$

$$f_2 - c_2 = \omega p_2 - c_2 = (0,0,0)(1,-1,-1)^{\mathrm{T}} + 1 = 1,$$

又知对应基变量的判别数均为零, 因此最大判别数是 $f_1 - c_1 = 3$, 下标 $k = 1$. 计算 $y_1$ 和 $\bar{b}$:

$$y_1 = M^{-1}p_1 = \begin{bmatrix} 1 & 0 & 0 \\ 0 & 1 & 0 \\ 0 & 0 & 1 \end{bmatrix} \begin{bmatrix} 1 \\ 1 \\ 2 \end{bmatrix} = \begin{bmatrix} 1 \\ 1 \\ 2 \end{bmatrix},$$

$$\bar{b} = x_M = (10,4,12)^{\mathrm{T}},$$

根据 (9.6) 确定下标 $r$:

$$\frac{\bar{b}_r}{y_{r1}} = \min\left\{\frac{\bar{b}_1}{y_{11}}, \frac{\bar{b}_2}{y_{21}}, \frac{\bar{b}_3}{y_{31}}\right\} = \min\left\{\frac{10}{1}, \frac{4}{1}, \frac{12}{2}\right\} = 4,$$

因此 $r = 2$. $x_M$ 中第 2 个分量 $x_4$ 是离基变量, $x_1$ 是进基变量, $x_1 = \bar{b}_2/y_{21} = 4$. 用 $p_1$ 替换 $p_4$, 得到新基, 进行下次迭代.

第 2 次迭代:

$$M = (p_3, p_1, p_5) = \begin{bmatrix} 1 & 1 & 0 \\ 0 & 1 & 0 \\ 0 & 2 & 1 \end{bmatrix},$$

$$M^{-1} = \begin{bmatrix} 1 & -1 & 0 \\ 0 & 1 & 0 \\ 0 & -2 & 1 \end{bmatrix},$$

$$x_M = \begin{bmatrix} x_3 \\ x_1 \\ x_5 \end{bmatrix} = \begin{bmatrix} 6 \\ 4 \\ 4 \end{bmatrix}, \quad x_N = \begin{bmatrix} x_2 \\ x_4 \end{bmatrix} = \begin{bmatrix} 0 \\ 0 \end{bmatrix},$$

$$z_2 = c_M x_M = (0,-3,0)(6,4,4)^{\mathrm{T}} = -12,$$

$$\omega = c_M M^{-1} = (0,-3,0) \begin{bmatrix} 1 & -1 & 0 \\ 0 & 1 & 0 \\ 0 & -2 & 1 \end{bmatrix} = (0,-3,0),$$

$$f_2 - c_2 = \omega p_2 - c_2 = (0,-3,0)(1,-1,-1)^{\mathrm{T}} + 1 = 4,$$

$$f_4 - c_4 = \omega p_4 - c_4 = (0,-3,0)(0,1,0)^{\mathrm{T}} - 0 = -3,$$

最大判别数是 $f_2 - c_2 = 4$, 指标 $k = 2$, 计算 $y_2$:

$$y_2 = M^{-1}p_2 = \begin{bmatrix} 1 & -1 & 0 \\ 0 & 1 & 0 \\ 0 & -2 & 1 \end{bmatrix} \begin{bmatrix} 1 \\ -1 \\ -1 \end{bmatrix} = \begin{bmatrix} 2 \\ -1 \\ 1 \end{bmatrix},$$

$$\overline{b} = x_M = (6, 4, 4)^{\mathrm{T}},$$

$$\frac{\overline{b}_r}{y_{r2}} = \min\left\{\frac{\overline{b}_1}{y_{12}}, \frac{\overline{b}_3}{y_{32}}\right\} = \min\left\{\frac{6}{2}, \frac{4}{1}\right\} = 3.$$

因此 $x_M$ 中第一个分量 $x_3$ 是离基变量, $x_2$ 是进基变量. 用 $p_2$ 替换 $p_3$, 得到新基, 进行下一次迭代.

第 3 次迭代:

$$M = (p_2,\ p_1,\ p_5) = \begin{bmatrix} 1 & 1 & 0 \\ -1 & 1 & 0 \\ -1 & 2 & 1 \end{bmatrix},$$

$$M^{-1} = \begin{bmatrix} \frac{1}{2} & -\frac{1}{2} & 0 \\ \frac{1}{2} & \frac{1}{2} & 0 \\ -\frac{1}{2} & -\frac{3}{2} & 1 \end{bmatrix},$$

$$x_M = \begin{bmatrix} x_2 \\ x_1 \\ x_5 \end{bmatrix} = \begin{bmatrix} 3 \\ 7 \\ 1 \end{bmatrix}, \quad x_N = \begin{bmatrix} x_3 \\ x_4 \end{bmatrix} = \begin{bmatrix} 0 \\ 0 \end{bmatrix},$$

$$z_3 = c_M x_M = (-1, -3, 0)(3, 7, 1)^{\mathrm{T}} = -24,$$

$$\omega = c_M M^{-1} = (-1, -3, 0) \begin{bmatrix} \frac{1}{2} & -\frac{1}{2} & 0 \\ \frac{1}{2} & \frac{1}{2} & 0 \\ -\frac{1}{2} & -\frac{3}{2} & 1 \end{bmatrix} = (-2, -1, 0),$$

$$f_3 - c_3 = \omega p_3 - c_3 = (-2, -1, 0)(1, 0, 0)^{\mathrm{T}} - 0 = -2,$$
$$f_4 - c_4 = \omega p_4 - c_4 = (-2, -1, 0)(0, 1, 0)^{\mathrm{T}} - 0 = -1.$$

由于所有 $f_j - c_j \leqslant 0$, 因此得到最优解

$$x_1 = 7, \quad x_2 = 3.$$

目标函数的最优值 $z_{\min} = -24$.

## 9.2 无约束非线性优化问题及最速下降法

### 9.2.1 无约束非线性优化问题

非线性最优化问题的一般形式为

$$f(x^*) = \min_{x \in D} f(x), \tag{9.7}$$

其中 $x \in R^n$ 是决策变量, $f(x)$ 为目标函数, $D \subset R^n$ 为约束集或可行域, 当目标函数或者约束函数中存在非线性函数时, 该问题就称为非线性最优化问题. 特别地, 如果约束集 $D = R^n$, 则最优化问题 (9.7) 称为无约束最优化问题:

$$f(x^*) = \min_{x \in R^n} f(x). \tag{9.8}$$

限于篇幅, 本节只考虑目标函数为非线性函数的无约束优化问题 (9.8). 注意无约束优化也可能是求函数极大值的问题, 然而这可以改写成 $f(x)$ 极小值的问题.

**定义 9.1** 如果存在 $\varepsilon > 0$ 使得所有满足 $x \in R^n$ 和 $\|x - x^*\| < \varepsilon$ 的 $x$ 均有

$$f(x) \geqslant f(x^*), \tag{9.9}$$

则称 $x^*$ 是 $f(x)$ 的局部极小点. 若对所有 $x \in R^n, x \neq x^*$ 和 $\|x - x^*\| < \varepsilon$ 的 $x$ 均有

$$f(x) > f(x^*), \tag{9.10}$$

则称 $x^*$ 为 $f(x)$ 的严格局部极小点.

**定义 9.2** 若对任意的 $x \in R^n$ 都有 (9.9) 成立, 则称 $x^*$ 为全局极小值点. 若对所有 $x \in R^n, x \neq x^*$ 都有 (9.10) 成立, 则 $x^*$ 称为 $f(x)$ 的严格全局极小值点.

一般来说, 求得全局极小解是相当困难的. 因此, 本节所指的求极小点, 通常是指求局部极小点. 由定义 9.1 和定义 9.2 可知, 全局极小点一定是局部极小点, 反之不然, 只有当问题具有某种凸性时, 局部极小点才是全局极小点. 下面给出与最优化方法关系密切的凸集和凸函数的定义.

**定义 9.3**　集合 $D \subset R^n$ 称为凸的, 如果对于任意 $x, y \in D$ 有

$$\lambda x + (1-\lambda) y \in D, \quad 0 \leqslant \lambda \leqslant 1.$$

换句话说, 如果 $x, y \in D$, 则连接 $x$ 与 $y$ 的直线段上的所有点都在 $D$ 内.

**定义 9.4**　设函数 $f(x)$ 在凸集 $D$ 上有定义, 如果对任意 $x, y \in D$ 和任意 $\lambda \in [0,1]$ 有

$$f(\lambda x + (1-\lambda) y) \leqslant \lambda f(x) + (1-\lambda) f(y),$$

则称 $f(x)$ 是凸集 $D$ 上的凸函数. 如果上述不等式对 $x \neq y$ 与任意 $\lambda \in (0,1)$ 严格成立, 则称 $f$ 是凸集 $D$ 上的严格凸函数.

现假设目标函数 $f(x)$ 是连续可微的, 若 $x^*$ 是 $f(x)$ 在 $R^n$ 上的局部极小点, 则

$$\left.\frac{\partial f}{\partial x_i}\right|_{x=x^*} = 0, \quad i = 1, 2, \cdots, n \tag{9.11}$$

一定成立. 而 $x^*$ 是极小值点的充分条件是 $x^*$ 不仅要满足 (9.11), 而且 $f(x)$ 的 Hesse 矩阵

$$H = \left[\frac{\partial^2 f}{\partial x_i \partial x_j}\right]_{n\times n}$$

在 $x^*$ 是正定的.

在数值计算方法中, 一般采用迭代法求解无约束非线性优化问题 (9.8) 的极小点. 其基本思路是：首先给定一个初始点 $x_0$, 然后按照某一迭代规则产生一个迭代序列 $\{x_k\}$, 使得该序列若是有限的, 则最后一个点就是问题 (9.8) 的极小点; 否则, 若该迭代序列是无穷点列时, 它有极限点且这个极限点即为问题 (9.8) 的极小点.

设 $\{x_k\}$ 为第 $k$ 次迭代点, $d_k$ 为第 $k$ 次搜索方向, $\alpha_k$ 为第 $k$ 次步长因子, 则第 $k$ 次迭代完成后可得到新一轮 (第 $k+1$ 次) 的迭代点为

$$x_{k+1} = x_k + \alpha_k d_k.$$

从这个迭代格式可以看出, 不同步长因子 $\alpha_k$ 和不同的搜索方向 $d_k$ 构成了不同的优化算法. 在最优化方法中, $d_k$ 是 $f(x)$ 在 $x_k$ 处的下降方向, 即 $d_k$ 满足

$$\nabla f(x_k)^T d_k < 0,$$

或

$$f(x_k + \alpha_k d_k) < f(x_k).$$

因此, 最优化方法的算法为

**算法 9.2**

**步骤 1** 给定初始点 $x_0$.

**步骤 2** 确定搜索方向 $d_k$, 即依照一定规则构造 $f(x)$ 在 $x_k$ 点处的下降方向作为搜索方向.

**步骤 3** 确定步长因子 $\alpha_k$, 使目标函数值有某种意义地下降.

**步骤 4** 令 $x_{k+1} = x_k + \alpha_k d_k$, 若 $x_{k+1}$ 满足某种终止条件, 则停止迭代, 得到近似最优解 $x_{k+1}$, 否则重复以上步骤.

从以上基本结构可以看出, 最优化方法的实施里面最重要的是两步: 确定一个下降的搜索方向; 在下降方向上确定一个步长因子确保目标函数有某种意义的下降 (也称为线搜索技巧). 因此, 不同的下降方向和不同的线搜索技巧可以组合成各种各样的优化算法. 目前求解无约束最优化问题的经典算法常见的有梯度法、Newton 法、共轭梯度法、拟 Newton 法、信赖域法等等; 求解约束非线性最优化问题的经典算法有罚函数法、增广 Lagrange 函数法等等. 由于篇幅的限制, 我们只介绍求解无约束非线性优化问题的梯度法中的最速下降算法.

### 9.2.2 最速下降法

人们在求解无约束非线性优化问题 (9.8) 的极小点时, 总希望从某一点出发, 选择一个使得目标函数值下降最快的方向, 以利于尽快达到极小点. 基于这样一种愿望, 1847 年法国数学家 Cauchy 就提出了以精确线搜索步为步长的最速下降法. 后来, Curry (柯里) 等人作了进一步的研究. 目前最速下降法已经成为众所周知的一种最基本的梯度算法, 它对其他优化算法的研究也具有很大的启发作用, 因此最速下降法在最优化方法中占有非常重要的地位. 下面介绍最速下降法的基本原理及计算步骤.

设函数 $f(x)$ 在点 $x$ 附近连续可微, 且 $g = \nabla f(x) \neq 0$. 由 Taylor 展开式

$$f(x) = f(x_k) + (x - x_k)^{\mathrm{T}} \nabla f(x_k) + o(\|x - x_k\|)$$

可知, 若记 $x - x_k = \alpha d_k$, 对充分小的 $\alpha > 0$, 则满足 $d_k^{\mathrm{T}} g_k < 0$ 的方向是下降方向. 当 $\alpha$ 取定后, $d_k^{\mathrm{T}} g_k$ 的值越小, 即 $-d_k^{\mathrm{T}} g_k$ 的值越大, 函数下降得越快. 由 Cauchy-Schwartz 不等式

$$|d_k^{\mathrm{T}} g_k| \leqslant \|d_k\| \|g_k\|,$$

可知当且仅当 $d_k = -g_k$ 时, $d_k^{\mathrm{T}} g_k$ 最小, 故 $-g_k$ 是最速下降方向 (steepest descent direction), 所以该梯度算法被形象地称为最速下降法. 经典的最速下降法每次迭代都用精确线搜索求步长因子, 下面给出基于精确线搜索的最速下降法的算法.

**算法 9.3**

**步骤 1**　给出 $x_1 \in R^n, 0 \leqslant \varepsilon \ll 1, k := 1$.

**步骤 2**　$d_k = -\nabla f(x_k)$, 如果 $\|d_k\| \leqslant \varepsilon$, 则停止计算.

**步骤 3**　利用精确线搜索求 $\alpha_k > 0$, 即

$$f(x_k + \alpha_k d_k) = \min_{\alpha > 0} f(x_k + \alpha d_k).$$

**步骤 4**　$x_{k+1} = x_k + \alpha_k d_k, k := k+1$, 转步骤 2.

接下来将采用最速下降法来求解无约束非线性优化问题, 下面给出两个具体例子.

**例 9.3**　使用最速下降法求 $f(x_1, x_2) = x_1^2 + 4x_2^2$ 的极小点. 迭代两次, 计算各迭代点的函数值、梯度及其模, 并验证相邻两个搜索方向是正交的.

**解**　设初始点为 $x^{(0)} = (1,1)^{\mathrm{T}}, \nabla f(x_1, x_2) = \begin{bmatrix} 2x_1 \\ 8x_2 \end{bmatrix}$, 由此,

$$\begin{aligned}
&\nabla f(x^{(0)}) = (2,8)^{\mathrm{T}}, \\
&\left\|\nabla f(x^{(0)})\right\| = 8.24621, \\
&r^{(0)} = -\nabla f(x^{(0)}) = (-2,-8)^{\mathrm{T}}, \\
&x^{(1)} = x^{(0)} + \alpha_0 r^{(0)},
\end{aligned}$$

其中 $\alpha_0$ 由 $\min f\left(x^{(0)} + \alpha r^{(0)}\right) = \min\{(1-2\alpha)^2 + 4(1-8\alpha)^2\}$ 获得. 利用必要条件

$$\frac{\mathrm{d}f(x^{(0)} + \alpha_0 r^{(0)})}{\mathrm{d}\alpha} = -4(1-2\alpha_0) - 64(1-8\alpha_0) = 520\alpha_0 - 68 = 0,$$

得到 $\alpha_0 = 68/520 \approx 0.13077$. 故

$$\begin{aligned}
&x^{(1)} = \begin{bmatrix} 1 \\ 1 \end{bmatrix} - 0.13077 \begin{bmatrix} 2 \\ 8 \end{bmatrix} = \begin{bmatrix} 0.73846 \\ -0.04616 \end{bmatrix}, \\
&\nabla f(x^{(1)}) = (1.47692, -0.36923)^{\mathrm{T}}, \\
&\left\|\nabla f(x^{(1)})\right\| = 1.52237, \\
&r^{(1)} = -\nabla f(x^{(1)}) = (-1.47692, 0.36923)^{\mathrm{T}}, \\
&x^{(2)} = x^{(1)} + \alpha_1 r^{(1)},
\end{aligned}$$

由 $\dfrac{\mathrm{d}f(x^{(1)}+\alpha_1 r^{(1)})}{\mathrm{d}\alpha}=0$ 求得 $\alpha_1=0.42500$. 从而

$$
\begin{aligned}
&x^{(2)}=\begin{bmatrix}0.73846\\-0.04616\end{bmatrix}+0.42500\begin{bmatrix}-1.47692\\0.36923\end{bmatrix}=\begin{bmatrix}0.11076\\0.11076\end{bmatrix},\\
&f(x^{(2)})=0.06134,\\
&\nabla f(x^{(2)})=(0.22152,0.88608)^{\mathrm{T}},\\
&\left\|\nabla f(x^{(2)})\right\|=0.91335,\\
&r^{(2)}=-\nabla f(x^{(2)})=-(0.22152,0.88608)^{\mathrm{T}}.
\end{aligned}
$$

验证 $r^{(0)}$ 和 $r^{(1)}$ 及 $r^{(1)}$ 和 $r^{(2)}$ 的正交性:

$$
\begin{aligned}
&r^{(1)\mathrm{T}}r^{(0)}=(-1.47692)(-2)+(0.36923)(-8)=0,\\
&r^{(2)\mathrm{T}}r^{(1)}=(-0.22152)(-1.47692)+(-0.88608)(0.36923)=0.
\end{aligned}
$$

**例 9.4** 使用最速下降法求解问题 $\min f(x)=x_1^2/a+x_2^2/b\ (a>0,b>0)$.

**解** 取初始点为 $x^{(0)}=(a,b)^{\mathrm{T}}$. 经计算得到 $\nabla f(x_1,x_2)=\begin{bmatrix}\dfrac{2}{a}x_1\\\dfrac{2}{b}x_2\end{bmatrix}$ 和 $\nabla f(x^{(0)})=(2,2)^{\mathrm{T}}$.

令 $r^{(0)}=-\nabla f(x^{(0)})=(-2,-2)^{\mathrm{T}}$, 求

$$\varphi(\lambda)=f(x^{(0)}+\lambda r^{(0)})=\frac{(a-2\lambda)^2}{a}+\frac{(b-2\lambda)^2}{b}$$

的极小点. 由于 $\varphi'(\lambda)=-4\left(1-\dfrac{2}{a}\lambda\right)-4\left(1-\dfrac{2}{b}\lambda\right)$, 令 $\varphi'(\lambda)=0$, 得到 $\lambda_0=\dfrac{ab}{a+b}$, 故

$$x^{(1)}=x^{(0)}+\lambda_0 r^{(0)}=\left(\frac{a(a-b)}{a+b},\frac{b(b-a)}{a+b}\right)^{\mathrm{T}}$$

(若 $a=b$, 则 $x^{(1)}=(0,0)^{\mathrm{T}}$,$r^{(1)}=(0,0)^{\mathrm{T}}$, 停止计算, 得解 $x^{(1)}$). 否则再进行一次迭代可得

$$x^{(2)}=\left(\frac{a(a-b)^2}{(a+b)^2},\frac{b(b-a)^2}{(a+b)^2}\right)^{\mathrm{T}}.$$

不难验证, 一般有

$$x^{(k)}=\left(\frac{a(a-b)^k}{(a+b)^k},\frac{b(b-a)^k}{(a+b)^k}\right)^{\mathrm{T}},\quad k=1,2,\cdots.$$

由上式可以看出, 点列 $\left\{x^{(k)}\right\}$ 收敛到 $f(x)$ 的极小点 $x^*=(0,0)^{\mathrm{T}}$. 图 9-2 画出了当 $a=4, b=1$ 时所得的点列 $\left\{x^{(k)}\right\}$.

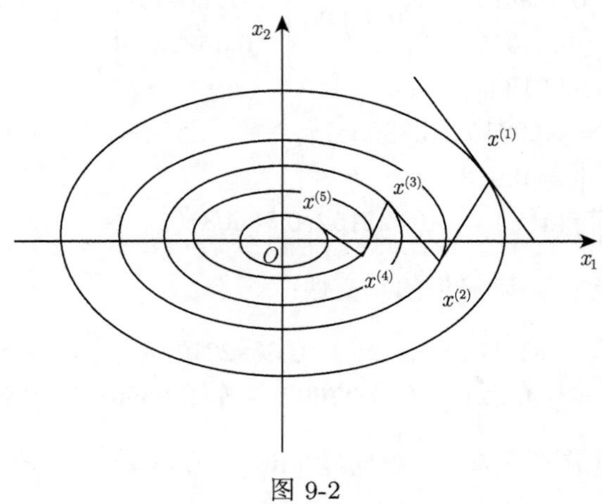


图 9-2

从以上两个求二次函数的极小值的最速下降法的实现过程中, 我们可以发现最速下降法具有迭代过程简单, 计算量和存储量小, 开局时函数值一般下降很快, 可以快速靠近最优解这样的特点, 但相邻两迭代方向的正交性会导致锯齿现象, 会导致算法收敛得很慢.

## 9.3　几个线性规划问题的实例

对某一问题建模是一项艺术. 虽然早就证明, 线性规划的优点是它可以作为一个有效的数值应用模型, 但仍然还没有确定的建模规则. 本节叙述一些经典的例子, 这些例子具有固定的表达式. 由此可见, 一般的实践首先是定义决策变量. 每个决策变量都与所感兴趣的确定的活动相对应, 并且决策变量的值能够表达相应活动的水平. 一旦决策变量被定义, 通常目标函数就表述了在不同水平上采取这些活动的增大与减少, 每个技术约束表达了在这些活动之间的确定的内部关系.

**例 9.5**　配食问题. 假定在市场上有 $n$ 种不同食物, 第 $j$ 种食物的销售价为每个单位 $c_j$. 这些食物中含有人体需要的 $m$ 种基本营养成分. 为了健康, 达到平衡配食要求, 第 $i$ 个成分至少为 $b_i$. 此外, 一项研究表明, 第 $j$ 种食物的每个单位包含第 $i$ 个营养成分的 $a_{ij}$ 个单位. 一个大组的配食, 可能面临一个最经济的配食问题. 为了健康, 它应满足基本的营养需求.

因为所感兴趣的活动是确定在配食中每种食物的数量, 定义 $x_j$ 是配食中第 $j$ 种食物的单位数量, $j=1,2,\cdots,n$. 那么问题就是确定 $x_j$, 以使总费用最少, 即极

小化 $c_1x_1+c_2x_2+\cdots+c_nx_n$, 服从营养需要:

$$\begin{gathered}a_{11}x_1+a_{12}x_2+a_{13}x_3+\cdots+a_{1n}x_n\geqslant b_1,\\ a_{21}x_1+a_{22}x_2+a_{23}x_3+\cdots+a_{2n}x_n\geqslant b_2,\\ \cdots\cdots\\ a_{m1}x_1+a_{m2}x_2+a_{m3}x_3+\cdots+a_{mn}x_n\geqslant b_m\end{gathered}$$

以及非负性约束: $x_1\geqslant 0$,$x_2\geqslant 0,\cdots,x_n\geqslant 0$.

对于每个约束减去一个非负的剩余变量, 我们有了一个标准形式的线性规划问题:

$$\begin{aligned}\min\quad&\sum_{j=1}^{n}c_jx_j\\ \text{s.t.}\quad&\sum_{j=1}^{n}a_{ij}x_j-\bar{x}_i=b_i,\quad i=1,2,\cdots,m,\\ &x_j\geqslant 0,\bar{x}_i\geqslant 0,\quad j=1,2,\cdots,n;i=1,2,\cdots,m.\end{aligned}$$

**例 9.6** 运输问题. 一个运输公司签订合同, 由 $m$ 个发源地到 $n$ 个目的地运送确定量的产品. 在第 $i$ 个发源地存放有 $a_i\,(i=1,2,\cdots,m)$ 个单位产品, 在第 $j$ 个目的地要求至少要送到 $b_j\,(j=1,2,\cdots,n)$ 个单位产品. 假设由发源地 $i$ 到目的地 $j$ 运送一个单位产品, 用户将支付的价钱为 $c_{ij}$, 运输公司感兴趣的是在充分满足约束条件情况下, 如何使利润最大.

因为所感兴趣的主要活动是由一个发源地到目的地运送货物, 定义由第 $i$ 个发源地到第 $j$ 个目的地运送货物的单位数是 $c_{ij}$, $i=1,2,\cdots,m$, $j=1,2,\cdots,n$. 那么问题就是去寻求总利润最大的 $x_{ij}$ 的值: $\sum\limits_{i=1}^{m}\sum\limits_{j=1}^{n}c_{ij}x_{ij}$, 服从于发源地的约束: $\sum\limits_{j=1}^{n}x_{ij}\leqslant a_i$, $i=1,2,\cdots,m$ 和目的地的约束: $\sum\limits_{i=1}^{m}x_{ij}\geqslant b_j$,$j=1,2,\cdots,n$ 以及非负性的约束: $x_{ij}\geqslant 0,i=1,2,\cdots,m;\ j=1,2,\cdots,n$. 对于每一个发源地约束加一个非负的松弛变量, 从每一个目的地约束减去一个非负的剩余变量, 并用 $-1$ 去乘总利润, 可以得到一个标准型线性规划问题:

$$\begin{aligned}\min\quad&\sum_{i=1}^{m}\sum_{j=1}^{n}-c_{ij}x_{ij}\\ \text{s.t.}\quad&\sum_{j=1}^{n}x_{ij}+\hat{x}_i=a_i,\quad i=1,2,\cdots,m,\end{aligned}$$

$$\sum_{i=1}^{m} x_{ij} - \bar{x}_j = b_j, \quad j = 1, 2, \cdots, n,$$

$$x_{ij} \geqslant 0, \hat{x}_i \geqslant 0, \bar{x}_j \geqslant 0, \quad i = 1, 2, \cdots, m; j = 1, 2, \cdots, n.$$

为了保证这一问题有一个可行解, 条件 $\sum\limits_{i=1}^{m} a_i \geqslant \sum\limits_{j=1}^{n} b_j$ 当然是必要的.

**例 9.7**　存储问题. 考虑一个具有固定存储能力 $C$ 的仓库. 该仓库的管理人在一定的时间长度内, 买进并卖出一些货物, 以获得利润. 我们将时间窗口截成几个周期 (如一周为一个周期), 并且假设在第 $j$ 个周期内, 购买与销售都是同样的单位价格 $p_j$. 此外, 货物保存一周期的单位费用为 $r$. 该仓库在初始时是空的, 要求在终结时也是空的. 试问管理人应当怎样经营?

主要的活动涉及在每个周期内买、卖并保存货物. 定义 $x_j$ 是在第 $j$ 个周期开始时仓库的存货水平, $y_j$ 是该周期内购进的总数, $z_j$ 是该周期内售出的总数. 那么, 管理人试图使他的利润最大: $\sum\limits_{j=1}^{n} (p_j z_j - p_j y_j - r x_j)$, 服从于库存量平衡约束:$x_{j+1} = x_j + y_j - z_j$; $j = 1, 2, \cdots, n-1$, 仓库能力约束: $x_j \leqslant C$, $j = 1, 2, \cdots, n$, 受限条件: $x_1 = 0$, $x_n + y_n - z_n = 0$ 和非负约束: $x_j \geqslant 0$, $y_j \geqslant 0$, $z_j \geqslant 0$, $j = 1, 2, \cdots, n$. 转换之后得到一个标准型线性规划:

$$\begin{aligned}
\min \quad & \sum_{j=1}^{n} (-p_j z_j + p_j y_j + r x_j) \\
\text{s.t.} \quad & x_j - x_{j+1} + y_j - z_j = 0, \quad j = 1, 2, \cdots, n-1, \\
& x_j + \bar{x}_j = C, \quad j = 1, 2, \cdots, n, \\
& x_1 = 0, \\
& x_n + y_n - z_n = 0, \\
& x_j \geqslant 0, \bar{x}_j \geqslant 0, y_j \geqslant 0, z_j \geqslant 0, \quad j = 1, 2, \cdots, n.
\end{aligned}$$

**例 9.8**　切割原料问题. 一个金属切割公司, 将宽度为 $w$、长度为 $l$ 的标准主辊割成宽度稍小但长度不变的子辊. 客户指定的订单是不同宽度的子辊数量. 该目标是如何用最小的主辊数量去满足一组客户订单.

假设有 $m$ 个不同的宽度, 按用户指定为 $w_1, w_2, \cdots, w_m$, 并且要求宽度为 $w_i$ 的子辊为 $b_i (i = 1, 2, \cdots, m)$ 个. 对于一个宽度为 $w$ 的主辊 (当然, 对于每个 $i$, $w_i \leqslant w$) 可有很多方式把它切割成子辊. 例如, 宽度为 3, 5, 7 的子辊是由宽度为 10 的主辊切割而成的. 可以切割一个主辊, 去产生三个宽度是 3 的子辊, 零个宽度是 5 的子辊和零个宽度是 7 的子辊; 或者切割产生一个宽度是 3 的子辊, 零个宽度是 5 的子辊和一个宽度是 7 的子辊等. 每一个那样的方式, 都被称为一个可行切割方案. 虽然所有可行切割方案的总数可能会变得很大, 但可行切割方案的总数总是确定的, 譬如是 $n$. 如果令 $a_{ij}$ 是按方式 $j$ 切割一个主辊所得到宽度为 $w_i$ 的子辊数, 那么要求 $\sum_{i=1}^{m} a_{ij}w_i \leqslant w$, 对于该方式是可行的. 现在, 定义 $x_j$ 为按着第 $j$ 个可行方式切割主辊的数目, 该切割原料的问题就成为一个整数线性规划问题:

$$\min \quad \sum_{j=1}^{n} x_j$$

$$\begin{aligned} \text{s.t.} \quad & \sum_{j=1}^{n} a_{ij}x_j \geqslant b_i, \quad i=1,2,\cdots,m, \\ & x_j \geqslant 0, \quad j=1,2,\cdots,n, \\ & x_j\text{为整数}, \quad j=1,2,\cdots,n. \end{aligned}$$

如果抛掉关于整数的要求, 该问题就变成一个线性规划问题.

**例 9.9** 某地区有三个农场共用一条灌渠, 每个农场的可灌溉耕地及分配到的最大用水量如表 9-1 所示, 各种作物需水量、净收益及种植限额如表 9-2 所示.

**表 9-1 各农场可灌溉耕地及允许最大用水量**

| 农场序号 | 可灌溉耕地/亩[①] | 可分配水量/$100\text{m}^3$ |
|---|---|---|
| 1 | 400 | 600 |
| 2 | 600 | 800 |
| 3 | 300 | 375 |

三个农场达成协议, 它们的播种面积与其可灌溉面积之比应该相等, 而各农场种何种作物并无限制. 现在的问题是, 如何制订各农场种植计划才能在上述限制条件下, 使本地区的三个农场的总净收益最大.

**表 9-2 各种作物需水量、净收益及种植限额**

| 作物种类 | 种植限额/亩 | 耗水量/($100\text{m}^3$/亩) | 净收益/(元/亩) |
|---|---|---|---|
| 甜菜 | 600 | 3 | 400 |
| 棉花 | 500 | 2 | 300 |
| 高粱 | 325 | 1 | 100 |

这是一个农作物布局问题, 计划的目的就是要使其布局所获得的净收益最大. 它可化为线性规划问题求解.

① 1 亩 $= \frac{1}{1500}$ 平方千米

首先需要设置线性规划模型的决策变量：

设第一农场计划种植甜菜、棉花和高粱的面积分别为 $x_1$, $x_4$ 和 $x_7$ 亩; 第二农场计划种植这三种作物的面积分别为 $x_2$, $x_5$ 和 $x_8$ 亩; 第三农场计划种植这三种作物的面积分别为 $x_3$, $x_6$ 和 $x_9$ 亩.

其次, 根据实际问题的要求列出线性规划模型的约束方程组.

第一类：土地资源约束为

$$\begin{aligned} x_1 + x_4 + x_7 &\leqslant 400, \\ x_2 + x_5 + x_8 &\leqslant 600, \\ x_3 + x_6 + x_9 &\leqslant 300. \end{aligned}$$

第二类：水资源约束为

$$\begin{aligned} 3x_1 + 2x_4 + x_7 &\leqslant 600, \\ 3x_2 + 2x_5 + x_8 &\leqslant 800, \\ 3x_3 + 2x_6 + x_9 &\leqslant 375. \end{aligned}$$

第三类：政策约束如下.

第一种, 政策规定的种植面积限制

$$\begin{aligned} x_1 + x_2 + x_3 &\leqslant 600, \\ x_4 + x_5 + x_6 &\leqslant 500, \\ x_7 + x_8 + x_9 &\leqslant 325. \end{aligned}$$

第二种, 协议规定的播种面积与可灌溉面积的比例约束

$$\frac{x_1 + x_4 + x_7}{400} = \frac{x_2 + x_5 + x_8}{600} = \frac{x_3 + x_6 + x_9}{300},$$

即

$$\begin{aligned} 3x_1 + 3x_4 + 3x_7 - 2x_2 - 2x_5 - 2x_8 &= 0, \\ x_2 + x_5 + x_8 - 2x_3 - 2x_6 - 2x_9 &= 0. \end{aligned}$$

第四类：决策变量的非负性约束为

$$x_i \geqslant 0, i = 1, 2, \cdots, 9.$$

最后, 根据计划要求, 设置线性规划模型的目标函数. 求各种产品的最大净收益, 即

$$\max z = 400(x_1 + x_2 + x_3) + 300(x_4 + x_5 + x_6) + 100(x_7 + x_8 + x_9).$$

至此, 这个农作物种植计划问题的线性规划模型已经全部构造完毕, 它由 11 个约束方程式、变量的非负性约束和一个目标函数组成.

## 习 题 9

9.1 画出下列线性规划的可行域, 求出顶点坐标, 画出目标函数的等值线, 并找出最优解：

(1)

$$\begin{aligned} \max \quad & 3x_1 - x_2 \\ \text{s.t.} \quad & x_1 + x_2 \leqslant 4, \\ & x_1, x_2 \geqslant 0; \end{aligned}$$

(2)

$$\begin{aligned} \min \quad & -x_1 - 3x_2 \\ \text{s.t.} \quad & x_1 + x_2 \leqslant 3, \\ & x_1 - 2x_2 \geqslant 2, \\ & x_1, x_2 \geqslant 0. \end{aligned}$$

9.2 各举一例说明：可行域为空集; 最优点有无穷多; 目标函数值无界而无最优解（可仅在平面上画图表示).

9.3 证明：线性规划

$$\begin{aligned} \min \quad & c^{\mathrm{T}} x \\ \text{s.t.} \quad & Ax = b \end{aligned}$$

若有最优解, 则它的任意可行解均为最优解.

9.4 把下列线性规划化为标准形, 并求出所有基本解、基本可行解和比较出最优解：

(1)

$$\begin{aligned} \max \quad & 2x_1 + x_2 - x_3 \\ \text{s.t.} \quad & x_1 + 4x_2 - x_3 \leqslant 4 \\ & x_1 + x_2 + 2x_3 \leqslant 6 \\ & x_1, x_2, x_3 \geqslant 0; \end{aligned}$$

(2)

$$\begin{aligned} \max \quad & 2x_1 - x_2 + 3x_3 - 5x_4 \\ \text{s.t.} \quad & x_1 + x_2 \leqslant 3, \\ & x_1 + 2x_2 + 4x_3 - x_4 \leqslant 6, \\ & 2x_1 + 3x_2 - x_3 + x_4 \leqslant 12, \\ & x_1 + x_3 + x_4 \leqslant 4, \\ & x_1, x_2, x_3, x_4 \geqslant 0. \end{aligned}$$

9.5 设 $f(x) = 100\left(x_2 - x_1^2\right)^2 + (1 - x_1)^2$, 求在以下各点：$x_1 = (0,0)^{\mathrm{T}}$, $x_2 = (1,1)^{\mathrm{T}}$ 和 $x_3 = (2,1)^{\mathrm{T}}$ 处的最速下降方向.

9.6 用最速下降法求解 $\min x_1^2 - 2x_1x_2 + 4x_2^2 + x_1 - 3x_2$, 取初始点 $x^{(0)} = (1,1)^{\mathrm{T}}$, 迭代两次.

9.7 用单纯形法求解以下线性规划：

(1)

$$\begin{aligned} \min \quad & 3x_1 - x_2 \\ \text{s.t.} \quad & x_1 + x_2 \leqslant 3, \\ & -x_1 - 3x_2 \geqslant -3, \\ & -2x_1 + x_2 \geqslant -6, \\ & 2x_1 + x_2 \leqslant 8, \\ & 4x_1 - x_2 \leqslant 16, \\ & x_1, x_2 \geqslant 0; \end{aligned}$$

(2)

$$\begin{aligned} \min \quad & -2x_1 - x_2 + 3x_3 - 5x_4 \\ \text{s.t.} \quad & x_1 + x_2 \leqslant 3, \\ & x_1 + 2x_2 + 4x_3 - x_4 \leqslant 6, \\ & 2x_1 + 3x_2 - x_3 + x_4 \leqslant 12, \\ & x_1 + x_3 + x_4 \leqslant 4, \\ & x_1, x_2, x_3, x_4 \geqslant 0; \end{aligned}$$

(3)

$$\begin{aligned}
\max \quad & x_1 + 3x_2 + 4x_3 \\
\text{s.t.} \quad & 3x_1 + 2x_3 \leqslant 13, \\
& x_2 + 3x_3 \leqslant 17, \\
& 2x_1 + x_2 + x_3 \leqslant 13, \\
& x_1, x_2, x_3 \geqslant 0;
\end{aligned}$$

(4)

$$\begin{aligned}
\max \quad & x_1 + 3x_2 - x_3 \\
\text{s.t.} \quad & x_1 + x_2 + x_3 \geqslant 3, \\
& -x_1 + 2x_2 \geqslant -3, \\
& -2x_1 + x_2 \geqslant 2, \\
& -x_1 + 5x_2 + x_3 \leqslant 14, \\
& x_1, x_2, x_3 \geqslant 0;
\end{aligned}$$

(5)

$$\begin{aligned}
\min \quad & x_1 + x_2 \\
\text{s.t.} \quad & 2x_1 + x_2 \geqslant 4, \\
& x_1 + 7x_2 \geqslant 7, \\
& x_1, x_2 \geqslant 0;
\end{aligned}$$

(6)

$$\begin{aligned}
\min \quad & 3x_1 + 2x_2 + x_3 + 4x_4 \\
\text{s.t.} \quad & 2x_1 + 4x_2 + 5x_3 + x_4 \geqslant 0, \\
& 3x_1 - x_2 + 7x_3 - 2x_4 \geqslant 2, \\
& 5x_1 + 2x_2 + x_3 + 6x_4 \geqslant 16, \\
& x_1, x_2, x_3, x_4 \geqslant 0.
\end{aligned}$$

9.8　某公司生产两类配件 (产品 1 和产品 2) 为计算机所用. 假设产品 1 的单位售价是 15 元, 产品 2 是 25 元. 制作一个产品 1, 该公司必须投入 3 个熟练工时, 2 个不熟练工时和一个单位原材料. 制作一个产品 2, 要用去 4 个熟练工时, 3 个不熟练工时和 2 个单位原材料. 假设该公司有 100 个熟练工时, 70 个非熟练工时和 30 个单位原材料, 并且该公司根据签订销售合同的要求, 至少必须生产 3 个单位产品 2, 并且任何分数都是可采用的.

能否构造一个线性规划, 为该公司确定其最优产品的组合.

9.9　指派问题. 5 个人 (A, B, C, D, E) 被指派去完成 5 项不同的任务. 表 9-3 给定一个特定人去完成特定任务时所用的时间:

**表 9-3**　(单位: 天)

| | 任务 1 | 任务 2 | 任务 3 | 任务 4 | 任务 5 |
|---|---|---|---|---|---|
| A | 5 | 5 | 7 | 4 | 8 |
| B | 6 | 5 | 8 | 3 | 7 |
| C | 6 | 8 | 9 | 5 | 10 |
| D | 7 | 6 | 6 | 3 | 6 |
| E | 6 | 7 | 10 | 6 | 11 |

标准工资是每人每天 60 元. 假设, 一个人被指派去完成一项任务, 每个任务必须由一个人去完成. 试把这一问题构造为一个线性整数规划问题.

9.10　某公司由 A、B、C 三个地方购买无商标的纺织出口品, 用船运往 D 或 E 地进行封装和标签, 然后用船运到 F 和 G 地销售. 源地和终点之间的运输费由表 9-4 给出.

**表 9-4**　(单位: 元/t)

| | A | B | C | F | G |
|---|---|---|---|---|---|
| D | 50 | 90 | 70 | 150 | 180 |
| E | 60 | 95 | 50 | 130 | 200 |

假设该公司从 A 地购 60t, 从 B 地购 45t, 从 C 地购 30t 无标品. F 地需要有标签的产品

80t, G 地需要 55t. 假定封装与标签不改变纺织产品的质量.

(1) 如果 D 与 E 都具有不受限的封装与标签能力, 构造一个线性规划使该公司的海运费最少.

(2) 如果 D 仅能处理最多 60t 的无标品, 表达式将如何改变?

(3) 如果 D 只能处理无标品最多为 60t, E 最多为 75t, 表达式将如何改变?

(4) 在条件 (3) 下, 试将该线性规划问题化简为两个独立的运输问题.

思维导图9

# 第 10 章 多层网格法简介

**多层网格法** (也称**多重网格法**, multigrid method, 简称 MG 方法) 是 20 世纪 60 年代出现、70 年代以后迅速发展起来的一种求解微分方程离散代数系统的快速方法. 迄今为止, 多层网格法是求解微分方程最有效的算法之一, 其算法复杂性可以达到最优. 随着研究的深入发展和应用领域的不断扩大, 出现了一般的**多层方法**或称**多水平方法** (multilevel method). **代数多层网格法** (algebraic multigrid method) 的出现将多层网格法的应用领域从微分方程拓展到更一般的代数系统.

多层网格法是目前所有数值方法研究中最活跃的领域之一, 已有大量的研究论文和学术专著出现, 可参见文献 (Fedorenko, 1962; Brandt, 1977; Hackbusch, 1985; Briggs, 1987; Xu, 1992; Trottenberg, et al., 2001). 作为对这一方法的初步入门, 本章以一个一维二阶椭圆边值问题为例, 介绍多层网格法的基本思想和原理.

多层网格法是一种迭代法, 第 4 章介绍了一些经典的迭代法, 如 Jacobi 方法、Gauss-Seidel 方法、SOR 方法等, 它们均是对一般的线性代数方程组提出的, 通常适应面较广容易编程实现, 但往往效率较低. 在实际应用问题中, 我们碰到的问题大多具有这样或那样的特性, 如在微分方程的有限差分或有限元离散中, 一般导致大型稀疏的线性代数方程组, 而且其离散算子 (矩阵) 是近似其被逼近的微分算子, 因而具有一些微分算子的特性, 如椭圆问题的 "高频部分" 可以通过局部获得, 而 "低频部分" 比较光滑, 因而可以用较粗的网格来逼近, 从而节省工作量. 多层网格法正是充分利用问题本身的特性来构造出高效的数值方法.

## 10.1 两点边值问题及其有限差分离散

考虑如下模型问题:

$$\begin{cases} -u''(x) + p(x)u(x) = f(x), \quad x \in (0,\ 1), \\ u(0) = u(1) = 0, \end{cases} \tag{10.1}$$

其中 $p(x) \geqslant 0$ , $f(x)$ 为已知函数, $u(x)$ 是要求的解.

为了能用计算机进行求解, 必须用一个有限维 (有限个未知数) 的问题来近似 (10.1), 通常称之为离散化. 离散的方法有很多, 常用的有 "有限差分法""有限元法""谱方法" 等, 这里采用有限差分法离散 (详见第 7 章).

对任意的正整数 $N$, 考虑区间 [0,1] 上的均匀网格 (也称剖分) $T^h$ (图 10-1), $x_j = jh, j = 0,\ 1,\ 2, \cdots, N+1,\ h = \dfrac{1}{N+1}$. 这些网格点将 [0,1] 区间分为 $N+1$ 个等长的子区间

$$e_j = (x_j,\ x_{j+1}), \quad j = 0,\ 1,\ 2,\ \cdots,\ N.$$

0 1

$x_0$ $x_1$ $x_2$ $x_N$ $x_{N+1}$

图 10-1

利用中心差分离散：如果 $u$ 比较光滑, 则

$$u''(x_j) \approx \frac{u'\left(x_{j+1/2}\right) - u'\left(x_{j-1/2}\right)}{h}, \tag{10.2}$$

$$u'(x_{l+1/2}) \approx \frac{u(x_{l+1}) - u(x_l)}{h}, \qquad l = j-1, j, \tag{10.3}$$

其中, $x_{l+1/2} = (l + 1/2)\cdot h = (x_{l+1} + x_l)/2,\ l = j-1, j$.

合并 (10.2) 和 (10.3) 得到

$$u''(x_j) \approx \frac{u(x_{j-1}) - 2u(x_j) + u(x_{j+1})}{h^2}, \quad j = 1, \cdots, N.$$

定义 (10.1) 的离散解为 $u^h$, 满足

$$\begin{cases} -\dfrac{u_{j-1}^h - 2u_j^h + u_{j+1}^h}{h^2} + p(x_j)u_j^h = f(x_j), \quad j = 1, \cdots, N, \\ u_0^h = 0, \quad u_{N+1}^h = 0, \end{cases} \tag{10.4}$$

称 (10.4) 为问题 (10.1) 的中心差分离散格式.

记 $N$ 阶矩阵 $A_h$ 及 $N$ 维向量 $b_h, U$ 分别为

$$A_h = \frac{1}{h^2}\begin{bmatrix} \beta_1 & -1 & & & \\ -1 & \beta_2 & -1 & & \\ & \ddots & \ddots & \ddots & \\ & & -1 & \beta_{N-1} & -1 \\ & & & -1 & \beta_N \end{bmatrix}, \tag{10.5}$$

$$b_h = (f(x_1), f(x_2), \cdots, f(x_N))^{\mathrm{T}},$$

$$U = (u_1^h, u_2^h, \cdots, u_N^h)^{\mathrm{T}},$$

其中, $\beta_i = 2 + h^2 p(x_i), i = 1, 2, \cdots, N$, 则 (10.4) 可以写为线性代数方程组的矩阵形式

$$A_h U = b_h. \tag{10.6}$$

容易验证 $A_h$ 是一个对称正定矩阵.

## 10.2 Richardson 迭代法

求解线性方程组 (10.6) 可以有多种办法, 如追赶法等, 但这里仅考虑迭代法. 为简单起见, 设 $p(x) \equiv 0$, 我们来考察 Richardson (理查森) 迭代法的收敛特性, 关于 Gauss-Seidel、阻尼 Jacobi 等迭代法也有类似性质.

Richardson 迭代格式为

$$U^{i+1} = U^i + \sigma(b_h - A_h U^i), \quad i = 1, 2, \cdots, \tag{10.7}$$

其中 $U^0$ 为迭代初始值, $\sigma > 0$ 为参数.

显然, 方程组 (10.6) 的精确解 $U$ 满足

$$U = U + \sigma(b_h - A_h U).$$

将上式与式 (10.7) 相减得到误差方程

$$(U - U^{i+1}) = (I - \sigma A_h)(U - U^i).$$

反复迭代可以得到如下一般公式:

$$U - U^i = (I - \sigma A_h)^i (U - U^0), \quad i = 1,\ 2,\ \cdots. \tag{10.8}$$

为了对任何的初值 $U^0$ 都收敛, 其充要条件是

$$\rho(I - \sigma A_h) < 1,$$

其中, $\rho(I - \sigma A_h)$ 为矩阵 $I - \sigma A_h$ 的谱半径 (定理 4.12). 由于 $\rho(A_h) \leqslant \|A_h\|_\infty = 4/h^2$, 因此, 如果我们选取参数 $\sigma \leqslant h^2/4$, 则可保证 Richardson 迭代的收敛性. 图 10-2(其中 $e$ 表示误差, $m$ 表示迭代次数) 给出了 Richardson 迭代的收敛情况, 从中可以看出, Richardson 迭代刚开始时误差下降较快, 但很快就慢下来了, 而且渐近地看收敛很慢. 为了深入了解 Richardson 迭代的性质, 我们将误差按特征展开, 分别观察各种不同频率的误差下降情况.

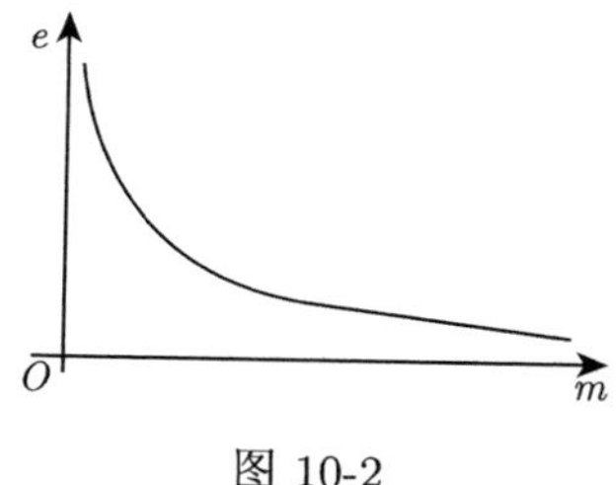


图 10-2

设 $\lambda_k$, $\xi_k, k=1, 2, \cdots, N$ 分别为 $A_h$ 的特征值与特征向量, 容易算出 (李荣华等, 1980)

$$\begin{cases} \lambda_k = \dfrac{4}{h^2}\sin^2\dfrac{k\pi}{2(N+1)} = \dfrac{4}{h^2}\sin^2\dfrac{k\pi h}{2}, \\ \xi_{k,\,j} = \sin\dfrac{kj\pi}{N+1} = \sin k\pi jh = \sin k\pi x_j, \end{cases} \tag{10.9}$$

其中, $\xi_{k,\,j}$ 为特征向量 $\xi_k$ 的第 $j$ 个分量, 它应该近似特征函数在 $x_j$ 点的值. 从 (10.9) 看出, 对于现在考虑的特殊情况, 特征函数在网格上是精确的, 这一现象对其他问题一般是不对的.

特征函数 $\sin(k\pi x)$ 是振荡的, 每个 $k$ 对应一个确定的频率, $k$ 越大, 对应的频率就越高, 称为高频, 反之则称为低频. 高频与低频的概念是相对的, 并且与分辨率 (尺度) 有关. 由于高频比低频有更多的振荡, 从图形上看起来低频比高频 "光滑"(图 10-3).

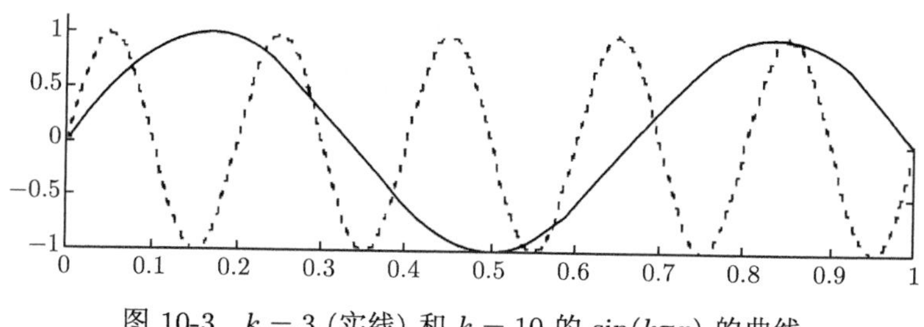


图 10-3　$k=3$ (实线) 和 $k=10$ 的 $\sin(k\pi x)$ 的曲线

$\{\xi_k\}_{k=1}^N$ 构成 $\mathbb{R}^N$ 的一组正交基, 因此 $\mathbb{R}^N$ 中的任一向量均可用 $\{\xi_k\}$ 表示出来, 即 $\forall v\in\mathbb{R}^N$, 存在常数 $\alpha_k, k=1, 2, \cdots, N$, 使得

$$v=\sum_{k=1}^N \alpha_k\xi_k.$$

这实际上就是 Fourier 展开. 如果高频部分的系数 $\alpha_k$ 较大则振荡较厉害, 称向量 $v$ 较粗糙, 反之则称 $v$ 较光滑 (图 10-4).

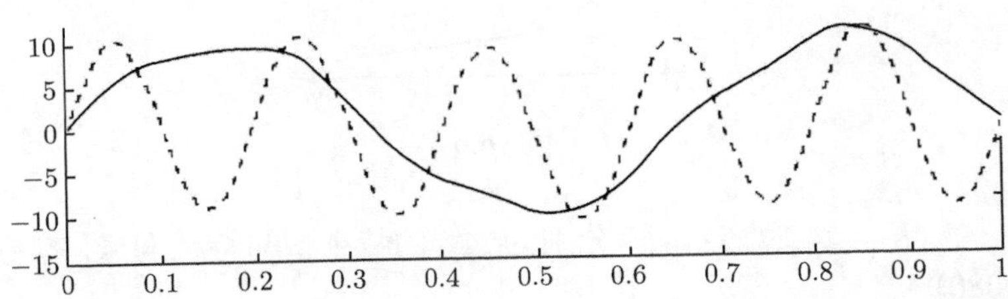


图 10-4　函数 $v = 10\sin(3\pi x) + \sin(10\pi x)$ (实线) 和 $v = \sin(3\pi x) + 10\sin(10\pi x)$ 的图像

设初始误差 $U - U^0$ 表示为

$$U - U^0 = \sum_{k=1}^{N} \alpha_k \xi_k.$$

由 (10.8) 得到 (取 $\sigma = h^2/4$ 为例)

$$\begin{aligned} U - U^i &= \sum_{k=1}^{N} \alpha_k (I - \sigma A_h)^i \xi_k = \sum_{k=1}^{N} \alpha_k \left(1 - \sigma\lambda_k\right)^i \xi_k \\ &= \sum_{k=1}^{N} \left(1 - \sin^2 \frac{k\pi h}{2}\right)^i \alpha_k \xi_k = \sum_{k=1}^{N} \alpha_k^i \xi_k, \end{aligned} \tag{10.10}$$

其中

$$\alpha_k^i = \left(1 - \sin^2 \frac{k\pi h}{2}\right)^i \alpha_k.$$

显然, $k$ 越大, $\alpha_k^i$ 越小, 且快速趋向于 0, 即高频分量迅速消除, 而 $k$ 越小, 则 $\alpha_k^i$ 越大, 即低频分量消除很慢. 例如, 当 $k > N/2$ 时, $|\alpha_k^i| < (1/2)^i\,|\alpha_k|$, 而当 $k = 1$ 时, $|\alpha_1^i| \approx (1 - \pi^2 h^2/4)^i\,|\alpha_1|$.

Richardson 迭代矩阵的谱半径

$$\rho(I - \sigma A_h) = 1 - \sin\frac{\pi h}{2} \approx 1 - \frac{\pi^2 h^2}{4}.$$

因此 Richardson 迭代当网格步长 $h$ 较小时收敛是很慢的, 但从式 (10.10) 可以发现, Richardson 迭代之所以收敛慢主要是在低频分量上而高频分量实际上是收敛很快的. 在迭代开始后首先很快消去误差高频部分, 然后剩下难以消除的低频部分, 这正好解释了为何 Richardson 迭代开始收敛快, 而后很快便慢下来的现象 (图 10-2).

由于 Richardson 迭代首先很快地消去误差的高频部分, 剩下来的主要是低频, 因而称之具有 "磨光" 性质, 也称 Richardson 迭代为光滑迭代. 这种具有磨光性质的简单迭代格式是多层网格法成功的关键. 容易看出, 只要 $\sigma < \dfrac{h^2}{2+\varepsilon}$, $\varepsilon > 0$ 与 $N$ 无关, Richardson 迭代都具有光滑性.

这里指出, 并非所有收敛的简单迭代法都具有光滑性质. 例如, 取 $\sigma = h^2/2$, 则 Richardson 迭代就是 Jacobi 迭代, 此时迭代矩阵的谱半径 $\rho \approx 1-\pi^2h^2/2$, 比其他 $\sigma < h^2/2$ 的谱半径要小, 即 Jacobi 方法单独作为迭代求解法要比 Richardson 方法快, 但是对高频分量来说, 如 $k = N$,

$$1-2\sin^2\frac{N\pi h}{2} = 1-2\sin^2\left(\frac{\pi}{2}-\frac{\pi h}{2}\right) = 1-2\cos^2\frac{\pi h}{2} \approx -1+\frac{\pi^2 h^2}{2},$$

从而

$$\left|\alpha_N^i\right| \approx (1-\pi h)^i \left|\alpha_N\right|,$$

即当 $h$ 较小时 $\alpha_N^i$ 随 $i$ 增长下降得非常慢, 也就是没有磨光效果.

从 (10.7) 可见 Richardson 迭代每次只对一个节点上的近似值作校正, 且只用到了相邻的几个点上的近似值, 因此通常也称这类迭代为 "局部松弛" 法. Gauss-Seidel 迭代也有类似的光滑性质, 请读者自己验证.

**注 10.1** 对 $p(x) \neq 0$ 的情形, $\sigma$ 的取值范围有所变化, 但 $\sigma$ 充分小时总是具有光滑性质的, 但 $\sigma$ 太小会造成迭代矩阵所有特征值增加, 相应地会造成高频部分下降减慢, 因此, 在实际应用中应注意参数 $\sigma$ 的选择.

## 10.3 两层网格法

前面我们看到, 光滑迭代只需少量几步就可以将初始误差 "磨光", 剩下来的误差比较光滑, 而在细网格上进一步迭代效果又差, 因此可以考虑在较粗的网格上去求一个近似值, 而在粗网格上求解要比在细网格上求解节省工作量.

为了记号一致, 将细网格 $T^h$ 上的向量 $U$ 记为 $U^h$, 其他向量类似. 设 $V^{h,0}$ 是初始值, 在细网格 $T^h$ 上作 $m$ 次光滑迭代 (Richardson, Gauss-Seidel 迭代等), 得到迭代向量 $V^{h,m}$, 其误差为

$$V^h = U^h - V^{h,m},$$

上式两边作用算子 $A_h$ (或称两边乘以矩阵 $A_h$) 得到残量方程 (亦称余量方程或亏量方程)

$$A_hV^h = A_h(U^h - V^{h,m}) = b_h - A_hV^{h,m} = r^h. \tag{10.11}$$

已经知道, $V^h$ 比较光滑, 可以在较粗的网格上逼近, 问题是如何确定粗网格上的方程. 注意到 (10.11) 与 (10.6) 在形式上是一样的, 因此 $V^h$ 也应是微分方程

$$\begin{cases} -v'' = g, \quad \text{某个适当的 } g, \\ v(0) = v(1) = 0 \end{cases} \tag{10.12}$$

的近似解, 当然要求 $g(x_j) \approx r_j^h$, 才可能有 $v(x_j) \approx V_j^h$. 代替求 $V^h$, 我们转而求微分方程 (10.12) 的解 $v$, 而为求 $v$ 仍需离散化, 由于 $v$ 比较光滑, 在粗一倍的网格 $T^{2h}$ 上来离散 (10.11) (见图 10-5, 其中, 粗黑点为 $T^{2h}$ 上的节点).

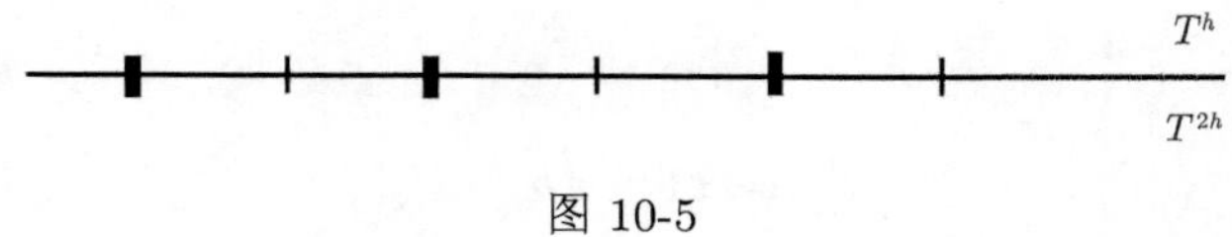


图 10-5

设 $N$ 是奇数, 粗网格上刚好有 $(N-1)/2$ 个内结点, 且

$$x_j^{2h} = x_{2j}^h, \quad j = 1,\ 2,\ \cdots,\ \frac{N-1}{2}; \quad x_0^{2h} = 0, \quad x_{\frac{N+1}{2}}^{2h} = 1.$$

类似于在细网格 $T^h$ 上推导 (10.6) 的做法, 可以在粗网格 $T^{2h}$ 上得到微分方程 (10.12) 的离散解 $V^{2h}$ 所满足的线性代数方程组

$$A_{2h}V^{2h} = g^{2h}, \tag{10.13}$$

其中, $(N-1)/2$ 阶方阵 $A_{2h}$ 与矩阵 $A_h$ 的形式一致 (只需将 (10.5) 中的 $h$ 令为 $2h$), 而

$$g_j^{2h} = g(x_j^{2h}) \approx r_{2j}, \quad j = 1,\ 2,\ \cdots,\ \frac{N-1}{2}.$$

由 (10.13) 可以看成是 (10.12) 在 $T^{2h}$ 上的离散化, 也可以看成是 (10.11)在 $T^{2h}$ 上的限制方程. 一旦求出 $V^{2h}$, 我们还需要将其扩张为 $T^h$ 上的函数作为 $V^h$ 的近似.

从前面的分析看出, 整个过程有下面几个要点:

(1) 光滑迭代法 (如 Richardson, Gauss-Seidel 迭代等).

(2) 限制算子 $I_h^{2h}$：$R^N \to R^{\frac{N-1}{2}}$, 使得

$$g^{2h} = I_h^{2h} r^h.$$

(3) 粗网格算子 (矩阵)$A_{2h}$：$R^{\frac{N-1}{2}} \to R^{\frac{N-1}{2}}$ 通常可以用微分方程在 $T^{2h}$ 上的离散化来得到.

(4) 提升算子 (插值算子)$I_{2h}^h$：$R^{\frac{N-1}{2}} \to R^N$, 将 $T^{2h}$ 上的函数提升为 $T^h$ 上的函数.

下面来讨论一下 $I_h^{2h}$ 与 $I_{2h}^h$ 的选择. 最简单的限制算子是直接限制 (injection), 即

$$(I_h^{2h} r^h)_i = r_{2i}^h.$$

也就是说, 粗网格点含于细网格点中, 就取原值, 这种处理简单易行, 但忽略了邻近的影响. 下面将看到直接限制与常用提升算子不相称.

另一类限制算子即所谓的带权限制 (图 10-6).

$$(I_h^{2h} r^h)_i = \frac{1}{4} r_{2i-1}^h + \frac{1}{2} r_{2i}^h + \frac{1}{4} r_{2i+1}^h.$$

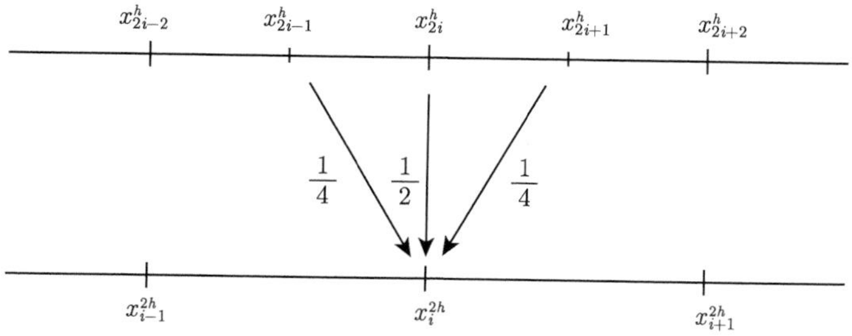

图 10-6

最简单自然的提升算子即为线性插值算子 (图 10-7), 定义为

$$(I_{2h}^h V^{2h})_j = \begin{cases} V_i^{2h}, & j = 2i, \\ \dfrac{1}{2}(V_i^{2h} + V_{i+1}^{2h}), & j = 2i+1. \end{cases}$$

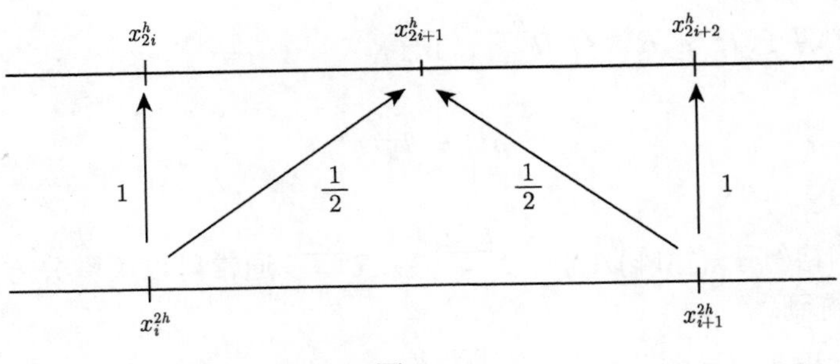


图 10-7

$I_h^{2h}$ 与 $I_{2h}^h$ 的矩阵形式为

$$I_h^{2h} = \frac{1}{4}\begin{bmatrix} 1 & 2 & 1 & & & & & \\ & & 1 & 2 & 1 & & & \\ & & & & \ddots & \ddots & \ddots & \\ & & & & & 1 & 2 & 1 \end{bmatrix}_{\frac{N-1}{2}\times N},$$

$$I_{2h}^h = \frac{1}{2}\begin{bmatrix} 1 & & & \\ 2 & & & \\ 1 & 1 & & \\ & 2 & & \\ & 1 & \ddots & \\ & & \ddots & 1 \\ & & \ddots & 2 \\ & & & 1 \end{bmatrix}_{N\times\frac{N-1}{2}}.$$

显然有

$$I_{2h}^h = 2(I_h^{2h})^{\mathrm{T}}.$$

注意到若定义内积

$$(V^h,\ W^h) = \sum_{j=1}^{N} V_j^h W_j^h \cdot h,\quad (V^{2h},\ W^{2h}) = \sum_{i=1}^{(N-1)/2} V_i^h W_i^h \cdot 2h.$$

容易验证,

$$(I_{2h}^h V^{2h},\ W^h) = 2(V^{2h},\ I_h^{2h} W^h), \forall V^{2h} \in \mathbb{R}^{\frac{N-1}{2}},\quad W^h \in \mathbb{R}^N,$$

即 $I_{2h}^{h}$ 与 $2I_{h}^{2h}$ 互为共轭算子, 这也正是带权限制的好处之一.

关于 $A_{2h}$ 通常是在 $T^{2h}$ 上通过对微分方程离散化得到, 但有时并不方便, 因此也可以采用 Galerkin (伽辽金) 方法得到, 特别在代数多重网格中应用较多, 这时

$$A_{2h} = I_{h}^{2h} A_h I_{2h}^{h},$$

这样, 若 $A_h$ 对称正定, 则在带权限制和线性插值提升情况下能保证 $A_{2h}$ 也是对称正定的, 这一点在用有限差分离散时对复杂问题难以做到, 但有限元法要好一些.

现在我们来定义求解方程组 (10.6) 的二层网格 (Two Grid) 算法.

**算法 10.1** (简称 TG 算法) 给定初始迭代向量 $V^{h,0}$.

**步骤 1** (细网格上磨光) 进行 $m$ 次磨光迭代

$$V^{h,i} = V^{h,i-1} + S_h\left(b_h - A_h V_k^{h,i-1}\right), \quad i = 1, 2, \cdots, m.$$

**步骤 2** (得到误差向量的粗网格校正量)

**步骤 2.1** 求残量 $r^h = b_h - A_h V^{h,m}$;

**步骤 2.2** 解粗网格方程 $A_{2h}V^{2h} = I_h^{2h} r^h$ 得到

$$V^{2h} = (A_{2h})^{-1} I_h^{2h} r^h.$$

**步骤 3** (校正)

$$\tilde{V}^h = V^{h,m} + I_{2h}^{h} V^{2h}.$$

**步骤 4** 若收敛则停止, 否则令 $V^{h,0} = \tilde{V}^h$, 转入步骤 1.

算法中的 $S_h$ 是 Jacobi 或 Gauss-Seidel 光滑迭代子.

## 10.4 多层网格法

两层网格法要求在 $T^{2h}$ 上精确求解残量方程, 当 $h$ 很小时, 其规模仍然很大, 一种自然的想法就是在 $T^{2h}$ 上再用一次两层网格法, 这就涉及三层网格, 反复使用两层法直到最粗网格的规模很小, 适合直接求解为止, 这就是多层网格法的思想. 下面仍然以中心差分离散格式 (10.4) 为例来介绍多层网格方法.

不妨令 $[0,1]$ 区间上的网格 $T_h$ 的尺寸为 $h = 2^{-J}$, 其中 $J$ 为正整数. 下面引入 $[0,1]$ 区间上网格序列 $\{T_k\}_{k=1}^{J}$, 其中第 $k$ 层网格 $T_k$ 的尺寸为 $h_k = 2^{-k}$, 内部节点为 $x_i^k = i \cdot h_k$ $(i = 1, 2, \cdots, N_k)$, $N_k = 2^k - 1$, 并称 $T_J := T_h$ 和 $T_1$ 分别为最细和最粗网格. 图 10-8 给出了一个 5 层网格序列示意图.

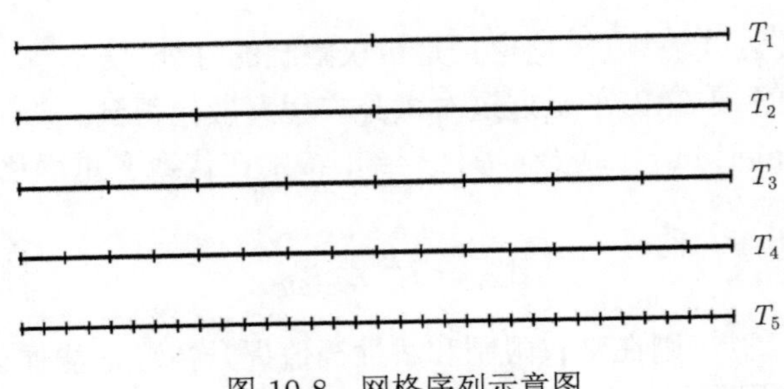


图 10-8　网格序列示意图

记原问题 (10.1) 在 $T_k$ 上的中心差分格式所对应的系数矩阵为 $A_k$，以及 $T_J := T_h$ 上的代数系统 (10.4) 为

$$A_J U_J = b_J. \tag{10.14}$$

首先令粗网格 $T_1$ 上的矩阵 $B_1 = A_1^{-1}$, $S_k$ 为第 $k$ 层网格 $T_k$ 上的光滑迭代子, 它可以是 Gauss-Seidel 或 Jacobi 型的. 下面给出 $T_k$ 上的矩阵 $B_k : \mathbb{R}^{N_k} \to \mathbb{R}^{N_k}$ 乘以任意给定向量 $g \in \mathbb{R}^{N_k}$ 递归算法.

**算法 10.2** (多层网格递归算法)　　给定 $g \in \mathbb{R}^{N_k}$, 计算 $B_k g$.

**步骤 1** (前磨光)　令初始迭代向量 $U_k^0 = 0 \in \mathbb{R}^{N_k}$, 进行 $m_k$ 次迭代

$$U_k^l = U_k^{l-1} + S_k\left(g - A_k U_k^{l-1}\right), \quad l = 1, 2, \cdots, m_k.$$

**步骤 2** (递归步)　令 $q_{k-1}^0 = 0 \in \mathbb{R}^{N_{k-1}}$, 计算

$$q_{k-1}^i = q_{k-1}^{i-1} + B_{k-1}\left[I_k^{k-1}\left(g - A_k U_k^{m_k}\right) - A_{k-1} q_{k-1}^{i-1}\right], \quad i = 1, 2, \cdots, \mu.$$

**步骤 3** (后磨光)　令 $V_k^{m_k} = U_k^{m_k} + I_{k-1}^k q_{k-1}^\mu$, 进行 $m_k$ 次迭代

$$V_k^l = V_k^{l-1} + S_k\left(g - A_k V_k^{l-1}\right), \quad l = m_k + 1, m_k + 2, \cdots, 2m_k.$$

**步骤 4**　令 $B_k g = V_k^{2m_k}$.

利用上面的递归算法, 就可以如下求解 (10.14) 的多层网格算法.

**算法 10.3** (多层网格算法)　　给定初始迭代向量 $V^{J,0} \in \mathbb{R}^{N_J}$.

**步骤 1**　令 $g_J = b_J - A_J V^{J,0}$.

**步骤 2**　$\tilde{V}^J = B_J g_J$.

**步骤 3**　若收敛则停止, 否则令 $V^{J,0} = V^{J,0} + \tilde{V}^J$, 转入步骤 1.

在上述算法中, 当 $\mu$ 取为 1 时, 称为**多重网格 V 循环**. 当 $\mu$ 取 2 时, 称为**多层网格 W 循环**.

为了更清楚地帮助读者理解多层网格法, 对于 $\mu = 1$ 的情形 (即 V 循环 (图 10-9)), 我们用下面的循环表示.

**算法 10.4** (V 循环) $U_J := MGV(U_J,\ b_J)$.

**步骤 1** (前光滑和限制)

for $k = J, 2, -1$

在 $T_k$ 上关于方程 $A_kU_k = r_k$ 进行 $m_1$ 次光滑迭代, 其中,

If $k = J$, then

$r_k = b_J$, 迭代初值为 $U_J$;

else

$r_k = I_{k+1}^k(r_{k+1} - A_{k+1}U_{k+1})$, 迭代初值取为 0.

**步骤 2** 粗网格求解 $U_1 := A_1^{-1}r_1$.

**步骤 3** (校正和后光滑)

for $k = 2, J, 1$

$U_k := U_k + I_{k-1}^k U_{k-1}$;

在 $T_k$ 上关于方程 $A_kU_k = r_k$ 进行 $m_2$ 次光滑迭代, 其中迭代初值为 $U_k$.

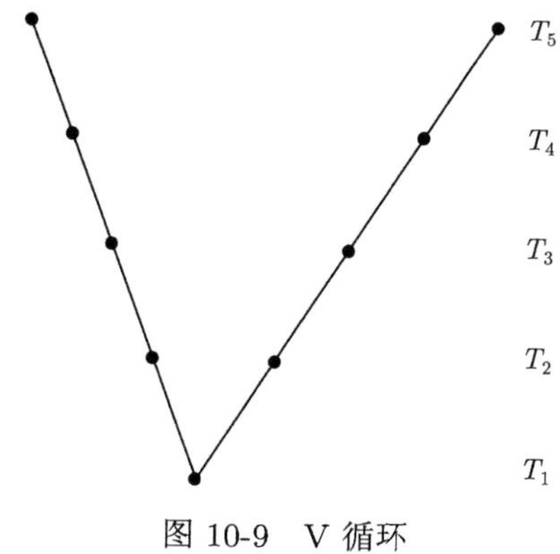


图 10-9 V 循环

W 循环比较复杂, 下面用图 10-10 来说明各种循环在网格之间的转换情形.

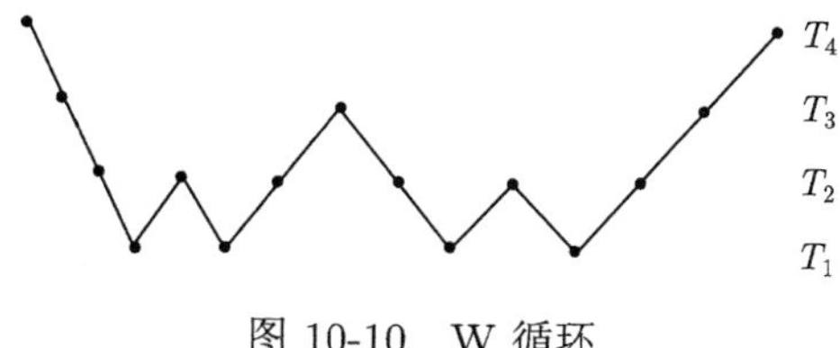


图 10-10 W 循环

## 10.5　完全多层网格法

完全多层网格法 FMG (full multigrid) 也称套迭代多层网格法 (nested multigrid), 它主要是利用套迭代思想, 用前 (粗) 一层网格上的解作为后 (细) 一网格层上的迭代初值, 从而节省一定的工作量, 以下是具体算法.

**算法 10.5** (递归)　$U^h := FMGV(h,\, U^h,\, b_h)$.

**步骤 1**　如果 $T^h$ 是最粗网格, 则转到第三步. 否则

$$r^{2h} := I_h^{2h}(r^h - A_h U^h), \quad V^{2h} := 0,$$

$$V^{2h} := FMGV(2h,\, V^{2h},\, r^{2h}).$$

**步骤 2**　$U^h := U^h + I_{2h}^h V^{2h}$.

**步骤 3**　进行 $m_0$ 次: $U^h := MGV(h,\, U^h,\, b_h)$.

对于 V 循环, 同样可以写出相应完全多层网格法 (算法 10.4) 的非递归形式.

**算法 10.6** (非递归)　$U_J := FMGV(J,\, U_J,\, b_J)$.

**步骤 1**　在最粗网格上求解离散方程得到相应解向量 $U_1$.

**步骤 2**　for $k = 2, J, 1$

$$U_k := I_{k-1}^k U_{k-1}; \quad U_k := U_k + MGV(k,\, U_k,\, b_k).$$

算法 10.5 与算法 10.6 是等价的, 就是从粗网格开始作套迭代, 以前一层的解作后一层的初值, 而在每个网格层再作一个 V 循环, 其网格之间的转移如图 10-11 所示.

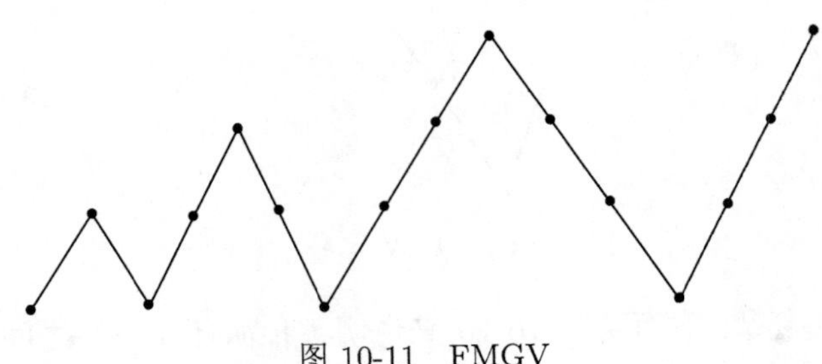

图 10-11　FMGV

**注 10.2**　上述非递归算法 10.5 对应算法 10.4 中取 $m_0 = 1$, 实际在每个网格层上当然也可以采用多个 V 循环.

## 10.6　程序设计与工作量估计

多层网格法是一种非常有效的数值方法, 对于具有 $N$ 个未知数的问题, 其最优工作量可以控制在 $O(N)$, 通常 MG 的收敛速度可以与 $N$ 无关. 本节最后将给

出每一步 MG 迭代的工作量估计.

由于多层网格法可以达到 $O(N)$ 的工作量, 因此, 程序设计的质量将对实际运行效果产生重要影响, 也就是说, 若在循环过程中产生一些不需要的运算, 则总的多余工作量将与实际需要的工作量同阶. 举例来说, 若 MG 实际需要的工作量为 $C_1N$, 而由程序设计产生一个 $C_0N$ 的额外工作量, 则总工作量将达 $(C_0+C_1)N$, 增加了 $C_0/C_1$ 倍. 而如果用普通迭代法直接求解, 正常工作量需要 $C_2N^2$, 同样产生一个 $C_0N$ 的额外工作量, 但总工作量只增加了 $C_0/(C_2/N)$ 倍, 当 $N$ 很大时比例很小. 因此要想 MG 方法真正发挥高效率, 程序设计是非常重要的一环.

由于 MG 方法需要在不同的网格层之间转换, 因此, 需要一个好的数据结构来实现它. 这里, 我们介绍一种一维问题 V 循环的数据结构模式, 以 $N=15$, 4 层网格为例, 每层网格需要两个数组, 分别存放当前的逼近解向量和右端向量. 图 10-12 给出了一个 V 循环在执行过程中, 各层的数据变化情况.

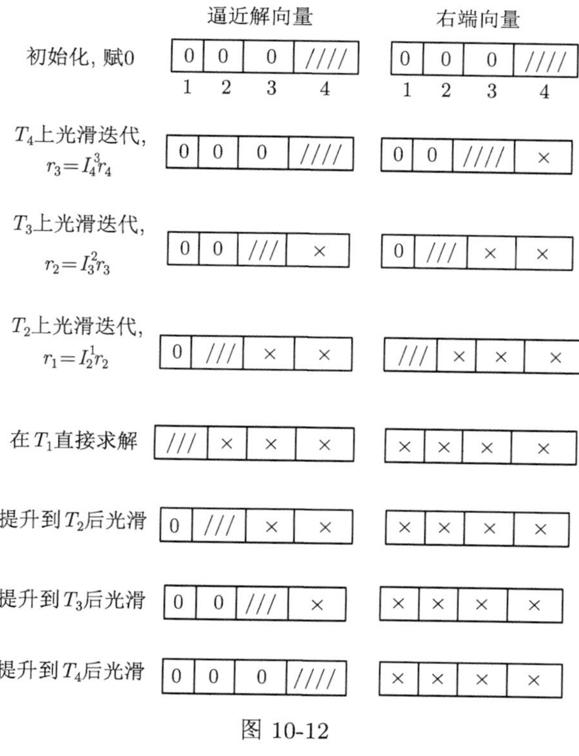


图 10-12

**注 10.3** 图 10-12 中, $\boxed{\times}$ 表示当前数据不变, $\boxed{0}$ 表示存放的数据为零, $\boxed{/////}$ 表示当前步数据有更新.

**注 10.4**　在最细网格上解向量可以赋零初值, 也可以赋任何其他的值, 右端是离散化结果, 其余都初始化为 0.

下面给出执行一个多层网格循环所需的存储量和运算量估计. 对于 $d$ 维问题, 设最细网格上总结点数为 $N_J^d$, 则第 $k$ 层网格上的总结点数为 $N_k^d = 2^{-kd}N_J^d$, $k = 1, 2, \cdots, J-1$. 从图 10-12 可见:

$$\text{总存储量} \leqslant 2N^d(1 + 2^{-d} + 2^{-2d} + \cdots + 2^{-Jd} + \cdots) = \frac{2N^d}{1 - 2^{-d}}.$$

对一维问题, 执行一个多层网格循环比单独在最细网格上的求解, 增加不到一倍的存储量, 对高维问题, 增加的比例更小.

现在来估计一下计算工作量. 记在最细网格 $T_J$ 上作一次光滑迭代的工作量为一个单位工作量 WU(work unit), 通常 $1\text{WU} = O(N_J^d)$, 用 WU 来度量执行一个 V 循环所需的运算量. 由于, 限制和提升运算的工作量只占整个循环总工作量的 15%~20%, 所以我们略去不计. 设 MGV 中, 前、后光滑次数分别均为 $m_1$ 和 $m_2$, 则

$$\begin{aligned}\text{MGV 工作量} &\leqslant (m_1 + m_2)(1 + 2^{-d} + 2^{-2d} + \cdots)\text{WU}\\ &= \frac{m_1 + m_2}{1 - 2^{-d}}\text{WU}.\end{aligned}$$

同理, 由于一个完全的多层网格 V 循环是由 $J-1$ 个不同层的 V 循环加起来的, 因此

$$\begin{aligned}\text{FMG 工作量} &\leqslant (1 + 2^{-d} + 2^{-2d} + \cdots + 2^{-(J-1)d} + \cdots)\,\frac{m_1 + m_2}{1 - 2^{-d}}\text{WU}\\ &= (m_1 + m_2)\left(\frac{1}{1 - 2^{-d}}\right)^2 \text{WU}.\end{aligned}$$

思维导图10

# 参 考 文 献


阿特金森 K E. 1986. 数值分析引论. 匡蛟勋, 等译. 上海: 上海科学技术出版社.

奥特加 J M. 1983. 张丽君, 张乃玲, 朱政华, 译. 数值分析. 北京：高等教育出版社.

蔡大用, 白峰杉. 1997. 高等数值分析. 北京：清华大学出版社.

曹志浩. 2005. 变分迭代法. 北京：科学出版社.

陈宝林. 2005. 最优化理论与算法. 2 版. 北京：清华大学出版社.

陈公宁, 沈嘉骥. 2000. 计算方法导引. 修订版. 北京：北京师范大学出版社.

邓乃扬, 诸梅芳. 1987. 最优化方法. 沈阳：辽宁教育出版社.

方述诚, 普森普拉 S. 1994. 线性优化及扩展理论与算法. 汪定伟, 王梦光, 译. 北京：科学出版社.

封建湖, 车刚明, 聂玉峰. 2001. 数值分析原理. 北京：科学出版社.

冯果忱, 刘经伦. 1991. 数值代数基础. 长春：吉林大学出版社.

冯康, 等. 1978. 数值计算方法. 北京：国防工业出版社.

傅凯新, 黄云清, 舒适. 2002. 数值计算方法. 长沙：湖南科学技术出版社.

戈卢布 G H, 范洛恩 C F. 2001. 矩阵计算. 袁亚湘, 等译. 北京：科学出版社.

关治, 陈景良. 1990. 数值计算方法. 北京：清华大学出版社.

何建坤, 江道琪, 陈松华. 1985. 实用线性规划及计算机程序. 北京：清华大学出版社.

亨利西 P. 1985. 常微分方程离散变量方法. 包雪松, 徐洪义, 吴新元, 译. 北京：科学出版社.

黄友谦, 李岳生. 1987. 数值逼近. 2 版. 北京：高等教育出版社.

蒋尔雄, 赵风光. 1996. 数值逼近. 上海：复旦大学出版社.

李庆扬, 王能超, 易大义. 2008. 数值分析. 5 版. 北京：清华大学出版社.

李荣华, 冯果忱. 1980. 微分方程数值解法. 北京：人民教育出版社.

李寿佛. 1997. 刚性微分方程算法理论. 长沙：湖南科学技术出版社.

林成森. 2005. 数值计算方法. 2 版. 北京：科学出版社.

切尼 E W. 1981. 逼近论导引. 上海：上海科学技术出版社.

施光燕, 董加礼. 1999. 最优化方法. 北京：高等教育出版社.

王德人, 杨忠华. 1990. 数值逼近引论. 北京：高等教育出版社.

王能超. 1984. 数值分析简明教程. 北京：高等教育出版社.

王仁宏. 1999. 数值逼近. 北京：高等教育出版社.

威尔金森 J H. 2001. 代数特征值问题. 石钟慈, 邓健新, 译. 北京：科学出版社.

魏毅强, 张建国, 张洪斌. 2004. 数值计算方法. 北京：科学出版社.

徐树方, 高立, 张平文. 2000. 数值线性代数. 北京：北京大学出版社.

袁亚湘, 孙文瑜. 1997. 最优化理论与方法. 北京：科学出版社.

袁兆鼎, 费景高, 刘德贵. 1987. 刚性常微分方程初值问题的数值解法. 北京：科学出版社.

张平文, 李铁军. 2007. 数值分析. 北京：北京大学出版社.

诸梅芳, 屈兴华, 邓乃惠, 等. 1988. 计算方法. 北京：化学工业出版社.

Arnold V I. 1978. Mathematical methods of classical mechanics. Berlin: Springer-Verlag.

Atkinson K E. 1978. An introduction to numerical analysis. New York: John Wiley & Sons.

Brandt A. 1977. Multi-level adaptive solutions to boundary-value problems, Math. Comput., 31(138): 333-390.

Briggs W L. 1987. A multigrid tutorial. Philadelphia: SIAM.

Dantzig G B. 1963. Linear programming and extensions. Princeton: Princeton University Press.

Fedorenko R P. 1962. A relaxation method for solving elliptic difference equations, USSR Comput. Math. Math. Phys., 1(4): 1092-1096.

Feng K. 1992. How to compute property Newton's equation of motion. In Ying L A, Guo B Y, and Gladwell I, editors. Proc of 2nd Conf. on Numerical Method for PDE's. Singapore:World Scientific, 15-22.

Feng K, Qin M Z. 2010. Symplectic geometric algorithms for Hamiltonian systems. Hangzhou: Zhejiang Science and Technology Publishing House and Berlin: Springer-Verlag.

Hackbusch W. 1985. Multi-grid methods and applications, Berlin, Heidelberg, New York, Tokyo: Springer-Verlag.

Hairer E, Lubich C, Wanner G. 2002. Geometric numerical integration: structure-preserving algorithms for ordinary differential equations. Berlin: Springer-Verlag.

Lambert J D. 1972. Computational methods in ordinary differential equations. London: John Wiley and Sons.

Larry L S. 1981. Spline functions: basic theory. New York: Wiley-Interscience Publication.

Nocedal J, Wright S J. 2006. Numerical optimization. Second Edition. New York: Springer-Verlag.

Ortega J M. 1972. Numerical analysis: a second course. New York: Academic Press.

Powell M J D. 1981. Approximation theory and methods. Cambridge: Cambridge University Press.

Quarteroni A, Sacco R, Saleri F. 2006. Numerical mathematics. 北京：科学出版社.

Saad Y. 2003. Iterative methods for sparse linear systems. Second Edition. Philadelphia: SIAM.

Trottenberg U, Oosterlee C W, Schüller A. 2001. Multigrid. London: Academic Press.

Xu J. 1992. Iterative methods by space decomposition and subspace correction. SIAM Review, 34(4): 581-613.